er Grimus

stische Physik und Thermodynamik

ruyter Studium

Walter Grimus

Statistische Physik und Thermodynamik

—

Grundlagen und Anwendungen

2., überarbeitete Auflage

DE GRUYTER

Physics and Astronomy Classification Scheme 2010

05.30.-d, 05.20.-y, 05.70.-a, 05.30.Ch, 05.20.Gg, 05.70.Ce, 05.30.Fk, 05.30.Jp, 05.60.-k, 05.70.Fh

Author

Dr. Walter Grimus
Universität Wien
Fakultät für Physik
Boltzmanngasse 5
1090 Wien
Österreich
walter.grimus@univie.ac.at

ISBN 978-3-11-041466-0
e-ISBN (PDF) 978-3-11-041467-7
e-ISBN (EPUB) 978-3-11-042367-9

Library of Congress Cataloging-in-Publication Data
A CIP catalogue record for this book has been applied for at the Library of Congress.

Bibliografische Information der Deutschen Nationalbibliothek
Die Deutsche Nationalbibliothek verzeichnet diese Publikation in der Deutschen
Nationalbibliografie; detaillierte bibliografische Daten sind im Internet über
http://dnb.dnb.de abrufbar.

© 2015 Walter de Gruyter GmbH, Berlin/Boston
Druck und Bindung: CPI books GmbH, Leck
♾ Printed on acid-free paper
Printed in Germany

www.degruyter.com

Vorwort

Dieses Buch ist aus einer 4-stündigen einsemestrigen Vorlesung über Statistische Physik und Thermodynamik entstanden und setzt Grundkenntnisse der klassischen Mechanik, Elektrodynamik und besonders der Quantenmechanik voraus. Das ursprüngliche Vorlesungsmanuskript ist um eine Reihe von Themen erweitert worden, bzw. einige Themen werden detaillierter dargestellt. Das Buch enthält also beträchtlich mehr Material, als man in einem Semester vortragen kann.

Neben den Konzepten der Statistischen Physik liegt der Schwerpunkt des Buches auf dem Gleichgewicht von Systemen nichtwechselwirkender Teilchen, wo die Schönheit der Statistischen Physik voll zum Ausdruck kommt, ohne wesentlich durch technische Schwierigkeiten getrübt zu werden. In diesem Sinne werden von manchen Themen diffiziler Natur nur die Grundlagen bzw. einige ausgewählte Aspekte besprochen. Das trifft z.B. auf Phasenübergänge zweiter Ordnung und die Diskussion von Nichtgleichgewichtssystemen zu. In solchen Fällen wird auf geeignete Literatur verwiesen. Das Buch ist auch zum Selbststudium geeignet, vorausgesetzt man besitzt die oben erwähnten Kenntnisse.

Bei der numerischen Auswertung von Formeln werden für Größen wie Längen, Massen und Energien dem Problem angepasste Einheiten verwendet. Z.B. wird für die Energie im atomaren Bereich die Einheit Elektronvolt, im makroskopischen Bereich Joule benützt. Für den Druck wird neben Pascal auch 1 bar = 10^5 Pa verwendet. Um elektrodynamische Zusammenhänge darzustellen, halte ich mich an das in der theoretischen Physik bevorzugte Gauß'sche System. Bei den im Buch vorkommenden Fällen ist die Transformation auf SI-Einheiten fast durchwegs trivial. Dort, wo das nicht der Fall ist, wird die Umrechnung erläutert. Mathematische Sachverhalte, die für die Erörterung von physikalischen Problemen notwendig sind, werden ohne Beweis in Form von Theoremen dargeboten und dadurch von der physikalischen Argumentation abgegrenzt.

Bei der Abfassung des Buches habe ich mir von vielen Lehrbüchern Anregungen geholt. Folgende Bücher möchte ich besonders hervorheben: F. Reif, Fundamentals of Statistical and Thermal Physics, T. Fließbach, Statistische Physik, und Yu.B. Rumer und M.Sh. Ryvkin, Statistical Physics and Kinetics. Ganz besonders möchte ich in diesem Zusammenhang die Vorlesung „Thermodynamik, Theoretische Physik 4" von Prof. Peter Hertel erwähnen, die er im Wintersemester 1974/75 an der Universität Wien gehalten hat. Mit dieser Vorlesung hat er mein Interesse an der Statistischen Physik geweckt und damit einige Teile des Buches beeinflusst.

Bei Regina Hitzenberger, Martin Neumann, Eduard Oberaigner und Jakob Yngvason bedanke ich mich für wertvolle Diskussionen und Hinweise und bei Herrn Patrick Ludl für das Korrekturlesen des Vorlesungsmanuskripts. Besonderer Dank gebührt meiner Frau für ihre unerschütterliche Unterstützung während der langen Zeit der Abfassung des Buches.

Wien, Juli 2010   Walter Grimus

Inhalt

Liste der wichtigsten verwendeten Symbole und Abkürzungen

$\mathcal{A}$	System von Teilchen
$A_r(X)$	relative Atommasse des Isotops X
BE	Bose-Einstein
C_H	Wärmekapazität bei konstantem Magnetfeld
C_p	Wärmekapazität bei konstantem Druck
C_V	Wärmekapazität bei konstantem Volumen
c	Konzentration
c_l	Lichtgeschwindigkeit
c_s	Schallgeschwindigkeit
c_V	Wärmekapazität pro Teilchen
F	freie Energie
FD	Fermi-Dirac
FP	Fundamentalpostulat
$f(\vec{x}, \vec{p}, t)$	Verteilungsfunktion
G	freie Enthalpie
$g_\alpha(z)$	Polylogarithmus
$g(\varepsilon)$	Zustandsdichte
H	Enthalpie
H_{kl}	klassische Hamilton-Funktion
$\widehat{H}$	Hamilton-Operator
$\vec{\mathcal{H}}, \mathcal{H}$	Magnetfeld (magnetische Feldstärke)
J	großkanonisches Potential
j	Gesamtdrehimpuls (Spin)
k	Boltzmann-Konstante
$\vec{k}$	Wellenzahlvektor
ℓ	mittlere freie Weglänge
MB	Maxwell-Boltzmann
M_z	Magnetisierung in z-Richtung
m	Masse eines Teilchens
N	Anzahl der Teilchen
N_A	Loschmidt- bzw. Avogadro-Zahl
N_c	Anzahl der im Lösungsmittel gelösten Teilchen
ON	Orthonormal-
p	Druck
p_F	Fermi-Druck
$\vec{p}$	Impuls
$\bar{p}(T)$	Koexistenzkurve zweier Phasen

$\bar{p}_d(T)$	Dampfdruckkurve
p_s	Sättigungsdruck
q	latente Wärme
q_s	Schmelzwärme
q_v	Verdampfungswärme
S	Entropie
s	Entropie pro Teilchen
s	Spin
T	Temperatur
T_D	Debye-Temperatur
T_F	Fermi-Temperatur
T_s	Siedepunkt
U	innere Energie
V	Volumen
$\mathcal{V}$	Raumgebiet mit Volumen V
$\vec{v}, v$	Geschwindigkeit
v	Volumen pro Teilchen
Y	großkanonische Zustandssumme
Z	kanonische Zustandssumme
Z_{kl}	kanonische Zustandssumme in klassischer Näherung
z	Fugazität

α	isobarer Ausdehnungskoeffizient
α	Ionisierungsgrad
β	Abkürzung für $1/(kT)$
β	isochorer Spannungskoeffizient
γ	Adiabatenexponent
γ_g	Grüneisen-Parameter
ϵ	Photonenergie
ε	kinetische Energie eines Teilchens
ε_F	Fermi-Energie
η	Energiedichte
Θ	Heaviside-Funktion
κ_T	isotherme Kompressibilität
κ_S	adiabatische Kompressibilität
λ	thermische de Broglie-Wellenlänge
μ	chemisches Potential
$\vec{\mu}, \mu_M$	magnetisches Moment
μ_B	Bohr'sches Magneton
ρ	Dichtematrix
ρ	Teilchendichte

ρ_m	Massendichte
σ	elektrische Leitfähigkeit
σ	Oberflächenspannung
$\vec{\sigma}$	Pauli-Matrizen
$\sigma(\omega)$	Frequenzverteilung
$\sigma_D(\omega)$	Debye-Verteilung
σ_S	Salinität
σ_{SB}	Stefan-Boltzmann-Konstante
τ_r	Relaxationszeit
τ_s	mittlere Stoßzeit
χ	magnetische Suszeptibilität
Ω	Anzahl der Zustände
ω	Kreisfrequenz

Einleitung

Die Statistische Mechanik, als deren Begründer James Clerk Maxwell, Ludwig Boltzmann und Josiah Willard Gibbs angesehen werden, ist eine physikalische Disziplin, die sich mit makroskopischen Systemen beschäftigt und versucht, deren Gesetzmäßigkeiten aus mikroskopischen Befunden herzuleiten. Die Thermodynamik, die sich ebenfalls mit der Beschreibung makroskopischer Systeme beschäftigt, ist älter als die Statistische Mechanik. Sie ist eine empirische, phänomenologische Theorie und stellt eine bedeutende und großartige Leistung der klassischen Physik dar. Das Gedankengebäude der Thermodynamik ist relativ abstrakt, jedoch finden ihre grundlegenden Konzepte wie Wärme, Entropie und Temperatur in der Statistischen Physik eine natürliche Begründung bzw. erfahren durch die Mikrophysik, also die Physik der Atome, Moleküle, Photonen, etc., eine konkrete Deutung. Die Begriffe „Statistische Mechanik" und „Statistische Physik" werden heutzutage meistens synonym verwendet, jedoch wird in diesem Buch der zweite Begriff bevorzugt, da er eine allgemeinere, von der klassischen Mechanik losgelöste Bedeutung nahelegt.

Die fundamentale Theorie der Mikrophysik ist die Quantenmechanik bzw. die Quantenfeldtheorie. Kennt man für ein Problem die mikroskopischen Wechselwirkungen, kann man den entsprechenden Hamilton-Operator angeben und zumindest im Prinzip das Problem lösen. Allerdings wäre selbst eine exakte Lösung im Fall eines makroskopischen Systems relativ sinnlos wegen der Überfülle von Informationen, mit denen man im makroskopischen Bereich wenig anfangen kann, wo – besonders im Fall des Gleichgewichts – wenige Parameter zur Beschreibung eines Systems genügen. Der Schritt von der Mikrophysik zur Makrophysik kommt natürlich nicht ohne Zusatzannahmen aus, wie im Folgenden dargelegt wird.

Das vorliegende Buch beschäftigt sich fast ausschließlich mit dem thermischen Gleichgewicht. Nur im letzten Teil, im Kapitel 7, werden einige Konzepte für die Beschreibung des Verhaltens von makroskopischen Systemen vorgestellt, die sich nicht im Gleichgewicht befinden, sondern sich dem Gleichgewicht annähern oder durch einen stationären Zustand in der Nähe des Gleichgewichts beschrieben werden können.

Bei der Beschreibung des Gleichgewichts gehen wir von den Eigenzuständen des Hamilton-Operators eines Systems aus, den sogenannten Mikrozuständen. Der Übergang zum Makrozustand (Ensemble) des Systems wird durch eine Wahrscheinlichkeitsaussage vollzogen, nämlich durch die Angabe der Wahrscheinlichkeitsverteilung, mit der die Mikrozustände im Ensemble vorkommen. Der spezielle Charakter des Gleichgewichtszustands wird durch folgende Punkte verdeutlicht:

–   Der Hamilton-Operator, nach dem die Mikrozustände klassifiziert werden, ist im Allgemeinen idealisiert und braucht nicht die Wechselwirkung, die das System ins Gleichgewicht gebracht hat, zu beinhalten. D.h., die Vorgeschichte des Systems ist irrelevant für die Beschreibung des Gleichgewichts. Ein typischer Fall ist das ideale Gas, wo man gleichzeitig die Annahme des Gleichgewichts und die der Wechselwirkungsfreiheit der Gasmoleküle macht.

- Die Annahme, auch Fundamentalpostulat genannt, die die Verbindung vom Hamilton-Operator bzw. den Mikrozuständen zum Makrozustand herstellt, ist von bestechender Einfachheit und physikalischer Intuition: In einem *isolierten* System kommen alle mit den vorgegebenen makroskopischen Parametern verträglichen Mikrozustände mit gleicher Wahrscheinlichkeit vor.
- Die für die Anwendungen relevanten Makrozustände leiten sich aus dem Fundamentalpostulat her und sind somit universelle Funktionen des im Gleichgewicht relevanten Hamilton-Operators.

Im Kapitel 1 werden diese Punkte detaillierter betrachtet. Wie bei der Thermodynamik, nur diesmal auf der Ebene der Mikrophysik, fassen die genannten Punkte Erfahrungstatsachen der Statistischen Physik zusammen, auf denen ihr Erfolg beruht.

Der Zusammenhang zwischen der Entropie S und der Wahrscheinlichkeitsrechnung wurde von Ludwig Boltzmann hergestellt (1), indem er das Fundamentalpostulat einführte. Er bediente sich dabei der Diskretisierung der klassischen Variablen eines Systems und der Anzahl der Kombinationen, bei Boltzmann „Komplexionen" genannt, welche einen vorgegebenen Makrozustand realisieren. Die Größe der diskreten Volumina im Phasenraum blieb bei Boltzmann frei, denn dazu brauchte man erst einmal eine neue Naturkonstante, das Planck'sche Wirkungsquantum. Nach einem phänomenologischen Ansatz, um die Wien'sche Strahlungsformel für die Spektralverteilung eines schwarzen Strahlers zu modifizieren und dadurch den experimentellen Befunden anzupassen (2), griff Max Planck die Idee der Boltzmann'schen Komplexionen auf und konnte mit deren Hilfe seinen phänomenologischen Ansatz auf eine theoretische Basis stellen (3); dabei führte er eine neue Naturkonstante, das Wirkungsquantum $h = 2\pi\hbar$ ein, um der Frequenz ν eines Photons eine diskrete Energie $E_\nu = h\nu$ zuzuordnen. In derselben Arbeit führte er auch die Konstante k ein, die heute nach Boltzmann benannt ist. In einer unmittelbar darauf folgenden Publikation (4) brachte Planck schließlich den Boltzmann'schen Zusammenhang zwischen Entropie und Anzahl der Komplexionen auf die Form $S = k \ln W$, wobei in der modernen Sprache W die Anzahl der Zustände des mikrokanonischen Ensembles ist; in den heutigen Lehrbüchern verwendet man meistens Ω statt W.

Durch Planck und seine Theorie des Photonengases hat also das Wirkungsquantum h Eingang in die Statistische Physik gefunden. Das Verdienst, dem Wirkungsquantum eine allgemeine Bedeutung in der Statistischen Physik zu geben, weil es für Gase von massiven Teilchen die Diskretisierung des Phasenraumvolumens festlegt, gebührt Hugo Tetrode und Otto Sackur. Ausgangspunkt ihrer Überlegungen war das Nernst'sche Wärmetheorem (5), welches heute meistens dritter Hauptsatz der Thermodynamik genannt wird; vereinfacht besagt dieser Satz, dass $S = 0$ am absoluten Nullpunkt der Temperatur gilt. Durch diese Erkenntnis von Walther Nernst ist es möglich, Entropien über Phasengrenzen hinweg und zwischen verschiedenen Stoffen zu vergleichen. Insbesondere ist dadurch die Entropie eines einatomigen homogenen Stoffes absolut, d.h. ohne freie Konstante, festgelegt. Wenn man genügend viele kalorische Daten in der festen und flüssigen Phase (Wärmekapazitäten und latente Wärmen) zur Verfügung hat, kann man daraus den absoluten Wert der Entropie in der Gasphase dieses Stoffes bestimmen, mit der nach dem Boltzmann'schen Verfahren berechneten Entropie vergleichen und dadurch auf die Größe der „Elementarzelle" im Phasenraum schließen. Tetrode und Sackur haben das anhand von Quecksilberdaten durchgeführt und auf diese Weise *empirisch* gefunden, dass die Diskretisierung des Phasenraumes durch $\Delta q \Delta p = h$ bestimmt ist (6; 7), wobei q und p zueinander konjugierte Variablen sind. Die Formel für den absoluten Wert der Entropie des einatomigen idealen Gases wird daher Sackur-Tetrode-Gleichung genannt.

Das vorliegende Buch hat zum Ziel, ausgehend von der Quantenmechanik die Konzepte der Statistischen Physik kurz und bündig zu erklären und auf Phänomene anzuwenden. Die klassische Statistische Mechanik erscheint als klassischer Limes der Quantenmechanik. Weiters werden auch die wesentlichen allgemeinen thermodynamischen Überlegungen durchgeführt und darüber hinaus solche, die zum Verständnis der betrachteten Phänomene wichtig sind. Besonderer Wert wird auf die Motivation und Erläuterung der Annahmen gelegt, auf denen die Berechnungen basieren. Numerische Betrachtungen werden als wichtiger Teil der Beschreibung und des Verständnisses der diskutierten Phänomene gesehen.

Im Kapitel 1 formulieren wir – nach einer kurzen Zusammenfassung der wesentlichen Punkte der Quantenmechanik – das Fundamentalpostulat. Damit stellen wir die wichtigsten Begriffe der Thermodynamik wie Gleichgewicht, Entropie, Temperatur, Wärme und Arbeit auf eine statistische Grundlage und führen schließlich die Ensembles ein. Kapitel 2 entwickelt aus den im Kapitel 1 eingeführten Begriffen die Grundzüge der Thermodynamik, z.B. die Hauptsätze, die thermodynamischen Potentiale und die Gleichgewichtsbedingungen. Wenn Teilchen zwischen zwei Komponenten eines Systems ausgetauscht werden können, dann ist für die Diskussion des Gleichgewichts die Gleichheit der chemischen Potentiale von herausragender Bedeutung und vielseitig anwendbar, was schon im Kapitel 2 betont und später bei den Anwendungen klar zum Ausdruck kommen wird. Der Thermodynamik von Gasen ist ein eigenes Kapitel 3 gewidmet, da dieser Aggregatzustand durch seine Einfachheit eine große Rolle in der Thermodynamik spielt. Im Kapitel 4 arbeiten wir im Detail den Zusammenhang zwischen Statistischer Physik und Thermodynamik heraus, wobei die Berechnung der thermodynamischen Potentiale aus den Zustandssummen das zentrale Thema darstellt. Auch der klassische Limes der Quantenstatistischen Physik wird hier diskutiert. Kapitel 5 ist das größte Kapitel des Buches und zeigt, dass man in sehr vielen Fällen und bei verschiedensten Phänomenen mit der Annahme von nichtwechselwirkenden Teilchen schon weitreichende Aussagen herleiten kann. Im Gegensatz dazu behandelt Kapitel 6, das sich mit einigen Phänomenen wechselwirkender Teilchen beschäftigt, nur wenige Themen, da hier die Methoden von Fall zu Fall recht verschieden und aufwendig sind. Dasselbe trifft auch auf Kapitel 7 zu, das sich mit Systemen in der Nähe des Gleichgewichts befasst; da es sich dabei um ein Gebiet handelt, das um Vieles umfangreicher und komplexer als die Statistische Physik des Gleichgewichts ist, basiert die im Buch getroffene Auswahl der Themen auf dem Wunsch der Einfachheit und Anwendbarkeit.

Jedes Kapitel schließt mit einigen Übungsaufgaben, deren Lösungen am Ende des Buches zu finden sind.

1 Grundlagen der Statistischen Physik

1.1 Zustände in der Quantenmechanik

Da in der Statistischen Physik spezielle gemischte Zustände eine herausragende Rolle spielen, beginnen wir mit einer knappen Diskussion von quantenmechanischen Zuständen und deren Relation zu Dichtematrizen.

1.1.1 Zustände, Observable, Erwartungswerte

1.1.1.1 Zustandsvektoren

In der Quantenmechanik ist ein Zustandsvektor $|\psi\rangle$ ein normierter Vektor aus einem Hilbert-Raum ($\|\psi\| = 1$). Natürlich machen solche Vektoren für die Physik nur dann Sinn, wenn sie zumindest in einer Näherung ein physikalisches System beschreiben, d.h., wenn die Erwartungswerte von relevanten Observablen, die mathematisch durch hermitische Operatoren auf dem Hilbert-Raum dargestellt werden, die Resultate von Messungen annähern. Wir betrachten folgende Beispiele für Einteilchenzustände:

i. Ein Teilchen ohne Spin wird durch seine Wellenfunktion $\psi(\vec{x})$ beschrieben, wobei ψ die Normierungsbedingung $\|\psi\|^2 = \int d^3x \, |\psi(\vec{x})|^2 = 1$ erfüllt. Observable sind $\vec{X}$ (Ort), $\vec{P}$ (Impuls) und Funktionen davon.

ii. Ein Spin (Spin 1/2) wird durch $\psi = \begin{pmatrix} a \\ b \end{pmatrix} \in \mathbb{C}^2$ mit $\|\psi\|^2 = |a|^2 + |b|^2 = 1$ beschrieben. Die dazugehörigen Observablen (Spinoperatoren) sind $\hbar\vec{\sigma}/2 = \vec{S}$, wobei die σ_j ($j = 1, 2, 3$) die Pauli-Matrizen sind.

iii. Für ein Teilchen mit Spin werden die beiden vorigen Zustandsvektoren kombiniert zu $\psi(\vec{x}) = \begin{pmatrix} \psi_1(\vec{x}) \\ \psi_2(\vec{x}) \end{pmatrix}$ mit $\|\psi\|^2 = \int d^3x \left(|\psi_1(\vec{x})|^2 + |\psi_2(\vec{x})|^2 \right) = 1$. Observable sind $\vec{X}, \vec{P}, \vec{S}$ und Funktionen davon.

1.1.1.2 Observablenalgebra

Die Kommutatorrelationen

$$[X_i, X_j] = 0, \quad [P_i, P_j] = 0, \quad [X_i, P_j] = i\hbar\delta_{ij}\mathbb{1}, \tag{1.1}$$

$$[S_i, S_j] = i\epsilon_{ijk}\hbar S_k \tag{1.2}$$

mit $i, j, k = 1, 2, 3$ definieren die Observablenalgebra für ein Teilchen mit Spin. Den nichthermitischen Elementen der Observablenalgebra kann natürlich keine physikalische Messung entsprechen. Die Kommutatorrelationen der Spinoperatoren folgen aus dem Multiplikationsgesetz

$$\sigma_i \sigma_j = \delta_{ij} \mathbb{1} + i \epsilon_{ijk} \sigma_k \tag{1.3}$$

für die Pauli-Matrizen, wobei δ_{ij} das Kronecker-Symbol und ϵ_{ijk} der total antisymmetrische Tensor dritter Stufe ist ($\epsilon_{123} = 1$). Die Observablenalgebra für den Spin besteht aus allen 2×2-Matrizen, da sie wegen $\vec{S}^2 = (3\hbar^2/4)\mathbb{1}$ auch die Einheitsmatrix enthält.

1.1.1.3 Erwartungswerte

Den Erwartungswert einer Observablen A in einem System, das durch den Zustandsvektor $|\psi\rangle$ beschrieben wird, erhält man als

$$w(A) \equiv \langle \psi | A | \psi \rangle. \tag{1.4}$$

Beschreibt $|\psi\rangle$ das System adäquat, dann ist der Erwartungswert $w(A)$ die Vorhersage für die Messung von A am System.

Der Zustand w – als Abbildung der Observablenalgebra in die komplexen Zahlen (8) – hat folgende Eigenschaften:

i) $w(\alpha A + \beta B) = \alpha\, w(A) + \beta\, w(B)$ mit α, $\beta \in \mathbb{C}$ (Linearität),

ii) $w(A^\dagger A) \geq 0$ (Positivität),

iii) $w(\mathbb{1}) = 1$ (Normierung).

1.1.1.4 Die allgemeine Definition und Form eines Zustands

Die soeben erwähnten drei Eigenschaften legen nahe, diese für die allgemeine Definition eines Zustands zu benützen. Dann kann man Folgendes zeigen (8). Zu jeder Abbildung w, die die obigen drei Eigenschaften erfüllt, gibt es eine Indexmenge I (endlich oder unendlich), Zahlen $\rho_r > 0$ mit $\sum_{r\in I} \rho_r = 1$ und ein Orthonormalsystem (ON-System) $|\psi_r\rangle$ ($r \in I$), so dass $w(A)$ gegeben ist durch

$$w(A) = \sum_{r\in I} \rho_r \langle \psi_r | A | \psi_r \rangle \tag{1.5}$$

für alle Observablen A bzw. Elemente aus der Observablenalgebra.

Wenn ein *reiner Zustand* vorliegt, hat I nur ein Element und das dazugehörige ρ_r muss daher eins sein. Zur Beschreibung des Zustands genügt ein Zustandsvektor. Der Erwartungswert einer Observablen ist also wie in Gl. (1.4) gegeben. Das ist der übliche Fall in der Quantenmechanik. Bei einem *gemischten Zustand* enthält I mindestens zwei Elemente. Ein gemischter Zustand ist also ein gewichtetes Mittel von reinen Zuständen.

Für endlichdimensionale Hilbert-Räume kann man leicht einen Beweis für Gl. (1.5) skizzieren. In diesem Fall kann man einfach den Raum $\mathbb{C}^d$ betrachten ($d \in \mathbb{N}$), und jede Observable ist eine Matrix. Wegen der Linearität lässt sich $w(A)$ als

$$w(A) = \sum_{k,\ell=1}^{d} \rho_{k\ell} A_{\ell k} \tag{1.6}$$

schreiben. Nimmt man weiters spezielle Observable der Form $A_{k\ell} = b_k b_\ell^*$ mit Einheitsvektoren $b \in \mathbb{C}^d$, gilt $A^\dagger A = A^2 = A$. Eigenschaft ii) gibt dann $b^\dagger \rho b \geq 0$, also ist ρ eine positive Matrix und damit auch hermitisch, da durch einen antihermitischen Anteil von ρ im Allgemeinen $b^\dagger \rho b$ komplex sein würde. Wegen der Positivität sind alle Eigenwerte ρ_r von ρ größer oder gleich Null. Wegen Eigenschaft iii) gilt außerdem $\sum_{r=1}^{d} \rho_r = 1$. Mit der ON-Basis $\{|\psi_r\rangle\}$ von Eigenvektoren von ρ haben wir die Darstellung $\rho = \sum_{r=1}^{d} \rho_r \psi_r \psi_r^\dagger \equiv \sum_{r=1}^{d} \rho_r |\psi_r\rangle\langle\psi_r|$ und

$$w(A) = \sum_{r=1}^{d} \rho_r (\psi_r)_k (\psi_r)_\ell^* A_{\ell k} = \sum_{r=1}^{d} \rho_r \langle\psi_r|A|\psi_r\rangle \tag{1.7}$$

für eine beliebige Observable A.

1.1.1.5 Die Dichtematrix

Ein Projektor P auf einem Hilbert-Raum ist ein linearer Operator mit den Eigenschaften $P^2 = P$, $P^\dagger = P$. Mit einem Zustandsvektor kann man folgenden Projektor definieren:

$$P_\psi \equiv |\psi\rangle\langle\psi| \quad \text{mit} \quad P_\psi|\phi\rangle = |\psi\rangle\langle\psi|\phi\rangle. \tag{1.8}$$

Die Koeffizienten ρ_r und das ON-System $\{|\psi_r\rangle\}$ im Erwartungswert Gl. (1.5) definieren die *Dichtematrix*

$$\rho = \sum_{r\in I} \rho_r |\psi_r\rangle\langle\psi_r|. \tag{1.9}$$

Sei $\{|\varphi_i\rangle\}$ ein vollständiges ON-System, also eine ON-Basis eines Hilbert-Raums. Dann definiert man die Spur eines Operators A als

$$\text{Sp}\, A = \sum_i \langle\varphi_i|A|\varphi_i\rangle. \tag{1.10}$$

Es lässt sich leicht zeigen, dass die Definition unabhängig von der gewählten ON-Basis ist. Die Spur hat folgende Eigenschaften:

$$\text{Sp}\,(\alpha A + \beta B) = \alpha\,\text{Sp}\,A + \beta\,\text{Sp}\,B, \quad \text{Sp}\,(AB) = \text{Sp}\,(BA). \tag{1.11}$$

Gl. (1.5) lässt sich somit formulieren als

$$w(A) = \text{Sp}\,(\rho A). \tag{1.12}$$

Aus Gl. (1.9) erhält man die drei Eigenschaften $\rho^\dagger = \rho$, $\rho \geq 0$ und $\text{Sp}\,\rho = 1$. Umgekehrt folgt aus dem Spektralsatz, dass jeder Operator ρ mit diesen drei Eigenschaften eine Dichtematrix ist.

1.1.2 Beispiele für gemischte Zustände

1.1.2.1 Kathodenstrahlen und Spin des Elektrons

In Kathodenstrahlen sind die Spins zufällig verteilt. Es sei $|\psi\rangle$ ein beliebiger Zustandsvektor aus $\mathbb{C}^2$ und A eine beliebige Spin-Observable:

$$|\psi\rangle = \begin{pmatrix} \cos\alpha \\ \sin\alpha\, e^{i\beta} \end{pmatrix} e^{i\gamma}, \quad A = \begin{pmatrix} A_{11} & A_{12} \\ A_{21} & A_{22} \end{pmatrix}. \tag{1.13}$$

Dann erhält man

$$\langle\psi|A|\psi\rangle = \cos^2\alpha\, A_{11} + \sin^2\alpha\, A_{22} + \cos\alpha\sin\alpha\, e^{i\beta} A_{12} + \cos\alpha\sin\alpha\, e^{-i\beta} A_{21}. \tag{1.14}$$

Da die Richtung der Elektronspins zufällig ist, mittelt man bei einer Messreihe über α und β. Das Ergebnis einer Spinmessung ist also

$$\int\limits_0^{2\pi} \frac{d\alpha}{2\pi} \int\limits_0^{2\pi} \frac{d\beta}{2\pi} \langle\psi|A|\psi\rangle = \frac{1}{2}\left(A_{11} + A_{22}\right). \tag{1.15}$$

Daraus folgt, dass die Dichtematrix durch

$$\rho = \frac{1}{2}\Big(|\uparrow\rangle\langle\uparrow| + |\downarrow\rangle\langle\downarrow|\Big) \quad \text{mit} \quad |\uparrow\rangle \equiv \begin{pmatrix} 1 \\ 0 \end{pmatrix}, \quad |\downarrow\rangle \equiv \begin{pmatrix} 0 \\ 1 \end{pmatrix} \tag{1.16}$$

gegeben ist. Diese Dichtematrix ist einfach $\rho = \frac{1}{2}\mathbb{1}$, weil die beiden Vektoren $|\uparrow\rangle$, $|\downarrow\rangle$ eine ON-Basis bilden.

1.1.2.2 Systeme bestehend aus zwei Teilsystemen

Gegeben sei das Gesamtsystem $\mathcal{A}_{\text{total}} = \mathcal{A} \cup \mathcal{A}'$, wobei $\{|\varphi_m\rangle\}$ eine ON-Basis im Teilsystem $\mathcal{A}$ und $\{|\varphi_n'\rangle\}$ eine ON-Basis im Teilsystem $\mathcal{A}'$ ist. Das System sei in einem reinen Zustand und werde durch den Zustandsvektor

$$|\psi\rangle = \sum_{m,n} c_{mn} |\varphi_m\rangle \otimes |\varphi_n'\rangle \quad \text{mit} \quad \sum_{m,n} |c_{mn}|^2 = 1 \tag{1.17}$$

beschrieben. Wir betrachten nun den Fall, dass nur Messungen am Teilsystem $\mathcal{A}$ durchgeführt werden, d.h., nur Observable der Gestalt $A \otimes \mathbb{1}$ werden in Betracht gezogen. Dann sieht der Zustand des Systems im Allgemeinen gemischt aus, bzw. durch Messung von Observablen der Gestalt $A \otimes \mathbb{1}$ allein kann man im Allgemeinen nicht feststellen, dass das System eigentlich in einem reinen Zustand ist.

Der Nachweis dieser Behauptung erfolgt in drei Schritten:

Schritt 1:

$$\begin{aligned}
\langle\psi|A\otimes\mathbb{1}|\psi\rangle &= \sum_{m,n,p,q} c_{mn}^* c_{pq} \langle\varphi_m \otimes \varphi_n'|(A\otimes\mathbb{1})|\varphi_p \otimes \varphi_q'\rangle \\
&= \sum_{m,n,p,q} c_{mn}^* c_{pq} \langle\varphi_m|A|\varphi_p\rangle \langle\varphi_n'|\varphi_q'\rangle \\
&= \sum_{m,p} M_{mp} \langle\varphi_m|A|\varphi_p\rangle,
\end{aligned}$$

wobei die Matrix M definiert ist als

$$M_{mp} = \sum_n c_{mn}^* c_{pn}.$$

Schritt 2: M erfüllt

$$M_{mp} = M_{pm}^*, \quad \text{Sp}\, M = 1, \quad M \geq 0$$

und kann durch das ON-System von Eigenvektoren v_r mit Eigenwerten ρ_r diagonalisiert werden:

$$M v_r = \rho_r v_r \quad \text{mit} \quad \rho_r \geq 0, \quad \sum_r \rho_r = 1.$$

Damit hat man

$$M_{mp} = \sum_r \rho_r v_{rm} v_{rp}^*.$$

Schritt 3:

$$\langle \psi | A \otimes \mathbb{1} | \psi \rangle = \sum_{m,p} \sum_r \rho_r \langle v_{rm}^* \varphi_m | A | v_{rp}^* \varphi_p \rangle = \sum_r \rho_r \langle \psi_r | A | \psi_r \rangle$$

mit der ON-Basis $\{|\psi_r\rangle = \sum_m v_{rm}^* |\varphi_m\rangle\}$.

Wir illustrieren den hergeleiteten Sachverhalt durch folgendes Beispiel. Wir betrachten ein Teilchen mit Spin, die Teilsysteme A und A' seien der Wellenfunktion bzw. dem Spin zugeordnet. Angenommen, es werden keine Spinmessungen durchgeführt. Dann ist die Observable A eine Funktion f von $\vec{X}, \vec{P}$ und

$$\langle \psi | A | \psi \rangle = \int \mathrm{d}^3 x \left(\psi_1^* f \psi_1 + \psi_2^* f \psi_2 \right), \tag{1.18}$$

wobei ψ im Beispiel iii. von Abschnitt 1.1.1 erklärt ist. Nun machen wir die vereinfachende Annahme $\langle \psi_1 | \psi_2 \rangle = 0$ und erhalten das ON-System $\{|\varphi_1\rangle, |\varphi_2\rangle\}$ durch $\|\psi_i\| = \lambda_i$ und $|\varphi_i\rangle = |\psi_i\rangle / \lambda_i$. Damit schreibt man Gl. (1.18) um in

$$\langle \psi | A | \psi \rangle = \lambda_1^2 \langle \varphi_1 | f | \varphi_1 \rangle + \lambda_2^2 \langle \varphi_2 | f | \varphi_2 \rangle \quad \text{mit} \quad \lambda_1^2 + \lambda_2^2 = 1. \tag{1.19}$$

Also sieht man effektiv einen gemischten Zustand mit der Dichtematrix

$$\rho = \sum_{i=1,2} \rho_i |\varphi_i\rangle \langle \varphi_i| \quad \text{und} \quad \rho_i = \lambda_i^2. \tag{1.20}$$

Eine relative Phase zwischen den Wellenfunktionen ψ_1 und ψ_2 ist ohne Spinobservable unmessbar.

1.1.3 Die Zeitentwicklung

Das Schrödinger-Bild ist definiert durch die Zeitentwicklung

$$i\hbar \frac{\mathrm{d}}{\mathrm{d}t} |\psi(t)\rangle = \widehat{H} |\psi(t)\rangle \quad \text{bzw.} \quad |\psi(t)\rangle = \exp(-it\widehat{H}/\hbar) |\psi(0)\rangle, \tag{1.21}$$

wobei $|\psi(0)\rangle$ ein beliebiger Zustandsvektor und $\widehat{H}$ der Hamilton-Operator ist. Daher erhält man die Zeitentwicklung eines Erwartungswerts als

$$w_t(A) = \sum_{r \in I} \rho_r \langle \psi_r(t)|A|\psi_r(t)\rangle. \tag{1.22}$$

Die Zeitentwicklung der Dichtematrix ist somit gegeben durch

$$\rho(t) = \sum_{r \in I} \rho_r |\psi_r(t)\rangle \langle \psi_r(t)| = \exp(-it\widehat{H}/\hbar)\rho(0)\exp(it\widehat{H}/\hbar). \tag{1.23}$$

Durch Ableitung dieser Gleichung erhält man die zur Schrödinger-Gleichung äquivalente Gleichung

$$\dot{\rho}(t) = \frac{i}{\hbar}[\rho(t), \widehat{H}] \tag{1.24}$$

für die Zeitentwicklung der Dichtematrix. Die Zeitentwicklung ändert nicht die Koeffizienten ρ_r. Ist also das System anfangs in einem reinen (gemischten) Zustand, dann bleibt das System für alle Zeiten in einem reinen (gemischten) Zustand.

1.2 Statistische Beschreibung eines Systems

1.2.1 Makroskopische Systeme

Ein makroskopisches System besteht aus sehr vielen Teilchen, z.B. aus N_A Teilchen, wobei $N_A = 6.0221415(10) \times 10^{23}$ mol^{-1} die Loschmidt- bzw. Avogadro-Zahl ist (9). Diese Zahl ist unmittelbar mit der *atomaren Masseneinheit* verknüpft, welche definiert ist durch $1\,u = \text{Masse}(^{12}\text{C-Atom})/12$. Da 1 mol einer Substanz N_A Moleküle hat, gilt $1\,u = 1\,g/(N_A \times 1\text{mol})$.

Makroskopische Systeme werden durch sehr wenige Parameter im Vergleich zur Zahl der Freiheitsgrade beschrieben, denn die Zahl der Freiheitsgrade ist proportional zu N, der Anzahl der Teilchen. Parameter zur Beschreibung makroskopischer Systeme sind z.B. Energie, Druck, Volumen, etc.

Der Hamilton-Operator $\widehat{H}$ enthält *externe Parameter* Y_i. Im minimalen Fall sind das N und das Volumen V des Systems. Es gibt viele Möglichkeiten für weitere externe Parameter: Das System kann mehrere Teilchensorten enthalten, dann ist die Anzahl jeder Teilchensorte ein eigener externer Parameter; dasselbe gilt für das Volumen V, das aus Teilvolumina bestehen kann, über deren Grenzen nur auf bestimmte Weise physikalische Wechselwirkungen stattfinden können; auf das System können externe Magnetfelder $\vec{\mathcal{H}}$ oder externe elektrische Felder wirken, und so weiter. Wir nehmen immer an, dass das System auf ein endliches Raumgebiet $\mathcal{V}$ eingeschränkt ist, dessen Volumen V daher ebenfalls endlich ist. Formal hat der Hamilton-Operator folgende Gestalt:

$$\widehat{H} = \widehat{H}_{\text{kin}} + \widehat{H}_{\text{int}} + \widehat{H}_B, \tag{1.25}$$

ist also eine Summe aus kinetischer Energie, der Wechselwirkungsenergie der Teilchen untereinander und mit äußeren Feldern, und dem Term $\widehat{H}_B$, welcher die Randbedingung formalisiert; gilt $\vec{x}_j \notin \mathcal{V}$ für den Koordinatenvektor $\vec{x}_j$ *eines* Teilchens, dann
wird $\widehat{H}_B$ der Wert ∞ zugeordnet, liegen die Koordinatenvektoren *aller* Teilchen in $\mathcal{V}$,
dann hat $\widehat{H}_B$ den Wert Null. Dies entspricht Dirichlet-Randbedingungen, bei denen die
Wellenfunktion am Rand des Gebiets Null ist. Weil wir ein endliches Volumen betrachten, sind die Eigenwerte von $\widehat{H}$ diskret (10; 11) und die Anzahl der Zustände, deren
Energie in einem bestimmten Intervall liegt, ist daher wohldefiniert.

Nun besprechen wir einige grundlegende Begriffe der Statistischen Physik:

- *Isoliertes System:* Für ein solches idealisiertes System ist keine Wechselwirkung
  mit der Umgebung außerhalb von $\mathcal{V}$ möglich, insbesondere kein Energie- oder
  Teilchenaustausch.

- *Mikrozustände:* Eigenzustände $|\psi_r\rangle$ des Hamilton-Operators nennt man Mikro-
  zustände. Für ein isoliertes System verlangen wir zusätzlich, dass die Eigenwer-
  te E_r in einem vorgegebenen Energieintervall liegen, also $\widehat{H}|\psi_r\rangle = E_r|\psi_r\rangle$ mit
  $E_r \in [U - \Delta U, U]$. Diese Festsetzung erlaubt, für $\Delta U \ll U$ dem isolierten System
  eine wohldefinierte Energie zuzuweisen. Die Länge ΔU des Energieintervalls soll
  außerdem viel größer als der Abstand zwischen benachbarten Energieniveaus
  sein, es sollen also sehr viele Energieniveaus im vorgegebenen Intervall liegen.

- *Makrozustand:* Er beinhaltet alle Mikrozustände, die durch die externen Parameter $\mathbf{Y} = \{Y_i\}$ und das Energieintervall $[U - \Delta U, U]$ festgelegt sind.

1.2.2 Der Gleichgewichtszustand eines makroskopischen Systems

Ein Gleichgewichtszustand ist stationär, d.h., die dazugehörige Dichtematrix hat die
Gestalt

$$\rho = \sum_r \rho_r |\psi_r\rangle\langle\psi_r| \quad \text{mit} \quad \widehat{H}|\psi_r\rangle = E_r|\psi_r\rangle \quad \Rightarrow \quad \dot{\rho} = 0. \tag{1.26}$$

Die Eigenschaft „stationär" genügt nicht für das Gleichgewicht! Dieses wird durch das
sogenannte *Fundamentalpostulat* beschrieben (12; 13; 14; 15):

FUNDAMENTALPOSTULAT DER STATISTISCHEN PHYSIK: **!**
Im Gleichgewicht kommen alle im Makrozustand enthaltenen Mikrozustände eines
isolierten Systems mit gleicher Wahrscheinlichkeit vor.

Im Weiteren verwenden wir die Abkürzung FP für das Fundamentalpostulat. Dem
statistischen Gleichgewicht entspricht ein gemischter quantenmechanischer Zustand
bzw. eine Dichtematrix, die durch folgende mathematische Formulierung des FPs festgelegt ist.

! FP: Es sei $I = \{r | E_r \in [U - \Delta U, U]\}$ und Ω = Anzahl der Mikrozustände = Anzahl der Indizes in I. Dann wird das Gleichgewicht beschrieben durch die Dichtematrix

$$\rho_{MK} = \frac{1}{\Omega} \sum_{r \in I} |\psi_r\rangle \langle \psi_r| \quad \text{bzw.} \quad \rho_r = \begin{cases} 1/\Omega \text{ für } r \in I, \\ 0 \text{ sonst.} \end{cases}$$

Das FP *definiert* das Gleichgewicht. Die Rechtfertigung für das FP ist durch das Experiment gegeben; in fast allen Fällen erhält man mit dem FP eine erfolgreiche Beschreibung des Gleichgewichts. Den Zustand, der durch ρ_{MK} festgelegt ist, nennt man *mikrokanonisches Ensemble* (Ensemble = Gesamtheit). Ein wichtiger Punkt ist, dass sich das FP auf *isolierte* Systeme bezieht. Ist ein System durch eine Wechselwirkung mit der Umgebung im Gleichgewicht, muss auch diese in die Anwendung des FPs einbezogen werden. Die Anzahl der Zustände Ω ist eine Funktion $\Omega(U, \Delta U, \mathbf{Y})$.

Nun stellen wir einige Betrachtungen über das Verhältnis von Quantenmechanik zur Statistischen Physik an. Die Quantenmechanik ist eine fundamentale Theorie und sollte auch makroskopische Systeme beschreiben. Man kann sich daher folgende Fragen stellen: Unter welchen Annahmen folgt das FP aus der Quantenmechanik? Welche dieser Annahmen haben physikalischen (und nicht nur rein mathematischen) Inhalt? Klarerweise gilt das FP nur für makroskopische Systeme. Um ein makroskopisches System zu erhalten, kann man die Teilchendichte $\rho \equiv N/V$ konstant halten und N bzw. V sehr groß werden lassen. Lässt man die Zeitentwicklung bei $t = 0$ in einem reinen Zustand starten, wird im Allgemeinen das System nicht im Gleichgewicht sein. Erst nach einer Zeit $t \gg \tau_r$ wird sich das Gleichgewicht einstellen, wobei τ_r die Relaxationszeit des Systems ist. D.h., τ_r ist die typische Zeit, die ein System braucht, um nach einer plötzlichen Störung wieder ins Gleichgewicht zu kommen. Es ist auch möglich, dass ein System für verschiedene Freiheitsgrade verschiedene Relaxationszeiten hat. Das FP besagt, dass der Gleichgewichtszustand ein gemischter Zustand ist. Der Übergang vom reinen Zustand bei $t = 0$ zum gemischten Gleichgewichtszustand kann nicht durch die Schrödinger-Gleichung zustande kommen. Für den Übergang von einem reinen Zustand zum mikrokanonischen Ensemble im Fall eines abgeschlossenen makroskopischen Systems hat man unter anderem folgende mögliche Begründungen angegeben:

- Anzahl der Observablen $\ll$ Anzahl der Freiheitsgrade $\Rightarrow$ Effektiv sieht man einen gemischten Zustand (siehe voriges Unterkapitel).
- Makroskopische Messungen dauern eine endliche Zeit $\tau_M \gg \delta\tau$, wobei $\delta\tau$ die typische Zeit ist, in der eine Wechselwirkung stattfindet. D.h., effektiv beobachtet man nicht den Zustand zur Zeit t, sondern den in einem Zeitintervall der Länge τ_M gemittelten Zustand.
- Ein System ist nie vollständig isolierbar, insbesondere wenn es makroskopisch ist und daher die Energieniveaus des Systems extrem nahe beisammen liegen und

schon eine sehr kleine Störung aus der Umgebung oder eine nichtberücksichtigte Wechselwirkung der Teilchen untereinander Übergänge zwischen verschiedenen Mikrozuständen bewirken können.

Jeder dieser Punkte kann in gewissen Fällen für die Herleitung des FPs aus der Quantenmechanik herangezogen werden. Es ist allerdings fraglich, ob eine *allgemeingültige physikalische Herleitung* überhaupt existiert. Z.B. können in einem System mehrere Relaxationszeiten von völlig verschiedener Größenordnung vorhanden sein, so dass eine gemeinsame Begründung des Gleichgewichts unwahrscheinlich ist. Damit verbunden ist das Faktum, dass manche metastabile Zustände außerordentlich langlebig sind, man denke z.B. an Diamant bei Raumtemperatur und normalem Atmosphärendruck; trotzdem werden auch solche metastabile Zustände im Rahmen der Statistischen Physik gut beschrieben.

Betrachten wir den dritten Punkt der obigen Aufzählung etwas genauer. Wir können den totalen Hamilton-Operator aufspalten in $\widehat{H}_{\text{tot}} = \widehat{H} + \widehat{H}'_S + \widehat{H}''_S$, wobei die Klassifikation der Mikrozustände nach $\widehat{H}$ erfolgt, eine äußere Störung (Wechselwirkung mit der Umgebung durch die Gefäßwand) durch $\widehat{H}'_S$ beschrieben wird und eine innere Störung durch $\widehat{H}''_S$; dabei verstehen wir unter einer inneren Störung eine Restwechselwirkung der Teilchen, die nicht in $\widehat{H}$ enthalten ist und daher nicht zur Bestimmung von ρ_{MK} herangezogen wird. Trotzdem kann, auch wenn die Vernachlässigung von $\widehat{H}''_S$ für die Bestimmung des Gleichgewichts eine gute Näherung ist, die Annäherung an das Gleichgewicht durch $\widehat{H}''_S$ erfolgen. Ein typisches Beispiel ist das ideale Gas, wo man per Definition die Wechselwirkung zwischen den Molekülen vernachlässigt, obwohl ohne Stöße zwischen den Gasmolekülen im Allgemeinen die Relaxation zum Gleichgewicht nicht richtig beschrieben wird. Es ist plausibel, dass man in vielen Fällen eine Hierarchie von typischen Zeiten hat dergestalt, dass $\delta\tau \ll \tau_M \ll \tau_r \ll \tau_G$ gilt, wobei τ_G die Zeitspanne sein soll, ab der man von Gleichgewicht sprechen kann. Eine durch Messung bzw. Rechnung nachvollziehbare Entwicklung zum Gleichgewicht hat man im Allgemeinen erst für Zeiten, wenn die Relaxation zum Gleichgewicht einsetzt. Für eine weitergehende Diskussion siehe (14). Falls $\tau_M \gg \tau_r$ gilt, ist natürlich nur der Gleichgewichtszustand relevant. Einige Aspekte der Entwicklung zum Gleichgewicht werden im Kapitel 7 dargelegt. Wir gehen vorläufig vom FP aus und betrachten, außer eben in Kapitel 7, immer das Gleichgewicht.

Zum Abschluss dieses Unterkapitels formulieren wir noch eine Präzisierung der Begriffe Thermodynamik und Statistische Physik. Die *Thermodynamik* ist die Theorie der Makrozustände. Die *Statistische Physik* beschreibt, wie man mit Hilfe des FPs die makroskopischen Gesetze der Thermodynamik aus der Betrachtung der Mikrozustände herleitet.

1.3 Nichtwechselwirkende Teilchen in einem Kasten

Wir betrachten zuerst ein besonders einfaches Beispiel für die Berechnung der Anzahl der Zustände Ω, nämlich nichtwechselwirkende Teilchen ohne innere Freiheitsgrade in einem Kasten. Das entspricht dem Fall des einatomigen idealen Gases in einem quaderförmigen Volumen mit Kantenlängen L_1, L_2 und L_3. Die Freiheitsgrade der Teilchen bestehen nur aus den Translationen.

Die Wellenfunktion eines einzelnen Teilchens im Kasten erhält man durch Lösen des Eigenwertproblems des Hamilton-Operators:

$$-\frac{\hbar^2}{2m}\Delta\psi = E\psi \quad \text{mit} \quad 0 \le x_i \le L_i. \tag{1.27}$$

Mit dem Volumen $V = L_1 L_2 L_3$ und der Randbedingung $\psi = 0$ am Kastenrand findet man

$$\psi_{\mathbf{n}}(\vec{x}) = \sqrt{\frac{8}{V}}\prod_{i=1}^{3}\sin\left(\frac{n_i \pi x_i}{L_i}\right) \quad \text{mit} \quad E_{\mathbf{n}} = \frac{\hbar^2 \pi^2}{2m}\left[\left(\frac{n_1}{L_1}\right)^2 + \left(\frac{n_2}{L_2}\right)^2 + \left(\frac{n_3}{L_3}\right)^2\right] \tag{1.28}$$

mit positiven ganzen Zahlen n_i. Wir benützen die Notation $\mathbf{n} \equiv (n_1, n_2, n_3)$. Diese Eigenfunktionen bilden eine ON-Basis und wir haben daher die Normierung $\langle\psi_{\mathbf{n}}|\psi_{\mathbf{n}'}\rangle = \delta_{\mathbf{nn}'}$.

Nun betrachten wir N Teilchen und führen die Bezeichnung

$$\boldsymbol{\kappa}_\alpha \equiv \left(\frac{n_{\alpha 1}}{L_1}, \frac{n_{\alpha 2}}{L_2}, \frac{n_{\alpha 3}}{L_3}\right) \quad (\alpha = 1, \cdots, N), \quad \boldsymbol{\kappa} \equiv (\boldsymbol{\kappa}_1, \cdots, \boldsymbol{\kappa}_N) \tag{1.29}$$

ein. Dann erfüllen die Mikrozustände die Bedingung

$$U - \Delta U \le \frac{\hbar^2 \pi^2}{2m}\boldsymbol{\kappa}^2 \le U \quad \text{bzw.} \quad \frac{2m(U - \Delta U)}{\hbar^2 \pi^2} \le \boldsymbol{\kappa}^2 \le \frac{2mU}{\hbar^2 \pi^2}. \tag{1.30}$$

Um die Anzahl der Zustände zu bekommen, brauchen wir das Volumen einer n-dimensionalen Kugel.

Theorem 1. *Eine n-dimensionale Kugel mit Radius R hat das Volumen*

$$V_n(R) = \frac{R^n \pi^{n/2}}{\Gamma\left(\frac{n}{2} + 1\right)}. \tag{1.31}$$

Jedes $\boldsymbol{\kappa}$ beschreibt einen N-Teilchenzustand und besetzt im $3N$-dimensionalen Raum eine Zelle mit Volumen $1/V^N$ in einer Kugelschale $R_1^2 \le \boldsymbol{\kappa}^2 \le R_2^2$, wobei die Radien, welche die Dimension einer inversen Länge haben, von der zweiten Formel in Gl. (1.30) abgelesen werden. Damit können wir

$$\tilde{\Omega} = \frac{1}{2^{3N}}V^N\left[\left(\frac{2mU}{\hbar^2 \pi^2}\right)^{3N/2} - \left(\frac{2m(U - \Delta U)}{\hbar^2 \pi^2}\right)^{3N/2}\right]\frac{\pi^{3N/2}}{\Gamma\left(\frac{3N}{2} + 1\right)} \tag{1.32}$$

Zustände in der erwähnten Kugelschale unterbringen. Der Faktor $1/2^{3N}$ kommt daher, dass jede der $3N$ Komponenten von $\boldsymbol{\kappa}$ positiv sein muss. Bei der Herleitung von

Gl. (1.32) haben wir implizit angenommen, dass $\tilde{\Omega} \gg 1$ gilt, dass also sehr viele Zellen in der Kugelschale Platz haben. Denn bei der Abzählung bauen wir ja die Kugelschale mit quaderförmigen Zellen näherungsweise nach, was eine umso bessere Näherung ist, je mehr Zellen in die Kugelschale hineinpassen. Das Resultat der Abzählung der Zustände mit Energieeigenwerten unterhalb von U, also der positive Term auf der rechten Seite in Gl. (1.32), entspricht einem Spezialfall des Weyl'schen Gesetzes zur Abzählung der Eigenzustände des Laplace-Operators $-\Delta_d$ in $d = 3N$ Dimensionen mit Dirichlet-Randbedingungen (10; 11); definieren wir nämlich $\tilde{\Omega} = \tilde{\Omega}(\lambda) - \tilde{\Omega}(\lambda - \Delta\lambda)$ mit $\lambda = 2mU/\hbar^2$, dann geht $\tilde{\Omega}(\lambda)$ im Limes großer λ asymptotisch gegen die Anzahl der Eigenzustände von $-\Delta_d$ mit Eigenwerten $\lambda_j \leq \lambda$.

Weil Atome ununterscheidbar sind, müssen wir bei unserer Abzählung noch einen Faktor $1/N!$ berücksichtigen. Daher definieren wir $\Omega = \tilde{\Omega}/N!$ und bekommen schließlich

$$\Omega = \frac{V^N}{(2\pi)^{3N}} \times \frac{\pi^{3N/2}}{\Gamma\left(\frac{3N}{2}+1\right)} \times \left(\frac{2mU}{\hbar^2}\right)^{3N/2} \left(1 - \left(1 - \frac{\Delta U}{U}\right)^{3N/2}\right) \frac{1}{N!}. \tag{1.33}$$

Die Größe des Energieintervalls ΔU ist willkürlich und sollte daher keine physikalische Relevanz haben. Angenommen, wir setzen $\Delta U/U \geq 10^{-10}$ und $N \sim 10^{23}$, dann erhalten wir die Abschätzung

$$\begin{aligned}
\left(1 - \frac{\Delta U}{U}\right)^{3N/2} &= \exp\left(\frac{3N}{2}\ln\left(1 - \frac{\Delta U}{U}\right)\right) \\
&= \exp\left(-\frac{3N}{2}\left(\frac{\Delta U}{U} + \frac{1}{2}\left(\frac{\Delta U}{U}\right)^2 + \cdots\right)\right) \\
&< \exp\left(-\frac{3N}{2}\left(\frac{\Delta U}{U}\right)\right) \sim 10^{-10^{13}}.
\end{aligned} \tag{1.34}$$

Damit ist für makroskopische Systeme und für alle praktischen Zwecke die Größe Ω unabhängig von ΔU. Dies gilt sogar für ein so kleines ΔU mit $\Delta U/U = 10^{-10}$, welches sicher unterhalb einer realistischen Messgenauigkeit liegt, und daher umso mehr für größere Energieintervalle ΔU.

Nun verwenden wir die Stirling'sche Formel für die Gammafunktion.

Theorem 2. *Für alle $x > 0$ existiert ein ϑ mit $0 < \vartheta < 1$, so dass*

$$\Gamma(x+1) = \sqrt{2\pi x}\, x^x\, e^{-x+\vartheta/(12x)}.$$

Für $x \in \mathbb{N}$ gilt $\Gamma(x+1) = x!$. Die Stirling'sche Formel liefert für große x

$$\Gamma(x+1) \simeq \sqrt{2\pi x}\left(\frac{x}{e}\right)^x.$$

Damit bekommen wir

$$\Omega \simeq \left(\frac{U}{N}\right)^{3N/2} \left(\frac{V}{N}\right)^N \left(\frac{me^{5/3}}{3\pi\hbar^2}\right)^{3N/2} \frac{1}{\sqrt{6}\,\pi N}. \tag{1.35}$$

Im Logarithmus ist der letzte Faktor vernachlässigbar und wir erhalten das relativ einfache Endresultat

$$\ln \Omega = N \left\{ \frac{3}{2} \ln \frac{U}{N} + \ln \frac{V}{N} + \mathcal{K} \right\} \quad \text{mit} \quad \mathcal{K} = \frac{3}{2} \ln \frac{m}{3\pi\hbar^2} + \frac{5}{2}. \tag{1.36}$$

Noch eine Bemerkung zur Gültigkeit von Gl. (1.36). Wir haben bei der Abzählung der Zustände implizit angenommen, dass Einteilchenniveaus, die mehrfach besetzt sind, keine Rolle spielen. Sonst wäre der Faktor $1/N!$ nicht richtig. D.h., Gl. (1.36) ist nur für verdünnte Gase richtig.

Man kann zeigen, dass für wechselwirkende Teilchen in einem endlichen Raumgebiet unter geeigneten Voraussetzungen an das Wechselwirkungspotential das Weyl'sche Gesetz zwar modifiziert wird, jedoch für genügend große Energien U die Energieabhängigkeit von Ω doch wieder durch $\Omega \sim U^{3N/2}$ gegeben ist (10; 11).

1.4 Energieänderung eines makroskopischen Systems

1.4.1 Wärme und Arbeit

Wir betrachten ein mikrokanonisches Ensemble mit Mikrozuständen $|\psi_r\rangle$ und Energieeigenwerten $E_r(\mathbf{Y})$. Dann lässt sich eine infinitesimale Energieänderung folgendermaßen aufspalten:

!

$$dU = \text{đ}Q + \text{đ}A, \tag{1.37}$$

$\text{đ}Q$ = Energieänderung ohne Änderung der externen Parameter ≡ Wärme,

$\text{đ}A$ = Energieänderung durch Änderung der externen Parameter $\mathbf{Y}$ ≡ Arbeit.

Ein Wort zur Schreibweise: $\text{đ}Q$, $\text{đ}A$ sind keine exakten Differentiale, d.h., zu $\text{đ}Q$ gibt es keine Funktion F_Q, so dass $dF_Q = \text{đ}Q$ erfüllt ist. Dasselbe gilt für $\text{đ}A$. Das Differential dU der inneren Energie ist selbstverständlich ein exaktes Differential. Geht man von einem Anfangszustand i zu einem Endzustand f über einen Weg C_{fi} im Raum der Parameter, die das System beschreiben, so ist die Energiedifferenz durch $U_f - U_i$ gegeben und daher vom Weg C_{fi} unabhängig. Hingegen ist die entlang von C_{fi} zugeführte Wärme und die am System geleistete Arbeit sehr wohl vom Weg abhängig, deren Summe aber nicht, da sie mit dem Wegintegral über dU identisch ist.

Dieser Sachverhalt lässt sich mathematisch einfach verstehen. Betrachten wir eine Funktion $f(x_1, \ldots, x_n)$ und deren exaktes Differential

$$df = \sum_{i=1}^{n} \frac{\partial f}{\partial x_i} \, dx_i.$$

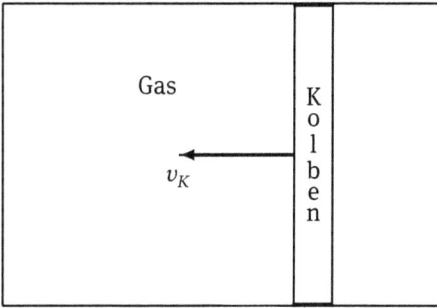

Abb. 1.1. Ein Kolben wird mit Geschwindigkeit v_K in einen Gasbehälter hineingedrückt.

Spalten wir dieses Differential in zwei Differentialformen auf, d.h., wir schreiben

$$\mathrm{d}f = \omega_a + \omega_b \quad \text{mit} \quad \omega_a = \sum_{i=1}^{r} \frac{\partial f}{\partial x_i} \, \mathrm{d}x_i, \quad \omega_b = \sum_{i=r+1}^{n} \frac{\partial f}{\partial x_i} \, \mathrm{d}x_i,$$

so werden im Allgemeinen ω_a und ω_b *nicht* exakt und die Integrale über diese Differentialformen wegabhängig sein, jedoch ist $\int(\omega_a + \omega_b) = \int \mathrm{d}f$ selbstverständlich wegunabhängig.

Wir benötigen im Weiteren den Begriff des *quasistatischen Prozesses*. In diesem Fall nimmt man an, dass der Prozess so langsam vor sich geht, dass das System dabei beliebig nahe am Gleichgewicht bleibt. Ein Beispiel ist ein Gasbehälter mit einem Kolben wie in Abb. 1.1; drückt man den Kolben mit einer Geschwindigkeit v_K, die sehr viel kleiner als die Schallgeschwindigkeit des Gases ist, hinein, dann bleibt das System dabei im Gleichgewicht. Gleichung (1.37) gilt für quasistatische Prozesse.

Bei einer *adiabatischen Zustandsänderung* ist das System wärmeisoliert. Oft hat man Zustandsänderungen, die gleichzeitig adiabatisch und quasistatisch vor sich gehen; in diesem Fall gilt $\mathrm{d}Q = 0$ und $\mathrm{d}U = \mathrm{d}A$.

1.4.2 Verallgemeinerte Kräfte

Weil man für praktische Zwecke U mit $\langle \widehat{H} \rangle = \mathrm{Sp}(\rho \widehat{H}) = \sum_{r \in I} E_r / \Omega$ identifizieren kann, falls $\Delta U / U \ll 1$ ist, lässt sich Gl. (1.37) formal auch so herleiten (16):

$$\mathrm{d}U = \mathrm{d}\left(\mathrm{Sp}(\rho \widehat{H})\right) = \mathrm{Sp}(\mathrm{d}\rho \, \widehat{H}) + \mathrm{Sp}(\rho \, \mathrm{d}\widehat{H}) \quad \Rightarrow \quad \mathrm{d}Q \equiv \mathrm{Sp}(\mathrm{d}\rho \widehat{H}), \quad \mathrm{d}A \equiv \mathrm{Sp}(\rho \, \mathrm{d}\widehat{H}). \tag{1.38}$$

Damit hat man folgende Darstellung für $\mathrm{d}A$:

$$\mathrm{d}A = \mathrm{Sp}(\rho \, \mathrm{d}\widehat{H}) = \frac{1}{\Omega} \sum_{r \in I} \mathrm{d}E_r(\mathbf{Y}) = \frac{1}{\Omega} \sum_{r \in I} \sum_{i} \frac{\partial E_r(\mathbf{Y})}{\partial Y_i} \mathrm{d}Y_i = \sum_{i} K_i \mathrm{d}Y_i \tag{1.39}$$

mit den *verallgemeinerten Kräften*

$$K_i = \frac{1}{\Omega} \sum_{r \in I} \frac{\partial E_r(\mathbf{Y})}{\partial Y_i} = \frac{\partial U}{\partial Y_i}. \tag{1.40}$$

1.4.2.1 Druck und Volumen

Wir betrachten wieder Abb. 1.1. Angenommen, das Gas habe den Druck p und der Kolben werde ein kleines Stück Δx hineingedrückt. Die am System geleistete Volumsarbeit ist gegeben durch $\Delta A_V = p\,\mathcal{F}\Delta x = -p\,\Delta V$, wobei $\mathcal{F}$ die Querschnittsfläche des Kolbens ist. Damit erhalten wir

$$đA_V = -p\,dV \quad \text{und} \quad \frac{\partial U}{\partial V} = -p. \tag{1.41}$$

Nehmen wir das ideale einatomige Gas als Beispiel. Die entsprechenden Energieeigenwerte sind in Gl. (1.28) angegeben. Wenn wir die Kantenlänge L_i des Kastens ändern, erhalten wir

$$\frac{\partial E_n}{\partial L_i} = -\frac{2}{L_i} \times \frac{\hbar^2 \pi^2}{2m}\left(\frac{n_i}{L_i}\right)^2 \Rightarrow đA_V = -\frac{2}{3}U\frac{dL_i}{L_i} = -\frac{2}{3}\frac{U}{V}dV, \quad p = \frac{2}{3}\frac{U}{V}. \tag{1.42}$$

Dabei haben wir die Erfahrung ausgenützt, dass in jedem der drei translatorischen Freiheitsgrade im Mittel dieselbe kinetische Energie $U/3$ vorhanden ist. Im Unterkapitel 5.12 wird die Formel für p in Gl. (1.42) ganz allgemein für Gase ohne innere Freiheitsgrade hergeleitet.

1.4.2.2 Chemisches Potential und Teilchenzahl

Die zur Teilchenzahl N gehörende verallgemeinerte Kraft wird chemisches Potential genannt und mit μ bezeichnet:

$$\mu \equiv \frac{\partial U}{\partial N}. \tag{1.43}$$

Kommen in einem System mehrere Teilchensorten i mit Teilchenzahlen N_i vor, dann gibt es für jede Teilchensorte ein chemisches Potential μ_i. Das chemische Potential hat zwar keine so anschauliche Bedeutung wie der Druck, jedoch werden wir sehen, dass diese Größe bei Prozessen mit Teilchenaustausch eine entscheidende Rolle spielt.

1.5 Entropie und Temperatur

1.5.1 Gleichgewicht und Randbedingungen

Wir betrachten ein isoliertes System $\mathcal{A}$ und $\Omega(y)$ sei die Anzahl der Zustände in Abhängigkeit von einem Parameter y, welcher z.B. ein externer Parameter oder eine Energie sein kann. Zur Zeit $t < t_0$ sei $y = y_0$ fixiert und wir bezeichnen das System in seinem Anfangszustand mit $\mathcal{A}_i$, wobei der Index i für initial steht. Nun nehmen wir an, dass für Zeiten $t > t_0$ der Parameter y frei variieren kann und sich das System für $t - t_0 \gg \tau_r$, wobei τ_r die Relaxationszeit des Systems nach Lösen der Fixierung $y = y_0$ ist, wieder in einem Gleichgewichtszustand befindet; wir bezeichnen das System in diesm Zustand mit $\mathcal{A}_f$, wobei der Index f final bedeutet. Weil der Parameter y für $t > t_0$ frei ist, kann

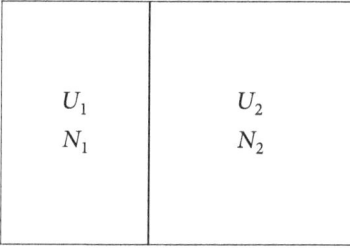

Abb. 1.2. Das System besteht aus zwei Teilsystemen und erlaubt Energieaustausch in Form von Wärme durch die Trennwand.

er als Observable aufgefasst werden. Sind die Einstellungen $y = y_1, \ldots, y_\ell$ erlaubt und wenden wir das Fundamentalpostulat auf $\mathcal{A}_f$ an, so ist $y = y_k$ mit Wahrscheinlichkeit $P_k = \Omega(y_k)/\Omega_f$; dabei ist $\Omega_f = \sum_{k=1}^{\ell} \Omega(y_k)$. Der Erwartungswert von y ist $\bar{y} = \sum_{k=1}^{\ell} y_k P_k$. Ist y nicht diskret sondern kontinuierlich, wird die Summation durch eine Integration ersetzt.

Das Wesentliche an makroskopischen Systemen ist, dass das Maximum von $\Omega(y)$ sehr ausgeprägt ist. Liegt das Maximum bei $y = \bar{y}$, bedeutet das, dass bei gleicher Wahrscheinlichkeit der Mikrozustände von $\mathcal{A}_f$ praktisch alle Mikrozustände bei $y \approx \bar{y}$ liegen.

Betrachten wir folgendes Beispiel:

$$\Omega(y) = K y^{\nu_1} (L - y)^{\nu_2} \quad \Rightarrow \quad \bar{y} = \frac{\nu_1}{\nu_1 + \nu_2} L. \tag{1.44}$$

Dabei ist K eine Konstante und $0 \le y \le L$. Für sehr große Zahlen ν_1, ν_2 ($\nu \equiv \nu_1 + \nu_2$) erhält man näherungsweise – durch Entwicklung von $\ln \Omega(y)$ um das Maximum $\bar{y}$ – das Resultat

$$\Omega(y) \simeq \Omega(\bar{y}) \exp\left(-\frac{1}{2} \left(\frac{y - \bar{y}}{\Delta y} \right)^2 \right) \quad \text{mit} \quad \Delta y = \frac{L}{\nu \sqrt{\frac{1}{\nu_1} + \frac{1}{\nu_2}}} \tag{1.45}$$

und somit die Wahrscheinlichkeitsverteilung

$$P(y) \simeq \frac{1}{\sqrt{2\pi}\Delta y} \exp\left(-\frac{1}{2} \left(\frac{y - \bar{y}}{\Delta y} \right)^2 \right) \tag{1.46}$$

für y. Für $\nu_{1,2}$ von der Größenordnung N_A ist $\Delta y/\bar{y} \propto 1/\sqrt{\nu}$ extrem klein. Da Gl. (1.45) eine Gauß-Verteilung ist, liegt y mit einer Wahrscheinlichkeit von 99.7% innerhalb von $\bar{y} \pm 3\Delta y$. Für alle praktischen Zwecke ist auch $\bar{y} \pm 10\Delta y$ nicht von $\bar{y}$ zu unterscheiden, wenn wir ein makroskopisches System haben. Dann ist aber die Wahrscheinlichkeit, dass y außerhalb von $\bar{y} \pm 10\Delta y$ liegt, schon kleiner als 10^{-22}. Die Konklusion ist daher, dass *für alle praktischen Zwecke $y = \bar{y}$ erfüllt ist.*

Betrachten wir als Anwendung ein ideales einatomiges Gas in zwei Behältern, die durch eine wärmedurchlässige Wand getrennt, sonst aber von der Umgebung isoliert sind – siehe Abb. 1.2. Wegen Energieerhaltung haben wir $U = U_1 + U_2$, wobei

Abb. 1.3. Das Gesamtsystem sei isoliert, das Gas sei anfangs nur im linken Behälter. Nach dem Herausziehen der Trennwand stellt sich nach einiger Zeit wieder ein Gleichgewichtszustand ein.

U die Gesamtenergie ist. Mit $y = U_1$, der Energie im linken Teilsystem, und $\Omega(y) \propto U_1^{3N_1/2} U_2^{3N_2/2}$ – siehe Gl. (1.35) – bekommen wir für $\mathcal{A}_f$ durch Anwendung von Gl. (1.44) das folgende Resultat für die Aufteilung der Energien auf die Teilsysteme:

$$\frac{\bar{U}_1}{N_1} = \frac{\bar{U}_2}{N_2}. \tag{1.47}$$

Diese Diskussion legt nahe, das FP folgendermaßen zu erweitern:

FP': Angenommen, ein makroskopisches isoliertes System $\mathcal{A}_i$ sei in einem Gleichgewichtszustand und es werden Randbedingungen gelöst oder entfernt. Nach dem Erreichen des neuen Gleichgewichts ist das System $\mathcal{A}_f$ dadurch charakterisiert, dass alle von $\mathcal{A}_i$ aus erreichbaren Mikrozustände gleich wahrscheinlich sind. Das bedeutet, dass nach dem Lösen der Randbedingung $y = y_0$ im neuen Gleichgewichtszustand der Wert des Parameters y durch das Maximum von $\Omega(y)$ gegeben ist.

Da der Logarithmus eine monoton wachsende Funktion ist, kann man statt des Maximums von $\Omega(y)$ das von $\ln \Omega(y)$ bestimmen. Ein *irreversibler Prozess* ist definiert durch $\Omega_i < \Omega_f$ nach Lösen oder Entfernung einer Randbedingung. Ein Beispiel, wiederum für ein ideales einatomiges Gas, ist in Abb. 1.3 angegeben: Sind anfangs alle N Atome im Volumen V_1, verteilen sie sich nach Herausziehen der Trennwand auf das Gesamtvolumen, denn es gilt $\Omega_f / \Omega_i = (V_1 + V_2)^N / V_1^N \gg 1$.

1.5.2 Makroskopische Systeme im thermischen Kontakt

Wir betrachten noch einmal das in Abb. 1.2 charakterisierte System und die zeitliche Abfolge, wie sie im Abschnitt 1.5.1 beschrieben wurde. Nachdem sich das Gleichgewicht durch thermischen Kontakt (Wärmeaustausch) eingestellt hat, können wir das mikrokanonische Ensemble in $\mathcal{A}_1 \cup \mathcal{A}_2$ folgendermaßen beschreiben. Wenn die Mikrozustände in $\mathcal{A}_1$ mit $|\psi_r\rangle$ und die Energieeigenwerte mit E_r und jene von $\mathcal{A}_2$ mit $|\psi'_{r'}\rangle$ und $E'_{r'}$ bezeichnet werden, dann sind die Mikrozustände in $\mathcal{A}_1 \cup \mathcal{A}_2$ durch $|\psi_r \otimes \psi'_{r'}\rangle \equiv |\psi_r\rangle \otimes |\psi'_{r'}\rangle$ mit Energieeigenwerten $E_r + E'_{r'}$ gegeben. Definieren wir

$$I = \{(r,r')|U - \Delta U \leq E_r + E'_{r'} \leq U\} \tag{1.48}$$

und sei Ω die Anzahl der Paare $(r,r') \in I$, so erhalten wir

$$\rho_{\mathrm{MK}}(\mathcal{A}_1 \cup \mathcal{A}_2) = \frac{1}{\Omega} \sum_{(r,r')\in I} |\psi_r \otimes \psi'_{r'}\rangle\langle\psi_r \otimes \psi'_{r'}|. \tag{1.49}$$

Welche Energien tragen wesentlich in dieser Summe bei? Da ΔU, sofern es nicht zu klein gewählt wird, für die Beschreibung des Systems irrelevant ist, können wir folgendermaßen die Anzahl der Zustände in $\mathcal{A}_1 \cup \mathcal{A}_2$ abzählen. Angenommen, in $\mathcal{A}_1$ sei die Energie U_1 vorhanden. Dann ist in dieser Situation die Anzahl der Zustände im Gesamtsystem gegeben durch $\Omega_1(U_1)\Omega_2(U - U_1)$, und insgesamt haben wir

$$\Omega(U) = \sum_{U_1} \Omega_1(U_1)\Omega_2(U - U_1). \tag{1.50}$$

Wie wir schon im vorigen Abschnitt diskutiert haben, kommt der einzig relevante Beitrag in $\rho_{\mathrm{MK}}(\mathcal{A}_1 \cup \mathcal{A}_2)$ vom Maximum von $\Omega_1(U_1)\Omega_2(U - U_1)$. Wird das Maximum bei $\bar{U}_1$ angenommen, gilt jedoch

$$\frac{\partial}{\partial U_1} \ln \Omega_1(U_1)\bigg|_{\bar{U}_1} = \frac{\partial}{\partial U_2} \ln \Omega_2(U_2)\bigg|_{\bar{U}_2}. \tag{1.51}$$

Dabei haben wir $\bar{U}_2 = U - \bar{U}_1$ definiert.

Dieser Sachverhalt legt die Definition von zwei physikalischen Größen nahe:

!

Entropie:	$S(U, \mathbf{Y}) = k \ln \Omega(U, \mathbf{Y}),$	(1.52)
Temperatur:	$\dfrac{\partial S}{\partial U}\bigg|_{\mathbf{Y}} = \dfrac{1}{T}.$	(1.53)

Die so definierte Temperatur heißt absolute Temperatur, die Konstante k, ein „historisches Relikt", heißt Boltzmann-Konstante. Die Festlegung von k wird später besprochen. Wie wir gerade hergeleitet haben, hat die Temperatur T folgende wichtige Eigenschaft:

Zwei makroskopische Systeme im thermischen Gleichgewicht haben dieselbe Temperatur. **!**

Wie schon früher erwähnt, hat man $\Omega(U) \sim U^{3N/2}$ bei einer Teilchensorte und für große Energien U bzw. $S \sim (3Nk/2)\ln U$. Daher ist $\partial S/\partial U = 1/T \sim 3Nk/(2U)$ positiv und ebenso $\partial T/\partial U \sim 2/(3Nk)$. Also ist anzunehmen, dass allgemein die Ungleichungen

$$T > 0, \quad \frac{\partial T}{\partial U} > 0 \tag{1.54}$$

gelten. In Ausnahmefällen, wenn man nicht alle Freiheitsgrade des Systems betrachtet, können auch negative Temperaturen Sinn machen. Positive Temperaturen erlauben, bei festgehaltenen externen Parametern die Umkehrfunktion von $S(U, \mathbf{Y})$ zu berechnen:

$$\frac{\partial S}{\partial U} = \frac{1}{T} > 0 \;\Rightarrow\; \exists\, U(S, \mathbf{Y}) \text{ mit } \frac{\partial U}{\partial S} = T. \tag{1.55}$$

1.5.3 Quasistatische Änderungen der Energie

Die Wechselwirkung eines Systems $\mathcal{A}$ sei so langsam, so dass $\mathcal{A}$ beliebig nahe am Gleichgewicht bleibt. Für diesen Fall haben wir soeben Folgendes hergeleitet:

$$\mathrm{d}U = T\,\mathrm{d}S + \textstyle\sum_i K_i\,\mathrm{d}Y_i \quad \text{bzw.} \quad \mathrm{d}S = \frac{1}{T}\left(\mathrm{d}U - \textstyle\sum_i K_i\,\mathrm{d}Y_i\right),$$
$$\mathrm{d}Q = T\,\mathrm{d}S, \quad \mathrm{d}A = \textstyle\sum_i K_i\,\mathrm{d}Y_i. \tag{1.56}$$

Die beiden Relationen in der ersten Zeile dieser Gleichung sind äquivalent. Somit sehen wir, dass die Entropie die geeignete Variable ist, um quasistatische Energieänderungen eines Systems durch Wärme zu beschreiben, so wie die externen Parameter die geeigneten Variablen sind, um die am System geleistete Arbeit zu beschreiben. Sehr häufig ist eine Situation mit externen Parametern V und N. In diesem Fall lautet das Differential der Entropie

$$\mathrm{d}S(U, V, N) = \frac{1}{T}\left(\mathrm{d}U + p\,\mathrm{d}V - \mu\,\mathrm{d}N\right). \tag{1.57}$$

Zur Erläuterung von Gl. (1.56) sind einige Bemerkungen angebracht:
1. Wir haben die Entropie S nur im Gleichgewicht definiert! Damit gilt dasselbe auch für $U(S, \mathbf{Y})$ und die Temperatur.
2. Die *natürlichen* Variablen von U sind S und $\mathbf{Y}$, d.h.,

$$\left.\frac{\partial U}{\partial Y_i}\right|_S = K_i \quad \text{bzw.} \quad \left.\frac{\partial S}{\partial Y_i}\right|_U = -\frac{K_i}{T}. \tag{1.58}$$

3. Zur Zeit $t = t_0$ sei das System $\mathcal{A}_i$ im Gleichgewicht. Durch Lösen von Randbedingungen durchlaufe $\mathcal{A}_i$ Nichtgleichgewichtszustände und lande schließlich im Gleichgewichtszustand $\mathcal{A}_f$. Dann sind S_i, S_f und U_i, U_f wohldefiniert, auch wenn der Übergang $\mathcal{A}_i \to \mathcal{A}_f$ nicht quasistatisch erfolgt ist.

1.5.4 Definition des Wärmebads

Ein Wärmebad oder Wärmereservoir ist ein System $\tilde{A}$ mit Temperatur T, das
1. viel größer ist als das System A, an dem experimentiert wird, und
2. mit A nur Wärme austauschen kann.

Das bedeutet, dass sich die Temperatur T des Wärmebads nicht ändert, wenn A aus $\tilde{A}$ die Wärmemenge Q aufnimmt oder Q an $\tilde{A}$ abgibt. Wegen $\ln \tilde{\Omega}(\tilde{U} + Q) \simeq \ln \tilde{\Omega}(\tilde{U}) + Q/(kT)$ erhalten wir

$$\Delta \tilde{U} = Q = T \Delta \tilde{S} \tag{1.59}$$

für die Energieänderung des Wärmereservoirs, wenn es die Wärmemenge Q aufnimmt.

1.5.5 Ideales Gas

Ein ideales mehratomiges Gas hat außer den translatorischen auch innere Freiheitsgrade. Wegen $\Omega = \Omega_{tr}\Omega_{inn}$ und weil für verdünnte Gase Ω_{inn} nicht vom Volumen abhängt, gilt

$$S = S_{tr} + S_{inn} \quad \text{und} \quad \frac{\partial S_{inn}}{\partial V} = 0. \tag{1.60}$$

In Gl. (1.36) haben wir S_{tr} bereits als

$$S_{tr} = kN \left\{ \frac{3}{2} \ln \frac{U_{tr}}{N} + \ln \frac{V}{N} + \mathcal{K} \right\} \quad \text{mit} \quad \mathcal{K} = \frac{3}{2} \ln \frac{m}{3\pi\hbar^2} + \frac{5}{2} \tag{1.61}$$

bestimmt. Diese Gleichung heißt nach ihren Entdeckern *Sackur-Tetrode-Gleichung*. Wegen

$$\frac{\partial S_{tr}}{\partial U_{tr}} = \frac{3kN}{2U_{tr}} = \frac{1}{T} \tag{1.62}$$

kommen wir zum Ergebnis

$$U_{tr} = \frac{3}{2} NkT. \tag{1.63}$$

Nun leiten wir S nach dem externen Parameter V ab und erinnern uns, dass die zu V gehörige verallgemeinerte Kraft der negative Druck, also $-p$ ist – siehe Gl. (1.41). Wir verwenden der Reihe nach Gl. (1.60), Gl. (1.61) und Gl. (1.58):

$$\frac{\partial S}{\partial V} = \frac{\partial S_{tr}}{\partial V} = \frac{kN}{V} = \frac{p}{T}. \tag{1.64}$$

Somit erhalten wir die *thermische Zustandsgleichung des idealen Gases*

$$pV = NkT. \tag{1.65}$$

Nun zwei wichtige Bemerkungen:

1. Quantenmechanik und FP haben uns Gl. (1.65) geliefert, was ein erster und wichtiger Hinweis auf den Erfolg dieses Konzepts für die Statistische Physik ist.
2. Die abstrakte Definition der Temperatur stimmt mit der Temperatur des idealen Gases überein. In den Bereichen, wo ein Gas hinreichend ideal ist, kann man ein solches als Thermometer verwenden: Bei festen Größen V und N erhält man die Temperatur durch Messung des Drucks.

Gleichung (1.63) kann dazu benützt werden, um S_{tr} als Funktion von T zu formulieren. Dann kann Gl. (1.61) mit Hilfe von

$$\lambda \equiv \frac{h}{\sqrt{2\pi m k T}}, \tag{1.66}$$

der *thermischen de Broglie-Wellenlänge* eines Teilchens mit Masse m, geschrieben werden als

$$S_{\text{tr}}(T, V, N) = kN \left\{ \ln \frac{V}{N\lambda^3} + \frac{5}{2} \right\}. \tag{1.67}$$

Übrigens ist im Gleichgewicht die Temperatur T universell für translatorische und innere Freiheitsgrade, wenn zwischen diesen Freiheitsgraden Energie ausgetauscht werden kann, was normalerweise der Fall ist. Denn dann verhalten sich translatorische und innere Freiheitsgrade zueinander wie zwei Systeme im thermischen Kontakt.

1.6 Systeme im Kontakt mit der Umgebung

1.6.1 Wärmeaustausch

Das System A sei im Kontakt mit dem Wärmebad $\tilde{A}$, dessen Temperatur T ist – siehe Abb. 1.4. Die Mikrozustände von $A \cup \tilde{A}$ sind gegeben durch $|\psi_r\rangle \otimes |\tilde{\psi}_{\tilde{r}}\rangle$, die Gesamtenergie ist $U_0 = \tilde{U} + U$ mit $U \ll \tilde{U}$. Die Wahrscheinlichkeit ρ_r, dass der Zustand $|\psi_r\rangle$ in A auftritt, folgt aus dem FP:

$$\rho_r \propto \tilde{\Omega}(U_0 - E_r), \quad \sum_r \rho_r = 1. \tag{1.68}$$

Wegen $E_r \ll U_0$ kann man die Entwicklung

$$\ln \tilde{\Omega}(U_0 - E_r) \simeq \ln \tilde{\Omega}(U_0) - E_r \left. \frac{\partial \ln \tilde{\Omega}(\tilde{U})}{\partial \tilde{U}} \right|_{\tilde{U}=U_0} = \ln \tilde{\Omega}(U_0) - \beta E_r \quad \text{mit} \quad \beta = \frac{1}{kT} \tag{1.69}$$

machen. Dabei haben wir die Definition der Temperatur aus Gl. (1.53) angewendet. Damit erhalten wir die vollständige Beschreibung des Gleichgewichtszustands für das System A:

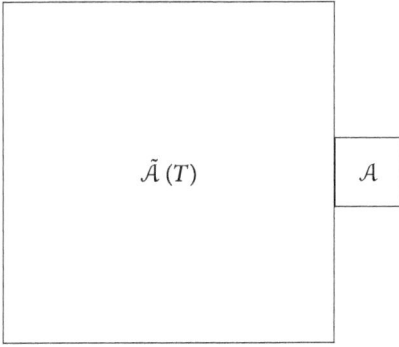

Abb. 1.4. System $\mathcal{A}$ im Kontakt mit einem Wärmebad $\tilde{\mathcal{A}}$, welches die Temperatur T hat.

$$\rho_r = \frac{e^{-\beta E_r}}{Z}, \quad Z = \sum_r e^{-\beta E_r} \;\Rightarrow\; \rho_K = \sum_r \rho_r \, |\psi_r\rangle\langle\psi_r|. \tag{1.70}$$

Die Größe Z heißt *kanonische Zustandssumme*, den durch Dichtematrix ρ_K festgelegten Zustand nennt man *kanonisches Ensemble* und die Größen $e^{-\beta E_r}$ sind die *Boltzmann-Faktoren*. Die Umgebung von $\mathcal{A}$, das Wärmebad mit Temperatur T, bestimmt $\beta = 1/(kT)$ in ρ_K.

1.6.2 Wärme- und Teilchenaustausch

Nun nehmen wir an, dass $\mathcal{A}$ mit $\tilde{\mathcal{A}}$ nicht nur Wärme sondern auch Teilchen austauschen kann. D.h., $\tilde{\mathcal{A}}$ ist auch ein Teilchenreservoir mit $\tilde{N} \gg N$ und $N_0 = \tilde{N} + N$ sei die Gesamtanzahl der Teilchen in $\tilde{\mathcal{A}} \cup \mathcal{A}$. Die Zustände $|\psi_r\rangle$ von $\mathcal{A}$ sind durch $\hat{H}|\psi_r\rangle = E_r|\psi_r\rangle$ und $\hat{N}|\psi_r\rangle = N_r|\psi_r\rangle$ charakterisiert, wobei $\hat{N}$ der Teilchenzahloperator ist. Die Überlegung analog zum kanonischen Fall liefert

$$\ln \tilde{\Omega}(U_0 - E_r, N_0 - N_r) \simeq \ln \tilde{\Omega}(U_0, N_0) - \beta E_r - \alpha N_r$$

$$\text{mit} \quad \alpha = \left.\frac{\partial \ln \tilde{\Omega}(\tilde{U}, \tilde{N})}{\partial \tilde{N}}\right|_{\tilde{U}=U_0, \tilde{N}=N_0} = -\beta\mu. \tag{1.71}$$

Im letzten Schritt haben wir Gl. (1.57) benützt, daher ist μ das chemische Potential des Teilchenreservoirs. Der Zustand des Systems $\mathcal{A}$ ist somit gegeben durch

!

$$\rho_r = \frac{e^{-\beta E_r - \alpha N_r}}{Y}, \quad Y = \sum_r e^{-\beta E_r - \alpha N_r} \Rightarrow \rho_{GK} = \sum_r \rho_r |\psi_r\rangle\langle\psi_r|. \qquad (1.72)$$

Die Größe Y heißt *großkanonische Zustandssumme*, der Zustand mit der Dichtematrix ρ_{GK} wird *großkanonisches Ensemble* genannt. Die Umgebung von $\mathcal{A}$, das Wärme- und Teilchenreservoir, geht nun durch die zwei Größen β und α ein.

Während das mikrokanonische Ensemble nur für makroskopische Systeme gerechtfertigt ist, gelten das kanonische und großkanonische Ensemble auch für kleine Systeme. Bei der Herleitung der beiden letzteren Ensembles war wichtig, dass $\mathcal{A}$ im Gleichgewicht mit dem makroskopischen Wärmebad $\tilde{\mathcal{A}}$ (und Teilchenreservoir) ist, also das Gesamtsystem makroskopisch und damit das FP anwendbar ist.

Ist allerdings das System $\mathcal{A}$ ebenfalls makroskopisch, dann verschwindet der Unterschied zwischen allen drei Gesamtheiten (mikrokanonisch, kanonisch, großkanonisch). D.h., in diesem Fall erhält man aus den drei Gesamtheiten eine äquivalente Beschreibung des Systems $\mathcal{A}$, wie wir im Kapitel 4 sehen werden.

1.7 Übungsaufgaben

1. Eine Dichtematrix für ein Teilchen mit Spin 1/2 sei gegeben durch

    $$\rho = a|\uparrow\rangle\langle\uparrow| + b|\downarrow\rangle\langle\downarrow| \quad \text{mit} \quad a \geq 0,\ b \geq 0 \text{ und } a + b = 1.$$

    Berechnen Sie die Erwartungswerte der Spinoperatoren S_k ($k = 1, 2, 3$) und deren Schwankungen ΔS_k. Für welchen Wert von a sind alle Spinerwartungswerte gleich Null?

2. Ein aus zwei Spins bestehendes System werde durch den reinen Zustand

    $$|\psi\rangle = \frac{1}{\sqrt{2}}\Big(|\uparrow\rangle \otimes |\downarrow\rangle + e^{i\alpha}|\downarrow\rangle \otimes |\uparrow\rangle\Big)$$

    beschrieben. Angenommen, man führt nur Messungen am linken Spin durch. Durch welche Dichtematrix kann man dann den Zustand des linken Spins effektiv beschreiben?

3. Es seien zwei Operatoren $A = \sum_k a_k \sigma_k$, $B = \sum_k b_k \sigma_k$ im Spinraum gegeben, wobei $\vec{a}$ und $\vec{b}$ reelle Vektoren sind. Berechnen Sie den Erwartungswert von $A \otimes B$ im Zustand $|\psi\rangle$ aus dem vorigen Beispiel. Was ist die Bedingung an $\vec{a}$ und $\vec{b}$, so dass man einen Effekt der Phase α bemerkt?

4. Lösen Sie dieselbe Aufgabe wie in Beispiel 2 mit

    $$|\psi\rangle = \frac{1}{\sqrt{3}}\Big(|\uparrow\rangle \otimes |\downarrow\rangle + |\downarrow\rangle \otimes |\downarrow\rangle + |\downarrow\rangle \otimes |\uparrow\rangle\Big).$$

5. Die Dichte von trockener Luft ist ca. $1.29\,\mathrm{kg\,m^{-3}}$ bei Normbedingungen und setzt sich etwa aus 78% Stickstoff, 21% Sauerstoff und 1% Argon (Volumsprozente) zusammen. Wieviele N_2-Moleküle sind pro Kubikmeter vorhanden?

6. Berechnen Sie $U(S, V, N)$ und $p(S, V, N)$ für ein einatomiges ideales Gas.

7. Zwei Volumina V_1 und V_2 seien durch eine Wand getrennt. In beiden Volumina befinde sich ein einatomiges ideales Gas mit Temperatur T und Druck p, aber die Gase in den beiden Volumina seien verschieden. Nach dem Entfernen der Trennwand vermischen sich die Gase und kommen wieder ins Gleichgewicht. Berechnen Sie die Differenz ΔS der Entropien zwischen End- und Anfangszustand (Mischentropie). Wie groß ist ΔS, wenn sich vor dem Entfernen der Trennwand in beiden Volumina das gleiche Gas befunden hat?

8. Führen Sie die Rechnungen des vorigen Beispiels noch einmal durch, diesmal mit einem Ausdruck S' für die Entropie, der die Ununterscheidbarkeit der Gasatome einer Sorte *nicht* berücksichtigt. Zeigen Sie, dass für zwei gleiche Gase der Ausdruck S' auf einen Widerspruch führt (Gibbs'sches Paradoxon).

9. Angenommen, die infinitesimale Entropieänderung δS eines Systems setzt sich zusammen aus einem quasistatischen Anteil dS und einem irreversiblen Anteil δS^*. Zeigen Sie, dass dann $T\delta S \geq đQ$ gilt.

10. Ein System $\mathcal{A}$ sei im Kontakt mit einem Wärmebad und einem weiteren großen System, mit dem es über eine bewegliche Trennwand einen „Volumsaustausch" durchführen kann. Zeigen Sie, dass man in diesem Fall

$$X(\beta, \gamma) = \int_0^\infty dV e^{-\gamma V} Z(T, V)$$

mit $\gamma = \beta p$ als Zustandssumme von $\mathcal{A}$ interpretieren kann.

2 Thermodynamik

2.1 Die Hauptsätze der Thermodynamik

Die Hauptsätze formulieren einige fundamentale Erkenntnisse, die wir im ersten Kapitel gewonnen haben.

- **1. Hauptsatz:** Ein makroskopischer Gleichgewichtszustand eines Systems $\mathcal{A}$ kann charakterisiert werden durch die *innere Energie* $U(S, \mathbf{Y})$.
  a) $\mathcal{A}$ isoliert $\Rightarrow U$ ist konstant.
  b) Bei einem quasistatischen Übergang $\mathcal{A}_i \to \mathcal{A}_f$ ($\mathcal{A}_{i,f}$ sind Systeme im Gleichgewichtszustand) ist die Energieänderung gegeben durch $\Delta U = \Delta Q + \Delta A$, wobei ΔQ die vom System absorbierte Wärme und ΔA die am System durch $\Delta \mathbf{Y}$ = Änderung der externen Parameter geleistete Arbeit ist.
- **2. Hauptsatz:** Ein makroskopischer Gleichgewichtszustand eines Systems $\mathcal{A}$ kann charakterisiert werden durch die Größe *Entropie* $S(U, \mathbf{Y})$.
  a) System isoliert, $\mathcal{A}_i \to \mathcal{A}_f \Rightarrow \Delta S = S_f - S_i \geq 0$.
  b) System nicht isoliert, quasistatischer Prozess $\Rightarrow \mathrm{d}S = \frac{\mathrm{d}Q}{T}$.
- **3. Hauptsatz:**

$$\lim_{T \to 0} S = S_0,$$

wobei S_0 eine von allen Parametern, die den Zustand eines Systems charakterisieren, unabhängige Konstante ist.

Der 1. Hauptsatz ist nur eine Version der Energieerhaltung – siehe Gleichungen (1.37) und (1.56). Der 2. und 3. Hauptsatz folgen aus dem FP. Der Punkt a) des 2. Hauptsatzes folgt insbesondere aus der Version FP' des FPs, welche im Abschnitt 1.5.1 besprochen wurde. Die Beschreibung einer quasistatischen Änderung durch $\mathrm{d}U$ bzw. $\mathrm{d}S$ sind äquivalent, wie in Gl. (1.56) dargelegt ist.

Der 3. Hauptsatz (5) kann durch Betrachtung des kanonischen Ensembles verstanden werden: $U \to E_0$ (E_0 ist die Grundzustandsenergie des Systems) $\leftrightarrow T \to 0$. Hat das System einen eindeutigen Grundzustand, dann ist $S_0 = k \ln 1 = 0$. Ist der Grundzustand g_0-fach entartet, dann ist $S_0 = k \ln g_0$. Es ist jedoch möglich, dass die Entartung des Grundzustands von der Anzahl der Teilchen abhängt, wobei der Entartungsgrad exponentiell mit der Teilchenanzahl zunimmt. In diesem Fall hätten wir $\ln g_0 \propto N$ und $S_0 \propto kN$ – siehe auch Abschnitt 2.3.5.

2.2 Absolute Temperaturskala, Einheiten und Naturkonstanten

Die absolute Temperaturskala ist definiert durch die Festsetzung der Temperatur am Tripelpunkt von Wasser, an dem alle drei Phasen des Wassers gleichzeitig vorhanden sind:

$$T_t \equiv 273.16 \, \text{Kelvin}. \tag{2.1}$$

Die Celsius-Skala wird heutzutage definiert durch

$$\Theta[°C] = T[K] - 273.15. \tag{2.2}$$

Gleichung (2.1) erlaubt die experimentelle Fixierung der Boltzmann-Konstante k zu (9)

$$k = 1.3806504(24) \times 10^{-23} \, \text{JK}^{-1} = 8.617343(15) \times 10^{-5} \, \text{eV K}^{-1}. \tag{2.3}$$

Noch ein paar Worte zu den Einheiten des Drucks. Die SI-Einheit ist Pascal. Jedoch sind auch

$$1 \, \text{bar} = 10^5 \, \text{Pascal} \quad \text{und} \quad 1 \, \text{atm} = 101325 \, \text{Pascal} \tag{2.4}$$

gebräuchlich (1 atm $\approx$ 1 bar!). Am Tripelpunkt von Wasser ist der Druck ziemlich klein, nämlich ca. 6 mbar = 0.006 bar. In Abb. 2.6 ist das Phasendiagramm von Wasser schematisch dargestellt.

Das Produkt $N_A k \equiv R$ heißt Gaskonstante. Ihr genauester numerischer Wert gemäß CODATA 2006 (9) ist $R = 8.314472(15) \, \text{JK}^{-1}\text{mol}^{-1}$.

Dass die Temperatur eine eigene Einheit hat, hat historische Gründe. Eigentlich tritt immer das Produkt kT auf und man könnte die Temperatur in Energieeinheiten, z.B. in Millielektronvolt, angegeben. In dem Fall würden 0 °C und 100 °C Energien von 23.54 meV bzw. 32.16 meV entsprechen; das wäre sicher gewöhnungsbedürftig. Klarerweise kann man die Boltzmann-Konstante nur aus der Angabe, dass sich der Tripelpunkt des Wassers per Definition bei einer Temperatur von $T_t = 273.16$ K befindet, bestimmen. Wie wird k tatsächlich bestimmt? Interessanterweise erfolgt die zur Zeit genaueste Bestimmung (CODATA 2006 (9)) durch Quotientenbildung $k = R/N_A$, also aus den Werten der Gaskonstante und der Loschmidt-Zahl. Dabei wird R über die Messung der Schallgeschwindigkeit von Argon bei T_t bestimmt – siehe Bemerkung im Unterkapitel 3.5. Die Loschmidt-Zahl erhält man durch die Vermessung von hochreinen und möglichst perfekten Siliziumeinkristallen, und zwar aus der relativen Atommasse $A_r(\text{Si})$, der Massendichte ρ_m und der Gitterkonstante a. Denn mit der molaren Massenkonstante $M_u = 1 \, \text{g mol}^{-1}$ erhält man das molare Volumen als $A_r(\text{Si})M_u/\rho_m$ und somit (9)

$$N_A = \frac{A_r(\text{Si})M_u}{(a^3/8)\rho_m}, \tag{2.5}$$

wobei a die Gitterkonstante des Siliziumkristalls und 8 die Anzahl der Atome pro Einheitszelle ist. Das Si-Kristallgitter entspricht dem Diamantgitter, bei dem die Einheitszelle ein Würfel ist, der acht Atome enthält.

Abb. 2.1. Das System $\mathcal{A}$ sei im Gleichgewicht und werde durch Einschieben einer Trennwand in zwei Teilsysteme unterteilt.

2.3 Thermodynamische Potentiale

2.3.1 Definition von extensiven und intensiven Größen

In homogenen Systemen kann man thermodynamische Größen in extensive und intensive Größen einteilen. Diese Begriffe werden folgendermaßen definiert. Wir stellen uns ein System $\mathcal{A}$ im Gleichgewicht vor und unterteilen es durch Einschieben einer Trennwand – siehe Abb. 2.1. Betrachten wir eine thermodynamische Größe Λ in $\mathcal{A}$, so hat diese Größe dann den Wert Λ_1 in $\mathcal{A}_1$ und Λ_2 in $\mathcal{A}_2$. Dies lässt folgende Definitionen zu:

$$\left.\begin{array}{ll}\text{Extensive Größe:} & \Lambda = \Lambda_1 + \Lambda_2, \\ \text{Intensive Größe:} & \Lambda = \Lambda_1 = \Lambda_2\end{array}\right\} \text{nach Einschub der Trennwand.}$$

Beispiele für extensive Größen sind S, V, N, U, während T, p, μ intensive Größen sind.

2.3.2 Legendre-Transformationen und thermodynamische Potentiale

Wir betrachten jetzt Systeme mit nur einer Teilchensorte, und abgesehen von N sei V der einzige zusätzliche externe Parameter. Wir gehen von $U(S, V, N)$ aus und bilden weitere thermodynamische Potentiale mit Hilfe von Legendre-Transformationen, welche durch folgendes Theorem charakterisiert sind.

Theorem 3. *Es sei $f(x)$ eine auf einem offenen Intervall $\mathfrak{I}$ zweimal stetig differenzierbare Funktion mit $f''(x) \neq 0$ auf $\mathfrak{I}$. Dann definiert $y = f'(x)$ eine Variablentransformation auf $\mathfrak{I}$ und $g(y) \equiv f(x(y)) - y\,x(y)$ heißt Legendre-Transformierte von $f(x)$. Schreiben wir das Differential von f als $\mathrm{d}f(x) = y\,\mathrm{d}x$, dann ist $\mathrm{d}g(y) = -x\,\mathrm{d}y$ das Differential von g.*

Die so erhaltenen wichtigsten Potentiale sind in Tabelle 2.1 aufgelistet. Alle diese Potentiale sind extensive Größen.

Betrachten wir als Beispiel die freie Energie $F = U - TS$. Deren Differential ist $\mathrm{d}F = \mathrm{d}U - S\mathrm{d}T - \mathrm{d}S\,T = -S\mathrm{d}T - p\mathrm{d}V + \mu\mathrm{d}N$ und F wird als Funktion von T anstatt S aufgefasst. Die *natürlichen* Variablen der Potentiale sind in Tabelle 2.1 angegeben.

Tab. 2.1. Die wichtigsten thermodynamischen Potentiale und deren Differentiale.

Variable			Thermodynamisches Potential		Differential
S	V	N	Energie	U	$dU = TdS - pdV + \mu\,dN$
T	V	N	freie Energie	$F = U - TS$	$dF = -SdT - pdV + \mu\,dN$
S	p	N	Enthalpie	$H = U + pV$	$dH = TdS + Vdp + \mu\,dN$
T	p	N	freie Enthalpie	$G = U - TS + pV$	$dG = -SdT + Vdp + \mu\,dN$
T	V	μ	großkan. Potential	$J = U - TS - \mu N$	$dJ = -SdT - pdV - Nd\mu$

D.h., wenn z.B. von U ohne weitere Spezifikation die Rede ist, sind die Variablen S, V, N gemeint. Soll U als Funktion von T, V, N betrachtet werden, dann werden die Variablen explizit angegeben.

Es sei $f(\Lambda_i, \Lambda_e)$ ein thermodynamisches Potential, $\Lambda_i = \{\Lambda_{i\alpha}\}$ und $\Lambda_e = \{\Lambda_{e\beta}\}$ die intensiven bzw. extensiven Variablen, von denen das Potential abhängt. Der Parameter λ ($0 < \lambda < 1$) beschreibe eine Unterteilung von $\mathcal{A}$, so dass $\lambda\Lambda_{e\beta}$ der Wert dieser Variablen in $\mathcal{A}_1$ und $(1 - \lambda)\Lambda_{e\beta}$ in $\mathcal{A}_2$ ist. Damit haben wir für das Potential f in $\mathcal{A}_1$

$$\lambda f(\Lambda_i, \Lambda_e) = f(\Lambda_i, \lambda\Lambda_e). \tag{2.6}$$

Differenzieren wir diese Relation nach λ und setzen danach $\lambda = 1$, so erhalten wir

$$f(\Lambda_i, \Lambda_e) = \sum_\beta \Lambda_{e\beta} \frac{\partial f(\Lambda_i, \Lambda_e)}{\partial \Lambda_{e\beta}}. \tag{2.7}$$

Wenden wir die soeben hergeleitete Relation auf G und J an, finden wir

$$G(T, p, N) = N\frac{\partial G}{\partial N} = N\mu(T, p), \tag{2.8}$$

$$J(T, V, \mu) = V\frac{\partial J}{\partial V} = -Vp(T, \mu). \tag{2.9}$$

Gleichungen (2.8) und (2.9) sind Varianten der Identität $U - ST + pV - \mu N = 0$, welche auch als *Gibbs-Duhem-Relation* bezeichnet wird.

2.3.3 Maxwell-Relationen

Ist f ein thermodynamisches Potential und sind x_1, x_2 zwei Variable von f, dann gilt

$$\frac{\partial}{\partial x_1}\frac{\partial f}{\partial x_2} = \frac{\partial}{\partial x_2}\frac{\partial f}{\partial x_1}. \tag{2.10}$$

Die daraus folgenden Relationen heißen *Maxwell-Relationen*. Nehmen wir $U(S, V, N)$ als Beispiel und wählen die Variablen S, V, dann ergibt sich

$$\frac{\partial}{\partial V}\frac{\partial U}{\partial S} = \frac{\partial}{\partial S}\frac{\partial U}{\partial V} \quad \Rightarrow \quad \left.\frac{\partial T}{\partial V}\right|_{S,N} = -\left.\frac{\partial p}{\partial S}\right|_{V,N}. \tag{2.11}$$

In Tabelle 2.2 sind einige nützliche Maxwell-Relationen aufgelistet.

Tab. 2.2. Einige Maxwell-Relationen. Die Teilchenzahl N ist fix.

Potential	Variable		Maxwell-Relation
U	S	V	$\left.\dfrac{\partial T}{\partial V}\right|_S = -\left.\dfrac{\partial p}{\partial S}\right|_V$
F	T	V	$\left.\dfrac{\partial S}{\partial V}\right|_T = \left.\dfrac{\partial p}{\partial T}\right|_V$
H	S	p	$\left.\dfrac{\partial T}{\partial p}\right|_S = \left.\dfrac{\partial V}{\partial S}\right|_p$
G	T	p	$\left.\dfrac{\partial S}{\partial p}\right|_T = -\left.\dfrac{\partial V}{\partial T}\right|_p$

2.3.4 Die kalorische Zustandsgleichung

2.3.4.1 Thermische Zustandsgleichung und Wärmekapazität

In diesem Abschnitt nehmen wir eine fixe Teilchenzahl N an. Thermische und kalorische Zustandsgleichung sind folgendermaßen definiert:

$$\text{Thermische Zustandsgleichung:} \quad p = p(T, V),$$
$$\text{Kalorische Zustandsgleichung:} \quad U = U(T, V).$$

Wir haben betont, dass die *natürlichen* Variablen von U gegeben sind durch S, V, N. Sehr oft ist es jedoch nützlich, U in Abhängigkeit von der Temperatur T zu betrachten. Wie leitet man das Differential von $U(T, \mathbf{Y})$ her? Man bekommt es mit Hilfe der freien Energie $F(T, \mathbf{Y})$ und der *Gibbs-Helmholtz-Gleichung*

$$U(T, \mathbf{Y}) = F + TS = F - T\frac{\partial F}{\partial T}. \tag{2.12}$$

Wegen

$$\frac{\partial F}{\partial Y_i} = K_i \tag{2.13}$$

erhält man sofort

$$\left.\frac{\partial U}{\partial Y_i}\right|_T = K_i - T\left.\frac{\partial K_i}{\partial T}\right|_Y. \tag{2.14}$$

Als nächstes definieren wir die Wärmekapazität

$$C_V = \left.\frac{\mathrm{d}Q}{\mathrm{d}T}\right|_Y, \tag{2.15}$$

welche angibt, welche Wärmemenge đQ man zuführen muss, um bei konstantem Volumen (alle anderen externen Parameter sind ebenfalls fix) die Temperaturänderung dT zu erzielen. Wir erhalten mehrere äquivalente Ausdrücke für C_V:

$$C_V(T, \mathbf{Y}) = \left.\frac{\partial U}{\partial T}\right|_{\mathbf{Y}} = T\left.\frac{\partial S}{\partial T}\right|_{\mathbf{Y}} = -T\frac{\partial^2 F}{\partial T^2}. \tag{2.16}$$

Die erste Relation folgt aus der Definition von C_V, die zweite aus đ$Q = T\mathrm{d}S$ und die dritte aus dem Differential der freien Energie. Damit ergibt sich das Differential der kalorischen Zustandsgleichung zu

$$\mathrm{d}U(T, \mathbf{Y}) = C_V \mathrm{d}T + \sum_i \left(K_i - T\left.\frac{\partial K_i}{\partial T}\right|_{\mathbf{Y}}\right)\mathrm{d}Y_i. \tag{2.17}$$

!

Spezialisieren wir uns auf die Variablen T, V, dann liefert uns Gl. (2.17)

$$\mathrm{d}U(T, V) = C_V(T, V)\,\mathrm{d}T + \left(T\left.\frac{\partial p}{\partial T}\right|_V - p\right)\mathrm{d}V, \tag{2.18}$$

woraus wir die Maxwell-Relation

$$\left.\frac{\partial C_V}{\partial V}\right|_T = T\left.\frac{\partial^2 p}{\partial T^2}\right|_V \tag{2.19}$$

erhalten. Die letzte Gleichung besagt, dass aus Konsistenzgründen die Wärmekapazität C_V unabhängig von V sein muss, falls p eine lineare Funktion von T ist; das trifft für das ideale Gas zu, aber auch für die van der Waals-Gleichung, welche eine empirische Gleichung für reale Gase ist und im nächsten Kapitel besprochen wird.

Leiten wir nun die zu Gl. (2.18) analoge Gleichung für die Entropie her. Mit

$$\mathrm{d}S(T, V) = \left.\frac{\partial S}{\partial T}\right|_V \mathrm{d}T + \left.\frac{\partial S}{\partial V}\right|_T \mathrm{d}V, \tag{2.20}$$

Gl. (2.16) und der zweiten Maxwell-Relation in Tabelle 2.2 finden wir

$$\mathrm{d}S(T, V) = \frac{C_V}{T}\,\mathrm{d}T + \left.\frac{\partial p}{\partial T}\right|_V \mathrm{d}V. \tag{2.21}$$

2.3.4.2 Die kalorische Zustandsgleichung des idealen Gases

Wir untersuchen nun d$U(T, V)$ für das ideale Gas. Der Ausdruck in Gl. (2.18), der dV enthält, ist durch die thermische Zustandsgleichung (1.65) bestimmt, wodurch wir

$$T\left.\frac{\partial p}{\partial T}\right|_V - p = 0 \tag{2.22}$$

und somit

$$\mathrm{d}U(T, V) = C_V(T)\,\mathrm{d}T \tag{2.23}$$

erhalten. Die kalorische Zustandsgleichung des idealen Gases ist also eine Funktion von T allein, d.h., sie ist unabhängig von V. Aus Gl. (2.22) folgt weiters, dass U als Funktion von T, V – im Gegensatz zu $U(S, V)$ – nicht die volle thermodynamische Information eines Systems enthält. Denn wenn wir aus $dU(T, V)$ die thermische Zustandsgeichung des idealen Gases rekonstruieren wollen, erhalten wir mit Gl. (2.22) nur $p = \varphi(V)T$, wobei φ eine unbestimmte Funktion ist. Mit anderen Worten, die thermische Zustandsgleichung lässt sich nicht vollständig aus der kalorischen Zustandsgleichung gewinnen.

2.3.4.3 Vollständigkeit der thermodynamischen Information

Kennen wir ein thermodynamisches Potential, z.B. $U(S, V, N)$, dann können wir alle anderen thermodynamischen Potentiale und die thermische und kalorische Zustandsgleichung daraus berechnen. Wir sagen, dass wir in so einem Fall die vollständige thermodynamische Information eines Systems haben. Das trifft aber auf $U(T, V, N)$ nicht zu, wie wir gerade anhand des idealen Gases gesehen haben. Stattdessen können wir folgende Aussage machen (13):

i. Sind $p = p(T, V)$ und $C_V(T, V_0)$ bekannt, dann kann man daraus $C_V(T, V)$ und $U(T, V)$ berechnen (letzteres bis auf eine additive Konstante).

ii. Die Größen $p = p(T, V)$ und $C_V(T, V_0)$ enthalten die vollständige thermodynamische Information.

Der erste Punkt folgt unmittelbar aus Gl. (2.19). Fasst man nämlich diese Gleichung als Differentialgleichung für C_V als Funktion von V auf, dann ist die rechte Seite durch $p(T, V)$ gegeben und man kann eine Lösung berechnen; jedoch braucht man zur vollständigen Bestimmung eine Anfangsbedingung, also C_V bei einem bestimmten Volumen V_0. Mit Gl. (2.18) bestimmt man dann $U(T, V)$ bis auf eine Konstante. Der zweite Punkt ergibt sich folgendermaßen. Verwendung von Gl. (2.21) liefert $S(T, V)$, daraus erhält man $T(S, V)$ und somit $U(S, V) = U(T(S, V), V)$.

Wir behandeln schließlich noch die Frage, wieweit $F(T, V)$ bestimmt ist, wenn man $U(T, V)$ kennt. Diese Frage können wir durch Lösen der Gibbs-Helmholtz-Gleichung (2.12) beantworten:

$$F(T, V) = -T \int_{T_0}^{T} dT' \frac{U(T', V)}{T'^2} + \phi(V)T \tag{2.24}$$

mit einer unbestimmten Funktion $\phi(V)$, die – wie schon bei der Überlegung zum idealen Gas besprochen – erst durch Kenntnis der thermischen Zustandsgleichung festgelegt wird.

Tab. 2.3. Liste der wichtigsten Materialgrößen. Die Teilchenzahl ist fix.

Materialgrößen	
Isobarer Ausdehnungskoeffizient	$\alpha \equiv \dfrac{1}{V} \dfrac{\partial V}{\partial T}\bigg|_p$
Isochorer Spannungskoeffizient	$\beta \equiv \dfrac{1}{p} \dfrac{\partial p}{\partial T}\bigg|_V$
Isotherme Kompressibilität	$\kappa_T \equiv -\dfrac{1}{V} \dfrac{\partial V}{\partial p}\bigg|_T$
Adiabatische Kompressibilität	$\kappa_S \equiv -\dfrac{1}{V} \dfrac{\partial V}{\partial p}\bigg|_S$
Wärmekapazität bei konstantem Volumen	$C_V \equiv \dfrac{dQ}{dT}\bigg|_V = T \dfrac{\partial S}{\partial T}\bigg|_V$
Wärmekapazität bei konstantem Druck	$C_p \equiv \dfrac{dQ}{dT}\bigg|_p = T \dfrac{\partial S}{\partial T}\bigg|_p$

2.3.5 Materialgrößen

In Tabelle 2.3 sind die wichtigsten Materialgrößen zusammengestellt. Die Wärmekapazität C_V kennen wir schon vom vorigen Abschnitt, ebenso ihre Darstellung als Ableitung der Entropie. Analog ist C_p definiert. Im Fall der adiabatischen Kompressibilität ist natürlich eine quasistatische Kompression bei $dQ = 0$ gemeint.

2.3.5.1 Materialgrößen und die thermische Zustandsgleichung

Die Größen α, β, κ_T lassen sich aus der thermischen Zustandsgleichung berechnen. Da $p = p(T, V)$ bei fixem N nur von zwei Variablen abhängt, muss es eine Relation zwischen den drei Materialgrößen geben. Diese kann mit dem folgenden mathematischen Theorem berechnet werden.

Theorem 4. *Es sei $f(x, y, z)$ eine stetig differenzierbare Funktion, definiert in einer Umgebung von (x_0, y_0, z_0). Weiters sei $f(x_0, y_0, z_0) = 0$ und alle drei partiellen Ableitungen von f bei (x_0, y_0, z_0) seien ungleich Null. Dann definiert $f(x, y, z) = 0$ in einer Umgebung von (x_0, y_0, z_0) die Funktionen $x(y, z)$, $y(x, z)$, $z(x, y)$ und es gilt*

$$\frac{\partial x}{\partial y}\bigg|_z \frac{\partial y}{\partial z}\bigg|_x \frac{\partial z}{\partial x}\bigg|_y = -1.$$

Wenden wir dieses Theorem auf $f(p, T, V) = p - p(T, V)$ an, erhalten wir

$$\frac{\partial p}{\partial T}\bigg|_V \frac{\partial T}{\partial V}\bigg|_p \frac{\partial V}{\partial p}\bigg|_T = -1 \tag{2.25}$$

bzw.

$$\alpha = \frac{1}{V}\frac{\partial V}{\partial T}\bigg|_p = -\frac{1}{V}\frac{\partial p}{\partial T}\bigg|_V \frac{\partial V}{\partial p}\bigg|_T. \tag{2.26}$$

Die Definitionen von κ_T und β liefern schließlich die gesuchte Relation

$$\alpha = p\,\kappa_T\beta. \tag{2.27}$$

Die Differenz $C_p - C_V$ ist ebenfalls durch die thermische Zustandgleichung bestimmt. Dies sieht man aus

$$C_p = T\frac{\partial S}{\partial T}\bigg|_p = T\frac{\mathrm{d}}{\mathrm{d}T}S(T,V(T,p)) = C_V + T\frac{\partial S}{\partial V}\bigg|_T \frac{\partial V}{\partial T}\bigg|_p. \tag{2.28}$$

Verwendet man für die Ableitung der Entropie die zweite Maxwell-Relation aus Tabelle 2.2, ergibt sich das Resultat

$$C_p - C_V = T\frac{\partial p}{\partial T}\bigg|_V \frac{\partial V}{\partial T}\bigg|_p = pVT\alpha\beta = \frac{VT\alpha^2}{\kappa_T}. \tag{2.29}$$

Für das ideale Gas mit der thermischen Zustandsgleichung (1.65) erhalten wir für die soeben diskutierten Materialgrößen

$$\alpha = \beta = \frac{1}{T}, \quad \kappa_T = \frac{1}{p}, \quad C_p - C_V = Nk. \tag{2.30}$$

Betrachtet man molare Wärmekapazitäten, dann ist die Differenz der Wärmekapazitäten des idealen Gases gleich der Gaskonstante $R = N_A k$. Ist das Gas monoatomar, dann folgt $C_V = \frac{3}{2}Nk$ aus Gl. (1.63).

2.3.5.2 Der Zusammenhang zwischen κ_S und κ_T

Die Herleitung folgt (17) und nimmt Gl. (2.21) als Ausgangspunkt, wobei allerdings $\mathrm{d}T$ umgeformt wird:

$$T\mathrm{d}S = C_V\frac{\partial T}{\partial p}\bigg|_V \mathrm{d}p + \left(C_V\frac{\partial T}{\partial V}\bigg|_p + T\frac{\partial p}{\partial T}\bigg|_V\right)\mathrm{d}V. \tag{2.31}$$

Da κ_S bei konstanter Entropie definiert ist, setzen wir $\mathrm{d}S = 0$ und formen die vorige Gleichung um in

$$\begin{aligned}
0 &= C_V\mathrm{d}p + \left(C_V\frac{\partial p}{\partial T}\bigg|_V \frac{\partial T}{\partial V}\bigg|_p + T\left(\frac{\partial p}{\partial T}\bigg|_V\right)^2\right)\mathrm{d}V \\
&= C_V\mathrm{d}p - \frac{\partial p}{\partial V}\bigg|_T\left(C_V - T\frac{\partial V}{\partial p}\bigg|_T\left(\frac{\partial p}{\partial T}\bigg|_V\right)^2\right)\mathrm{d}V,
\end{aligned} \tag{2.32}$$

wobei wir Gl. (2.25) verwendet haben. Nochmalige Verwendung dieser Gleichung und der Gl. (2.29) liefert

$$0 = C_V\mathrm{d}p - \frac{\partial p}{\partial V}\bigg|_T C_p\,\mathrm{d}V. \tag{2.33}$$

Damit erhalten wir das Resultat

$$\kappa_S = \frac{C_V}{C_p} \kappa_T. \tag{2.34}$$

Mit den Gleichungen (2.29) und (2.34) können wir die Wärmekapazitäten durch die Kompressibilitäten ausdrücken:

$$C_V = \frac{VT\alpha^2}{\kappa_T - \kappa_S} \frac{\kappa_S}{\kappa_T}, \quad C_p = \frac{VT\alpha^2}{\kappa_T - \kappa_S}. \tag{2.35}$$

Es sind also von den sechs in Tabelle 2.3 angeführten Materialgrößen nur drei unabhängig. Da bei Festkörpern und Flüssigkeiten die Bestimmung von Größen bei konstantem Volumen in der Praxis schwer durchführbar ist, können β und C_V aus den anderen Materialgrößen mit Hilfe der hier abgeleiteten Relationen bestimmt werden.

2.3.5.3 Materialgrößen und thermodynamische Potentiale

Die Materialgrößen lassen sich durch Ableitungen von geeigneten thermodynamischen Potentialen gewinnen. In Analogie zu Gl. (2.16) erhalten wir sofort

$$C_p(T, p) = T \left.\frac{\partial S}{\partial T}\right|_p = -T \frac{\partial^2 G}{\partial T^2}. \tag{2.36}$$

Während C_V durch Ableitung von $U(T, V)$ nach T zu erhalten ist – siehe Gl. (2.16), gilt für C_p im Allgemeinen nicht, dass es durch Ableitung von $U(T, p)$ nach T zu erhalten ist. Der Grund ist, dass $U(T, p)$ gegeben ist durch

$$U(T, p) = G - T \frac{\partial G}{\partial T} - p \frac{\partial G}{\partial p} \tag{2.37}$$

und wir somit

$$\left.\frac{\partial U}{\partial T}\right|_p = C_p - p \left.\frac{\partial V}{\partial T}\right|_p. \tag{2.38}$$

bekommen. Der zweite Term auf der rechten Seite ist offensichtlich im Allgemeinen ungleich Null. Nehmen wir als Testfall das ideale Gas, dann können wir nämlich Folgendes herleiten:

$$\text{Ideales Gas} \quad \Rightarrow \quad \left.\frac{\partial U}{\partial T}\right|_p = C_p - Nk = C_V, \tag{2.39}$$

wobei wir die thermische Zustandsgleichung und Gl. (2.30) verwendet haben.

Kehren wir zu Gl. (2.36) zurück. Durch Ableitung nach p folgern wir, dass allgemein

$$\left.\frac{\partial C_p}{\partial p}\right|_T = -T \left.\frac{\partial^2 V}{\partial T^2}\right|_p \tag{2.40}$$

gilt. Die rechte Seite dieser Gleichung ist Null für ein ideales Gas, allerdings kann man sich leicht überlegen, dass selbiges für ein van der Waals-Gas nicht mehr gilt.

Nehmen wir als nächstes Beispiel β, welches eine Ableitung nach T bei konstantem V enthält; daher ist F ein geeignetes Potential. Für κ_S sind z.B. U und H geeignet. Diese Beispiele ergeben

$$\beta = \left(\frac{\partial F}{\partial V}\right)^{-1} \frac{\partial^2 F}{\partial T \partial V}, \quad \kappa_S = \frac{1}{V}\left(\frac{\partial^2 U}{\partial V^2}\right)^{-1} = -\left(\frac{\partial H}{\partial p}\right)^{-1} \frac{\partial^2 H}{\partial p^2}. \tag{2.41}$$

2.3.5.4 Materialgrößen und der 3. Hauptsatz

Der 3. Hauptsatz der Thermodynamik hat wichtige Konsequenzen für das Verhalten von Materialgrößen bei $T \to 0$ (18; 19). Untersuchen wir als Erstes das Verhalten von C_V. Mit Gl. (2.21) und $dV = 0$ erhalten wir

$$S(T, V) - S(0, V) = \int_0^T dT' \frac{C_V(T', V)}{T'} \quad \text{bzw.} \quad S(T, V) = S_0 + \int_0^T dT' \frac{C_V(T', V)}{T'}, \tag{2.42}$$

wobei S_0 gemäß dem 3. Hauptsatz der von allen Parametern (außer N) unabhängige Wert der Entropie bei $T = 0$ ist. In Analogie zu Gl. (2.21) leitet man

$$dS(T, p) = \frac{C_p}{T} dT - \left.\frac{\partial V}{\partial T}\right|_p dp \tag{2.43}$$

her und somit

$$S(T, p) = S_0 + \int_0^T dT' \frac{C_p(T', p)}{T'}. \tag{2.44}$$

Weil die Integrale in den Gleichungen (2.42) und (2.44) wohldefiniert sein müssen, folgt aus dem 3. Hauptsatz

$$\lim_{T \to 0} C_V(T, V) = \lim_{T \to 0} C_p(T, p) = 0. \tag{2.45}$$

Mit der zweiten Maxwell-Relation aus Tabelle 2.2 und Gl. (2.42) erhalten wir

$$\left.\frac{\partial p}{\partial T}\right|_V = \left.\frac{\partial S}{\partial V}\right|_T = \frac{\partial}{\partial V} \int_0^T dT' \frac{C_V(T', V)}{T'}. \tag{2.46}$$

Nun verwenden wir Gl. (2.19) für die Ableitung von C_V nach V, was uns zu

$$\left.\frac{\partial p}{\partial T}\right|_V = \left.\frac{\partial p}{\partial T}\right|_V - \left(\left.\frac{\partial p}{\partial T}\right|_V\right)_{T=0}$$

führt. Analog behandeln wir die Ableitung von V nach T. Wir erhalten somit

$$\left(\left.\frac{\partial p}{\partial T}\right|_V\right)_{T=0} = 0 \quad \text{und} \quad \left(\left.\frac{\partial V}{\partial T}\right|_p\right)_{T=0} = 0. \tag{2.47}$$

Das ergibt mit den Definitionen von α und β und mit Gl. (2.29) das Verhalten

$$\lim_{T \to 0} \alpha = \lim_{T \to 0} \beta = 0 \quad \text{und} \quad \lim_{T \to 0} \frac{C_p - C_V}{T} = 0. \tag{2.48}$$

Der 3. Hauptsatz macht jedoch keine Aussage über das Verhalten der Kompressibilitäten bei $T \to 0$ (19).

Man kann sich fragen, ob es Substanzen gibt, deren Entropie S_0 von Null verschieden ist. Naürlich kann man S_0 nicht direkt messen, aber man kann Gl. (2.44) zur Bestimmung von S_0 heranziehen. Man hält den Druck z.B. bei einer Atmosphäre fest und misst die Wärmekapazität C_p einer Substanz von $T = 0$ bis zu einem so hohen T, bei dem die Substanz gasförmig ist und sich in guter Näherung wie ein ideales Gas verhält; die linke Seite von Gl. (2.44) wird durch die Theorie bestimmt – siehe Gl. (1.67) für ein monoatomares ideales Gas. Die Theorie liefert ja für ein ideales Gas eine außerordentlich gute Beschreibung und gibt den *absoluten* Wert der Entropie an. Somit liefert Gl. (2.44) eine Methode, um die Restentropie S_0 zu bestimmen:

$$S_0 = S(T, p)\big|_{\text{Gas,Theorie}} - \int_0^T dT' \, \frac{C_p^{\exp}(T', p)}{T'}. \tag{2.49}$$

Beim Integral ist zu beachten, dass man, immer wenn eine Phasengrenze überschritten wird, den Beitrag Q'/T' hinzunehmen muss; dabei ist T' die Temperatur, bei der der Phasenübergang stattfindet, und Q' ist die Wärme, die man aufwenden muss, um das System von einer Phase in die andere überzuführen. Diese Vorgehensweise folgt aus der Definition von C_p – siehe Tabelle 2.3. Weiters ist festzuhalten, dass der theoretische Term im Fall von mehratomigen Gasmolekülen durch spektroskopische Methoden kontrolliert und korrigiert werden kann. Andrerseits kann man $C_p^{\exp}$ nicht bis $T = 0$ messen und notgedrungen muss daher zum absoluten Nullpunkt extrapoliert werden, wobei wiederum theoretische Modelle eingehen. Beispielsweise für Orthowasserstoff, Kohlenmonoxid, Distickstoffmonoxid und Wassereis wurden auf diese Weise Restentropien S_0 festgestellt (20; 21). Besonders interessant ist der Fall von Eis, wo Linus Pauling den Wert $S_0 \approx Nk \ln(3/2)$ abschätzte (22) (siehe auch (23)), welcher gut im Einklang mit dem experimentellen Resultat ist und einen großartigen Erfolg der Anwendung der elementaren Statistischen Physik darstellt, da es sich bei der theoretischen Bestimmung von S_0 um Abzählung von erlaubten Konfigurationen handelt. Aus diesem Grunde gibt die Messung von S_0 auch Hinweise auf Kristallstruktur und Kristallverhalten bei sehr tiefen Temperaturen. Allerdings sollte man bei der Diskussion von S_0 bedenken, dass sich das System bei Messungen von C_p bei tiefen Temperaturen möglicherweise doch nicht im absoluten thermischen Gleichgewicht befindet und man unter idealen Bedingungen und bei genügend tiefen Temperaturen vielleicht $S_0 = 0$ für jedes System findet (22).

Eine ähnliche wie die in Gl. (2.49) beschriebene Methode wurde von Tetrode (6) und Sackur (7) verwendet, um die Größe des Diskretisierungsvolumens im Phasenraum zur Abzählung der verschiedenen Mikrozustände zu bestimmen. Da sie

Daten von Quecksilber zur Verfügung hatten, dessen Dampf monoatomar ist, verwendeten sie als theoretischen Ausdruck die von ihnen berechnete Sackur-Tetrode-Gleichung (1.61) für die Entropie des einatomigen idealen Gases, welche sie mit $U_{tr}/N = 3kT/2$ und $V/N = kT/p$ in $S_{tr}(T, p)$ umformten. Sie ersetzten das in der Konstanten $\mathcal{K}$ in $S_{tr}(T, p)$ enthaltene Planck'sche Wirkungsquantum $\hbar$ durch $z\hbar$. Mit Gl. (2.49) und $S_0 = 0$ bestimmten Sackur und Tetrode den Wert von z und wiesen damit *empirisch* nach, dass $z \approx 1$ und das Phasenraumvolumen in der Tat durch das Planck'sche Wirkungsquantum bestimmt ist.

2.3.6 Die Adiabatengleichung

Wird ein quasistatischer Prozess wärmeisoliert durchgeführt, dann durchläuft man in der T–V-Ebene eine bestimmte Kurve. Die Differentialgleichung für diese Kurve bekommt man aus Gl. (2.21) durch $dS = 0$:

$$C_V(T, V)dT + T \left.\frac{\partial p}{\partial T}\right|_V dV = 0. \tag{2.50}$$

Will man die Adiabatenkurve in der p–V-Ebene haben, greift man am besten auf Gl. (2.33) zurück:

$$dp = \frac{C_p}{C_V} \left.\frac{\partial p}{\partial V}\right|_T dV. \tag{2.51}$$

In diesem Fall muss man natürlich T als Funktion von p und V in diese Gleichung einsetzen.

2.4 Wärmemaschinen und Wärmereservoire

2.4.1 Der Wirkungsgrad

Eine Maschine M arbeite periodisch und verrichte Arbeit am System Σ. In einem Zyklus entnimmt die Maschine dem Wärmereservoir $\tilde{A}_1$ die Wärmemenge Q_1, verrichtet an Σ die Arbeit A und gibt Q_2 an das Wärmereservoir $\tilde{A}_2$ ab – siehe Abb. 2.2. Damit haben wir folgende Energie- und Entropiebilanz des gesamten Systems während eines Zyklus:

$$\Delta U_{tot} = -Q_1 + A + Q_2 = 0, \quad \Delta S_{tot} = -\frac{Q_1}{T_1} + \frac{Q_2}{T_2} \geq 0. \tag{2.52}$$

Setzen wir $Q_2 = Q_1 - A$ in die Entropiebilanz ein, erhalten wir

$$\eta \equiv \frac{A}{Q_1} \leq 1 - \frac{T_2}{T_1}, \tag{2.53}$$

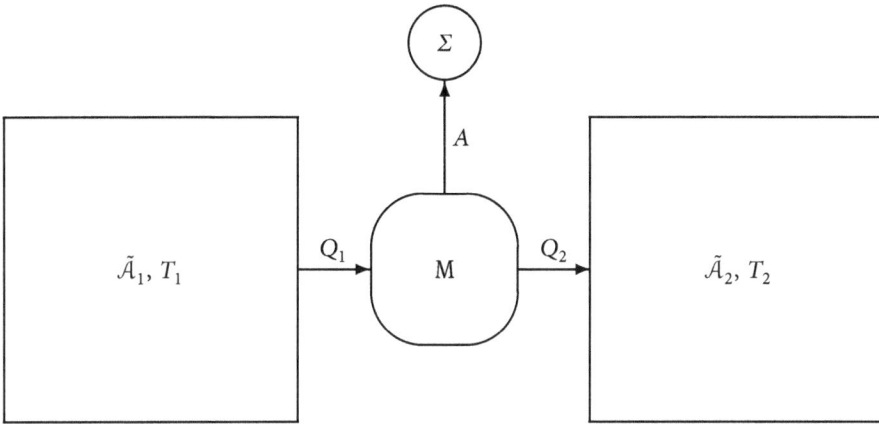

Abb. 2.2. Schema einer zyklisch arbeitenden Wärmemaschine.

wobei η eine geeignete Definition des Wirkungsgrads der Maschine ist. Nur bei einem reversiblen Prozess gilt das Gleichheitszeichen. Das System Σ erleidet keine Entropieänderung, da es Energie nur in Form von Arbeit aufnimmt. Die Periodizität der Maschine M geht insofern in die Entropiebilanz ein, als M nach einem Zyklus wieder im selben Zustand ist und daher keinen Beitrag liefert.

Hätten wir kein Reservoir $\tilde{A}_2$, das die Wärmemenge Q_2 pro Zyklus aufnimmt, wäre ΔS_{tot} negativ. Daraus folgt die *Unmöglichkeit eines Perpetuum Mobile zweiter Art*:

Es gibt keine periodisch arbeitende Maschine, welche nichts weiter tut, als Energie Q einem Wärmereservoir $\tilde{A}$ zu entnehmen und als Arbeit $A = Q$ einem System Σ zuzuführen.

Das ist die Formulierung des 2. Hauptsatzes nach Kelvin.

2.4.2 Die Carnot-Maschine

Eine Carnot-Maschine benützt eine Arbeitssubstanz (z.B. ein ideales Gas), mit der sie einen quasistatischen Kreisprozess in der S–T-Ebene ausführt, wie in Abb. 2.3 skizziert ist. Der Kreisprozess besteht aus folgenden Schritten:
1. Isotherme Zustandsänderung bei Temperatur T_1 von S_1 nach S_2. Dabei nimmt die Arbeitssubstanz die Wärmemenge $Q_1 = T_1 (S_2 - S_1)$ aus $\tilde{A}_1$ auf.
2. Adiabatische Zustandsänderung bei Entropie S_2.
3. Isotherme Zustandsänderung bei Temperatur T_2 von S_2 nach S_1. Dabei gibt die Arbeitssubstanz die Wärmemenge $Q_2 = T_2 (S_2 - S_1)$ an $\tilde{A}_2$ ab.
4. Adiabatische Zustandsänderung bei Entropie S_1.

Abb. 2.3. Der Kreisprozess einer Carnot-Maschine in der S–T-Ebene.

Nach dem Energiesatz ist die geleistete Arbeit $A = Q_1 - Q_2$ und entspricht der Fläche des Rechtecks in Abb. 2.3. Damit ist der Wirkungsgrad gegeben durch $\eta = A/Q_1 = 1 - Q_2/Q_1 = 1 - T_2/T_1$. Daher hat eine Carnot-Maschine den maximalen Wirkungsgrad – siehe Gl. (2.53). Der wesentliche Punkt bei der Herleitung dieses Resultats ist, dass bei den isothermen Schritten des Kreisprozesses die Temperaturen von Wärmebad und Arbeitssubstanz übereinstimmen. Allerdings liegt dann kein Temperaturgradient zwischen Wärmebad und Arbeitssubstanz vor und es kann keine Wärme übertragen werden. Daher muss die Arbeitssubstanz realistischerweise bei Temperaturen T_{1w} und T_{2w} arbeiten, so dass $T_1 > T_{1w} > T_{2w} > T_2$ gilt – siehe Abb. 2.5, und der maximale Wirkungsgrad wird nur im gleichzeitigen Limes $T_{1w} \uparrow T_1$ und $T_{2w} \downarrow T_2$ erzielt. In diesem Limes wird zwar die Arbeit pro Zyklus maximal, allerdings wird die Zeit pro Zyklus immer länger, weil sich die Wärmeübertragung verlangsamt, und die Leistung der Maschine geht gegen Null.

2.4.3 Der Wirkungsgrad eines allgemeinen Kreisprozesses

Wir betrachten nun einen allgemeinen quasistatischen Kreisprozess in der S–T-Ebene mit der Annahme, dass die beiden Wärmereservoire dieselben Temperaturen wie wie bei der Carnot-Maschine haben – siehe Abb. 2.4. Analog zu Abb. 2.3 entspricht die von den beiden Kurven γ_1 und γ_2 umschlossene Fläche der geleisteten Arbeit A. Zwar berührt in Abb. 2.4 die Kurve γ_1 die Temperatur T_1 und die Kurve γ_2 die Temperatur T_2, im Allgemeinen muss das jedoch nicht sein, sondern es genügt, dass sich die geschlos-

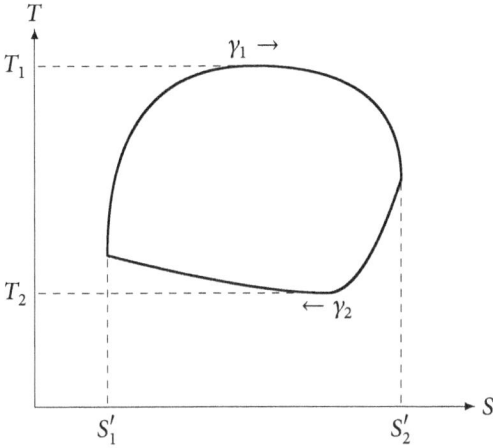

Abb. 2.4. Ein allgemeiner Kreisprozess einer Maschine in der S–T-Ebene.

sene Kurve γ_1-γ_2 zwischen diesen Temperaturen befindet. Wir erhalten

$$Q_1 = \int_{\gamma_1} T\mathrm{d}S = \bar{T}_1\,(S_2' - S_1'), \quad Q_2 = -\int_{\gamma_2} T\mathrm{d}S = \bar{T}_2\,(S_2' - S_1'), \tag{2.54}$$

wobei wir den Mittelwertsatz der Integration angewendet haben, der $\bar{T}_1$ und $\bar{T}_2$ bestimmt. Es gilt

$$T_2 \leq \bar{T}_2 < \bar{T}_1 \leq T_1. \tag{2.55}$$

Damit ergibt sich für den Wirkungsgrad

$$\eta = 1 - \frac{\bar{T}_2}{\bar{T}_1} \leq 1 - \frac{T_2}{T_1}. \tag{2.56}$$

D.h, bei vorgegebenen Temperaturen der Wärmereservoire ist der Wirkungsgrad beliebiger periodischer Wärmemaschinen stets schlechter als der der Carnot-Maschine.

2.4.4 Die Curzon-Ahlborn-Maschine

Wir betrachten nun den Kreisprozess in der S–T-Ebene, der in Abb. 2.5 dargestellt ist. Weil der Kreisprozess der Arbeitssubstanz wie beim Carnot-Zyklus aus isothermen und adiabatischen Stücken besteht, gilt

$$\frac{Q_1}{T_{1w}} = \frac{Q_2}{T_{2w}}. \tag{2.57}$$

Damit ist die Änderung der Gesamtentropie pro Zyklus durch

$$\Delta S_{\text{tot}} = -\frac{Q_1}{T_1} + \frac{Q_2}{T_2} = \frac{Q_1}{T_1}\left(-1 + \frac{T_1}{T_{1w}}\frac{T_{2w}}{T_2}\right) > 0 \tag{2.58}$$

Abb. 2.5. Irreversibler Kreisprozess in der S–T-Ebene, bei dem die Temperaturen T_{1w} und T_{2w} der Arbeitssubstanz verschieden von denen der Wärmebäder sind.

gegeben und der Kreisprozess ist irreversibel, hat aber den Vorteil, dass er in einer endlichen Zeit abläuft. Man kann sich daher die Frage stellen, unter welchen Bedingungen die Leistung (und nicht die Arbeit) der Wärmemaschine optimal wird, und wie groß in diesem Fall der Wirkungsgrad

$$\eta = 1 - \frac{Q_2}{Q_1} = 1 - \frac{T_{2w}}{T_{1w}} \tag{2.59}$$

ist.

Den wesentlichen Beitrag zur Beantwortung dieser Frage liefern die folgenden plausiblen Annahmen (24):

- Die Wärmefluss zwischen Wärmereservoir und Arbeitssubstanz ist proportional zur Temperaturdifferenz.
- Die Zeit, die das System zur Durchführung der adiabatischen Abschnitte des Kreisprozesses benötigt, ist proportional zur Zeit für die isothermen Abschnitte.

Die erste Annahme führt zu

$$Q_1 = \alpha t_1 (T_1 - T_{1w}), \quad Q_2 = \beta t_2 (T_{2w} - T_2), \tag{2.60}$$

wobei t_1 und t_2 die Zeiten für die isotherme Expansion und Kompression sind. Aus der zweiten Annahme folgt, dass die Gesamtzeit für einen Zyklus durch $\gamma(t_1 + t_2)$ mit $\gamma > 1$ gegeben ist. Die Konstanten α, β und γ sind maschinenabhängig. Somit erhalten wir den Ausdruck

$$P = \frac{Q_1 - Q_2}{\gamma(t_1 + t_2)} \tag{2.61}$$

für die Leistung. Da die Temperaturen der isothermen Stücke des Kreisprozesses noch frei sind, können T_{1w} und T_{2w} so festgelegt werden, dass bei ihnen das Maximum von

P eintritt. Für diese Rechnung verweisen wir auf Übungsaufgabe 15 dieses Kapitels. Diese optimalen Temperaturen sind

$$T_{1w}^{(o)} = \sqrt{T_1}\, \frac{\sqrt{\alpha T_1} + \sqrt{\beta T_2}}{\sqrt{\alpha} + \sqrt{\beta}} \quad \text{und} \quad T_{2w}^{(o)} = \sqrt{T_2}\, \frac{\sqrt{\alpha T_1} + \sqrt{\beta T_2}}{\sqrt{\alpha} + \sqrt{\beta}}. \qquad (2.62)$$

Eine Maschine mit diesen Temperaturen im Kreisprozess heißt *Curzon-Ahlborn-Maschine*. Mit Gl. (2.62) erhält man den *Chambadal-Novikov-Wirkungsgrad* (24):

$$\eta_{\text{CN}} = 1 - \sqrt{\frac{T_2}{T_1}}. \qquad (2.63)$$

Das Bemerkenswerte an diesem Wirkungsgrad ist, dass er von α und β unabhängig ist. Im Gegensatz zum Carnot-Wirkungsgrad, der den Wirkungsrad realer Wärmemaschinen weit überschätzt, liefert η_{CN} Werte für Wärmekraftwerke, die ziemlich nahe an der Realität sind (24).

2.5 Gleichgewichtsbedingungen

Wir diskutieren hier Anwendungen des 2. Hauptsatzes.

2.5.1 Gleichgewicht bei Austauschprozessen

Zuerst betrachten wir ein *abgeschlossenes* System $\mathcal{A} = \mathcal{A}_1 \cup \mathcal{A}_2$, bestehend aus zwei Teilsystemen mit inneren Energien U_i, Volumina V_i und Teilchenzahlen N_{Ai}, N_{Bi} ($i = 1, 2$). Wir nehmen an, dass wir zwei Teilchensorten A und B haben. Wir betrachten das Gleichgewicht in Abhängigkeit von den Eigenschaften der Trennwand zwischen $\mathcal{A}_1$ und $\mathcal{A}_2$ und leiten für dieses Gleichgewicht Bedingungen her. Weil $\mathcal{A}$ abgeschlossen ist, sind $U_1 + U_2$, $V_1 + V_2$, $N_{A1} + N_{A2}$ und $N_{B1} + N_{B2}$ konstant. Wir benützen, dass die Entropie im Gleichgewicht ein Maximum hat, also $dS = dS_1 + dS_2 = 0$ gilt, und greifen für die folgende Diskussion auf Gl. (1.56) zurück.

2.5.1.1 Wärmedurchlässige Trennwand
In diesem Fall nehmen wir also an, dass die Trennwand nur Wärmeaustausch erlaubt. Das führt zu

$$dS = \frac{dU_1}{T_1} + \frac{dU_2}{T_2} = \left(\frac{1}{T_1} - \frac{1}{T_2} \right) dU_1 = 0 \quad \Rightarrow \quad T_1 = T_2. \qquad (2.64)$$

Diesen Sachverhalt haben wir bereits im Abschnitt 1.5.2 kennengelernt.

2.5.1.2 Bewegliche Trennwand

Wir nehmen zusätzlich an, dass die Trennwand wärmeisolierend wirkt und keinen Teilchenaustausch erlaubt. Bei der quasistatischen Zustandsänderung gilt nun $dU_1 = -p_1 dV_1 = -dU_2$. Damit ist dS_1 identisch Null und daher $dS_1 = dS_2 = 0$. Setzen wir $dU_2 = p_1 dV_1$ und $dV_2 = -dV_1$ in $dS_2 = (dU_2 + p_2 dV_2)/T_2$ ein, erhalten wir

$$dS = dS_2 = (p_1 - p_2)\frac{dV_1}{T_2} = 0 \quad \Rightarrow \quad p_1 = p_2. \tag{2.65}$$

D.h., unabhängig von den Temperaturen in den Teilsystemen müssen die Drücke gleich sein. Wir erhalten also folgenden Merksatz:

! Ist zwischen zwei Systemen Volumsaustausch möglich, dann sind im Gleichgewicht ihre Drücke gleich.

2.5.1.3 Trennwand durchlässig für die Teilchen der Sorte A

Für Teilchen der Sorte B soll die unbewegliche Trennwand undurchlässig sein, ebenso für Wärme, aber Austausch von Teilchen der Sorte A soll möglich sein. Nun ist $dU_1 = \mu_{A1} dN_{A1} = -dU_2$ und $dN_{A2} = -dN_{A1}$. Mit der analogen Argumentation wie beim Druck erhalten wir

$$dS = -(\mu_{A1} - \mu_{A2})\frac{dN_{A1}}{T_2} = 0 \quad \Rightarrow \quad \mu_{A1} = \mu_{A2}. \tag{2.66}$$

Diese Überlegung liefert einen für Anwendungen sehr wichtigen Merksatz:

! Können zwischen zwei Systemen Teilchen einer bestimmten Sorte ausgetauscht werden, dann sind im Gleichgewicht die entsprechenden chemischen Potentiale gleich.

Man kann die Eigenschaften der Trennwand auch kombinieren. Wenn sie z.B. wärmedurchlässig und beweglich ist, gilt im Gleichgewicht $T_1 = T_2$ und $p_1 = p_2$.

2.5.2 Stabilitätsbedingungen

Nun betrachten wir ein System $\mathcal{A}$ im Kontakt mit einer Umgebung. Als Erstes nehmen wir an, die Umgebung sei ein Wärmebad $\tilde{\mathcal{A}}$ mit Temperatur T. In $\tilde{\mathcal{A}} \cup \mathcal{A}$ kann die Gesamtentropie S_{tot} nur zunehmen. Wenn das System $\mathcal{A}$ die Wärmemenge ΔQ aufnimmt und die Arbeit A leistet, erhalten wir

$$\Delta S_{tot} = \Delta\tilde{S} + \Delta S = -\frac{\Delta Q}{T} + \Delta S = \frac{-\Delta U + T\Delta S - A}{T} = \frac{-\Delta F - A}{T} \geq 0, \tag{2.67}$$

wobei $\Delta U = \Delta Q - A$ die Änderung der inneren Energie von $\mathcal{A}$ ist. Daher gilt $A \leq -\Delta F$ im System $\mathcal{A}$, woraus $\Delta F \leq 0$ folgt. Ist der Prozess reversibel ($\Delta Q = T\Delta S$), kann die maximale Arbeit $A = -\Delta F$ geleistet werden, im irreversiblen Fall ($\Delta Q < T\Delta S$) ist A dementsprechend kleiner. Sind die externen Parameter von $\mathcal{A}$ fix, dann wird keine Arbeit A geleistet. In diesem Fall entspricht der Entropiezunahme in $\tilde{\mathcal{A}} \cup \mathcal{A}$ ($\Delta S_{\text{tot}} \geq 0$) eine Abnahme der freien Energie ($\Delta F \leq 0$) in $\mathcal{A}$ und wir erhalten folgende Stabilitätsbedingung:

In einem System mit fixen externen Parametern, welches im Kontakt mit einem Wärmebad ist, hat die freie Energie ein Minimum. ❗

Nun sei das System $\mathcal{A}$ im Kontakt mit einem Wärmebad $\tilde{\mathcal{A}}$ *und* einem Volumsreservoir $\tilde{\mathcal{A}}'$. Ein Volumsreservoir ist ein System, das einen fixen Druck p hat und nur Arbeit in Form von Volumsarbeit $d\tilde{U}' = -p\,d\tilde{V}'$ leistet; damit ist $d\tilde{S}' = 0$. Zwischen $\mathcal{A}$ und $\tilde{\mathcal{A}}'$ sei eine bewegliche Trennwand, die den Druck in $\mathcal{A}$ konstant beim Wert p des Volumsreservoirs hält. Wir betrachten wieder das Gesamtsystem $\tilde{\mathcal{A}} \cup \tilde{\mathcal{A}}' \cup \mathcal{A}$ und die Gesamtentropie S_{tot}. Dann haben wir die Bilanz

$$\Delta S_{\text{tot}} = \Delta\tilde{S} + \Delta S = -\frac{\Delta Q}{T} + \Delta S = \frac{-\Delta U + T\Delta S - p\Delta V - A}{T} = \frac{-\Delta G - A}{T}. \tag{2.68}$$

Nun ist $\Delta U = \Delta Q - p\Delta V - A$. Es gilt daher $\Delta G \leq -A$. Im Fall von $A = 0$ erhalten wir folgenden Merksatz:

In einem System, in welchem alle externen Parameter außer V fix sind und welches im Kontakt mit einem Wärmebad und über V mit einem Volumsreservoir ist, hat die freie Enthalpie ein Minimum. ❗

Detaillierte Diskussionen von Stabilitätsbedingungen sind in (17; 25) zu finden.

In diesem Abschnitt kann der Übergang vom Anfangszustand des Systems $\mathcal{A}$ in den Endzustand irreversibel sein, jedoch müssen Anfangs- und Endzustand im Gleichgewicht sein, damit ΔF bzw. ΔG wohldefiniert sind.

2.5.3 Chemische Reaktionen und Reaktionsgleichgewicht

Bei vielen chemischen Prozessen dient die Atmosphäre als Wärmebad und Volumsreservoir, d.h., für Anfangs- und Endzustand sind T und p gleich. Hat man eine chemische Reaktion $A \rightleftharpoons B$, dann gibt ΔG an, in welche Richtung die Reaktion abläuft. Nehmen wir an, es sei $\Delta G < 0$. Wir haben im vorigen Abschnitt hergeleitet, dass dann die Reaktion in der Richtung $A \rightarrow B$ abläuft. Ein Beispiel dafür ist $2\,H_2 + O_2 \rightarrow 2\,H_2O$ bei Raumtemperatur und Atmosphärendruck. Dabei nennt man $\Delta H = \Delta U + p\Delta V$ die *Reaktionswärme* oder *Wärmetönung*. Ist $\Delta H < 0$, dann heißt die Reaktion *exotherm* und die Wärmemenge $-\Delta H$ wird durch den chemischen Prozess an die Umgebung abgegeben. Für $\Delta H > 0$ nennt man die Reaktion *endotherm* und die Wärmemenge ΔH

muss zugeführt werden; damit in diesem Fall die Reaktion von A nach B abläuft, muss $T\Delta S > \Delta H$ sein, also die Entropieproduktion groß genug sein, um $\Delta G = \Delta H - T\Delta S < 0$ zu erreichen.

Eine verwandte Fragestellung ist die des chemischen Gleichgewichts bzw. Reaktionsgleichgewichts, welches niemals zu 100% auf einer Seite der Reaktionsgleichung ist. In diesem Falle betrachtet man gemäß der Überlegung im vorigen Abschnitt das Minimum der freien Enthalpie, also dG = 0. Wir nehmen an, dass alle miteinander reagierenden Stoffe bestehend aus Molekülen A_j ($j = 1, \ldots, r$) homogen gemischt sind. Dann hängt nämlich G nur von den Variablen $T, p, N_1, \ldots, N_r$ ab, wobei N_j die Zahl der Moleküle des Stoffes j ist. Formal lässt sich eine chemische Reaktion als

$$\sum_{j=1}^{r} v_j A_j = 0 \qquad (2.69)$$

schreiben. Die ganzen Zahlen v_j, die *stöchiometrischen Koeffizienten*, seien negativ, wenn sich A_j auf der linken Seite der Reaktionsgleichung befindet, und positiv für die rechte Seite. Wenn wir als Beispiel das Reaktionsgleichgewicht $2\,H_2 + O_2 \rightleftharpoons 2\,H_2O$ betrachten, haben wir $v_1 = -2$, $v_2 = -1$ und $v_3 = 2$. Da eine Änderung der N_j über die chemische Reaktion Gl. (2.69) nur durch d$N_j = v_j$dn mit einem gemeinsamen dn möglich ist, erhält man aus dG = 0 die Relation

$$\sum_{j=1}^{r} v_j \mu_j = 0 \qquad (2.70)$$

für die chemischen Potentiale μ_j. Diese Gleichung ist die Grundlage des Massenwirkungsgesetzes, welches wir später für chemische Reaktionen von idealen Gasen herleiten werden.

2.6 Gleichgewicht zweier Phasen einer Substanz

2.6.1 Koexistenz zweier Phasen einer Substanz

In Abhängigkeit von Temperatur und Druck können Stoffe in verschiedenen Aggregatzuständen oder Phasen auftreten. Im Normalfall können diese Phasen durch die Adjektive fest, flüssig und gasförmig charakterisiert werden, wobei allerdings die feste Phase meistens noch weiter in Phasen mit verschiedenen Kristallstrukturen unterteilt ist. Wir betrachten ein System, das aus Teilchen einer Sorte besteht, jedoch räumlich inhomogen ist, weil eine Phasengrenze besteht; in den einzelnen Phasen soll das System jedoch homogen sein. An der Phasengrenze können Wärme, Volumen und Teilchen ausgetauscht werden. Nach der Diskussion im Abschnitt 2.5.1 haben wir folgende

Gleichgewichtsbedingungen:

$$\text{Thermisches Gleichgewicht:} \quad T_1 = T_2,$$
$$\text{Volumsaustausch:} \quad p_1 = p_2,$$
$$\text{Teilchenaustausch:} \quad \mu_1 = \mu_2.$$

Wir bezeichnen allgemein eine Koexistenzkurve zweier Phasen im p–T-Diagramm mit $\bar{p} = \bar{p}(T)$. Im Speziellen bezeichnen wir die Dampfdruckkurve, wo die Phasen Flüssigkeit und Dampf (Gas) koexistieren, mit $\bar{p}_d(T)$.

2.6.2 Phasenübergang erster Ordnung

Nach der Klassifikation von Paul Ehrenfest sind bei einem Phasenübergang erster Ordnung die ersten partiellen Ableitungen von $\mu(T, p)$ an der Koexistenzkurve unstetig. Wegen $G(T, p, N) = N\mu(T, p)$ erhält man

$$\frac{\partial \mu}{\partial T} = -\frac{S}{N} \equiv -s \quad \text{und} \quad \frac{\partial \mu}{\partial p} = \frac{V}{N} \equiv v, \tag{2.71}$$

wobei s die Entropie pro Teilchen und v das Volumen pro Teilchen ist. Damit gilt Folgendes für Phasenübergänge erster Ordnung:

Wird bei einer quasistatischen Zustandsänderung die Koexistenzkurve überquert, machen sowohl Volumen pro Teilchen als auch Entropie pro Teilchen einen Sprung. **!**

2.6.3 Die Clausius-Clapeyron'schen Gleichung

Diese Gleichung drückt die Steigung der Koexistenzkurve durch die Größen aus, die den Phasenübergang beschreiben. Sie wird folgendermaßen hergeleitet. Entlang der Koexistenzkurve gilt

$$\mu_1(T, \bar{p}(T)) = \mu_2(T, \bar{p}(T)) \quad \Rightarrow \quad \frac{d}{dT}\Delta\mu(T, \bar{p}(T)) = \frac{\partial}{\partial T}\Delta\mu + \frac{\partial}{\partial p}\Delta\mu\frac{d\bar{p}}{dT} = 0, \tag{2.72}$$

wobei wir $\Delta\mu = \mu_2 - \mu_1$ definiert haben. Nun verwenden wir Gl. (2.71) und erhalten

$$\frac{d\bar{p}}{dT} = \frac{s_2(T, \bar{p}) - s_1(T, \bar{p})}{v_2(T, \bar{p}) - v_1(T, \bar{p})}. \tag{2.73}$$

Weiters definieren wir die *latente Wärme pro Teilchen* durch

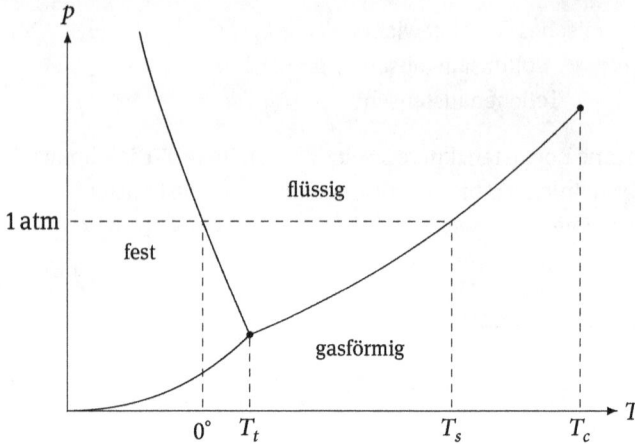

Abb. 2.6. Schematisches Phasendiagramm von Wasser (nicht maßstabsgetreu). Eingezeichnet sind der Nullpunkt der Celsiusskala ($0\,°C = 273.15\,K$), der Tripelpunkt ($T_t = 273.16\,K$, $p_t \simeq 6.117\,mbar$), der Siedepunkt $T_s \simeq 100\,°C$ und der kritische Punkt ($T_c \simeq 647.4\,K$, $p_c \simeq 221.2\,bar$).

$$q(T) = T\left(s_2(T, \bar{p}(T)) - s_1(T, \bar{p}(T))\right). \tag{2.74}$$

Das ist die Wärmemenge, die notwendig ist, um ein Teilchen aus der Phase 1 in die Phase 2 überzuführen. Damit können wir schließlich Gl. (2.73) auf die Form der *Clausius-Clapeyron'schen Gleichung* für die Koexistenzkurve bringen:

$$\frac{d\bar{p}}{dT} = \frac{1}{T}\frac{q(T)}{v_2(T, \bar{p}) - v_1(T, \bar{p})}. \tag{2.75}$$

Als Beispiel für ein Phasendiagramm ist in Abb. 2.6 das von Wasser schematisch abgebildet. Die qualitativen Züge sind bei vielen Substanzen dieselben. Die drei abgebildeten Kurven sind die Dampfdruckkurve vom Tripelpunkt zum kritischen Punkt, die Schmelzdruckkurve vom Tripelpunkt nach oben und die Sublimationsdruckkurve vom Tripelpunkt zum Nullpunkt. Am kritischen Punkt verschwindet der Unterschied zwischen Flüssigkeit und Dampf, da die molekularen Volumina $v = V/N$ für beide Phasen gleich werden. Man kann einen Stoff vom flüssigen in den gasförmigen Aggregatzustand und umgekehrt überführen, ohne jemals eine Phasengrenze zu überschreiten, vorausgesetzt man macht die Zustandsänderung im p–T-Diagramm entlang eines Weges, der um den kritischen Punkt herumführt. Eine Besonderheit von

Wasser in Abb. 2.6 ist allerdings $d\bar{p}/dT < 0$ für die Schmelzdruckkurve. Dies ist eine Folge der sogenannten Anomalie des Wassers: beim Schmelzen von Eis verkleinert sich das Volumen, denn Wasser hat für $p = 1$ atm bei $3.98\,°$C die größte Dichte; somit gilt $v_2 - v_1 < 0$ und die Schmelzdruckkurve geht steil nach unten gemäß der Clausius-Clapeyron'schen Gleichung. Bei fast allen anderen Substanzen vergrößert sich beim Schmelzen das Volumen. Allerdings hat Eis bei höheren Drücken eine ganze Reihe von weiteren Modifikationen, wo dann die Schmelzdruckkurve wieder eine positive Steigung aufweist. Die negative Steigung der Schmelzdruckkurve in Abb. 2.6 wäre in einer maßstabsgetreuen Abbildung wesentlich ausgeprägter, da der Unterschied zwischen $0\,°$C und dem Tripelpunkt nur 0.01 K beträgt.

2.6.4 Die Dampfdruckkurve

Man kann die Clausius-Clapeyron'sche Gleichung verwenden, um eine Näherung für die Dampfdruckkurve $\bar{p}_d(T)$ zu bekommen. Dazu nehmen wir an, dass es für unsere Zwecke genügt, den Dampf als ideales Gas zu beschreiben. Mit der Zustandsgleichung (1.65) des idealen Gases erhalten wir das Volumen pro Teilchen im Dampf als

$$v_d \simeq \frac{kT}{\bar{p}_d}. \tag{2.76}$$

Weiters gilt bei Temperaturen genügend weit unterhalb der kritischen Temperatur, dass das Volumen pro Teilchen v_f in der Flüssigkeit viel kleiner als v_d ist. Benützen wir diese Näherungen in Gl. (2.75), vereinfacht sich diese Gleichung zu

$$\frac{d\bar{p}_d}{dT} \simeq \frac{q_v(T)}{kT^2}\,\bar{p}_d, \tag{2.77}$$

wobei wir die Verdampfungswärme mit q_v bezeichnet haben. Wenn wir weiters $q_v(T)$ als konstant annehmen, können wir eine Lösung der Gl. (2.77) erhalten:

$$\bar{p}_d(T) \simeq \bar{p}_0\, e^{-q_v/kT}. \tag{2.78}$$

Z.B. für Wasser ist diese Näherungsformel experimentell über weite Bereiche relativ gut bestätigt – siehe (25). Allerdings gilt nicht nur $v_f = v_d$ am kritischen Punkt, überdies verschwindet dort auch q_v. Daher kann Gl. (2.78) keineswegs für $T \to T_c$ richtig sein. Eine genauere Diskussion der Dampfdruckkurve und der Verdampfungswärme für $T \ll T_c$ findet sich im Unterkapitel 3.8.

Wir können Gl. (2.78) dazu benützen, um für Wasser die Abhängigkeit des Siedepunkts von der Höhe abzuschätzen. Dazu brauchen wir den Luftdruck p_l als Funktion der Höhe h. Der Siedepunkt T_s ist durch die Gleichung $p_l(h) = \bar{p}_d(T_s)$ bestimmt. Ein realistisches Modell der Atmosphäre und damit für $p_l(h)$ liefert die sogenannte U.S.-Standardatmosphäre (26). Diese gibt bei einer Höhe von 0 m den Normdruck von 1.01325 und z.B. bei 5000 m bzw. 9000 m Drücke von 0.54007 bzw. 0.30727 bar vor. Mit einer molaren Verdampfungswärme von Wasser q_{mol} = 40.63 kJ mol^{-1} (bei 100° C) und T_s = 100° C bei h = 0 m erhalten wir mit Gl. (2.78) die Schätzwerte T_s(5 km) $\simeq$ 83 °C und T_s(9 km) $\simeq$ 69 °C. Es gilt also die Daumenregel, dass bis zu den höchsten Bergspitzen der Erde der Siedepunkt von Wasser pro 290 m Höhe etwa um ein Grad abnimmt (27).

2.7 Übungsaufgaben

1. Zwei Systeme mit den Temperaturen T_1 und T_2 und den Wärmekapazitäten C_1 und C_2 werden bei festen externen Parametern in thermalen Kontakt gebracht. Nach der Wiederherstellung des Gleichgewichts habe das Gesamtsystem die Temperatur T. Schreiben Sie eine Bestimmungsgleichung für T an, falls die Wärmekapazitäten Funktionen der Temperatur sind. Wie groß ist T, falls die C_i nicht von der Temperatur abhängen?

2. Berechnen Sie die Änderung ΔS der Entropie für den im vorigen Beispiel beschriebenen Prozess und zeigen Sie, dass $\Delta S \geq 0$ gilt.

3. Arbeiten Sie den Unterschied zwischen

$$\left.\frac{\partial S}{\partial V}\right|_U \quad \text{und} \quad \left.\frac{\partial S}{\partial V}\right|_T$$

heraus. Was ergeben beide Ausdrücke für ein ideales Gas?

4. Es sei $f(x)$ eine Funktion und $g(y)$ seine Legendre-Transformierte. Zeigen Sie, dass Folgendes gilt: f konvex $\Leftrightarrow$ g konkav bzw. f konkav $\Leftrightarrow$ g konvex.

5. Die Funktion $f(x, z)$ habe das Differential $df = y dx + \varphi(x, z)dz$ mit $y = \frac{\partial f}{\partial x}$. Angenommen, f werde bezüglich x Legendre-transformiert. Zeigen Sie, dass dann $dg = -x dy + \varphi(x(y, z), z)dz$ gilt, also $\frac{\partial g}{\partial z}$ aus $\frac{\partial f}{\partial z}$ einfach durch die Variablentransformation $x = x(y, z)$ erhalten wird.

6. Ein System werde durch $U(S, V, N)$ beschrieben. Zeigen Sie, dass sich dU mit Hilfe der Energiedichte $\hat{u} = U/V$, Entropiedichte $\hat{s} = S/V$ und Teilchendichte $\rho = N/V$ umschreiben lässt in $d\hat{u} = T d\hat{s} + \mu d\rho$.

7. Ein homogenes System enthalte r Teilchensorten mit den entsprechenden Teilchenzahlen N_i und chemischen Potentialen μ_i. Zeigen Sie mit Hilfe der Extensivität von U, dass in so einem System $G = \sum_{i=1}^{r} \mu_i N_i$ gilt (Verallgemeinerung von Gl. (2.8)).

8. Zwei Volumina V_1 und V_2 seien durch eine Wand getrennt. In beiden Volumina befinde sich das gleiche Gas mit Temperatur T und Druck p. Beweisen Sie mit Hilfe der Extensivität der freien Energie, dass sich – unabhängig von den Eigenschaften des Gases – die Entropie nach Herausziehen der Trennwand nicht ändert.

9. Berechnen Sie das Differential der Enthalpie H als Funktion von T, p, N anstatt von S, p, N.

10. Argumentieren Sie zuerst, dass $H(T, p, N) = Nh(T, p)$ gilt, und zeigen Sie dann mit Hilfe des vorigen Beispiels, dass $\Delta h = h_2 - h_1$, die Differenz der Enthalpie pro Teilchen über eine Phasengrenze, mit der latenten Wärme q identisch ist.

11. Die freie Energie habe die Form $F = F_0 + \lambda F_1$, wobei der zweite Term gegenüber dem ersten klein sei. Berechnen Sie daraus durch Legendre-Transformation die freie Enthalpie G bis zur Ordnung λ^2.

12. Der dimensionslose Grüneisen-Parameter kann z.B. über die Relation

$$\left.\frac{\partial p}{\partial T}\right|_V = \gamma_g \frac{C_V}{V}$$

definiert werden. Da γ_g aber für Festkörper, vor allem für Metalle wichtig ist, wo er oft über weite Temperaturbereiche konstant ist, ist diese Relation unvorteilhaft, weil sie Größen verlangt, bei denen V festgehalten wird. Formen Sie daher diese Relation so um, dass sie nur Materialgrößen enthält, wo das nicht der Fall ist.

13. Führen Sie alle Schritte aus, um

$$\left(\left.\frac{\partial V}{\partial T}\right|_p\right)_{T=0} = 0$$

aus dem 3. Hauptsatz herzuleiten.

14. Zwei Teilsysteme seien durch eine wärmedurchlässige, bewegliche Wand getrennt. Argumentieren Sie, dass im Gleichgewicht beide Teilsysteme dieselbe Temperatur und denselben Druck haben.

15. Gehen Sie von den Annahmen für die Curzon-Ahlborn-Maschine aus und berechnen Sie damit für den Kreisprozess von Abb. 2.5 die Temperaturen T_{1w} und T_{2w}, bei denen die Leistung des Prozesses maximal wird.

3 Thermodynamik idealer und realer Gase

3.1 Das van der Waals-Gas

3.1.1 Die thermische Zustandsgleichung

Das van der Waals-Gas ist durch die ursprünglich *empirisch* aufgestellte Zustandsgleichung

$$\left(p + \frac{aN^2}{V^2} \right) (V - bN) = NkT \quad \text{bzw.} \quad p(T, V) = \frac{NkT}{V - bN} - \frac{aN^2}{V^2} \tag{3.1}$$

definiert. Für $a \to 0$ und $b \to 0$ geht die van der Waals-Gleichung in die ideale Gas-Gleichung (1.65) über. Die Herleitung von Gl. (3.1) erfolgt im Kapitel 6.

3.1.2 Die freie Energie des van der Waals-Gases

Vorgegeben seien $C_V(T)$ und $p(T, V)$. Aus Konsistenzgründen muss C_V unabhängig von V sein – siehe Gl. (2.19).
Wegen Gl. (2.16) und dF in Tabelle 2.1 ist F durch folgende Gleichungen bestimmt:

$$\frac{\partial^2 F}{\partial T^2} = -\frac{C_V(T)}{T}, \quad \frac{\partial F}{\partial V} = -p(T, V). \tag{3.2}$$

Ein geeigneter Integrationsweg zur Berechnung von F ist in Abb. 3.1 dargestellt. Damit berechnen wir zuerst $F(T, V_0)$:

$$\left. \frac{\partial F}{\partial T} \right|_{(T, V_0)} - \left. \frac{\partial F}{\partial T} \right|_{(T_0, V_0)} = -\int_{T_0}^{T} dT'' \frac{C_V(T'')}{T''} \quad \Rightarrow \tag{3.3}$$

$$F(T, V_0) - F(T_0, V_0) - \left. \frac{\partial F}{\partial T} \right|_{(T_0, V_0)} (T - T_0) = -\int_{T_0}^{T} dT' \int_{T_0}^{T'} dT'' \frac{C_V(T'')}{T''}. \tag{3.4}$$

Der vertikale Teil des Integrationsweges in Abb. 3.1 ergibt

$$F(T, V) - F(T, V_0) = -\int_{V_0}^{V} dV' p(T, V') = -NkT \ln \frac{V - bN}{V_0 - bN} - aN^2 \left(\frac{1}{V} - \frac{1}{V_0} \right). \tag{3.5}$$

Um noch die Abhängigkeit von N zu erhalten, berücksichtigen wir, dass F, C_V und V extensive Größen sind und definieren

$$f_0 = \frac{F(T_0, V_0)}{N}, \quad f_0' = \frac{1}{N} \left. \frac{\partial F}{\partial T} \right|_{(T_0, V_0)}, \quad c_V(T) = \frac{C_V(T)}{N}, \quad v_0 = \frac{V_0}{N}. \tag{3.6}$$

V

(T, V)

(T_0, V_0) (T, V_0)

T

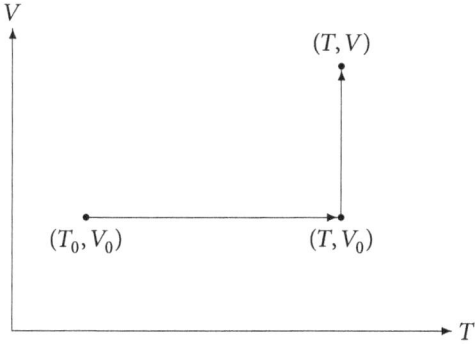

Abb. 3.1. Der Integrationsweg zur Berechnung von F.

Damit erhalten wir das Endresultat

$$F(T, V, N) = Nf_0 + Nf_0'(T - T_0) - N \int_{T_0}^{T} dT' \int_{T_0}^{T'} dT'' \frac{c_V(T'')}{T''}$$

$$-NkT \ln \frac{V/N - b}{v_0 - b} - \frac{aN^2}{V} + \frac{aN}{v_0}. \tag{3.7}$$

Die freie Energie ist also bis auf drei freie Konstanten f_0, f_0' und v_0 bestimmt, vorausgesetzt wir kennen die Wärmekapazität des Gases; mit dieser werden wir uns im Kapitel 5 beschäftigen.

Nun kommen einige Anwendungen von Gl. (3.7). Wegen $S = -\partial F/\partial T$ erhalten wir

$$S(T, V, N) = Ns_0 + N \int_{T_0}^{T} dT' \frac{c_V(T')}{T'} + Nk \ln \frac{V/N - b}{v_0 - b}, \tag{3.8}$$

wobei wir $s_0 = -f_0'$ definiert haben. Die kalorische Zustandsgleichung ist bestimmt durch $U = F + TS$, was

$$U(T, V, N) = Nf_0 - Nf_0'T_0 - N \int_{T_0}^{T} dT' \int_{T_0}^{T'} dT'' \frac{c_V(T'')}{T''}$$

$$+NT \int_{T_0}^{T} dT' \frac{c_V(T')}{T'} - \frac{aN^2}{V} + \frac{aN}{v_0} \tag{3.9}$$

ergibt. Wir definieren die Konstante $u_0 = f_0 - f_0'T_0$ und beobachten, dass

$$- \int_{T_0}^{T} dT' \int_{T_0}^{T'} dT'' \frac{c_V(T'')}{T''} + T \int_{T_0}^{T} dT' \frac{c_V(T')}{T'} = \int_{T_0}^{T} dT' \, c_V(T') \tag{3.10}$$

gilt. Damit erhalten wir das Resultat

$$U(T,V,N) = Nu_0 + N \int_{T_0}^{T} dT' \, c_V(T') - \frac{aN^2}{V} + \frac{aN}{v_0}. \tag{3.11}$$

Allerdings hätte uns Gl. (2.18) die kalorische Zustandsgleichung schneller geliefert.

3.1.3 Die Wärmekapazität bei konstantem Druck

Dazu verwenden wir die van der Waals-Gleichung und Gl. (2.29). Zuerst erhalten wir

$$T \left. \frac{\partial p}{\partial T} \right|_V = \frac{NkT}{V - Nb}. \tag{3.12}$$

Die Ableitung von V nach T bei konstantem p erhält man durch implizite Ableitung der van der Waals-Gleichung:

$$0 = \left(-\frac{NkT}{(V-Nb)^2} + \frac{2aN^2}{V^3} \right) \left. \frac{\partial V}{\partial T} \right|_p + \frac{Nk}{V-Nb}. \tag{3.13}$$

Damit liefert Gl. (2.29) das Resultat

$$C_p(T,V) = C_V(T) + \frac{Nk}{1 - \dfrac{2aN(V-Nb)^2}{kTV^3}}. \tag{3.14}$$

Für $T \to \infty$ und/oder $V \to \infty$ ergibt sich

$$C_p - C_V = Nk, \tag{3.15}$$

das Resultat des idealen Gases.

3.2 Ideale Gase und die Adiabatengleichung

Wir nehmen ein ideales Gas an und setzen

$$C_V = \frac{1}{2} Nkf, \tag{3.16}$$

wobei f im Allgemeinen eine Funktion von T ist. Wir werden später im Unterkapitel 5.4 sehen, dass f jedoch in vielen Bereichen konstant ist, was praktisch für viele Anwendungen ist. Der Gleichverteilungssatz aus Unterkapitel 5.3 wird uns sagen, dass f gleich der Anzahl der angeregten Freiheitsgrade ist. (Für ein monoatomares Gas gilt $f = 3$, was aus Gl. (1.63) folgt, für zweiatomige Gase gilt häufig $f = 5$.) Wir definieren weiters

$$\gamma = \frac{C_p}{C_V} \quad \Rightarrow \quad \gamma = \frac{f+2}{f}. \tag{3.17}$$

Für ein ideales Gas gilt

$$\left.\frac{\partial p}{\partial V}\right|_T = -\frac{p}{V}. \tag{3.18}$$

Setzen wir diese Relation in die Adiabatengleichung Gl. (2.51) ein, bekommen wir

$$\frac{\mathrm{d}p}{\mathrm{d}V} = -\frac{\gamma p}{V} \tag{3.19}$$

als Differentialgleichung für die Adiabatenkurve in der p–V-Ebene. Falls γ von T abhängt, muss $T = pV/(Nk)$ gesetzt werden.

Falls γ konstant angenommen werden kann, liefert Gl. (3.19)

$$pV^\gamma = \text{konstant} \quad \text{bzw.} \quad TV^{\gamma-1} = \text{konstant}. \tag{3.20}$$

Die Potenz γ heißt *Adiabatenexponent*. Wird also quasistatisch und wärmeisoliert das Volumen eines idealen Gases von V_0 auf V_1 geändert, ist die entsprechende Druckänderung durch

$$p_1 = p_0 \left(\frac{V_0}{V_1}\right)^\gamma \tag{3.21}$$

gegeben. Im Vergleich dazu ist die Druckänderung auf einer *Isotherme* durch $p_1 = p_0 V_0/V_1$ gegeben. Allerdings laufen oft, obwohl keine besondere Wärmeisolierung vorliegt, Prozesse so schnell ab, dass sie zwar noch quasistatisch sind, aber effektiv keine Wärme ausgetauscht wird. Dann ist Gl. (3.20) anzuwenden. Beispiele dafür sind die Erwärmung der Fahrradpumpe beim Pumpen oder Schallschwingungen.

3.3 Freie Expansion eines Gases

Wir diskutieren hier eine Expansion wie in Abb. (1.3) skizziert. Da hier weder Energie zugeführt noch vom Gas Arbeit geleistet wird, hat man $\Delta U = 0$. Weiters ist der Ausgangszustand im Gleichgewicht und der Endzustand, wenn man genügend lang nach dem Herausziehen der Trennwand wartet, ebenfalls. Daher ist die kalorische Zustandsgleichung (3.11) anwendbar. Wir verwenden die Bezeichnung T_1, V_1 für Temperatur und Volumen im Anfangszustand und T_2, $V_2 > V_1$ im Endzustand. Aus $\Delta U = 0$ ergibt sich

$$\int_{T_0}^{T_1} \mathrm{d}T' \, c_V(T') - \frac{aN}{V_1} = \int_{T_0}^{T_2} \mathrm{d}T' \, c_V(T') - \frac{aN}{V_2}, \tag{3.22}$$

bzw.

$$\int_{T_2}^{T_1} \mathrm{d}T' \, c_V(T') = aN \left(\frac{1}{V_1} - \frac{1}{V_2}\right). \tag{3.23}$$

Da die Wärmekapazität positiv ist, kühlt sich ein reales Gas bei der freien Expansion (Gay-Lussac-Prozess) ab. Ist c_V im betrachteten Temperaturbereich konstant, erhalten wir für die Temperaturänderung $\Delta T \equiv T_2 - T_1$ das Resultat

$$\Delta T = -\frac{aN}{c_V}\left(\frac{1}{V_1} - \frac{1}{V_2}\right). \tag{3.24}$$

3.4 Der Joule-Thomson-Effekt

Das Schema der Joule-Thomson-Expansion ist in Abb. 3.2 skizziert. Am Anfang hat man $V_1 > 0$, $V_2 = 0$, am Ende ist $V_1 = 0$, $V_2 > 0$. Bei der Expansion wird das Gas durch eine poröse Wand oder Drossel gedrückt, so dass man die Drücke $p_1 > p_2$ konstant hält. Es erfolgt eine Expansion des Gases unter Arbeitsleistung mit der folgenden Energiebilanz:

$$\Delta U = U_2 - U_1 = \Delta Q + \Delta A = 0 + (p_1 V_1 - p_2 V_2) \quad \Rightarrow \quad \Delta H = 0. \tag{3.25}$$

Es bleibt also die Enthalpie erhalten. Damit ist die Temperaturänderung gegeben durch die Ableitung von T nach p bei konstanter Enthalpie H, also

$$0 = dH = TdS + Vdp = T\left.\frac{\partial S}{\partial T}\right|_p dT + \left(T\left.\frac{\partial S}{\partial p}\right|_T + V\right)dp$$

$$= C_p dT + \left(-T\left.\frac{\partial V}{\partial T}\right|_p + V\right)dp. \tag{3.26}$$

Im letzten Schritt haben wir die Relation für C_p aus Tabelle 2.3 und die letzte Maxwell-Relation aus Tabelle 2.2 benützt. Mit dem isobaren Ausdehnungskoeffizienten α – siehe Tabelle 2.3 – erhalten wir das Endresultat

$$\left.\frac{\partial T}{\partial p}\right|_H = \frac{V}{C_p}(T\alpha - 1). \tag{3.27}$$

Für ein ideales Gas gilt gemäß Gl. (2.30)

$$\alpha = \frac{1}{T} \quad \text{und} \quad \left.\frac{\partial T}{\partial p}\right|_H = 0. \tag{3.28}$$

Es ist also ein reales Gas für einen nichtverschwindenden Effekt notwendig. Mit der van der Waals-Gleichung und Gl. (3.13) erhalten wir den isobaren Ausdehnungskoeffizienten

$$\alpha = \frac{1}{T}\frac{1 - \rho b}{1 - \frac{2a\rho(1 - \rho b)^2}{kT}} \tag{3.29}$$

als Funktion von T und der Teilchendichte $\rho = N/V$. Aus der van der Waals-Gleichung folgt $\rho < 1/b$. Der Joule-Thomson-Effekt führt zu einer Temperaturzunahme für $T\alpha < 1$

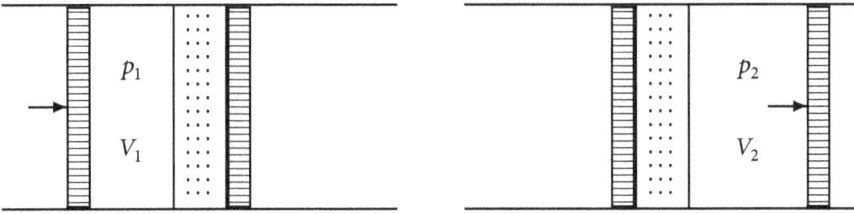

Abb. 3.2. Schema der Joule-Thomson-Expansion. Die poröse Wand ist durch die Punktierung angedeutet, die Kolben durch die Schraffur. Das linke Bild skizziert den Anfangszustand, das rechte den
Endzustand.

und zu einer Temperaturabnahme für $T\alpha > 1$. Die Kurve $T\alpha = 1$ in der ρ–T-Ebene
nennt man Inversionskurve. Aus Gl. (3.29) folgt, dass der Bereich, wo eine Temperaturabnahme eintritt, durch

$$kT < \frac{2a}{b}\,(1 - \rho b)^2 \qquad (3.30)$$

gegeben ist. Also ist eine notwendige Bedingung für Temperaturabnahme

$$T < T_{\text{inv}} = \frac{2a}{kb}. \qquad (3.31)$$

Hat das Gas eine Temperatur $T > T_{\text{inv}}$, tritt bei der Joule-Thomson-Expansion auf alle
Fälle Erwärmung ein.

Hier sind die Inversionstemperaturen für einige Gase (12): He mit 34 K, H_2 mit
202 K, N_2 mit 625 K. Man sieht also, dass für Helium und Wasserstoff Vorkühlung notwendig ist, damit mit dem Joule-Thomson-Effekt überhaupt eine Temperaturabnahme
erfolgt. Technisch wird der Effekt zur Verflüssigung von Luft im Linde-Verfahren eingesetzt – für Details siehe (28).

3.5 Die Schallgeschwindigkeit

3.5.1 Berechnung der Schallgeschwindigkeit

Die Berechnung der Schallgeschwindigkeit stellt eine Anwendung der Adiabatengleichung dar. Allerdings geht diese Berechnung über die Thermodynamik hinaus, da dazu auch Elemente der Strömungslehre notwendig sind. Wir nehmen an, dass wir ein
ideales Gas einer Teilchensorte mit Masse m haben. Weiters sei $\gamma = C_p/C_V$ unabhängig
von T. Das Geschwindigkeitsfeld $\vec{v}(t, \vec{x})$ beschreibe die Bewegung der Dichteschwan-
kungen im Gas, was gleichbedeutend ist damit, dass die Teilchenstromdichte durch

$\vec{j} = \rho\vec{v}$ gegeben ist. Damit haben wir folgendes Gleichungssystem:

$$\text{Kontinuitätsgleichung:} \qquad \frac{\partial \rho}{\partial t} + \vec{\nabla} \cdot (\rho\vec{v}) = 0, \tag{3.32}$$

$$\text{Euler-Gleichung:} \qquad \frac{\partial \vec{v}}{\partial t} + \left(\vec{v} \cdot \vec{\nabla}\right)\vec{v} = -\frac{1}{m\rho}\,\vec{\nabla}p, \tag{3.33}$$

$$\text{Adiabatengleichung:} \qquad \frac{p}{\rho^\gamma} = \frac{p_0}{\rho_0^\gamma}. \tag{3.34}$$

Die Euler-Gleichung übernehmen wir aus der Strömungslehre. Um Gl. (3.34) zu bekommen, haben wir in Gl. (3.20) $V = N/\rho$ eingesetzt. Die Dichteoszillationen in Schallwellen erfolgen so schnell, dass kein Wärmeaustausch mit dem umgebenden Gas stattfindet, daher ist die Adiabatengleichung zuständig.

Die obigen Gleichungen stellen ein nichtlineares System von partiellen Differentialgleichungen dar und sind für unsere Zwecke viel zu kompliziert. Wir nehmen daher an, dass kleine Dichte- und Druckschwankungen um eine mittlere Dichte ρ_0 bzw. einen mittleren Druck p_0 stattfinden. Somit ist

$$\rho = \rho_0 + \rho_1, \qquad p = p_0 + p_1, \tag{3.35}$$

wobei ρ_0 und p_0 von Ort und Zeit unabhängig sein sollen. Weiters sei auch $\vec{v}$ „klein"; die Bedeutung dieser Aussage wird später konkretisiert. Obige Gleichungen können damit linearisiert werden:

$$\frac{\partial \rho_1}{\partial t} + \rho_0\vec{\nabla} \cdot \vec{v} = 0, \qquad \frac{\partial \vec{v}}{\partial t} = -\frac{1}{m\rho_0}\,\vec{\nabla}p_1, \qquad p_1 = \gamma\,\frac{p_0}{\rho_0}\,\rho_1. \tag{3.36}$$

Dieses Gleichungssystem lässt sich leicht lösen, indem wir eine Wellengleichung für ρ_1 herleiten:

$$\frac{\partial^2 \rho_1}{\partial t^2} = -\rho_0\vec{\nabla} \cdot \frac{\partial \vec{v}}{\partial t} = -\rho_0\vec{\nabla} \cdot \left(-\frac{1}{m\rho_0}\,\vec{\nabla}p_1\right) = \frac{\gamma p_0}{m\rho_0}\,\Delta\rho_1. \tag{3.37}$$

Somit erhalten wir

$$\frac{1}{c_s^2}\,\frac{\partial^2 \rho_1}{\partial t^2} - \Delta\rho_1 = 0 \tag{3.38}$$

mit

!

$$c_s = \sqrt{\frac{\gamma p_0}{m\rho_0}} = \sqrt{\frac{\gamma kT}{m}}. \tag{3.39}$$

Im letzten Schritt haben wir die ideale Gasgleichung benützt. Hiermit haben wir die Schallgeschwindigkeit c_s eruiert.

Betrachten wir Schallwellen mit einer Kreisfrequenz ω, wird Gl. (3.39) durch den Ansatz

$$\rho_1(t, \vec{x}) = \rho_{10} \sin\left(\omega t - \vec{k} \cdot \vec{x}\right) \quad \text{mit} \quad \vec{k} = \frac{\omega}{c_s} \vec{n} \tag{3.40}$$

gelöst, wobei $\vec{n}$ ein beliebiger Einheitsvektor ist, der die Ausbreitungsrichtung der Schallwellen anzeigt. Aus Gl. (3.36) erhält man weiter

$$p_1(t, \vec{x}) = \gamma \frac{p_0}{\rho_0} \rho_{10} \sin\left(\omega t - \vec{k} \cdot \vec{x}\right) \tag{3.41}$$

und

$$\vec{v}(t, \vec{x}) = \vec{n} c_s \frac{\rho_{10}}{\rho_0} \sin\left(\omega t - \vec{k} \cdot \vec{x}\right). \tag{3.42}$$

Man kann leicht nachrechnen, dass die lineare Näherung Gl. (3.36) konsistent ist, falls

$$\frac{\rho_{10}}{\rho_0} \ll 1. \tag{3.43}$$

Insbesondere ist mit dieser Konsistenzbedingung in der Euler-Gleichung der zweite Term gegenüber dem ersten um den Faktor ρ_{10}/ρ_0 kleiner.

Wir haben somit das Ergebnis, dass – in der betrachteten Näherung – Schallwellen longitudinale, dispersionslose Dichteschwingungen sind, d.h. $\vec{v}(t, \vec{x}) \propto \vec{k}$ und c_s unabhängig von ω. Die Schallgeschwindigkeit ist bei gegebener Temperatur vom Druck unabhängig. Die sogenannte *Schallschnelle* $|\vec{v}(t, \vec{x})|$ ist – dank Gl. (3.43) – allerdings viel kleiner als die Schallgeschwindigkeit.

3.5.2 Die Schallgeschwindigkeit in einem Gemisch von Gasen

Bis jetzt haben wir ein ideales Gas bestehend aus einer Teilchensorte betrachtet. Wie ändert sich die Überlegung zur Herleitung der Schallgeschwindigkeit, wenn das Gas ein Gemisch von idealen Gasen ist? Die Herleitung muss an zwei Stellen modifiziert werden: In Gl. (3.33) muss auf der rechten Seite statt $m\rho$ die Massendichte ρ_m eingesetzt werden und in Gl. (3.34) muss γ unter Benützung von Gl. (3.17) entsprechend abgeändert werden. Nehmen wir an, es seien r ideale Gase beteiligt mit partiellen Dichten ρ_j und Massen m_j. Dann ist die Gesamtteilchendichte durch $\rho = \sum_{j=1}^{r} \rho_j$ und die Konzentrationen der Gase durch $c_j = \rho_j/\rho$ gegeben. Weiters sei f_j die Anzahl der beim Gas j angeregten Freiheitsgrade. Dann muss wegen

$$\rho_m = \bar{m} \rho \quad \text{mit} \quad \bar{m} = \sum_{j=1}^{r} m_j c_j \tag{3.44}$$

die Masse m in der Formel für die Schallgeschwindigkeit in Gl. (3.39) durch $\bar{m}$ und der Adiabatenexponent γ durch

$$\bar{\gamma} = \frac{\bar{f} + 2}{\bar{f}} \quad \text{mit} \quad \bar{f} = \sum_{j=1}^{r} f_j c_j \tag{3.45}$$

ersetzt werden. Man erhält somit

$$c_s = \sqrt{\frac{\bar{\gamma}kT}{\bar{m}}} \tag{3.46}$$

für ein Gemisch von Gasen. Betrachten wir als Beispiel trockene Luft. Vernachlässigt man den einprozentigen Volumsanteil von Argon, so sind Stickstoff und Sauerstoff beide zwei-atomige Gase und haben $f = 5$ – siehe Unterkapitel 5.4; in diesem Fall ist $\gamma = 7/5 = 1.4$. Berücksichtigung des Argon-Anteils, wobei Argon als einatomiges ideales Gas nur die drei translatorischen Freiheitsgrade hat, ergibt jedoch eine sehr kleine Korrektur: $\bar{\gamma} = 1 + 2/(0.99 \times 5 + 0.01 \times 3) \approx 1.402$. Mit Volumsanteilen von 21% O_2, 78% N_2 und 1 % Ar in der Luft erhält man einen Wert der mittleren Masse von $\bar{m} = 48.14 \times 10^{-27}$ kg. Mit Gl. (3.39) berechnet sich dann die Schallgeschwindigkeit bei 20° C zu $c_s = 343$ m s^{-1}, was sehr gut mit dem gemessenen Wert übereinstimmt (29).

3.5.3 Schallwellen und die mittlere freie Weglänge

Nun kehren wir wieder zu einer Teilchensorte zurück und vergleichen die Größe der Schallgeschwindigkeit c_s mit jener der mittleren thermischen Geschwindigkeit $\bar{v}$ der Teilchen. Natürlich hat $\bar{v}$ nichts mit dem Geschwindigkeitsfeld $\vec{v}(t, \vec{x})$ zu tun, welches sich auf die Ausbreitung von Dichte- und Druckschwankungen bezieht, sondern hängt mit $kT = p_0/\rho_0$ zusammen. Denn $\bar{v}$ ist über den thermischen Erwartungswert von $|\vec{v}|$ definiert und wird mit Hilfe der Maxwell-Verteilung – siehe Unterkapitel 5.1 – berechnet:

$$\bar{v} \equiv \langle |\vec{v}| \rangle = \sqrt{\frac{8kT}{\pi m}}. \tag{3.47}$$

Diese Geschwindigkeit unterscheidet sich von der Schallgeschwindigkeit nur dadurch, dass γ durch $8/\pi$ ersetzt ist, also sind c_s und $\bar{v}$ von derselben Größenordnung; es gilt sogar $\bar{v} > c_s$. Man kann sich daher fragen, warum die ungeordnete thermische Bewegung der Gasmoleküle überhaupt Schallwellen zulässt. Der Grund dafür ist die kleine mittlere freie Weglänge ℓ, also die Strecke, die ein Molekül im Mittel zwischen zwei Stößen zurücklegt. Die Bedingung für die Möglichkeit von Schallwellen ist, dass sich ein Molekül im Mittel während einer Periode $\tau = 2\pi/\omega$ viel weniger weit als die Wellenlänge λ der Schallwelle bewegt. Erleidet das Molekül in der Zeit τ eine mittlere Anzahl n von Stößen, muss daher

$$\ell\sqrt{n} \ll \lambda \tag{3.48}$$

gelten. Wir haben hier berücksichtigt, dass ein Molekül nach n Stößen im Mittel die Distanz $\ell\sqrt{n}$ vom Ausgangspunkt entfernt ist, da wir es mit einem sogenannten „random walk" zu tun haben – siehe (13). Verwendet man $n \sim \tau\bar{v}/\ell$ und $c_s = \lambda/\tau$, kommt man mit $n \sim \lambda \bar{v}/(\ell c_s)$ zur Bedingung

$$\sqrt{\ell}\sqrt{\frac{\bar{v}}{c_s}} \ll \sqrt{\lambda} \quad \text{bzw.} \quad \sqrt{\ell} \ll \sqrt{\lambda}. \tag{3.49}$$

Im letzten Schritt haben wir $\bar{v} \sim c_s$ verwendet.

Eine detaillierte Diskussion der mittleren freien Weglänge ist im Unterkapitel 7.2 zu finden mit dem Resultat, dass ℓ in Luft bei $T = 300\,\text{K}$ und $p = 1\,\text{bar}$ etwa $\ell \simeq 2 \times 10^{-5}$ cm beträgt. Das menschliche Ohr nimmt Töne im Bereich zwischen 15 und 20000 Hz wahr. Die kleinsten Wellenlängen sind also im Zentimeterbereich, und die Bedingung von Gl. (3.49) ist daher erfüllt.

3.5.4 Experimentelle Bestimmung der Gaskonstante

Zum Abschluss dieses Unterkapitels wollen wir noch besprechen, wie der im Unterkapitel 2.1 angegebene Wert der Gaskonstante R bestimmt wird. Wie schon dort erwähnt, erfolgt die Bestimmung von R durch Messung der Schallgeschwindigkeit. Die Vorgangsweise ist folgendermaßen. Erweitert man den Bruch in der Formel für c_s aus Gl. (3.39) mit der Loschmidt-Zahl, wird im Zähler die Boltzmann-Konstante durch die Gaskonstante und im Nenner die Teilchenmasse durch die molare Masse ersetzt. Um eine möglichst genaue Bestimmung von R zu gewährleisten, muss sich das Gas möglichst ideal verhalten. Also nimmt man ein Edelgas, das nur die translatorischen Freiheitsgrade und somit $\gamma = 5/3$ hat. Weiters muss die Messung bei der Temperatur T_t am Tripelpunkt von Wasser erfolgen, die die Temperaturskala festlegt, und um alle Abweichungen vom idealen Verhalten soweit als möglich auszuschalten, führt man die Messung der Schallgeschwindigkeit bei kleinen Drücken durch. Als Edelgas wird Argon verwendet. Die Gleichung

$$c_s^2(\text{Ar}, T_t)\big|_{p \to 0} = \frac{5}{3}\frac{RT_t}{A_r(\text{Ar})M_u}, \tag{3.50}$$

wobei $M_u = 1$ g/mol die molare Massenkonstante ist, beschreibt den Messvorgang (9). Zur Bestimmung der Gaskonstante braucht man natürlich auch den genauen Wert der relativen Atommasse $A_r(\text{Ar})$.

3.6 Ideale Gase und das Dalton'sche Gesetz

In diesem Abschnitt verwenden wir die freie Energie des idealen Gases, welche wir aus Gl. (3.7) durch $a = 0$ und $b = 0$ als

$$F(T, V, N) = N\left(\tilde{\chi}(T) - kT \ln \frac{V}{v_0 N}\right) \tag{3.51}$$

mit

$$\tilde{\chi}(T) = f_0 - s_0(T - T_0) - \int_{T_0}^{T} dT' \int_{T_0}^{T'} dT'' \frac{c_V(T'')}{T''} \tag{3.52}$$

erhalten. Diese Form von F wird sich auch im nächsten Unterkapitel als nützlich erwiesen. In einem Bereich, wo c_V näherungsweise temperaturunabhängig angenommen werden kann, erhält man durch Integration die explizite Form

$$\tilde{\chi}(T) = f_0 - s_0(T - T_0) + c_V \left(T - T_0 - T \ln \frac{T}{T_0} \right). \tag{3.53}$$

Für ein Gemisch von idealen Gasen ist die gesamte freie Energie durch

$$F(T, V, N_1, \dots, N_r) = \sum_{j=1}^{r} F_j(T, V, N_j)$$

$$\text{mit} \quad F_j(T, V, N_j) = N_j \left(\tilde{\chi}_j(T) - kT \ln \frac{V}{v_0 N_j} \right) \tag{3.54}$$

gegeben. Die Größe $\tilde{\chi}_j(T)$ hängt über die in ihr vorkommenden Konstanten und über die Wärmekapazität von der Molekülsorte ab. Die Annahme idealer Gase geht zweifach in Gl. (3.54) ein, nämlich in der Form von F_j und in der Summe über j, welche nur dann gerechtfertigt ist, wenn man die Wechselwirkung der Moleküle verschiedener Sorten untereinander vernachlässigen darf.

Nun erhält man aus Gl. (3.54) den Druck durch

$$p = -\frac{\partial F}{\partial V} = \sum_{j=1}^{r} \frac{N_j kT}{V}, \tag{3.55}$$

bzw.

$$p = \sum_{j=1}^{r} p_j \quad \text{mit} \quad p_j = \frac{N_j kT}{V}. \tag{3.56}$$

Somit haben wir das *Dalton'sche Gesetz* erhalten: Der Gesamtdruck p ist gleich der Summe der Partialdrücke p_j. Natürlich gilt auch bei einem Gemisch von idealen Gasen wieder $p = NkT/V$, wobei $N = \sum_{j=1}^{r} N_j$ die Gesamtanzahl der Gasmoleküle ist.

3.7 Reaktionsgleichgewichte idealer Gase

3.7.1 Chemisches Potential idealer Gase

Für die Diskussion chemischer Reaktionen benötigen wir das chemische Potential. Für ideale Gase erhalten wir aus Gl. (3.51)

$$\mu(T, V, N) = \tilde{\chi}(T) + kT - kT \ln \frac{V}{v_0 N}. \tag{3.57}$$

Einsetzen von $V/N = kT/p$ liefert das Resultat

$$\mu(T, p) = \chi(T) + kT \ln \frac{p}{p_0} \tag{3.58}$$

mit

$$\chi(T) = \tilde{\chi}(T) + kT \left(1 - \ln \frac{T}{T_0} \right), \tag{3.59}$$

wobei wir als Referenzdruck $p_0 = kT_0/v_0$ gesetzt haben. Da für ideale Gase $c_p = c_V + k$ gilt, kann man aus den Gleichungen (3.52) und (3.59) leicht

$$\chi(T) = \mu_0 - s_0(T - T_0) - \int_{T_0}^{T} dT' \int_{T_0}^{T'} dT'' \frac{c_p(T'')}{T''} \tag{3.60}$$

mit $\mu_0 \equiv f_0 + kT_0$ herleiten. Wenn man c_V bzw. c_p konstant annehmen kann, erhält man schließlich

$$\chi(T) = \mu_0 - s_0(T - T_0) + c_p \left(T - T_0 - T \ln \frac{T}{T_0} \right). \tag{3.61}$$

Nun wollen wir die chemischen Potentiale μ_j für ein Gemisch von idealen Gasen bestimmen. Dazu schreiben wir die freie Enthalpie $G = F + pV$ an, wobei wir F aus Gl. (3.54) einsetzen und gemäß der Überlegung am Ende des vorigen Unterkapitels $pV = NkT$ benützen; N ist wiederum die Gesamtanzahl der Gasmoleküle. Dann erhalten wir

$$
\begin{aligned}
G(T, p, N_1, \ldots, N_r) &= \sum_{j=1}^{r} N_j \left(\tilde{\chi}_j(T) - kT \ln \left(\frac{T}{T_0} \times \frac{p_0}{c_j p} \right) \right) + NkT \\
&= \sum_{j=1}^{r} N_j \left(\chi_j(T) + kT \ln \frac{c_j p}{p_0} \right). \tag{3.62}
\end{aligned}
$$

Die Größe

$$c_j = \frac{N_j}{N} = \frac{p_j}{p} \tag{3.63}$$

definiert die Konzentration des Gases der Sorte j, und χ_j geht wie in Gl. (3.59) angegeben aus $\tilde{\chi}_j$ hervor. Schließlich bekommen wir das Resultat

$$\mu_j(T, p, N_1, \ldots, N_r) = \frac{\partial G}{\partial N_j} = \chi_j(T) + kT \ln \frac{c_j p}{p_0} \equiv \mu_j(T, p_j). \tag{3.64}$$

Bei der Ableitung von G nach N_j muss $\partial N / \partial N_j = 1$ berücksichtigt werden. D.h., das chemische Potential μ_j des Gases der Sorte j in einem Gemisch von idealen Gasen erhält man aus Gl. (3.58) durch Ersetzen des Druckes durch den Partialdruck $p_j = c_j p$ und die Ableitung von μ_j nach dem Partialdruck ist gegeben durch

$$\left. \frac{\partial \mu_j}{\partial p_j} \right|_T = \frac{kT}{p_j} = \frac{V}{N_j}. \tag{3.65}$$

3.7.2 Das Massenwirkungsgesetz

Nun betrachten wir ein Gemisch von idealen Gasen im Reaktionsgleichgewicht (2.69). Gemäß Gl. (2.70) gilt die Relation

$$\sum_j v_j \left\{ \chi_j(T) + kT \ln \frac{c_j p}{p_0} \right\} = 0. \tag{3.66}$$

Durch Exponenzieren bekommen wir das *Massenwirkungsgesetz* für Reaktionsgleichgewichte idealer Gase:

!

$$\prod_j c_j^{v_j} = \left(\frac{p}{p_0} \right)^{-\sum_j v_j} K(T) \equiv K(T,p) \quad \text{mit} \quad K(T) = \exp\left(-\beta \sum_j v_j \chi_j(T) \right). \tag{3.67}$$

Die Größe $K(T,p)$ heißt *Reaktionskonstante*. Wie wir soeben hergeleitet haben, ist für ideale Gase die Abhängigkeit vom Druck in $K(T,p)$ durch ein Potenzgesetz bestimmt. Um seine Bedeutung klar zu machen, schreiben wir die chemische Reaktion in der Form

$$|v_1|A_1 + \cdots + |v_k|A_k \rightleftharpoons v_{k+1}A_{k+1} + \cdots + v_r A_r \tag{3.68}$$

an. Die Stoffe auf der linken Seite ($v_j < 0$) nennen wir Ausgangssubstanzen, die auf der rechten Seite ($v_j > 0$) nennen wir Reaktionsprodukte. Wir erhalten aus Gl. (3.67)

$$\frac{c^{v_{k+1}} \cdots c^{v_r}}{c_1^{|v_1|} \cdots c_k^{|v_k|}} \propto p^{-v}, \tag{3.69}$$

wobei wir $v = \sum_{j=1}^{r} v_j$ definiert haben. Ist $v > 0$, dann ist das Volumen der Reaktionsprodukte größer als das der Ausgangssubstanzen; in diesem Fall verschiebt Druckverminderung das Gleichgewicht zugunsten der Reaktionsprodukte. Umgekehrt, falls $v < 0$ ist, bewirkt Druckerhöhung eine höhere Konzentration der Reaktionsprodukte. Bei $v = 0$ hängt das Reaktionsgleichgewicht nicht vom Druck ab. Betrachten wir zum Beispiel die Ammoniaksynthese

$$3\,H_2 + N_2 \rightleftharpoons 2\,NH_3 \quad \text{mit} \quad v_{H_2} = -3, \ v_{N_2} = -1, \ v_{NH_3} = 2. \tag{3.70}$$

Hier ist $v = -2$. Die industrielle Ammoniaksynthese im Haber-Bosch-Verfahren findet tatsächlich bei Drücken von über 100 bar statt.

Diskutieren wir zum Abschluss noch die Temperaturabhängigkeit der Reaktionskonstante. Dazu betrachten wir die Ableitung

$$\frac{d}{dT} \ln K(T) = \frac{1}{kT^2} \sum_j v_j \left(\chi_j(T) - T\chi_j'(T) \right). \tag{3.71}$$

Benützung von Gl. (3.10) liefert

$$\frac{d}{dT} \ln K(T) = \frac{1}{kT^2} \sum_j \nu_j \left(u_j(T) + kT \right) \quad \text{mit} \quad u_j(T) = u_{0j} + \int_{T_0}^{T} dT' c_{Vj}(T'), \qquad (3.72)$$

wobei u_j die kalorische Zustandsgleichung für ein Teilchen der Sorte j ist – siehe Gl. (3.11). Die Summe auf der rechten Seite der Gleichung ist aber gerade die Reaktionswärme

$$\Delta h(T) = \sum_j \nu_j u_j(T) + p\Delta v, \qquad (3.73)$$

denn die Änderung der inneren Energie bei der chemischen Reaktion ist durch $\Delta u = \Delta h - p\Delta v$ mit $\Delta u = \sum_j \nu_j u_j$ gegeben und die entsprechende Volumsänderung durch $\Delta v = \sum_j \nu_j v = \sum_j \nu_j kT/p$ mit dem Volumen v pro Teilchen. Bei Temperaturerhöhung verringert sich daher für eine exotherme Reaktion ($\Delta h < 0$) die Ausbeute an Reaktionsprodukten, während sich für eine endotherme Reaktion ($\Delta h > 0$) die Ausbeute erhöht. Trotzdem kann man daraus nicht schließen, dass niedrige Temperaturen für die Herstellung eines Stoffes in einer exothermen Reaktion unbedingt günstig sind, weil bei Temperaturerniedrigung die Reaktiongeschwindigkeit herabgesetzt wird. Ein typisches Beispiel ist wieder die Ammoniaksynthese, die bei mehreren 100 °C durchgeführt wird, obwohl die Reaktion (3.70) exotherm ist.

3.8 Verdampfung und Verdunstung

3.8.1 Die Dampfdruckkurve

In diesem Unterkapitel wollen wir die Temperaturabhängigkeit der Dampfdruckkurve $\bar{p}_d(T)$, die wir im Unterkapitel 2.6 schon besprochen haben, genauer studieren. Dazu benötigen wir das chemische Potential $\mu_f(T, p)$ der flüssigen Phase. Um dieses näherungsweise zu bekommen, kann man das Konzept der *idealen Flüssigkeit* (30) einführen, das die Konstanz des Volumens unter Temperatur- und Druckänderung postuliert:

$$\left. \frac{\partial V}{\partial p} \right|_T = 0, \quad \left. \frac{\partial V}{\partial T} \right|_p = 0. \qquad (3.74)$$

Aus der zweiten Gleichung folgt eine Konsistenzbedingung für die Wärmekapazität C_p:

$$\left. \frac{\partial C_p}{\partial p} \right|_T = -T \frac{\partial}{\partial p} \frac{\partial^2 G}{\partial T^2} = -T \left. \frac{\partial^2 V}{\partial T^2} \right|_p = 0. \qquad (3.75)$$

Also kann C_p/N höchstens von T abhängig sein. Im Weiteren nehmen wir jedoch an, dass C_p überhaupt konstant ist.

Anstelle der freien Energie konzentrieren wir uns auf das chemische Potential, welches die Gleichungen

$$\frac{\partial^2 \mu_f}{\partial T^2} = -\frac{c_{fp}}{T}, \quad \frac{\partial \mu_f}{\partial p} = v_f \quad \text{mit} \quad v_f = \text{konstant} \tag{3.76}$$

erfüllt. Wie früher beziehen sich Kleinbuchstaben auf Größen pro Teilchen und der Index f kennzeichnet die Flüssigkeit, während sich im Folgenden der Index d auf die Dampfphase bezieht. Mit derselben Methode wie im Unterkapitel 3.1, wo wir die freie Energie des van der Waals-Gases berechnet haben, erhalten wir jetzt

$$\mu_f(T, p) = \mu_{f0} - s_{f0}(T - T_0) + c_{fp}\left(T - T_0 - T \ln\frac{T}{T_0}\right) + v_f(p - p_{f0}), \tag{3.77}$$

wobei T_0 eine Referenztemperatur und p_{f0} ein Referenzdruck ist, so dass $\mu_f(T_0, p_{f0}) = \mu_{f0}$ gilt und s_{f0} die Entropie pro Teilchen an diesem Referenzpunkt ist.

Zum Vergleich geben wir mit Hilfe der Gleichungen (3.58) und (3.61) das chemische Potential das Dampfes an:

$$\mu_d(T, p) = \mu_{d0} - s_{d0}(T - T_0) + c_{dp}\left(T - T_0 - T \ln\frac{T}{T_0}\right) + kT \ln\frac{p}{p_{d0}}. \tag{3.78}$$

Dabei betrachten wir den Dampf als ideales Gas. Der Einfachheit halber haben wir für Dampf und Flüssigkeit dieselbe Referenztemperatur T_0 genommen.

Inwiefern sind die Annahmen in Gl. (3.74) gerechtfertigt? Die Druck- bzw. Temperaturabhängigkeit des Flüssigkeitsvolumens v_f hängt mit der isothermen Kompressibilität κ_{Tf} bzw. mit dem isobaren Ausdehnungskoeffizienten α_f zusammen:

$$v_f(T, p_2) - v_f(T, p_1) = -\int_{p_1}^{p_2} dp\, v_f \kappa_{Tf}, \quad v_f(T_2, p) - v_f(T_1, p) = \int_{T_1}^{T_2} dT\, v_f \alpha_f. \tag{3.79}$$

Betrachten wir Wasser als Beispiel. Bei 20 °C ist $\kappa_{Tf} = 0.50 \times 10^{-4}\,\text{bar}^{-1}$ in einem Druckbereich von $1 \div 25$ bar und $\alpha_f = 2.1 \times 10^{-4}\,\text{K}^{-1}$ bei $p = 1$ atm (29). Gleichung (3.79) zeigt daher, dass bei Bedingungen, die nicht extrem von Normbedingungen ($p_n = 1.01325$ bar, $T_n = 273.15$ K) entfernt sind, zumindest für Wasser die Annahme eines konstanten Volumens v_f recht gut erfüllt ist. Eine weitere Beobachtung betrifft den letzten Term im chemischen Potential der Flüssigkeit Gl. (3.77). In einer Flüssigkeit sind die Teilchen dicht gepackt. Nehmen wir z.B. $v_f \sim 30\,\text{Å}^3$, was für Wasser zutrifft, und einen Druck von 1 bar an, ergibt das Produkt dieser beiden Größen

$$1\,\text{bar} \times 30\,\text{Å}^3 = 3 \times 10^{-24}\,\text{J} = 1.87 \times 10^{-5}\,\text{eV}. \tag{3.80}$$

Das ist eine typische Größenordnung für den letzten Term in μ_f. Andrerseits, da das chemische Potential durch Legendre-Transformation aus der inneren Energie erhalten wird, muss die Energie $-\epsilon_B$, mit der ein Teilchen in der Flüssigkeit gebunden ist, in μ_{f0} stecken. Bei Wasser ist ϵ_B wegen der Wasserstoffbrückenbindungen zwischen den Molekülen relativ groß, etwa von der Größenordnung 0.1 eV. Bei den temperaturabhängigen Termen können wir als Größenordnung $c_{fp}T \sim kT$ annehmen, was bei $T = 300$ K etwa 1/40 eV ist. Also ist der Term $v_f(p - p_{f0})$ bei nicht zu hohen Drücken vernachlässigbar.

Nach diesen Betrachtungen können wir unter Vernachlässigung von $v_f(p - p_{f0})$ aus der Bedingung

$$\mu_f(T, \bar{p}_d(T)) = \mu_d(T, \bar{p}_d(T)) \tag{3.81}$$

die Temperaturabhängigkeit der Dampfdruckkurve durch Einsetzen der chemischen Potentiale Gl. (3.77) und Gl. (3.78) berechnen. Um die Ausdrücke zu vereinfachen, setzen wir $p_{f0} = p_{d0} \equiv p_0$, legen damit den Referenzpunkt (T_0, p_0) auf die Koexistenzkurve und folgern mit Gl. (3.81), dass dann $\mu_{f0} = \mu_{d0}$ erfüllt sein muss. Mit dieser Konvention erhalten wir den Dampfdruck

$$\bar{p}_d(T) = p_0 \exp\left\{\frac{1}{kT}\left[\Delta s_0(T - T_0) - \Delta c_p\left(T - T_0 - T\ln\frac{T}{T_0}\right)\right]\right\}. \tag{3.82}$$

Diese Beziehung ist etwas genauer als Gl. (2.77), die wir durch einfache Näherung aus der Clausius-Clapeyron'schen Gleichung erhalten haben. In Gl. (3.82) haben wir die Definitionen $\Delta s_0 = s_{d0} - s_{f0}$ und $\Delta c_p = c_{dp} - c_{fp}$ verwendet.

3.8.2 Die Verdampfungswärme

Die latente Wärme pro Teilchen bei der Verdampfung ist gegeben durch

$$q_v(T) = T\left(s_d(T, \bar{p}_d(T)) - s_f(T, \bar{p}_d(T))\right). \tag{3.83}$$

Mit $s_f = -\partial\mu_f/\partial T|_p$ und $s_d = -\partial\mu_d/\partial T|_p$ erhalten wir die Verdampfungswärme q_v aus den chemischen Potentialen. Das Resultat ist

$$q_v(T) = T\left[\Delta s_0 + \Delta c_p\ln\frac{T}{T_0} - k\ln\frac{\bar{p}_d(T)}{p_0}\right]. \tag{3.84}$$

Einsetzen von $\bar{p}_d$ aus Gl. (3.82) liefert (31)

$$q_v(T) = T_0\Delta s_0 + \Delta c_p(T - T_0). \tag{3.85}$$

Wegen $c_{fp} > c_{dp}$ ist $q_v(T)$ eine mit T fallende Gerade. Gleichung (3.85) ist für nicht zu hohe Drücke eine brauchbare Näherung. Z.B. für Wasser fällt die Verdampfungswärme zwischen 0 °C und 160 °C näherungsweise linear (29) von 45.03 auf 37.48 kJ/mol, bzw. von 0.47 auf 0.39 eV pro Teilchen.

Die Verdampfungswärme lässt sich aufspalten in $q_v = \Delta u + \bar{p}_d \Delta v$ mit $\Delta v = v_d - v_f$, wobei Δu die sogenannte Abtrennarbeit und $\bar{p}_d \Delta v$ die Verschiebungsarbeit ist; letztere muss aufgewendet werden, um das Volumen beim Verdampfen gegen den Druck $\bar{p}_d$ zu vergrößern. Die Verschiebungsarbeit ist klein gegenüber der Abtrennarbeit. Betrachten wir wieder Wasser. Als Dampfdruck wählen wir $\bar{p}_d = 1013$ mbar mit der dazugehörigen Siedetemperatur definiert als $\bar{p}_d(T_s) = 1013$ mbar, die in diesem Fall 100 °C ist. Weil 1 mol Wasserdampf bei 100° C ein Volumen von 31.3 dm^3/mol hat (29), ist die Aufspaltung in Abtrenn- und Verschiebungsarbeit $q_v(T_s) = (37.6 + 3.0)$ kJ/mol = 40.6 kJ/mol.

Gleichung (3.85) enthält nur die Temperaturabhängigkeit als Information. Die absolute Größe der Verdampfungswärme lässt sich aus unseren thermodynamischen Überlegungen nicht gewinnen, weil wir in Gl. (3.85) die Konstante Δs_0 nicht kennen. Eine Daumenregel, die sogenannte *Trouton'sche Regel* (31), besagt, dass bei der Siedetemperatur und bei Normdruck die Verdampfungswärme pro Teilchen etwa

$$q_v(T_s) \simeq (8 \div 10)\, kT_s \qquad (3.86)$$

ist. Diese Regel lässt sich gut verstehen, wenn man annimmt, dass der Großteil der Entropiezunahme bei der Verdampfung durch die Volumsvergrößerung zustande kommt und dass die Volumsabhängigkeit der Entropie wie beim idealen Gas – siehe Gl. (3.8) mit $b = 0$ – durch $k \ln V$ gegeben ist. Schätzen wir die Volumsvergrößerung ab. Da bei Wasser $v_f \simeq 30$ Å^3 gilt, nehmen wir an, dass das im Allgemeinen eine charakteristische Größenordnung für v_f ist. Für das Dampfvolumen pro Teilchen v_d benützen wir die ideale Gasgleichung und erhalten $v_d \sim 4 \times 10^4$ Å^3 mit $T_s \sim 300$ K. Daraus ergibt sich $v_d/v_f \sim 10^3$ und die Entropieänderung durch Volumsänderung ist etwa

$$\Delta s_{\text{vol}} = k \ln \frac{v_d}{v_f} \simeq k \ln 10^3 \simeq 7\,k \qquad (3.87)$$

pro Teilchen. Diese Abschätzung ist in ziemlich guter Übereinstimmung mit der Trouton'schen Regel.

Helium weicht anscheinend beträchtlich von der Trouton'schen Regel ab, da man $q_v|_{\text{He}} \simeq 2.4\, kT_s$ hat. Allerdings ist bei Helium das Volumen v_d sehr klein, weil der Siedepunkt mit $T_s = 4.2$ K sehr niedrig ist, und außerdem ist $v_f \simeq 46$ Å^3 relativ groß, was zu dem kleinen Verhältnis $v_d/v_f \simeq 10$ führt. Da $\ln 10 \simeq 2.3$ sehr gut mit dem numerischen Faktor in $q_v|_{\text{He}}$ übereinstimmt, lässt sich also auch bei Helium die Verdampfungswärme mit Entropiezunahme durch Volumsvergrößerung erklären.

Bei Wasser ist der numerische Faktor in der Trouton'schen Regel etwa 13, also deutlich größer als in Gl. (3.87). Hier kann man keine Volumsargumente für die Abweichung angeben. Daher muss es neben Δs_{vol} noch einen weiteren wichtigen Beitrag zur Entropieänderung beim Verdampfen geben. Dieser hängt mit der Wasserstoffbrückenbindung zusammen, welche in flüssigem Wasser eine starke Nahordnung bewirkt. Daher ist es nicht verwunderlich, dass Gl. (3.86) die Verdampfungswärme zu niedrig einschätzt.

Abb. 3.3. Luft im thermischen Gleichgewicht mit Wasserdampf und Wasser bzw. Eis. Bei vorgegebenem Gesamtdruck p (in der Abbildung ist $p = 1$ atm) und vorgegebener Temperatur T_i erhält man den Dampfdruck $\bar{p}_i$, indem man die Senkrechte durch T_i mit der entsprechenden Dampfdruckkurve schneidet.

3.8.3 Verdunstung

Den Übergang von Flüssigkeitsmolekülen in die Gasphase bei Anwesenheit weiterer Gase nennt man Verdunstung. Das ist eine häufige Situation, denken wir z.B. an das Verdunsten von Wasser in Luft. Verdunstet eine Flüssigkeit vollständig, um das thermische Gleichgewicht zu erreichen, hat man ein *ungesättigtes* Gas-Dampf-Gemisch. Bei Koexistenz von Dampf und Flüssigkeit nennt man den dazugehörigen Dampfdruck *Sättigungsdruck*; wir bezeichnen ihn mit $p_s(T, p)$. Im Gegensatz zum Dampfdruck $\bar{p}_d(T)$ hängt der Sättigungsdruck von zwei Variablen ab, da hier nicht nur die Temperatur, sondern auch der Druck $p \geq \bar{p}_d(T)$ vorgegeben ist. Anstelle von Gl. (3.81) hat man jetzt die Gleichung

$$\mu_f(T, p) = \mu_d(T, p_s(T, p)) \tag{3.88}$$

zur Bestimmung des Sättigungsdrucks, da die Flüssigkeit den Gesamtdruck p, der die Summe von Gasdruck und Sättigungsdruck ist, spürt. Dabei nehmen wir an, dass wir Effekte der Lösung der Gase in der Flüssigkeit vernachlässigen können. Aus der Kleinheit des druckabhängigen Terms in μ_f – siehe Gl. (3.77) – lässt sich schließen, dass der Unterschied zwischen p_s und $\bar{p}_d$ sehr klein ist, sofern der Gesamtdruck p nicht zu groß ist. Es macht daher keinen Sinn, die bei der Berechnung von $\bar{p}_d$ verwendete Näherung zu benützen und den Term proportional zu μ_f zu vernachlässigen, sondern wir müssen von Gl. (3.88) ausgehen, um eine verlässliche Formel zu bekommen. Wir differenzieren Gl. (3.88) nach p und erhalten

$$v_f = \frac{kT}{p_s} \frac{\partial p_s}{\partial p}. \tag{3.89}$$

Dabei haben wir das Gemisch von Luft und Wasserdampf als Gemisch von idealen Gasen aufgefasst und Gl. (3.65) benützt, wobei der Wasserdampf den Partialdruck p_s hat. Für die weitere Vorgangsweise machen wir die Näherung, dass die Flüssigkeit inkompressibel und daher v_f unabhängig von p ist. Nun integrieren wir Gl. (3.89) von $\bar{p}_d$ bis p:

$$\frac{v_f}{kT} \int_{\bar{p}_d}^{p} dp' = \int_{\bar{p}_d}^{p} dp' \frac{1}{p_s} \frac{\partial p_s}{\partial p'}. \tag{3.90}$$

Da per Definition

$$p_s(T, \bar{p}_d(T)) = \bar{p}_d(T) \tag{3.91}$$

gilt, erhalten wir aus Gl. (3.90) das Resultat (28)

$$p_s(T, p) = \bar{p}_d(T) \exp\left(\frac{v_f(p - \bar{p}_d(T))}{kT}\right) \simeq \bar{p}_d(T)\left(1 + \frac{v_f(p - \bar{p}_d(T))}{kT}\right). \tag{3.92}$$

Wie erwartet, ist die Korrektur zu $p_s = \bar{p}_d$ klein, wenn der Druck p nicht zu hoch ist. Bei hohen Drücken ist allerdings Gl. (3.92) sowieso nicht mehr verlässlich, weil dann die Näherung, den Dampf als ideales Gas zu betrachten, nicht mehr gut ist. Numerisch liegen z.B. bei Wasser die Werte von $(p_s - \bar{p}_d)/\bar{p}_d$ für Drücke von $p \sim 1 \div 10$ bar im Promillebereich – siehe (28) – und für die meisten praktischen Zwecke kann man einfach $p_s = \bar{p}_d$ setzen. Gibt man sich also für ein gesättigtes Luft-Wasserdampf-Gemisch einen Punkt in der p–T-Ebene vor, wird der Sättigungsdruck durch den Schnitt der Senkrechten durch diesen Punkt mit der Dampfdruckkurve erhalten. In Abb. 3.3 ist diese Situation für eine Temperatur T_2 angedeutet. Über Eis erhält man den Sättigungsdampfdruck analog – siehe Temperatur T_1 in Abb. 3.3, weil die feste Phase genauso wie die flüssige nur eine geringe Kompressibilität hat.

3.9 Übungsaufgaben

1. Leiten Sie die kalorische Zustandsgleichung des van der Waals-Gases unter Verwendung von Gl. (2.18) her.
2. Berechnen Sie $S(T, V, N)$ und $G(T, p, N)$ aus der freien Energie für ein ideales Gas unter der Annahme, dass die Wärmekapazität konstant ist.
3. Diskutieren Sie den Carnot-Kreisprozess in der p-V-Ebene mit einem idealen Gas als Arbeitssubstanz (Skizze!). Dabei sei der Adiabatenexponent $\gamma = C_p/C_V$ konstant und in der p–V-Ebene habe die Ecke mit dem größten Druck die Koordinaten (p_1, V_1), die mit dem kleinsten Druck die Koordinaten (p_3, V_3) ($V_1 < V_3$). Berechnen

Sie die Koordinaten der beiden anderen Ecken, die aus dem Wärmereservoir mit der höheren Temperatur aufgenommene Wärmemenge Q_a und die an das Wärmereservoir mit der tieferen Temperatur abgegebene Wärmemenge Q_b. Überprüfen Sie, dass der Wirkungsgrad tatsächlich maximal ist.

4. Der Zyklus eines Ottomotors kann folgendermaßen approximiert werden:
   i. Schritt 1: Adiabatische Kompression von V_1 auf V_2.
   ii. Schritt 2: Verbrennung des Treibstoff-Luft-Gemisches bei konstantem Volumen.
   iii. Schritt 3: Adiabatische Expansion von V_2 auf V_1.
   iv. Schritt 4: Wärmeabgabe bei konstantem Volumen.
   Nehmen Sie an, Sie kennen V_1, T_1, V_2/V_1 und die im Schritt 2 zugeführte Wärmemenge Q_a. Berechnen Sie die Temperaturen an den restlichen drei Ecken des Prozesses, die im Schritt 4 abgegebene Wärmemenge Q_b und den Wirkungsgrad als Funktion von V_2/V_1. Die Arbeitssubstanz sei ein ideales Gas mit konstanter Wärmekapazität C_V und konstantem Adiabatenexponenten γ.

5. Betrachten Sie die freie Expansion von Stickstoff vom Volumen V_1 zum Volumen V_2. Die Anfangsbedingungen seien durch den Normzustand gegeben und der molare Koeffizient a_m aus der van der Waals-Gleichung ist $a_m = 136\,\text{kPa}\,\text{m}^6\,\text{kmol}^{-2}$ für Stickstoff. Berechnen Sie die Temperaturdifferenz zwischen Anfangs- und Endzustand für $V_2/V_1 = 2$.

6. Berechnen Sie die Inversionskurve für den Joule-Thomson-Effekt in der p–T-Ebene und führen Sie eine Kurvendiskussion durch. Verwenden Sie dazu die schon berechnete Inversionskurve in der ρ–T-Ebene und stellen Sie den Inversionsdruck als Funktion von T/T_{inv} dar.

7. Wie hängt die Reaktion $I_2 \rightleftharpoons 2\,I$ vom Druck ab?

8. Betrachten Sie die Reaktion $H_2 + I_2 \rightleftharpoons 2\,HI$ und nehmen Sie an, dass das Reaktionsgefäß ursprünglich N_1 nichtdissoziierte Jodwasserstoffmoleküle und N_2 Wasserstoffmoleküle enthielt. Schreiben Sie das Massenwirkungsgesetz mit dem Verhältnis N_2/N_1 und dem Dissoziationsgrad $\alpha = (N_1 - N_{HI})/N_1$ an. Wie ändert sich α mit N_2/N_1? Wie hängt die Reaktion vom Druck ab?

9. Betrachten Sie die Dissoziation von Wasser: $2H_2O \rightleftharpoons 2\,H_2 + O_2$. Wie hängt diese Reaktion vom Druck ab? Schreiben Sie das Massenwirkungsgesetz unter Verwendung des Dissoziationsgrades an.

10. Es sei $q(T)$ die latente Wärme pro Teilchen eines Phasenübergangs $1 \to 2$. Stellen Sie mit Hilfe der Clausius-Clapeyron'schen Gleichung und geeigneten Materialgrößen eine Formel für $\frac{dq}{dT}$ auf. Zeigen Sie, dass diese Formel für einen Phasenübergang von der kondensierten Phase in die Dampfphase eine besonders einfache Gestalt annimmt, wenn man die Näherung $v_2 \gg v_1$ macht und annimmt, dass sich der Dampf wie ein ideales Gas verhält.

11. Geben Sie die exakte Definition der Verdunstungswärme $\bar{q}(T, p)$ pro Teilchen an und berechnen Sie den dominanten Term in der Differenz $\bar{q}(T, p) - q_v(T)$.

4 Methoden der Statistischen Physik

In diesem Kapitel beschränken wir uns auf die externen Parameter V und N.

4.1 Zustandssummen und thermodynamische Potentiale

Während die mikrokanonische Zustandssumme einen direkten Zusammenhang mit der Entropie hat, ist der Zusammenhang zwischen der kanonischen und großkanonischen Zustandssumme mit thermodynamischen Potentialen noch nicht herausgearbeitet. Das soll hier nach einer Wiederholung des mikrokanonischen Ensembles gemacht werden.

4.1.1 Mikrokanonische Zustandssumme

Hier ist ein Energieintervall $[U-\Delta U, U]$ vorgegeben. Die Energien E_r der Mikrozustände $|\psi_r\rangle$ bestimmen eine Indexmenge I durch $E_r \in [U - \Delta U, U]$ und damit die Zustandssumme

$$\Omega(U, V, N) = \sum_{r \in I} 1 \tag{4.1}$$

und die Entropie

$$S(U, V, N) = k \ln \Omega(U, V, N). \tag{4.2}$$

Temperatur und innere Energie sind durch Gl. (1.55) gegeben, die Differentiale dS und dU durch Gl. (1.56). Im mikrokanonischen Ensemble ist die Energie U *vorgegeben*. Daneben gibt es aber auch den Erwartungswert des Hamilton-Operators $\widehat{H}$ in diesem Ensemble. Man kann U mit $\langle \widehat{H} \rangle$ vergleichen. Nehmen wir an, dass größenordnungsmäßig $\Omega \propto U^{3N/2}$ ist, wie wir bei der Abzählung der Zustände in einem Kasten gefunden haben, dann kann man leicht zeigen, dass $U - \langle \widehat{H} \rangle \propto 1/N$ und auch $\Delta \widehat{H} \propto 1/N$ ist. Also ist für makroskopische Systeme U mit $\langle \widehat{H} \rangle$ praktisch identisch.

4.1.2 Kanonische Zustandssumme

Hier ist die Temperatur vorgegeben und wir summieren über *alle* Energieeigenwerte der Mikrozustände in der Zustandssumme

$$Z(T, V, N) = \sum_r e^{-\beta E_r(V,N)}. \tag{4.3}$$

Z kann auch als Funktion von $\beta = 1/(kT)$ anstatt T aufgefasst werden. Die innere Energie ist jetzt durch den Erwartungswert von $\widehat{H}$ gegeben, also

$$U \equiv \langle \widehat{H} \rangle \quad \Rightarrow \quad U(T, V, N) = -\frac{\partial}{\partial \beta} \ln Z(\beta, V, N). \tag{4.4}$$

Berechnen wir die Wärmekapazität C_V gemäß Gl. (2.16), erhalten wir

$$
\begin{aligned}
C_V(T, V, N) &= -\frac{\partial}{\partial T}\frac{\partial}{\partial \beta}\ln Z(\beta, V, N) = \frac{1}{kT^2}\frac{\partial^2}{\partial \beta^2}\ln Z(\beta, V, N) \\
&= \frac{1}{kT^2}\left\{\frac{1}{Z}\frac{\partial^2}{\partial \beta^2}Z(\beta, V, N) - \left(\frac{1}{Z}\frac{\partial}{\partial \beta}Z(\beta, V, N)\right)^2\right\}
\end{aligned}
\tag{4.5}
$$

und damit

$$
C_V(T, V, N) = \frac{(\Delta\widehat{H})^2}{kT^2} \quad \text{mit} \quad (\Delta\widehat{H})^2 = \langle\widehat{H}^2\rangle - \langle\widehat{H}\rangle^2.
\tag{4.6}
$$

Die Wärmekapazität C_V ist also durch die Schwankung $\Delta\widehat{H}$ des Hamilton-Operators (Energieunschärfe) bestimmt. Weiters haben wir für das Verhältnis von Schwankung $\Delta\widehat{H}$ zu mittlerer Energie

$$
\frac{\Delta\widehat{H}}{\langle\widehat{H}\rangle} = \frac{\sqrt{kC_V}}{U}T.
\tag{4.7}
$$

Mit der plausiblen Annahme $U \propto N$, $C_V \propto N$ folgt aus Gl. (4.7), dass $\Delta\widehat{H}/\langle\widehat{H}\rangle \propto 1/\sqrt{N}$ gilt. Je größer das System ist, desto kleiner ist die relative Energieschwankung. Für ein makroskopisches System ist die Energie praktisch völlig scharf.

Nun stellen wir einen Zusammenhang von Z mit der Entropie im Fall von makroskopischen Systemen her, also von Systemen mit großer Teilchenzahl N und makroskopischem Volumen V bei vorgegebener Teilchendichte $\rho = N/V$. Im Extremfall betrachtet man den Limes $N \to \infty$ und $V \to \infty$ bei konstanter Teilchendichte. Dieser Limes wird *thermodynamischer Limes* genannt (32). Wir behaupten, dass dieser Zusammenhang durch

$$
S = k(\ln Z + \beta U)
\tag{4.8}
$$

gegeben ist. Um diese Relation zu beweisen, brauchen wir die im Unterkapitel 1.4 eingeführten verallgemeinerten Kräfte:

$$
K_i = \sum_r \frac{\partial E_r(\mathbf{Y})}{\partial Y_i}\rho_r.
\tag{4.9}
$$

Die ρ_r sind die Wahrscheinlichkeiten für die Mikrozustände $|\psi_r\rangle$. Hier sind sie allgemeine Ensemblewahrscheinlichkeiten, während wir in Gl. (1.40) die verallgemeinerten Kräfte speziell für das mikrokanonische Ensemble definiert haben.

Für den Beweis von Gl. (4.8) betrachten wir zuerst das Differential

$$
d\ln Z = -U d\beta - \beta\sum_r \frac{e^{-\beta E_r}}{Z}\frac{\partial E_r}{\partial V}\bigg|_N dV - \beta\sum_r \frac{e^{-\beta E_r}}{Z}\frac{\partial E_r}{\partial N}\bigg|_V dN.
\tag{4.10}
$$

Weil zu V und N die verallgemeinerten Kräfte $-p$ bzw. μ gehören, finden wir

$$
\frac{\partial}{\partial V}\ln Z\bigg|_{\beta,N} = \beta p \quad \text{und} \quad \frac{\partial}{\partial N}\ln Z\bigg|_{\beta,V} = -\beta\mu.
\tag{4.11}
$$

Schließlich erhalten wir

$$d \ln Z = -U d\beta + \beta\, p\, dV - \beta \mu\, dN \;\Rightarrow\; d(\ln Z + \beta U) = \beta(dU + p\, dV - \mu\, dN) = dS/k. \quad (4.12)$$

Im letzten Schritt haben wir das Differential mit dS aus Gl. (1.57) identifiziert. Daher stimmt Gl. (4.8) bis auf eine Konstante S' mit S überein. Wir wollen beweisen, dass $S' = 0$ gilt. Die Energieeigenwerte seien geordnet als $E_0 < E_1 < \cdots$ und haben die Entartungsgrade $g_0, g_1, \ldots$ Somit ist

$$Z = g_0 e^{-\beta E_0} + g_1 e^{-\beta E_1} + \ldots \quad (4.13)$$

Im asymptotischen Limes $T \to 0$ gilt daher

$$Z \to g_0 e^{-\beta E_0}, \quad U \to E_0 \quad \text{und} \quad \ln Z + \beta U \to \ln\left(g_0 e^{-\beta E_0}\right) + \beta E_0 = \ln g_0. \quad (4.14)$$

Nach dem 3. Hauptsatz ist aber $\lim_{T \to 0} S = k \ln g_0$ und daher $S' = 0$. Somit ist Gl. (4.8) bewiesen.

Nun erhalten wir mit $F = U - TS$ und Gl. (4.8) den Zusammenhang von Z mit der freien Energie:

$$F(T, V, N) = -kT \ln Z(T, V, N). \quad (4.15)$$

Diese Formel ist eine der wichtigsten Relationen der Statistischen Physik. Sie stellt einen Zusammenhang zwischen Mikrophysik und Makrophysik her: die kanonische Zustandssumme berechnet man mit Hilfe des Hamilton-Operators, während die freie Energie ein thermodynamisches Potential aus der Welt der Makrophysik ist.

Es ist instruktiv, sich eine alternative Herleitung dieser Formel anzusehen (15), deren Ausgangspunkt das Differential $d(\beta F)$ ist. Wegen $\beta dT = -T d\beta$ lässt sich dieses Differential schreiben als

$$d(\beta F) = d\beta F + \beta(-S dT - p dV + \mu dN) = U d\beta + \beta(-p dV + \mu dN). \quad (4.16)$$

Die rechte Seite dieser Gleichung können wir mit Gl. (4.4) und Gl. (4.11) umformen in

$$d(\beta F) = -\left.\frac{\partial}{\partial \beta} \ln Z\right|_{V,N} d\beta - \left.\frac{\partial}{\partial V} \ln Z\right|_{\beta,N} dV - \left.\frac{\partial}{\partial N} \ln Z\right|_{\beta,V} dN. \quad (4.17)$$

Somit ist $\beta F = -\ln Z$ bis auf eine Konstante. Aus der Forderung, dass F extensiv ist, um Widersprüche wie das Gibbs'sche Paradoxon zu vermeiden, folgt, dass diese Konstante Null sein muss.

Ein wichtiger Spezialfall der kanonischen Zustandssumme (4.3) ist der von N nichtwechselwirkenden, ununterscheidbaren Teilchen, die im Mittel soweit voneinander entfernt sind, so dass Spin und Statistik keine Rolle spielen. Somit haben wir

$$Z = \frac{Z_1^N}{N!} \quad \text{und} \quad F = -NkT\left(\ln \frac{Z_1}{N} + 1\right), \quad (4.18)$$

wobei Z_1 die kanonischen Zustandssumme eines einzelnen Teilchens ist. Für die Herleitung von F in Gl. (4.18) haben wir die Stirling'sche Formel $\ln N! \simeq N(\ln N - 1)$ benützt. In Gl. (4.18) ist die Abhängigkeit von N vollständig bekannt, somit erhält man das chemische Potential als

$$\mu = -kT \ln \frac{Z_1}{N}. \tag{4.19}$$

Betrachten wir noch den Spezialfall, dass jedes Energieniveau in der kanonischen Zustandssumme denselben *Entartungsgrad* g hat, also $Z = gZ^{(0)}$ ist, wobei in $Z^{(0)}$ jedes Energieniveau nur einmal gezählt wird. Dann liefert der Entartungsgrad den Beitrag $-NkT \ln g$ zu F und daher $-kT \ln g$ zum chemischen Potential, während der Entartungsgrad nicht zur Wärmekapazität beiträgt, da man diese durch die zweite Ableitung von F nach T bekommt – siehe Gl. (2.16). Ein typischer Fall für eine solche Entartung sind Kernspins in Atomen von Molekülen eines idealen Gases; die Anzahl der Spineinstellungen hat keinen Einfluss auf die Wärmekapazitäten, jedoch muss sie sehr wohl in Reaktionsgleichgewichten berücksichtigt werden.

4.1.3 Großkanonische Zustandssumme

Im Abschnitt 1.6.2 haben wir die Zustandssumme

$$Y(\beta, V, \alpha) = \sum_r e^{-\beta E_r - \alpha N_r} \tag{4.20}$$

erhalten. Die Teilchenzahl ist hier nicht fixiert, sondern durch den Erwartungswert N des Teilchenzahloperators $\hat{N}$ gegeben:

$$N = \frac{1}{Y} \sum_r N_r e^{-\beta E_r - \alpha N_r} = -\left.\frac{\partial}{\partial \alpha} \ln Y\right|_{\beta, V}. \tag{4.21}$$

Wie vorhin gilt

$$U = -\left.\frac{\partial}{\partial \beta} \ln Y\right|_{V, \alpha}. \tag{4.22}$$

Um den Zusammenhang zwischen Y und dem großkanonischen Potential J herzustellen, gehen wir vom Differential $d(\beta J)$ aus (15). Wir benützen jetzt allerdings $\alpha = -\beta\mu$ und betrachten Y als Funktion von β, V und μ. In Analogie zur Behandlung von $d(\beta F)$ erhalten wir

$$d(\beta J) = d\beta J + \beta(-SdT - pdV - Nd\mu) = (U - \mu N)d\beta + \beta(-pdV - Nd\mu). \tag{4.23}$$

Wegen

$$\left.\frac{\partial}{\partial \beta} \ln Y\right|_{V,\mu} = -U + \mu N, \quad \left.\frac{\partial}{\partial V} \ln Y\right|_{\beta,\mu} = \beta p, \quad \left.\frac{\partial}{\partial \mu} \ln Y\right|_{\beta, V} = \beta N \tag{4.24}$$

sehen wir, dass

$$d(\beta J) = -\left.\frac{\partial}{\partial \beta} \ln Y\right|_{V,\mu} d\beta - \left.\frac{\partial}{\partial V} \ln Y\right|_{\beta,\mu} dV - \left.\frac{\partial}{\partial \mu} \ln Y\right|_{\beta, V} d\mu \tag{4.25}$$

erfüllt ist. Somit erhalten wir $\beta J = -\ln Y$ bis auf eine Konstante. Da J durch eine Legendre-Transformation aus F hervorgeht, muss J extensiv und diese Konstante Null sein. Das großkanonische Potential hängt also mit der großkanonischen Zustandssumme über

!

$$J(T, V, \mu) = -p(T, \mu)V = -kT \ln Y(T, V, \mu) \tag{4.26}$$

zusammen. Weiters können wir aus der Relation $J = U - TS - \mu N$ die Entropie S berechnen und erhalten so die zu Gl. (4.8) analoge Formel

$$S = k(\ln Y + \beta U - \beta \mu N). \tag{4.27}$$

Durch Anwendung von Gl. (4.24) kann man das Differential von S berechnen. Der Ausdruck, den man erhält, stimmt mit Gl. (1.57) überein.

Durch eine Umordnung der Summation in Y kann man die großkanonische Zustandssumme auf eine Summe über kanonische Zustandssummen zurückführen:

$$Y = \sum_{N=0}^{\infty} e^{\beta \mu N} \sum_{r'} e^{-\beta E_{r'}(V,N)} = \sum_{N=0}^{\infty} e^{\beta \mu N} Z(T, V, N). \tag{4.28}$$

Übrigens konvergiert diese Summe im Allgemeinen nicht für alle μ, wie wir später explizit sehen werden.

Nun diskutieren wir die Schwankung des Teilchenzahloperators $\hat{N}$. Dieselbe Rechnung wie in Gl. (4.5) liefert uns

$$\frac{\partial^2}{\partial \mu^2} \ln Y = \beta^2 (\Delta \hat{N})^2 = -\frac{1}{kT} \frac{\partial^2 J}{\partial \mu^2} = \frac{1}{kT} \left. \frac{\partial N}{\partial \mu} \right|_{T,V}, \tag{4.29}$$

bzw.

$$(\Delta \hat{N})^2 = kT \left. \frac{\partial N}{\partial \mu} \right|_{T,V} = kT \left(\frac{\partial^2 F}{\partial N^2} \right)^{-1}. \tag{4.30}$$

Damit haben wir

$$\frac{\Delta \hat{N}}{N} = \frac{1}{N} \sqrt{kT \left(\frac{\partial^2 F}{\partial N^2} \right)^{-1}} \sim \frac{1}{\sqrt{N}}, \quad \text{falls} \quad \frac{\partial^2 F}{\partial N^2} \sim \frac{1}{N}. \tag{4.31}$$

Letzteres können wir uns anhand des idealen Gases plausibel machen. Dort ist $F = NkT \ln N + \cdots$ (siehe Gl. (3.7) mit $a = 0$, $b = 0$), wobei die Punkte Terme mit linearer Abhängigkeit von N andeuten. Damit ist die zweite Ableitung von F nach N gegeben durch kT/N und $\Delta N/N = 1/\sqrt{N}$. Auch für das van der Waals-Gas kann man Gl. (4.31) verifizieren, wenn man benützt, dass im thermodynamischen Limes in $\frac{\partial^2 F}{\partial N^2}$ das Volumen durch N/ρ ersetzt werden kann.

Tab. 4.1. Zusammenhang zwischen Statistik und Thermodynamik.

Ensemble	mikrokanonisch	kanonisch	großkanonisch
Umgebung des Systems	keine (System abgeschlossen)	Wärmebad	Wärmebad und Teilchenreservoir
Zustandssumme	$\Omega(U, V, N)$	$Z(T, V, N)$	$Y(T, V, \mu)$
thermodynamisches Potential	$S(U, V, N) = k \ln \Omega$	$F(T, V, N) = -kT \ln Z$	$J(T, V, \mu) = -kT \ln Y$

4.2 Zusammenfassung: Statistik → Thermodynamik

Wir fassen jetzt zusammen, was wir über den Zusammenhang zwischen Statistischer Physik und Thermodynamik gelernt haben. Wir haben folgendes Schema:

$$\widehat{H} \xrightarrow{\text{QM}} E_r(V, N) \xrightarrow{\text{FP}} \begin{cases} \Omega(U, V, N) & \longrightarrow & S(U, V, N), \\ Z(T, V, N) & \longrightarrow & F(T, V, N), \\ Y(T, V, \mu) & \longrightarrow & J(T, V, \mu). \end{cases}$$

Am Anfang steht der Hamilton-Operator, am Schluss gewisse thermodynamische Potentiale. Die Pfeile vor diesen Potentialen symbolisieren den thermodynamischen Limes. Die Abkürzung QM steht für Quantenmechanik.

Die Hauptsätze der Thermodynamik folgen aus Energieerhaltung (1. Hauptsatz), FP (2. Hauptsatz) und QM+FP (3. Hauptsatz).

Nun einige wichtige Punkte:
- Mikrokanonisches, kanonisches und großkanonisches Ensemble sind im thermodynamischen Limes *äquivalent*; d.h., erhält man S aus Ω, dann lässt sich daraus U, F, J, etc. ausrechnen. Die so erhaltenen Funktionen F, J sind mit denen, die man aus Z bzw. Y erhält, identisch.
- Für „kleine" N beschreiben die Dichtematrizen ρ_{MK}, ρ_{K}, ρ_{GK} völlig verschiedene Zustände.
- Im thermodynamischen Limes beschreibt ρ_{MK} ein abgeschlossenes System im Gleichgewicht. Das ist der Inhalt des FPs.
- Die Dichtematrix ρ_{K} ist für beliebiges N für ein System im Kontakt mit einem Wärmebad richtig.
- Die Dichtematrix ρ_{GK} ist für beliebiges μ für ein System im Kontakt mit einem Wärmebad und einem Teilchenreservoir richtig.

In Tabelle 4.1 ist der Zusammenhang Statistik – Thermodynamik noch einmal zusammengestellt. Wie bekommt man nun in den verschiedenen Ensembles die Zustandsgleichungen? Am einfachsten ist das im kanonischen Ensemble, wo man die thermische Zustandsgleichung durch

$$p = -\frac{\partial F}{\partial V} \tag{4.32}$$

erhält. Für die kalorische Zustandsgleichung kann man F oder Z verwenden:

$$U = F - T\frac{\partial F}{\partial T} = -\frac{\partial}{\partial \beta} \ln Z\bigg|_{V,N}. \tag{4.33}$$

Im mikrokanonischen Ensemble, wo man $S(U, V, N)$ gegeben hat, kann man die Relation

$$\frac{\partial S}{\partial U} = \frac{1}{T} \tag{4.34}$$

benützen, um daraus die kalorische Zustandsgleichung $U = U(T, V, N)$ zu gewinnen. Einsetzen von $U(T, V, N)$ in

$$\frac{p}{T} = \frac{\partial S}{\partial V} \tag{4.35}$$

liefert die thermische Zustandsgleichung. Im großkanonischen Ensemble bekommt man die thermische Zustandsgleichung aus

$$N = -\frac{\partial J}{\partial \mu} \quad \text{und} \quad p = -\frac{J}{V}, \tag{4.36}$$

denn aus der ersten Relation kann man $\mu = \mu(T, V, N)$ ausrechnen und in die zweite einsetzen. Die kalorische Zustandsgleichung ist in diesem Ensemble etwas mühsamer zu eruieren; man kann z.B. Gl. (4.22) benützen und dort $\mu = \mu(T, V, N)$ einsetzen oder durch Legendre-Transformation F aus J gewinnen und dann wie im kanonischen Ensemble vorgehen.

Die Äquivalenz der Ensembles im thermodynamischen Limes ist näher diskutiert in (12; 15). Im vorigen Unterkapitel haben wir diese Äquivalenz festgestellt, indem wir mit Hilfe von Z bzw. Y je einen Ausdruck gebildet haben, der mit der Entropie identifiziert werden kann, weil dessen Differential mit dS aus Gl. (1.57) übereinstimmt. Diese bzw. eine ähnliche Strategie hat uns auch auf den Zusammenhang zwischen F und Z bzw. J und Y geführt. Im Abschnitt 4.4.3 werden wir diese Äquivalenz anhand des idealen einatomigen Gases durch expliziten Vergleich der thermodynamischen Potentiale S, F und J illustrieren.

Hier wollen wir zum Abschluss noch mit einer direkteren Methode zeigen, dass im thermodynamischen Limes die aus der kanonischen Zustandssumme (4.3) folgende Entropie (4.8) mit jener definiert in Gl. (1.52) gleich ist (15). Im Folgenden halten wir V und N konstant und bezeichnen der Einfachheit halber die Abhängigkeit von diesen Variablen nicht. Wie vorhin diskutiert, ist die relative Schwankung der Energie im kanonischen Ensemble sehr klein, wenn das System makroskopisch ist. Wenn wir daher ein ΔU wählen, für das z.B. $\Delta U \gtrsim 10\Delta\widehat{H}$ gilt, so werden in einem Intervall dieser Länge um $U = \langle \widehat{H} \rangle$ alle für Z relevanten Energieeigenwerte liegen. Um eine Zustandsdichte zu definieren, verwenden wir die im Unterkapitel 1.2 eingeführte Anzahl der Zustände Ω. Damit lässt sich eine Zustandsdichte über

$$D(E) = \frac{\Omega(E, \Delta U)}{\Delta U} = \frac{\varphi(E)}{\Delta U}\left(1 - \frac{\varphi(E - \Delta U)}{\varphi(E)}\right) \tag{4.37}$$

definieren. Die Funktion $\varphi(E')$ bezeichnet die Anzahl der Energieniveaus vom Grundzustand bis E'. Bei der Wahl eines geeigneten ΔU müssen wir nicht nur berücksichtigen, dass sehr viele Energienivieaus im Intervall $[U - \Delta U, U]$ liegen sollen und dass $\Delta U \ll U$ erfüllt ist, sondern auch, dass $\varphi(E - \Delta U)/\varphi(E)$ vernachlässigbar sein soll. Wie wir bei der Abzählung der Zustände im Kasten im Unterkapitel 1.3 gesehen haben, ist das für makroskopische Systeme leicht möglich. Mit $D(E)$ können wir die kanonische Zustandssumme in sehr guter Näherung als das Integral

$$Z \simeq \int dE \, D(E) e^{-\beta E} \tag{4.38}$$

darstellen. In ebenso guter Näherung erhalten wir U durch die Bedingung

$$\left.\frac{\partial}{\partial E} \ln D(E)\right|_{E=U} - \beta = \left.\frac{\partial}{\partial E} \ln \Omega(E, \Delta U))\right|_{E=U} - \beta = 0. \tag{4.39}$$

Der Vergleich mit Gl. (1.53) zeigt die Übereinstimmung mit der Definition der Temperatur im mikrokanonischen Ensemble. Somit gelangen wir zur Entwicklung

$$\ln\left(D(E)e^{-\beta E}\right) \simeq \ln\left(D(U)e^{-\beta U}\right) + \frac{1}{2} \left.\frac{\partial^2}{\partial E^2} \ln D(E)\right|_{E=U} (E - U)^2, \tag{4.40}$$

wobei wir die zweite Ableitung als

$$\left.\frac{\partial^2}{\partial E^2} \ln D(E)\right|_{E=U} = \left.\frac{\partial}{\partial E} \frac{1}{kT}\right|_{E=U} = -\frac{1}{kT^2 C_V} \tag{4.41}$$

ausdrücken können. Einsetzen der Entwicklung in Gl. (4.38) und Integation liefert die Näherungsformel

$$Z \simeq D(U) \, e^{-\beta U} \sqrt{\frac{2\pi C_V}{k\beta^2}}. \tag{4.42}$$

Nun verwenden wir Gl. (4.8) und erhalten das gewünschte Resultat

$$S = k\left(\ln Z + \beta U\right) \simeq k \ln \Omega + \frac{1}{2} k \ln \frac{2\pi C_V}{k\beta^2 (\Delta U)^2}. \tag{4.43}$$

Das ist die Entropie, die uns die kanonischen Zustandssumme im thermodynamischen Limes bereitstellt. Da im zweiten Term auf der rechten Seite von Gl. (4.43) die Teilchenzahl nur im Logarithmus vorkommt ($C_V \propto N$), ist dieser vollkommen gegen $\ln \Omega$ zu vernachlässigen, weil letztere Größe extensiv und proportional zu N ist. Somit ist die aus der kanonischen Zustandssumme berechnete Entropie – abgesehen von Termen, die im thermodynamischen Limes völlig vernachlässigbar sind – identisch mit jener aus Gl. (1.52), die im mikrokanonischen Ensemble definiert wurde.

4.3 Alternative Herleitung der Ensembles

Wiederholen wir nun die Ensemblewahrscheinlichkeiten:

$$\text{mikrokanonisch:} \quad \rho_r = \frac{1}{\Omega} \quad \text{für } r \in I, \ \rho_r = 0 \text{ sonst,}$$

$$\text{kanonisch:} \quad \rho_r = \frac{e^{-\beta E_r}}{Z},$$

$$\text{großkanonisch:} \quad \rho_r = \frac{e^{-\beta(E_r - \mu N_r)}}{Y}.$$

Die erste Zeile ist wiederum der Inhalt des Fundamentalpostulats, die beiden anderen folgen daraus unter den bekannten Bedingungen.

Auf der Menge der Dichtematrizen lässt sich durch

$$\tilde{S}(\rho) = -k \sum_r \rho_r \ln \rho_r \tag{4.44}$$

ein Funktional definieren, das man *von Neumann-Entropie* nennt. Der Begriff Funktional bedeutet hier einfach Abbildung von der Menge der Dichtematrizen nach $\mathbb{R}$. Wir machen die Beobachtungen

$$\tilde{S}(\rho_{\mathrm{MK}}) = -k \sum_{r \in I} \frac{1}{\Omega} \ln \frac{1}{\Omega} = k \ln \Omega,$$

$$\tilde{S}(\rho_{\mathrm{K}}) = -k \sum_r \frac{e^{-\beta E_r}}{Z} \ln \frac{e^{-\beta E_r}}{Z} = k(\ln Z + \beta \langle \widehat{H} \rangle) = k(\ln Z + \beta U),$$

$$\tilde{S}(\rho_{\mathrm{GK}}) = -k \sum_r \frac{e^{-\beta(E_r - \mu N_r)}}{Y} \ln \frac{e^{-\beta(E_r - \mu N_r)}}{Y} = k(\ln Y + \beta \langle \widehat{H} \rangle - \beta \mu \langle \widehat{N} \rangle)$$

$$= k(\ln Y + \beta U - \beta \mu N), \tag{4.45}$$

welche sich wie folgt zusammenfassen lassen:

!   **Das Funktional $\tilde{S}$ stimmt auf den Ensembles mit der Entropie überein.**

Die Menge der Dichtematrizen ist *konvex*, d.h., haben wir zwei Dichtematrizen ρ_i und zwei positive Zahlen a_i mit $a_1 + a_2 = 1$ gegeben, so ist $\rho = a_1 \rho_1 + a_2 \rho_2$ wieder eine Dichtematrix, also positiv mit Sp $\rho = 1$. Man kann zeigen, dass $\tilde{S}$ die interessante Eigenschaft der *Konkavität* hat (16; 32), d.h.

$$\tilde{S}(a_1 \rho_1 + a_2 \rho_2) \geq a_1 \tilde{S}(\rho_1) + a_2 \tilde{S}(\rho_2). \tag{4.46}$$

Setzt man $\tilde{S}$ mit der Entropie gleich, heißt das, dass Mischen von Zuständen die Entropie niemals kleiner sondern im Allgemeinen größer macht.

Nun wollen wir eine Überlegung anstellen, wie man ein Maß für die Gemischtheit einer Dichtematrix einführen kann. Dabei werden wir wieder auf $\tilde{S}$ geführt werden. Wir nehmen an, dass wir ein Ensemble von M gleichartigen Systemen haben. Dabei seien M_r Systeme im Mikrozustand $|\psi_r\rangle$ ($r = 1, 2, 3, \ldots$) und daher ist $M = \sum_r M_r$. Wir nehmen weiters $M_r \gg 1$ für alle r an und definieren $\rho_r = M_r/M$. Daher ist ρ_r die Wahrscheinlichkeit, das System im Mikrozustand $|\psi_r\rangle$ zu finden. Eine naheliegende Möglichkeit, die Gemischtheit des Ensembles zu charakterisieren, ist gegeben durch den Logarithmus der Anzahl der verschiedenen Möglichkeiten, die Mikrozustände des Ensembles in einer Reihe aufzuschreiben. Diese Anzahl ist identisch mit der Zahl der möglichen Verteilungen der M Systeme auf die Mikrozustände und daher gegeben durch

$$\Gamma = \frac{M!}{M_1! M_2! \cdots}. \tag{4.47}$$

Nehmen wir den Logarithmus dieser Größe und benützen die Stirling'sche Formel, erhalten wir

$$
\begin{aligned}
\ln \Gamma &= \ln M! - \sum_r \ln M_r! \simeq M(\ln M - 1) - \sum_r M_r(\ln M_r - 1) \\
&= -M \sum_r \frac{M_r}{M} \ln \frac{M_r}{M} = \frac{M}{k} \tilde{S}(\rho). \tag{4.48}
\end{aligned}
$$

Während M eine (sehr große) willkürliche Zahl ist, sind die Wahrscheinlichkeiten ρ_r für das Ensemble charakteristisch. Daher ist es sinnvoll, $\ln \Gamma/M = \tilde{S}/k$ als Maß der Gemischtheit einzuführen. Daher ist in der Tat $\tilde{S}$ ein allgemeines Maß für die Gemischtheit eines Ensembles und damit für die Gemischtheit der entsprechenden Dichtematrix.

Nun wollen wir zeigen, dass das Maximum von $\tilde{S}(\rho)$ unter gewissen Nebenbedingungen (12; 13) genau die gewünschten Ensemblewahrscheinlichkeiten liefert. Diese Nebenbedingungen sind gegeben durch

i) $\sum_r \rho_r = 1$,

ii) $\sum_r \rho_r E_r = U$,

iii) $\sum_r \rho_r N_r = N$.

Wir erhalten folgendes Resultat: i) $\Rightarrow$ mikrokanonisches Ensemble, i)+ii) $\Rightarrow$ kanonisches Ensemble, i)+ii)+iii) $\Rightarrow$ großkanonisches Ensemble.

Beweis: Die Größen λ_i ($i = 1, 2, 3$) seien Lagrange-Multiplikatoren. Nehmen wir nur die erste Nebenbedingung, dann müssen wir das Maximum von $\tilde{S}(\rho)/k - \lambda_1 \sum_{r'} \rho_{r'}$ suchen. Ableitung dieses Ausdrucks nach ρ_r liefert

$$\rho_r = e^{-1-\lambda_1} \equiv \frac{1}{\Omega}.$$

Die Nebenbedingung stellt eine Zusammenhang zwischen λ_1 und Ω her. Als nächstes verwenden wir die erste *und* die zweite Nebenbedingung und suchen daher das Maximum von $\tilde{S}(\rho)/k - \sum_{r'}(\lambda_1 \rho_{r'} + \lambda_2 \rho_{r'} E_{r'})$. Wir erhalten durch Ableitung

$$\ln \rho_r + 1 + \lambda_1 + \lambda_2 E_r = 0 \quad \Rightarrow \quad \rho_r = e^{-1-\lambda_1-\lambda_2 E_r}.$$

Also ergibt sich das kanonische Ensemble mit $\lambda_2 = \beta$ und $Z = \exp(1 + \lambda_1)$. Das Verfahren mit allen drei Nebenbedingungen geht analog.

Es mag verwundern, dass mit dieser Überlegung das kanonische Ensemble mit der Nebenbedingung ii) erhalten wird, wo wir doch dieses Ensemble durch die Vorgabe der Temperatur und nicht der Energie definiert haben. Allerdings ist über die Positivität der Wärmekapazität C_V ein eindeutiger Zusammenhang zwischen $U(T, V, N)$ und T gegeben, somit entspricht die Vorgabe einer Temperatur einer Vorgabe einer mittleren Energie. Weiters kann man für ein makroskopisches System, dessen mittlere Energie vorgegeben ist, auch direkt argumentieren, dass man in diesem Fall ein kanonisches Ensemble erhält – siehe (12).

4.4 Die klassische Näherung

4.4.1 Vorbetrachtungen

4.4.1.1 Gültigkeitsbereich der klassischen Näherung

Wir betrachten ein Gas und stellen die Frage, unter welcher Bedingung quantenmechanische Effekte keine Rolle spielen und wir einfach die klassische Hamilton-Funktion anstele des Hamilton-Operators zur Berechnung der thermodynamischen Potentiale verwenden dürfen. Die quantenmechanischen Unschärferelationen für Orts- und Impulsoperatoren eines Teilchens lauten

$$\Delta X_i \Delta P_j \geq \delta_{ij} \frac{\hbar}{2}. \tag{4.49}$$

Definiert man einen mittleren Abstand $\bar{R}$ zwischen den Gasteilchen und einen mittleren Impuls $\bar{P}$, so wird sich ein Gas klassisch beschreiben lassen, falls die Bedingung

$$\bar{R}\bar{P} \gg \hbar \tag{4.50}$$

erfüllt ist. Denn in diesem Fall hat das Teilchen im Phasenraum so viel Platz, so dass die Unschärferelation keine Einschränkung darstellt. Wir wissen, dass in einem Gas $\bar{P} \sim \sqrt{mkT}$ gilt. Daher lässt sich Bedingung Gl. (4.50) umschreiben in $\bar{R} \gg \hbar/\bar{P} \sim \lambda$, wobei λ die thermische de Broglie-Wellenlänge Gl. (1.66) ist. Hiermit erhalten wir

!

$$\left(\frac{V}{N}\right)^{1/3} \gg \lambda \tag{4.51}$$

als Bedingung dafür, dass sich ein Gas klassisch behandeln lässt.

Numerisch ist die thermische de Broglie-Wellenlänge sehr klein. Normieren wir sie auf die Masse des Wasserstoffmoleküls und auf eine Temperatur von 300 K, erhalten wir

$$\lambda = 0.71\,\text{Å} \times \sqrt{\frac{m_{\text{H}_2}}{m} \times \frac{300\,\text{K}}{T}}. \tag{4.52}$$

Dies ist zu vergleichen mit einem Volumen von ca. $(34.6\,\text{Å})^3$, das ein Molekül eines idealen Gases bei dieser Temperatur und einem Druck von 1 bar einnimmt. Wenn wir $V/(N\lambda^3)$ als Kenngröße nehmen, muss ihr Wert viel größer als eins sein, damit die klassische Beschreibung des Gases gerechtfertigt ist. Mit den obigen Werten von Druck und Temperatur ist diese Größe etwa 10^5 für Wasserstoff und 3×10^6 für Neon. Diese Gase sind selbst bei relativ tiefen Temperaturen klassisch zu behandeln. Andrerseits gilt für das Elektronengas in einem Metall die Abschätzung $V/(N\lambda^3) \sim 10^{-4}$ und selbst bei Temperaturen viel höher als die Raumtemperatur ist die klassische Näherung ungültig.

4.4.1.2 Gültigkeit von Integration statt Summation

Wir betrachten nichtwechselwirkende Teilchen in einem Kasten, was den translatorischen Freiheitsgraden eines idealen Gases entspricht. Die Energien der Mikrozustände sind in Gl. (1.28) gegeben. Wir fassen die kanonische Zustandssumme ins Auge und wollen uns überlegen, wann wir die Summe über $\mathbf{n}$ durch ein Integral $\int \mathrm{d}^3 p$ ersetzen können. Dafür muss erst einmal der Summand $\exp(-\beta E_{\mathbf{n}})$ glatt genug sein. Die Bedingung dafür ist

$$\left|\exp(-\beta E_{\mathbf{n}+\Delta\mathbf{n}}) - \exp(-\beta E_{\mathbf{n}})\right| \simeq \left|\Delta n_j \frac{\partial}{\partial n_j} \exp(-\beta E_{\mathbf{n}})\right| \ll \exp(-\beta E_{\mathbf{n}}), \tag{4.53}$$

bzw.

$$\beta \frac{\hbar^2 \pi^2}{m} \frac{\overline{n}_j}{L_j^2} \ll 1, \tag{4.54}$$

wobei $\overline{n}_j$ eine mittlere Quantenzahl bedeutet. Da man $\bar{P}_j = \hbar\pi\overline{n}_j/L_j$ als den mittleren Impuls des Teilchens im Kasten auffassen kann und daher $\bar{P}_j \sim \sqrt{mkT}$ gilt, erhält man schließlich die Bedingung

$$\lambda \ll \min L_j. \tag{4.55}$$

Diese Bedingung ist viel schwächer als die Bedingung Gl. (4.51) und im Allgemeinen auch für Quantengase erfüllt. Gilt die klassische Näherung, dann kann man auf alle Fälle die Summation durch die Integration ersetzen.

Dies bewerkstelligt man durch

$$\sum_{\mathbf{n}} \simeq \int\limits_{n_j \geq 0} \mathrm{d}^3 n = \int\limits_{p_j \geq 0} \mathrm{d}^3 p \frac{L_1 L_2 L_3}{(\pi\hbar)^3} \quad \text{mit} \quad \vec{p} = \hbar\pi \begin{pmatrix} n_1/L_1 \\ n_2/L_2 \\ n_3/L_3 \end{pmatrix}. \tag{4.56}$$

Da die $E_{\mathbf{n}}$ nicht vom Vorzeichen der p_j abhängen, erhält man schließlich die Ersetzung

!

$$\sum_{n} \rightarrow \frac{V}{(2\pi\hbar)^3} \int d^3 p.$$ (4.57)

4.4.2 Zustandssummen in klassischer Näherung

Wir diskutieren die kanonische Zustandssumme, die sich als

$$Z = \text{Sp}\, e^{-\beta\widehat{H}}$$ (4.58)

schreiben lässt. Wir definieren das betrachtete Volumen wie für die Teilchen in einem Kasten – siehe Gl. (1.27) – und beschränken uns, um die Notation zu vereinfachen, auf ein Teilchen. Da die Spur unabhängig von der ON-Basis ist, können wir eine geeignete wählen. Wir nehmen nicht die von Gl. (1.28) sondern

$$\phi_n = \prod_{j=1}^{3} \frac{1}{\sqrt{L_j}}\, e^{2\pi i n_j x_j / L_j} = \frac{1}{\sqrt{V}}\, e^{i\vec{p}_n \cdot \vec{x}/\hbar} \quad \text{mit} \quad \vec{p}_n = 2\pi\hbar \begin{pmatrix} n_1/L_1 \\ n_2/L_2 \\ n_3/L_3 \end{pmatrix}.$$ (4.59)

Damit schreiben wir

$$Z = \sum_{n} \langle \phi_n | e^{-\beta\widehat{H}} | \phi_n \rangle = \sum_{n} \int_{\mathcal{V}} d^3 x\, \phi_n^*(\vec{x}) \left(e^{-\beta\widehat{H}} \phi_n \right)(\vec{x}).$$ (4.60)

Formal können wir nun so vorgehen. Wir definieren

$$I_\beta(\vec{x}, \vec{p}_n) = \phi_n^*(\vec{x}) \left(e^{-\beta\widehat{H}} \phi_n \right)(\vec{x}).$$ (4.61)

Wegen $V\phi_n(\vec{x})\phi_n^*(\vec{x}) = 1$ haben wir weiters

$$\frac{\partial I_\beta}{\partial\beta} = -\phi_n^*(\vec{x}) \left(H e^{-\beta\widehat{H}} \phi_n \right)(\vec{x}) = -V\phi_n^*(\vec{x}) \left(\widehat{H}(\phi_n I_\beta) \right)(\vec{x}).$$ (4.62)

Mit

$$\widehat{H} = \frac{\vec{P}^2}{2m} + U(\vec{X}) \quad \text{und} \quad \vec{P} = -i\hbar\vec{\nabla}$$ (4.63)

erhalten wir

$$\frac{\partial I_\beta}{\partial\beta} = -H_{kl}(\vec{x}, \vec{p}_n) I_\beta + \frac{i\hbar}{m}\, \vec{p}_n \cdot \vec{\nabla} I_\beta + \frac{\hbar^2}{2m}\, \Delta I_\beta,$$ (4.64)

wobei der erste Term mit der klassischen Hamilton-Funktion von der Anwendung von $\vec{\nabla}^2$ auf ϕ_n stammt. Im *klassischen Limes* ist $\vec{p}_n$ fest bei $\hbar \rightarrow 0$, und somit ist

$$I_\beta = \frac{1}{V}\, e^{-\beta H_{kl}}.$$ (4.65)

Verallgemeinern wir auf N Teilchen, berücksichtigen, dass die Teilchen ununterscheidbar sind, und verwenden Gl. (4.57), erhalten wir die klassische Näherung

$$Z_{kl}(T,V,N) = \frac{1}{N!} \int_{\mathcal{V}} d^3x_1 \cdots \int_{\mathcal{V}} d^3x_N \int \frac{d^3p_1}{(2\pi\hbar)^3} \cdots \int \frac{d^3p_N}{(2\pi\hbar)^3} e^{-\beta H_{kl}(\vec{x}_1,\dots,\vec{x}_N,\vec{p}_1,\dots,\vec{p}_N)}. \quad (4.66)$$

Für die beiden anderen Zustandssummen ergibt sich

$$Y_{kl}(T,V,\mu) = \sum_{N=0}^{\infty} e^{\beta\mu N} Z_{kl}(T,V,N) \quad (4.67)$$

und

$$\Omega_{kl} = \frac{1}{N!} \int_{\mathcal{V}} d^3x_1 \cdots \int_{\mathcal{V}} d^3x_N \int \frac{d^3p_1}{(2\pi\hbar)^3} \cdots \int \frac{d^3p_N}{(2\pi\hbar)^3} \left[\Theta(U - H_{kl}) - \Theta(U - \Delta U - H_{kl}) \right]$$

$$(4.68)$$

mit der Heaviside-Funktion Θ.

Man kann sich noch genauer überlegen, welche Näherung man gemacht hat, um von Gl. (4.64) auf Gl. (4.65) zu kommen. Betrachten wir z.B. den zweiten Term auf der rechten Seite von Gl. (4.64). Die Ableitung von I_β nach $\vec{x}$ muss $\vec{\nabla}(e^{-\beta\hat{H}})$ und daher die Ableitung des Potentials enthalten. Daher müssen wir den Term

$$\beta\frac{\hbar}{m} \vec{p}_n \cdot \vec{\nabla}U \quad (4.69)$$

abschätzen. Wenn $\bar{D}$ die typische Distanz ist, in der sich U wesentlich ändert, hat dieser Term relativ zu U den Faktor

$$\frac{\hbar\bar{P}}{mkT\bar{D}} \sim \frac{\hbar}{\bar{D}\bar{P}}. \quad (4.70)$$

Dieser Faktor muss viel kleiner als eins sein, damit man den zweiten Term in Gl. (4.64) gegenüber U vernachlässigen kann. Geht U näherungsweise nach einem Potenzgesetz, wird in Gl. (4.70) die Länge $\bar{D}$ durch $\bar{R}$ ersetzt, weil die Teilchen im Mittel den Abstand $\bar{R}$ haben; dann ist Gl. (4.70) auf alle Fälle viel kleiner als eins wegen der Bedingung $\hbar/(\bar{R}\bar{P}) \ll 1$ für die klassische Näherung – siehe Gl. (4.50).

Genauso wie wir die klassische Näherung für die kanonische Zustandssumme diskutiert haben, können wir die klassische Näherung für den Erwartungswert eines Operators A behandeln und bekommen

$$\langle A \rangle_K = \mathrm{Sp}\,(A\rho_K) \simeq \frac{1}{N!\,Z_{kl}} \int_{\mathcal{V}} d^3x_1 \cdots \int_{\mathcal{V}} d^3x_N \quad (4.71)$$

$$\times \int \frac{d^3p_1}{(2\pi\hbar)^3} \cdots \int \frac{d^3p_N}{(2\pi\hbar)^3}\, f_{kl}(\vec{x}_1,\dots,\vec{x}_N,\vec{p}_1,\dots,\vec{p}_N)\, e^{-\beta H_{kl}(\vec{x}_1,\dots,\vec{x}_N,\vec{p}_1,\dots,\vec{p}_N)},$$

wobei wir A als Funktion f von Ort und Impuls angenommen haben. In Gl. (4.71) ist f_{kl} dann einfach die entsprechende Funktion im Phasenraum. Nimmt man für f_{kl} Projektoren auf Gebiete $\mathcal{P}$ im Phasenraum, also Funktionen, die den Werte eins annehmen, wenn die Koordinaten aller Teilchen in $\mathcal{P}$ liegen und sonst Null sind, folgert man daraus, dass

$$\frac{1}{N! \, Z_{kl}} \, e^{-\beta H_{kl}(\vec{x}_1,\dots,\vec{x}_N,\,\vec{p}_1,\dots,\vec{p}_N)} \, d^3 x_1 \cdots d^3 x_N \, \frac{d^3 p_1}{(2\pi\hbar)^3} \cdots \frac{d^3 p_N}{(2\pi\hbar)^3} \tag{4.72}$$

die Wahrscheinlichkeitsverteilung im Phasenraum angibt.

4.4.3 Die klassische Näherung am Beispiel des idealen einatomigen Gases

4.4.3.1 Freie Energie und großkanonisches Potential
Das einatomige ideale Gas hat nur translatorische Freiheitsgrade, daher ist die kanonische Zustandssumme für N Teilchen gegeben durch

$$Z = \frac{1}{N!} \, Z_{tr}^N, \tag{4.73}$$

wobei Z_{tr} die kanonische Zustandssumme für die translatorischen Freiheitsgrade eines Teilchens ist. Wegen $H_{kl}(\vec{x}, \vec{p}\,) = \vec{p}\,^2/(2m)$ und

$$\frac{1}{(2\pi\hbar)^3} \int d^3 p \, e^{-\beta \vec{p}\,^2/(2m)} = \frac{1}{\lambda^3} \tag{4.74}$$

erhält man

$$Z_{tr} = \frac{V}{\lambda^3} \tag{4.75}$$

mit der thermischen de Broglie-Wellenlänge λ aus Gl. (1.66). Daher ist

$$Z_{kl} = \frac{1}{N!} \, \frac{V^N}{\lambda^{3N}}, \tag{4.76}$$

und gemäß Gl. (4.18) ist die freie Energie gegeben durch

$$F(T, V, N) = -NkT \left(\ln \frac{V}{N\lambda^3} + 1 \right). \tag{4.77}$$

Mit Gl. (4.67) und dem Resultat Gl. (4.76) kann man die großkanonische Zustandssumme zu

$$Y_{kl} = \exp\left(\frac{V e^{\beta\mu}}{\lambda^3} \right) \tag{4.78}$$

berechnen. Daher ist

$$J(T, V, \mu) = -kT \, \frac{V e^{\beta\mu}}{\lambda^3}. \tag{4.79}$$

Die Entropie als Funktion von T, V, N für das einatomige ideale Gas – hergeleitet mit dem mikrokanonischen Ensemble – ist in Gl. (1.67) gegeben. Somit stehen uns die drei thermodynamischen Potentiale, die aus den drei Ensembles folgen, zur Verfügung.

4.4.3.2 Vergleich der Gesamtheiten

Wir haben diskutiert, dass im thermodynamischen Limes die Ensembles äquivalent sind. Das können wir jetzt anhand der Resultate für das einatomige ideale Gas testen. Berechnen wir zuerst die thermische Zustandsgleichung aus J. Dazu verwenden wir

$$-\frac{\partial J}{\partial \mu} = N = \frac{V e^{\beta \mu}}{\lambda^3}. \tag{4.80}$$

Mit $-J = pV(T, \mu)$ erhalten wir daraus $pV = NkT$.

Als nächsten Test betrachten wir die Legendre-Transformation, die uns aus J die freie Energie liefern soll. Aus Gl. (4.80) berechnen wir $\mu = kT \ln(N\lambda^3/V)$ und damit

$$F = J + \mu N = -kT \times N + kT \ln(N\lambda^3/V) \times N, \tag{4.81}$$

was mit F in Gl. (4.77) identisch ist.

Schließlich wollen wir aus dieser freien Energie noch $S(T, V, N)$ berechnen:

$$S(T, V, N) = -\frac{\partial F}{\partial T} = Nk\left(\ln \frac{V}{N\lambda^3} + 1\right) - 3NkT \times \frac{1}{\lambda} \frac{\mathrm{d}\lambda}{\mathrm{d}T}. \tag{4.82}$$

Wegen

$$\frac{\mathrm{d}\lambda}{\mathrm{d}T} = -\frac{\lambda}{2T} \tag{4.83}$$

erhalten wir schlussendlich $S = Nk\left[\ln\left(V/(N\lambda^3)\right) + 5/2\right]$, also Gl. (1.67), welche im Kapitel 1 mit dem mikrokanonischen Ensemble berechnet wurde.

4.5 Übungsaufgaben

1. Ein System A sei im Kontakt mit einem Wärmebad der Temperatur T und einem Volumsreservoir mit Druck p. Zeigen Sie, dass das Schwankungsquadrat des Volumens durch

    $$(\Delta V)^2 = -kT \left.\frac{\partial \bar{V}}{\partial p}\right|_T$$

    gegeben ist, wobei $\bar{V}$ den Erwartungswert des Volumens von A bezeichnet. Verwenden Sie dazu die Zustandssumme X aus Aufgabe 10 im Kapitel 1.
2. Leiten Sie die thermische Zustandsgleichung des idealen Gases mit Hilfe der Zustandssumme X her.
3. Berechnen Sie die relative Schwankung $\Delta V/\bar{V}$ für ein ideales Gas.
4. Es sei ρ eine Dichtematrix auf einem n-dimensionalen Raum ($n < \infty$). Zeigen Sie, dass dann $\tilde{S}(\rho) \leq k \ln n$ gilt.
5. Zeigen Sie, dass

    $$\rho = \frac{1}{2}\big(|\uparrow\rangle\langle\uparrow| + |\downarrow\rangle\langle\downarrow|\big) + \frac{1}{3}\big(|\uparrow\rangle\langle\downarrow| + |\downarrow\rangle\langle\uparrow|\big)$$

    eine Dichtematrix im Spinraum ist und berechnen Sie $\tilde{S}(\rho)$.

6. Bestimmen Sie für Teilchen in einem quaderförmigen Volumen mit Kantenlänge L eine charakteristische Temperatur T_0, so dass $T_0 \ll T$ die Bedingung ist für die Gültigkeit von Integration statt Summation. Schätzen Sie T_0 für Wasserstoff und $L = 1$ cm ab.

7. Verwenden Sie das großkanonischen Potential für ein einatomiges ideales Gas und berechnen Sie damit Entropie, Energie und Druck als Funktion von T, V und μ. Rechnen Sie weiters $S(T, V, \mu)$ in $S(T, V, N)$ um.

5 Systeme von Teilchen ohne Wechselwirkung

5.1 Die Maxwell'sche Geschwindigkeitsverteilung

Als erste Anwendung der kanonischen Zustandssumme wollen wir die Geschwindigkeitsverteilung eines idealen Gases berechnen. Dazu genügt die klassische Näherung. Weil die Translationsfreiheitsgrade unabhängig von den inneren Freiheitsgraden sind, ist die kanonische Zustandssumme für ein Teilchen ein Produkt der Form

$$Z = Z_{kl}Z_{inn},$$ (5.1)

wobei sich Z_{kl} auf die Schwerpunktsbewegung des Gasmoleküls mit den Koordinaten $\vec{x}$, $\vec{p}$ im Phasenraum bezieht. Die Bewegung des Schwerpunkts, also die Translationen, werden klassisch behandelt mit der Hamilton-Funktion

$$H_{kl}(\vec{x}, \vec{p}) = \frac{\vec{p}^2}{2m} + U(\vec{x}).$$ (5.2)

Dabei kann U irgendein äußeres Potential sein. Gemäß Gl. (4.72) ist die Wahrscheinlichkeit, das Teilchen im Phasenraumvolumen $d^3x\, d^3p$ um $(\vec{x},\ \vec{p})$ zu finden, gegeben durch

$$\frac{e^{-\beta H_{kl}}}{Z_{kl}} \frac{d^3x\, d^3p}{(2\pi\hbar)^3} \quad \text{mit} \quad Z_{kl} = \int_V d^3x \int \frac{d^3p}{(2\pi\hbar)^3} e^{-\beta H_{kl}}.$$ (5.3)

Weil die Hamilton-Funktion die Summe aus kinetischer und potentieller Energie ist, ist die Wahrscheinlichkeitsverteilung im Phasenraum das Produkt aus den Wahrscheinlichkeiten für Impuls und Ort. Daher gibt Gl. (5.3) an jedem Ort $\vec{x}$ die Wahrscheinlichkeitsverteilung im Impulsraum bzw. Geschwindigkeitsraum als

---

$$\left(\frac{1}{2\pi mkT}\right)^{3/2} e^{-\beta \vec{p}^2/(2m)} d^3p = \left(\frac{m}{2\pi kT}\right)^{3/2} e^{-\beta m\vec{v}^2/2} d^3v.$$ (5.4)

Wir schreiben diese Verteilung auf eine Verteilung für die Geschwindigkeit um und berücksichtigen, dass diese nur von v, dem Betrag der Geschwindigkeit abhängt. So erhalten wir die *Maxwell-Verteilung*

$$f_M(v) = 4\pi \left(\frac{m}{2\pi kT}\right)^{3/2} v^2 \exp\left(-\frac{mv^2}{2kT}\right) \quad \text{mit} \quad \int_0^\infty dv\, f_M(v) = 1.$$ (5.5)

Wegen Gl. (5.1) gilt diese Geschwindigkeitsverteilung für beliebige Gase, unabhängig von den inneren Freiheitsgraden der Gasmoleküle.

Das mittlere thermische Geschwindigkeitsquadrat berechnen wir zu

$$\int_0^\infty dv\, v^2 f_M(v) = \frac{3kT}{m}.$$ (5.6)

Dieses Resultat stimmt mit Gl. (1.63) überein. Wir können zum Vergleich das Maximum von f_M angeben. Es liegt bei

$$v_{max}^2 = \frac{2kT}{m}.$$ (5.7)

Machen wir eine Überschlagsrechnung für Luft. Die Massen der O_2 und N_2-Moleküle sind etwa 30 GeV/c_l^2, wobei c_l die Lichtgeschwindigkeit ist. Für Raumtemperatur mit $kT \approx (1/40)$ eV ergibt sich

$$v_{max}(\text{Luft}) \sim 400 \text{ m/s}.$$ (5.8)

5.2 Die barometrische Höhenformel

Nun diskutieren wir den Einfluss des Schwerefelds auf Dichte- und Druckverteilung eines idealen Gases. Wir gehen aus von einem Gasmolekül mit der Hamilton-Funktion

$$H_{kl}(\vec{x}, \vec{p}) = \frac{\vec{p}^{\,2}}{2m} + mgz,$$ (5.9)

wobei g die Erdbeschleunigung und z die Höhe ist. Nach der Logik des vorigen Unterkapitels ist die Wahrscheinlichkeit, ein Gasmolekül zwischen z und $z+dz$ vorzufinden, proportional zu $\exp(-\beta mgz)$. Damit erhalten wir eine Formel für die Teilchendichte:

$$\rho(z) = \rho(0) \exp\left(-\frac{mgz}{kT}\right).$$ (5.10)

Die ideale Gasgleichung in der Form $p = kT\rho$ liefert die *barometrische Höhenformel*

$$p(z) = p(0) \exp\left(-\frac{mgz}{kT}\right).$$ (5.11)

Allerdings haben wir hier thermisches Gleichgewicht durch alle Höhenschichten angenommen, was natürlich für die Atmosphäre nicht richtig ist.

Die Temperatur in der Atmosphäre nimmt mit der Höhe ab, jedoch ist die Abnahme nicht drastisch, denn von der Erdoberfläche bis zur Tropopause ist sie etwa 20% in der absoluten Temperatur. Man kann daher in Gl. (5.11) eine mittlere Temperatur verwenden, was zu

$$p(z) \approx p(0) \exp\left(-\frac{z}{h_s}\right)$$ (5.12)

führt mit einer Skalenhöhe $h_s \approx 8$ km (27). Diese Formel stimmt ganz gut für die ganze Troposphäre.

5.3 Der Gleichverteilungssatz

5.3.1 Herleitung des Gleichverteilungssatzes

Wir betrachten die klassische Beschreibung eines Moleküls bestehend aus n Atomen. Die dazugehörige Hamilton-Funktion sei $H_{kl}(q_1, \ldots, q_{3n}, p_1, \ldots, p_{3n})$, wobei die q_i, p_i verallgemeinerte Koordinaten im Sinn der Hamilton'schen Theorie sind. Für jeden Index i lässt sich der Erwartungswert

$$
\begin{aligned}
\left\langle p_i \frac{\partial H_{kl}}{\partial p_i} \right\rangle &= \frac{1}{Z_{kl}(2\pi\hbar)^{3n}} \int dq_1 \cdots dq_{3n} \int dp_1 \cdots dp_{3n} \, p_i \frac{\partial H_{kl}}{\partial p_i} e^{-\beta H_{kl}} \\
&= -\frac{kT}{Z_{kl}(2\pi\hbar)^{3n}} \int dq_1 \cdots dq_{3n} \int dp_1 \cdots dp_{3n} \, p_i \frac{\partial}{\partial p_i} e^{-\beta H_{kl}} \quad (5.13)
\end{aligned}
$$

durch partielle Integration umformen, falls

$$
p_i \, e^{-\beta H_{kl}} \Big|_{p_i = \pm\infty} = 0 \qquad (5.14)
$$

gilt. Für Impulse sollte diese Bedingung erfüllt sein. Das Resultat der partiellen Integration, zusammen mit dem Analogon für q_i, ist der *Gleichverteilungssatz*:

$$
\left\langle p_i \frac{\partial H_{kl}}{\partial p_i} \right\rangle = kT, \quad \left\langle q_i \frac{\partial H_{kl}}{\partial q_i} \right\rangle = kT \quad \forall \, i = 1, \ldots, 3n. \qquad (5.15)
$$

!

Im zweiten Teil dieser Gleichung haben wir allerdings auch für q_i angenommen, dass

$$
q_i \, e^{-\beta H_{kl}} \Big|_{q_i \text{ am Rand}} = 0 \qquad (5.16)
$$

für das betrachtete Gebiet $\mathcal{V}$ gilt, zumindest in ausreichender Näherung. Das werden wir am Ende dieses Unterkapitels bestätigen. Der Gleichverteilungssatz erlaubt die klassische Berechnung der Wärmekapazitäten von Gasen und Festkörpern. Diese Berechnung werden wir im Folgenden durchführen.

5.3.2 Einatomiges ideales Gas

In dem Fall ist $H_{kl} = \vec{p}^{\,2}/(2m)$ und daher

$$
\sum_{i=1}^{3} p_i \frac{\partial H_{kl}}{\partial p_i} = 2 H_{kl}. \qquad (5.17)
$$

Mit Gl. (5.15) erhalten wir $\langle H_{kl} \rangle = 3kT/2$ und damit eine Wärmekapazität von $c_V = 3k/2$ pro Teilchen.

5.3.3 Zweiatomiges ideales Gas

Die beiden Atome haben die Massen m_1 und m_2. Wir definieren die reduzierte Masse, die Schwerpunktskoordinaten und die Relativkoordinaten:

$$\mu = \frac{m_1 m_2}{m_1 + m_2}, \quad \vec{x} = \frac{m_1 \vec{x}_1 + m_2 \vec{x}_2}{m_1 + m_2}, \quad \vec{\xi} = \vec{x}_1 - \vec{x}_2. \tag{5.18}$$

Die Koordinaten $\vec{x}_1$, $\vec{x}_2$ sind die Koordinaten der Atomkerne. Mit der Abkürzung $M = m_1 + m_2$ erhalten wir

$$\vec{x}_1 = \vec{x} + \frac{m_2}{M}\,\vec{\xi}, \quad \vec{x}_2 = \vec{x} - \frac{m_1}{M}\,\vec{\xi}. \tag{5.19}$$

Wir nehmen an, dass das Potential V zwischen den beiden Kernen nur vom Abstand abhängt. Um H_{kl} zu berechnen, gehen wir aus von der Lagrange-Funktion

$$L = \frac{1}{2}\,m_1 (\dot{\vec{x}}_1)^2 + \frac{1}{2}\,m_2 (\dot{\vec{x}}_2)^2 - V(|\vec{x}_1 - \vec{x}_2|) = \frac{1}{2}\,M(\dot{\vec{x}})^2 + \frac{1}{2}\,\mu\left(\dot{\vec{\xi}}\right)^2 - V(|\vec{\xi}\,|). \tag{5.20}$$

Das Potential V habe ein Minimum beim Abstand R_0. Wir machen die Näherung der kleinen Schwingungen und entwickeln V in

$$V = V(R_0) + \frac{1}{2}V''(R_0)\left(|\vec{\xi}\,| - R_0\right)^2 + \cdots \tag{5.21}$$

Nun betrachten wir nur Rotationen und Schwingungen des Moleküls. Zu diesem Zweck identifizieren wir den Koordinatennullpunkt mit dem Molekülschwerpunkt und der Winkel ϑ sei der Winkel zwischen z-Achse und der Verbindungslinie zwischen den beiden Atomkernen. Mit $\zeta \equiv |\vec{\xi}\,| - R_0$ können wir $\vec{\xi}$ darstellen als

$$\vec{\xi} = (R_0 + \zeta) \begin{pmatrix} \cos\phi \sin\vartheta \\ \sin\phi \sin\vartheta \\ \cos\vartheta \end{pmatrix}, \tag{5.22}$$

woraus

$$\left(\dot{\vec{\xi}}\right)^2 = \dot{\zeta}^2 + (R_0 + \zeta)^2 \sin^2\vartheta\,\dot{\phi}^2 + (R_0 + \zeta)^2\,\dot{\vartheta}^2 \tag{5.23}$$

folgt. Weil wir kleine Schwingungen betrachten, nehmen wir $|\zeta| \ll R_0$ an und vernachlässigen ζ in der kinetischen Energie, und in der Entwicklung Gl. (5.21) brechen wir nach dem quadratischen Term ab. Wir führen das Trägheitsmoment Θ des Moleküls und die Oszillatorfrequenz ω ein:

$$\Theta = \mu R_0^2, \quad V''(R_0) = \mu\omega^2. \tag{5.24}$$

Somit erhalten wir die genäherte Lagrange-Funktion

$$L' = \frac{1}{2}\,M(\dot{\vec{x}})^2 + \frac{1}{2}\,\mu\,\dot{\zeta}^2 + \frac{1}{2}\,\Theta\left(\sin^2\vartheta\,\dot{\phi}^2 + \dot{\vartheta}^2\right) - \frac{1}{2}\,\mu\omega^2\zeta^2. \tag{5.25}$$

Mit den verallgemeinerten Impulsen

$$\vec{p} = M\dot{\vec{x}}, \quad p_\zeta = \mu\,\dot{\zeta}, \quad p_\phi = \Theta \sin^2\vartheta\,\dot{\phi}, \quad p_\vartheta = \Theta\,\dot{\vartheta} \tag{5.26}$$

Tab. 5.1. Zusammenfassung der Anzahl der Freiheitsgrade eines Moleküls.

	f_t	f_r	f_v	f
einatomig	3	0	0	3
linear ($n \geq 2$)	3	2	$3n - 5$	$6n - 5$
nichtlinear ($n \geq 3$)	3	3	$3n - 6$	$6n - 6$

finden wir schließlich die gewünschte Hamilton-Funktion

$$H_{kl} = \frac{\vec{p}^{\,2}}{2M} + \frac{p_\zeta^2}{2\mu} + \frac{p_\phi^2}{2\Theta \sin^2 \vartheta} + \frac{p_\vartheta^2}{2\Theta} + \frac{1}{2}\mu\omega^2\zeta^2. \tag{5.27}$$

Jetzt können wir den Zusammenhang mit Gl. (5.15) herstellen durch

$$\left(\sum_{i=1}^{3} p_i \frac{\partial}{\partial p_i} + p_\zeta \frac{\partial}{\partial p_\zeta} + p_\vartheta \frac{\partial}{\partial p_\vartheta} + p_\phi \frac{\partial}{\partial p_\phi} + \zeta \frac{\partial}{\partial \zeta} \right) H_{kl} = 2 H_{kl}. \tag{5.28}$$

Das liefert das Resultat

$$\langle H_{kl} \rangle = \frac{7}{2}kT, \tag{5.29}$$

weil in Gl. (5.27) sieben quadratische Variable vorkommen.

5.3.4 n-atomiges ideales Gas

Die Rechnung für das zweiatomige Gas lässt sich sofort auf ein n-atomiges verallgemeinern, wenn wir wieder in der Näherung der kleinen Schwingungen rechnen. Wir setzen

$$f = f_t + f_r + 2f_v, \tag{5.30}$$

wobei die Anzahl der Translationsfreiheitsgrade f_t, die sich auf die Schwerpunktsbewegung bezieht, immer drei ist. Bei den Rotationsfreiheitsgraden f_r müssen wir zwischen einem linearen und einem nichtlinearen Molekül unterscheiden. Im linearen Fall ist $f_r = 2$, im nichtlinearen gibt es drei unabhängige Rotationsfreiheitsgrade, also $f_r = 3$. Nach dem Gleichverteilungssatz trägt jeder dieser Freiheitsgrade $\frac{1}{2}kT$ zur mittleren Energie des Moleküls bei, da Translationen und Rotationen keine Änderungen der relativen Positionen der Atome beinhalten und daher der zweite Teil von Gl. (5.15) nicht wirksam ist. Die Anzahl der Koordinaten f_v, die für die Schwingungen übrig bleiben, ist $3n - f_t - f_r$. Pro Schwingungsfreiheitsgrad sind nun beide Teile von Gl. (5.15) wirksam, d.h., wir haben kT pro Schwingungsfreiheitsgrad. Diese Überlegungen sind in Tabelle 5.1 zusammengefasst. Dabei ist f die effektive Anzahl der Freiheitsgrade, die mittlere Energie ist also

$$\langle H_{kl} \rangle = \frac{1}{2} fkT \tag{5.31}$$

in unserer klassischen Betrachtung.

5.3.5 Widersprüche zum Gleichverteilungssatz

Gemäß dem Gleichverteilungssatz sollten zweiatomige Gase die Wärmekapazität $C_V = 7Nk/2$ haben. Tatsächlich wird im Allgemeinen $C_V = 5Nk/2$ gemessen (z.B. bei Wasserstoff, Stickstoff, Sauerstoff, HCl, etc.). Weiters können wir aus dem Gleichverteilungssatz die *Regel von Dulong–Petit* herleiten. Wir fassen einen Kristall als großes Molekül bestehend aus N Atomen auf. Wegen $6N \gg 6$ muss der Kristall die Wärmekapazität $3Nk$ haben. Das ist tatsächlich meistens gut erfüllt bei Temperaturen wie der Raumtemperatur und darüber, jedoch gibt es davon auch signifikante Abweichungen, z.B. bei Diamant. Die Widersprüche zum Gleichverteilungssatz, der aus der klassischen Physik folgt, werden durch die Quantenmechanik gelöst. In den nächsten Unterkapiteln werden wir die Wärmekapazität von idealen Gasen und Festkörpern mit Hilfe der Quantenmechanik diskutieren und dabei die Grenzen der klassischen Physik sehen.

5.3.6 Betrachtung zur Bedingung Gl. (5.16)

Wie wir gesehen haben, ist für Gl. (5.16) das Potential eines harmonischen Oszillators $U(q) = m\omega^2 q^2/2$ relevant. Wir wollen herleiten, dass Gl. (5.16) für „große" Auslenkungen von Molekülschwingungen für alle praktischen Zwecke erfüllt ist. Wir nehmen dabei folgende typische Werte an:

$$\hbar\omega \sim 0.1 \text{ eV}, \quad q_{max} \sim 10^{-10} \text{ m}, \quad \mu \gtrsim 0.5 \text{ GeV}/c_l^2.$$

Der erste Wert ist dem Experiment entnommen, q_{max} kann sicher nicht größer als der typische Atomabstand sein, ohne dass das Molekül zerfällt, und die reduzierte Masse muss mindestens so groß wie die des H_2-Moleküls sein. Damit bekommen wir

$$\frac{\mu\omega^2 q_{max}^2}{2} = \frac{\mu c_l^2}{2}\left(\frac{\hbar\omega\, q_{max}}{\hbar c_l}\right)^2 \gtrsim \frac{10}{16} \text{ eV},$$

wobei wir $\hbar c_l \simeq 200$ MeV fm benützt haben. Bei Raumtemperatur mit $\beta \simeq 40 \text{ eV}^{-1}$ erhalten wir daher

$$e^{-\beta U}\Big|_{q_{max}} \leq e^{-25}.$$

Also ist Gl. (5.16) erfüllt und die Verletzung des Gleichverteilungssatzes kann nicht auf einen Randterm in der partiellen Integration von q_i zurückgeführt werden.

5.4 Das zweiatomige ideale Gas

5.4.1 Vorbetrachtungen

Im Gegensatz zum vorigen Unterkapitel führen wir nun eine quantenmechanische Beschreibung der Schwingungs- und Rotationsfreiheitsgrade des zweiatomigen idealen

Gases durch und diskutieren deren Einfluss auf die Wärmekapazität. Wir stellen ein paar allgemeine Überlegungen an den Anfang. Ein ideales Gas hat per Definition keine Wechselwirkung zwischen den Molekülen. Wir nehmen zusätzlich an, dass sich die Freiheitsgrade des zweiatomigen idealen Gases, Translationen (tr), Vibrationen (vib) und Rotationen (rot), gegenseitig nicht beeinflussen. Daher haben wir die Form der kanonischen Zustandssumme

$$Z = \frac{1}{N!} \left(Z_{tr} Z_{vib} Z_{rot} \right)^N.$$ (5.32)

Damit ist die kalorische Zustandsgleichung durch die Summe

$$U = U_{tr} + U_{vib} + U_{rot}$$ (5.33)

gegeben und die Wärmekapazität, die wir in diesem Unterkapitel ausrechnen wollen, hat ebenfalls drei Beiträge:

$$C_V = C_{tr} + C_{vib} + C_{rot}.$$ (5.34)

Wir haben früher – siehe Gl. (1.63) – hergeleitet, dass $U_{tr} = \frac{3}{2} NkT$ gilt. Damit haben wir

$$C_{tr} = \frac{3}{2} Nk.$$ (5.35)

Nur für die mit den Translationen verbundene Wärmekapazität ist es von Belang, dass wir C_V und nicht C_p berechnen.

5.4.2 Vibrationen

Wir nähern das Potential zwischen den zwei Atomkernen durch das Potential eines harmonischen Oszillators an. Das ist richtig für nicht zu große Auslenkungen. Wir haben damit die Energieeigenwerte

$$E_n = \hbar\omega \left(n + \frac{1}{2} \right) \quad (n = 0, 1, \ldots)$$ (5.36)

und die Zustandssumme

$$Z_{vib} = \sum_{n=0}^{\infty} e^{-\beta E_n} = \frac{e^{-\beta\hbar\omega/2}}{1 - e^{-\beta\hbar\omega}}.$$ (5.37)

Diese Formel liefert mit Hilfe von Gl. (4.4)

$$U_{vib}(T) = N\hbar\omega \left(\frac{1}{2} + \frac{1}{e^{\hbar\omega/(kT)} - 1} \right).$$ (5.38)

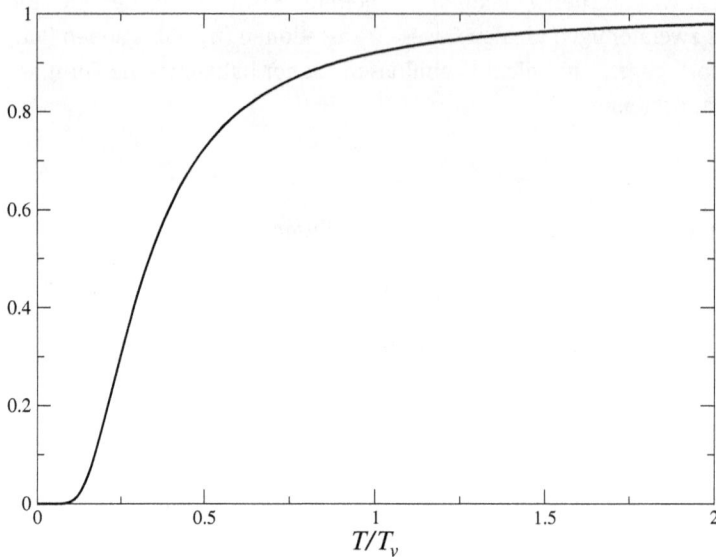

Abb. 5.1. $C_{\text{vib}}/(Nk)$ als Funktion von T/T_v.

Schließlich erhalten wir das gewünschte Ergebnis

$$C_{\text{vib}} = Nk\left(\frac{T_v}{T}\right)^2 \frac{e^{T_v/T}}{\left(e^{T_v/T}-1\right)^2} \quad \text{mit} \quad T_v = \hbar\omega/k. \tag{5.39}$$

Die Temperatur T_v heißt *Vibrationstemperatur*. Für $T \gg T_v$ ist $C_{\text{vib}} \simeq Nk$ und der klassische Gleichverteilungssatz gilt. Aber für $T \ll T_v$ haben wir

$$C_{\text{vib}} \simeq Nk\left(\frac{T_v}{T}\right)^2 e^{-T_v/T}, \tag{5.40}$$

d.h., für tiefe Temperaturen sind die Schwingungen „eingefroren". Dieser quantenmechanische Effekt ist in Abb. 5.1 illustriert. Bei $T = T_v$ ist $C_{\text{vib}}/(Nk) \simeq 0.92$.

5.4.3 Rotationen

Zur exakten quantenmechanischen Beschreibung der Rotationen eines Moleküls benötigt man den quantenmechanischen Kreisel – siehe z.B. (33). Hier genügt es plausibel zu argumentieren, um auf die gewünschten Energieeigenwerte und Entartungen zu kommen. Wir haben ein raumfestes xyz-Koordinatensystem und ein körperfestes $\xi\eta\zeta$-System. Letzteres hat den Nullpunkt im Schwerpunkt des Moleküls und die ζ-Achse ist durch die Symmetrieachse des zweiatomigen Moleküls gegeben. Der Hamilton-Operator bezüglich Rotationen ist daher

$$\widehat{H}_{\text{rot}} = \frac{L_\xi^2}{2\Theta} + \frac{L_\eta^2}{2\Theta} + \frac{L_\zeta^2}{2\Theta_\zeta} = \frac{\vec{L}^2}{2\Theta} + \frac{1}{2}\left(\frac{1}{\Theta_\zeta} - \frac{1}{\Theta}\right) L_\zeta^2, \tag{5.41}$$

wobei L_ξ, etc. die Drehimpulskomponenten im körperfesten Koordinatensystem sind, Θ das Trägheitsmoment orthogonal zur Symmetrieachse und Θ_ζ das Trägheitsmoment um die Symmetrieachse ist. Der Satz von Drehimpulsoperatoren

$$\vec{L}^2 = L_x^2 + L_y^2 + L_z^2 = L_\xi^2 + L_\eta^2 + L_\zeta^2, \quad L_z, \quad L_\zeta \tag{5.42}$$

mit den entsprechenden Eigenwerten

$$\frac{\hbar^2 \ell(\ell + 1)}{2\Theta}, \quad \hbar n, \quad \hbar n' \tag{5.43}$$

kommutiert miteinander und legt den Rotationszustand $|\psi_{\ell n n'}\rangle$ fest. Dass $[L_z, L_\zeta] = 0$ gilt, ist plausibel, da die Rotation eines Körpers um die z-Achse von der um die ζ-Achse unabhängig ist. Wegen $\Theta_\zeta \ll \Theta$ haben Zustände mit $n' \neq 0$ eine hohe Energie und deren Beiträge können in guter Näherung in der Zustandssumme vernachlässigt werden; d.h., wir setzen $n' = 0$. Weiters hängt H_{rot} gar nicht von den Eigenwerten von L_z ab, d.h., bei gegebener Bahndrehimpulsquantenzahl ℓ von $\vec{L}^2$ hat der Eigenwert $\hbar^2 \ell(\ell + 1)/(2\Theta)$ von H_{rot} eine $(2\ell + 1)$-fache Entartung. Damit kommen wir zur kanonischen Zustandssumme

$$Z_{\text{rot}} = \sum_{\ell=0}^{\infty} (2\ell + 1) e^{-\beta E_\ell} \quad \text{mit} \quad E_\ell = \frac{\hbar^2 \ell(\ell + 1)}{2\Theta}. \tag{5.44}$$

Für diese Zustandssumme kann keine geschlossene Formel in elementaren Funktionen angegeben werden. Jedoch kann man Aussagen über Z_{rot} gewinnen, indem man die Euler'sche Summenformel benützt.

Theorem 5. *Euler'sche Summenformel:*

$$\sum_{\ell=\ell_0}^{\ell_1} f(\ell) = \int_{\ell_0}^{\ell_1} d\ell\, f(\ell) + \frac{f(\ell_0) + f(\ell_1)}{2} - \frac{f'(\ell_0) - f'(\ell_1)}{12} + \frac{f'''(\ell_0) - f'''(\ell_1)}{720} \pm \cdots$$

In unserem Fall ist

$$f(\ell) = (2\ell + 1) \exp\left(-\frac{T_r \ell(\ell + 1)}{2T}\right), \tag{5.45}$$

wobei die *Rotationstemperatur* T_r gegeben ist durch

$$T_r = \frac{\hbar^2}{\Theta k}. \tag{5.46}$$

Theorem 5 erlaubt, für hohe Temperaturen, also $T \gg T_r$, eine Näherung für Z_{rot} zu erhalten. Der Integralterm in der Euler'schen Summenformel mit $\ell_0 = 0$ und $\ell_1 = \infty$ ergibt

$$\int\limits_0^\infty d\ell (2\ell + 1) \exp\left(-\frac{T_r \ell(\ell + 1)}{2T}\right) = \frac{2T}{T_r}. \tag{5.47}$$

Es stellt sich heraus, dass man bis zur dritten Ableitung von $f(\ell)$ gehen muss, um die Zustandssumme vollständig bis zur Ordnung T_r/T zu erhalten. Erst die vierte Ableitung enthält $(T_r/T)^2$ und höhere Potenzen. Das Ergebnis dieser Rechnung ist (13; 34)

$$Z_{\text{rot}} = \frac{2T}{T_r} + \frac{1}{3} + \frac{T_r}{30T} + \cdots \tag{5.48}$$

bzw.

$$\ln Z_{\text{rot}} = \ln \frac{2T}{T_r} + \frac{1}{6}\frac{T_r}{T} + \frac{1}{360}\left(\frac{T_r}{T}\right)^2 + \cdots \tag{5.49}$$

Die Punkte in der letzten Gleichung stehen für Terme der Ordnung $(T_r/T)^3$ und höhere Potenzen.

Mit

$$U_{\text{rot}}(T, N) = NkT^2 \frac{\partial}{\partial T} \ln Z_{\text{rot}} \tag{5.50}$$

erhalten wir das Ergebnis der Näherung im Limes hoher Temperaturen:

$$U_{\text{rot}}(T, N) = Nk\left(T - \frac{1}{6}T_r - \frac{1}{180}\frac{T_r^2}{T} + \cdots\right), \tag{5.51}$$

$$C_{\text{rot}}(T, N) = Nk\left(1 + \frac{1}{180}\frac{T_r^2}{T^2} + \cdots\right). \tag{5.52}$$

Wir lesen ab, dass für $T \gg T_r$ der klassische Gleichverteilungssatz gilt. Interessanterweise nähert sich $C_{\text{rot}}/(Nk)$ von *oben* dem Grenzwert eins – siehe Abb. 5.2.

Im Limes $T \ll T_r$, erhalten wir

$$Z_{\text{rot}} \simeq 1 + 3\,e^{-T_r/T} + \cdots \tag{5.53}$$

und damit

$$U_{\text{rot}}(T, N) \simeq 3NkT_r\,e^{-T_r/T}, \tag{5.54}$$

$$C_{\text{rot}}(T, N) \simeq 3Nk\left(\frac{T_r}{T}\right)^2 e^{-T_r/T}. \tag{5.55}$$

Also sind die Rotationen für $T \ll T_r$ eingefroren.

Numerisch lässt sich $C_{\text{rot}}/(Nk)$ leicht berechnen. Diese Funktion ist in Abb. 5.2 angegeben. Man sieht, dass sie über eins hinausschießt, bevor sie asymptotisch von oben gegen eins geht. Das Maximum der Funktion ist bei $T \simeq 0.40\,T_r$, wo die Funktion etwa 1.098 ist, also um fast 10% über eins hinausschießt. Die Temperatur, wo die Rotationsfreiheitsgrade voll angeregt sind, ist daher eher $T_r/2$ als T_r.

Abb. 5.2. $C_{\mathrm{rot}}/(Nk)$ als Funktion von T/T_r.

5.4.4 Das Verhältnis von T_v zu T_r

Der Grundzustand des harmonischen Oszillators ist gegeben durch die Wellenfunktion

$$\psi(x) = \frac{1}{\sqrt{x_0\sqrt{\pi}}}\ \exp\left(-\frac{1}{2}\left(\frac{x}{x_0}\right)^2\right)\quad\text{mit}\quad x_0 = \sqrt{\frac{\hbar}{\mu\omega}}.\tag{5.56}$$

Die Größe x_0 ist die charakteristische Länge, die die Breite der Wellenfunktion wiedergibt. Damit kann T_v ausgedrückt werden als

$$T_v = \frac{\hbar^2}{k\mu x_0^2},\tag{5.57}$$

was zum Verhältnis

$$\frac{T_v}{T_r} = \left(\frac{R_0}{x_0}\right)^2\tag{5.58}$$

führt. Da x_0 von der Größenordnung der Auslenkung der Schwingung ist, muss $x_0 \ll R_0$ und daher $T_v \gg T_r$ gelten.

Schematisch lässt sich der Verlauf der Wärmekapazität eines zweiatomigen idealen Gases bei Temperaturerhöhung so angeben:

$$\frac{3}{2}\ \xrightarrow{\ T_r\ }\ \frac{5}{2}\ \xrightarrow{\ T_v\ }\ \frac{7}{2}\ \xrightarrow{\ T_{\mathrm{diss}}\ }\ 3.\tag{5.59}$$

Dabei ist T_{diss} die typische Temperatur, bei der das Molekül dissoziiert. In der Realität ist der Anstieg von 3/2 auf 5/2 nur bei Wasserstoff und seinen Isotopen zu sehen, da der Siedepunkt jedes anderen zweiatomigen Gases über T_r liegt; denn T_r ist proportional zu $1/\Theta$, was sehr kleine Rotationstemperaturen für größere Massenzahlen bedingt. Das bedeutet, dass – abgesehen von Wasserstoff – nach dem Verdampfen des Gases sofort die Rotationsfreiheitsgrade angeregt sind.

Wir führen einige Gase mit ihren Temperaturen T_r und T_v an (14): HCl mit T_v = 4227 K, $T_r/2$ = 15.0 K, NO mit 2719 bzw. 2.5, CO mit 3103 bzw. 2.8, Cl_2 mit 808 bzw. 0.35 und N_2 mit 3374 bzw. 2.9. Man sieht, dass T_v außerordentlich hoch ist, hingegen T_r sehr niedrig. Also ist die Wärmekapazität eines zweiatomigen Gases bei „normalen" Temperaturen ($T_r \ll T \ll T_v$) durch 5/2 gegeben. Deutliche Abweichungen von 5/2 bei Raumtemperaturen treten bei Cl_2 und NO auf; im ersten Fall, weil T_v relativ niedrig ist, im zweiten Fall, weil es ein sehr niedrig liegendes Energieniveau einer elektronischen Anregung gibt – siehe Unterkapitel 5.6.

Die Behandlung der Rotationen, die wir hier durchgeführt haben, ist, genau genommen, nur für zweiatomige Gase mit *verschiedenen* Atomen anwendbar. Da der Siedepunkt eines jeden Stoffes außer Wasserstoff weit über T_r liegt und das Molekül aus zwei verschiedenen Atomen bestehen soll, ist die Kurve in Abb. 5.2 nur für ein einziges Molekül relevant, nämlich HD, wobei D für Deuterium steht. Der Fall mit identischen Atomen wird im nächsten Unterkapitel anhand vom H_2-Molekül behandelt. Der volle Verlauf des Schemas in Gl. (5.59) gilt jedoch für alle Moleküle, die aus Wasserstoffisotopen zusammengesetzt sind. Für andere Gase fängt das Schema erst bei 5/2 an.

5.5 Ortho- und Parawasserstoff

Bei identischen Atomen muss in der Diskussion von C_{rot} das Pauli-Prinzip berücksichtigt werden, was interessante Effekte ergibt. Da aber, wie vorher erwähnt, nur bei Wasserstoff und seinen Isotopen das Einfrieren der Rotationsfreiheitsgrade beobachtet werden kann, beschränken wir hier die Diskussion auf H_2.

Das H_2-Molekül besteht aus zwei Protonen und zwei Elektronen. Im Grundzustand haben die Elektronen zusammen Spin 0 und Bahndrehimpuls Null. Da elektronische Anregungsenergien von der Größenordnung eV sind (1 eV $\cong$ 11600 K), können wir elektronische Anregungen als eingefroren betrachten.

Die beiden Protonspins können allerdings Gesamtspin s = 0 oder s = 1 und damit folgende Spinzustände haben:

$$\text{Para-H}_2: \quad \frac{1}{\sqrt{2}}\left(\,|\uparrow\rangle \otimes |\downarrow\rangle - |\downarrow\rangle \otimes |\uparrow\rangle\,\right), \tag{5.60}$$

$$\text{Ortho-H}_2: \quad \begin{cases} |\uparrow\rangle \otimes |\uparrow\rangle \\ \frac{1}{\sqrt{2}}\left(\,|\uparrow\rangle \otimes |\downarrow\rangle + |\downarrow\rangle \otimes |\uparrow\rangle\,\right). \\ |\downarrow\rangle \otimes |\downarrow\rangle \end{cases} \tag{5.61}$$

Da das Potential zwischen den beiden Protonen nur vom Abstand R abhängt, ist ihr relativer Bahndrehimpuls erhalten und die Protonwellenfunktion in den Relativkoordinaten $\vec{\xi}$ hat einen wohldefinierten Bahndrehimpuls ℓ. Damit ist der Winkelteil der Protonwellenfunktion gegeben durch die Kugelflächenfunktionen $Y_{\ell m}(\theta, \phi)$. Die Koordinaten R, θ und ϕ sind die zu $\vec{\xi}$ gehörigen Kugelkoordinaten. Wegen

$$\vec{\xi} \to -\vec{\xi} \;\Rightarrow\; \theta \to \pi - \theta, \; \phi \to \phi + \pi \;\Rightarrow\; Y_{\ell m}(\theta, \phi) \to (-1)^\ell Y_{\ell m}(\theta, \phi), \qquad (5.62)$$

bekommt die Gesamtwellenfunktion der Protonen unter Vertauschung der Orts- und Spinargumente das Vorzeichen

$$(-1)^{s+\ell+1}. \qquad (5.63)$$

Da Protonen Fermionen sind, kommen wir damit zu folgendem Schluss:

$$\text{Para-H}_2: \qquad s = 0, \; \ell = 0, \, 2, \, 4, \ldots,$$
$$\text{Ortho-H}_2: \qquad s = 1, \; \ell = 1, \, 3, \, 5, \ldots.$$

Nun können wir Z_{rot} hinschreiben als (13; 34)

$$Z_{\text{rot}} = Z_{\text{para}} + 3\, Z_{\text{ortho}} \qquad (5.64)$$

mit

$$Z_{\text{para}} = \sum_{\ell=0,2,\ldots} (2\ell + 1) \exp\left(-\frac{T_r \ell(\ell+1)}{2T}\right), \qquad (5.65)$$

$$Z_{\text{ortho}} = \sum_{\ell=1,3,\ldots} (2\ell + 1) \exp\left(-\frac{T_r \ell(\ell+1)}{2T}\right), \qquad (5.66)$$

wobei wir in Gl. (5.64) die drei Spineinstellungen für ortho-H_2 berücksichtigt haben. Damit erhalten wir das Verhältnis der Dichten von Ortho- zu Paramodifikation im Gleichgewicht als

$$\eta(T) = 3\,\frac{Z_{\text{ortho}}(T)}{Z_{\text{para}}(T)} \simeq \begin{cases} 3 & (T \gg T_r), \\ 9\, e^{-T_r/T} & (T \ll T_r). \end{cases} \qquad (5.67)$$

Die obere Relation folgt aus Gl. (5.47), die auch für para- und ortho-H_2 angewendet werden kann, wenn man die rechte Seite durch 2 dividiert:

$$Z_{\text{para}}(T) \simeq Z_{\text{ortho}}(T) \simeq \frac{T}{T_r}. \qquad (5.68)$$

Die untere Relation folgt aus der Betrachtung der dominanten Terme in den beiden Zustandssummen.

Abb. 5.3. $C_{rot}/(Nk)$ als Funktion von T/T_r. Die Kurven bezeichnet mit para-H_2 und ortho-H_2 beziehen sich auf reinen Para- bzw. Orthowasserstoff. Bei der mit H_2 (Gleichgewicht) bezeichneten Kurve wird angenommen, dass zwischen Para- und Orthomodifikation thermisches Gleichgewicht herrscht, während bei der strichpunktierten Kurve angenommen wird, dass kein Wärmeaustausch zwischen den Modifikationen stattfindet.

Definieren wir

$$U_{para} = -N \frac{\partial}{\partial \beta} \ln Z_{para}, \quad U_{ortho} = -N \frac{\partial}{\partial \beta} \ln Z_{ortho}, \tag{5.69}$$

erhalten wir mit Gl. (4.4)

$$
\begin{aligned}
U_{rot}(T, N) &= -N \frac{\partial}{\partial \beta} \ln(Z_{para} + 3 Z_{ortho}) \\
&= \frac{1}{1 + \eta(T)} U_{para}(T, N) + \frac{\eta(T)}{1 + \eta(T)} U_{ortho}(T, N). \tag{5.70}
\end{aligned}
$$

Wir drücken damit die Wärmekapazität aus als

$$C_{rot}(T, N) = \frac{1}{1 + \eta(T)} C_{para}(T, N) + \frac{\eta(T)}{1 + \eta(T)} C_{ortho}(T, N) + \tag{5.71}$$

$$\left(\frac{d}{dT} \frac{1}{1 + \eta(T)} \right) U_{para}(T, N) + \left(\frac{d}{dT} \frac{\eta(T)}{1 + \eta(T)} \right) U_{ortho}(T, N) \tag{5.72}$$

mit

$$C_{para} = \frac{\partial U_{para}}{\partial T}, \quad C_{ortho} = \frac{\partial U_{ortho}}{\partial T}. \tag{5.73}$$

Die Aufteilung von C_{rot} in Gl. (5.71) und Gl. (5.72) macht Sinn für H_2, weil die Relaxationszeit τ_r, in der Para- und Orthomodifikation miteinander ins Gleichgewicht kommen, viel größer als die Zeit ist, in der die beiden Modifikationen für sich ins thermische Gleichgewicht kommen. Tatsächlich ist bei Normaldruck, wenn keine besonderen Vorkehrungen getroffen werden, τ_r von der Größenordnung von Jahren. Lagert man daher Wasserstoff sehr lang bei der Temperatur T_0 und führt dann Temperaturänderungen in Zeiträumen viel kleiner als τ_r durch, trägt die Zeile Gl. (5.72) nicht zu C_{rot} bei. In dieser Situation misst man daher die Wärmekapazität

$$C_{rot}(T, T_0, N) = \frac{1}{1 + \eta(T_0)} C_{para}(T, N) + \frac{\eta(T_0)}{1 + \eta(T_0)} C_{ortho}(T, N). \qquad (5.74)$$

Ist insbesondere $T_0 \ll T_r$, misst man $C_{rot}(T, T_0, N) \simeq C_{para}(T, N)$. Ist $T_0 \gg T_r$, hat man 25% Para- und 75% Orthowasserstoff. Daher ist bei hohen Temperaturen wegen Gl. (5.68) $C_{rot} \simeq C_{para} \simeq C_{ortho} \simeq Nk$. Die Wärmekapazitäten C_{para}, C_{ortho} und $0.25\, C_{para} + 0.75\, C_{ortho}$ sind in Abb. 5.3 dargestellt. Für H_2 ist $T_r/2 = 85.3\,K$ und $T_v = 6215\,K$. Die Rotationstemperatur liegt weit über dem Siedepunkt $T_s = 20.35\,K$. Durch Katalysatoren (Aktivkohle) kann man die Relaxation ins Gleichgewicht zwischen Para- und Orthomodifkation beschleunigen. In dem Fall sieht man die in Abb. 5.3 mit „Gleichgewicht" bezeichnete Kurve, welche ein ausgeprägtes Maximum bei $T \simeq 0.29\, T_r$ hat. Siehe auch die Diskussion in (35).

Die Diskussion für T_2 (T = Tritium) ist völlig analog zu der für H_2, da Tritium Spin 1/2 hat. Anders ist die Situation für D_2, weil Deuterium ein Boson mit Spin 1 ist. Wie aus der Drehimpulsaddition hervorgeht, kann der Gesamtspin der Deuteriumkerne $s = 0$, 1 oder 2 sein, wobei die Spinwellenfunktion unter Vertauschung der Kerne gerade ist für $s = 0, 2$ und ungerade für $s = 1$. Daher hat man 6 Spinzustände pro geradem Bahndrehimpuls und 3 Spinzustände pro ungeradem Bahndrehimpuls.

5.6 Wärmekapazität eines Systems mit zwei Energieniveaus

Bisher haben wir in diesem Kapitel Systeme mit unendlich vielen Energieniveaus betrachtet. Nun nehmen wir im Gegensatz dazu an, dass wir ein System mit nur zwei Energieniveaus ϵ_1 und ϵ_2 mit $\Delta\epsilon = \epsilon_2 - \epsilon_1 > 0$ haben, deren Entartungsgrad g_1 bzw. g_2 sei. Damit ist die kanonische Zustandssumme einfach

$$Z_{2\epsilon} = g_1 e^{-\beta\epsilon_1} + g_2 e^{-\beta\epsilon_2}. \qquad (5.75)$$

Die dazugehörige Wärmekapazität ist dann durch (34)

$$c_{2\epsilon}(T) = k \left(\frac{\Delta\epsilon}{kT} \right)^2 \frac{g_1 g_2 e^{-\beta\Delta\epsilon}}{(g_1 + g_2 e^{-\beta\Delta\epsilon})^2} \qquad (5.76)$$

gegeben. Es ist leicht zu sehen, dass

$$\lim_{T\to 0} c_{2\epsilon}(T) = \lim_{T\to\infty} c_{2\epsilon}(T) = 0 \qquad (5.77)$$

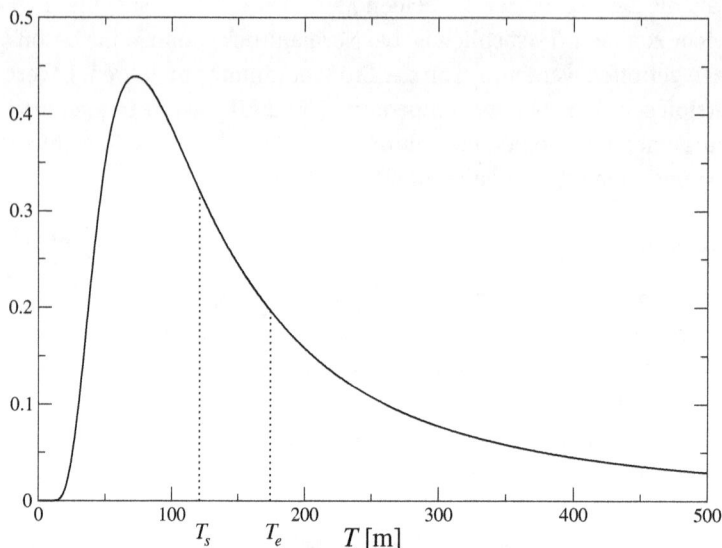

Abb. 5.4. Die Wärmekapazität $c_{2\epsilon}/k$ als Funktion von T. Für $T_e = \Delta\epsilon/k$ wurde der für Stickstoffmonoxid relevante Wert $T_e = 174\,\text{K}$ eingesetzt. Unterhalb des NO-Siedepunkts $T_s = 121\,\text{K}$ macht die Kurve für das NO-Gas keinen Sinn, ist jedoch relevant für die allgemeine Form von $c_{2\epsilon}$.

gilt. Also ist $c_{2\epsilon}(T) \approx 0$ sowohl für $kT \ll \Delta\epsilon$ als auch für $kT \gg \Delta\epsilon$, und nur in einem Bereich um $kT \sim \Delta\epsilon$ von Null verschieden. Eine weitere Eigenschaft von Gl. (5.76) ist, dass die Wärmekapazität für $g_1 = g_2$ nicht von der Entartung abhängt, wie schon im Unterkapitel 4.1 besprochen. Man kann nachrechnen, dass Gl. (5.77) immer gilt, wenn man nur eine endliche Zahl von Energieniveaus in der Zustandssumme hat.

Tatsächlich treten Systeme mit zwei Energieniveaus in der Natur auf, z.B. bei Stickstoffmonoxid. Beim NO-Molekül ist die Projektion des Bahndrehimpulses auf die Verbindungslinie der beiden Atome im Grundzustand gleich $1\,\hbar$. Weil das NO-Molekül ein Radikal ist, also ein ungepaartes Elektron hat, ist die Projektion des Gesamtdrehimpulses auf die Verbindungslinie entweder $\hbar/2$ oder $3\hbar/2$ ($^2\Pi_{1/2}$ bzw. $^2\Pi_{3/2}$-Zustände). Der Energieunterschied $\Delta\epsilon$ zwischen den beiden elektronischen Zuständen ist 0.015 eV, entspricht der Feinstruktur und ist weit kleiner als die Energien üblicher elektronischer Anregungen, die wir bei der Diskussion zweiatomiger Moleküle vernachlässigen. Da die Gesamtdrehimpulse zwei mögliche Richtungen auf der Verbindungslinie haben, ist $g_1 = g_2 = 2$. Für eine Diskussion des NO-Moleküls verweisen wir z.B. auf (36). Da das NO-Molekül natürlich auch die Translations- und Rotationsfreiheitsgrade besitzt, ist die kanonische Zustandssumme durch

$$Z = \frac{1}{N!} \left(Z_{2\epsilon} Z_{\text{tr}} Z_{\text{rot}} \right)^N \tag{5.78}$$

gegeben, und die Wärmekapazität bei Temperaturen, wo die Schwingungen noch nicht angeregt sind, ist daher

$$\frac{C_V}{Nk} = \frac{c_{2\epsilon}}{k} + \frac{5}{2}. \tag{5.79}$$

Z.B. bei $T = 300\,\mathrm{K}$ ist $C_V/(Nk)$ um 0.077 größer als 5/2. Das Maximum von $c_{2\epsilon}/k$ liegt bei etwa 73 K und ist relativ weit unterhalb von $T_e = \Delta\epsilon/k$, ja sogar unterhalb des Siedepunkts von Stickstoffmonoxid.

Der in Abb. 5.4 dargestellte *Zwei-Level-Effekt* für die Wärmekapazität ist auch bei den Rotationen des Wasserstoffmoleküls bemerkbar, denn die Spitze der $c_{2\epsilon}$-Kurve ist umso schmäler, je größer das Verhältnis der Entartungsgrade ist (34); auf dem Hintergrund von unendlich vielen Energieniveaus kann dadurch ein lokales Maximum erzeugt werden. Solche lokalen Maxima treten in C_{para} bei para-H_2 und in C_{rot} beim Gleichgewicht zwischen Para- und Orthowasserstoff auf, wie in Abb. 5.3 ersichtlich ist. Bei Parawasserstoff ist das Verhältnis der Entartungsgrade zwischen $\ell = 0$ und $\ell = 2$ gleich 5, was für ein lokales Maximum ausreicht; bei Orthowasserstoff hingegen beginnt man mit $\ell = 1$ und $\ell = 3$ und einem Verhältnis von 7/3, was kein Maximum produziert. Wesentlich ausgeprägter ist das Maximum im Fall von Ortho- und Parawasserstoff im Gleichgewicht, wo der Entartungsgrad von 1 bei $\ell = 0$ auf 9 bei $\ell = 1$ (drei Spineinstellungen mal drei Bahndrehimpulseinstellungen) hinaufgeht und bei $\ell = 2$ wieder auf 5 zurückfällt.

5.7 Verdünnte Lösungen

5.7.1 Die freie Enthalpie von verdünnten Lösungen

In einem Lösungsmittel bestehend aus N Molekülen einer Sorte seien N_c Moleküle eines anderen Stoffes gelöst. Wir betrachten eine Lösung als verdünnt, wenn wir die Konzentration c des gelösten Stoffes durch $c = N_c/(N + N_c) \simeq N_c/N$ annähern und die gegenseitige Wechselwirkung der Moleküle des gelösten Stoffes vernachlässigen können. In diesem Sinn ist eine verdünnte Lösung ein System von Teilchen ohne Wechselwirkung. Die Wechselwirkung des gelösten Stoffes mit dem Lösungsmittel dürfen wir natürlich nicht vernachlässigen; wir werden sie berücksichtigen, ohne sie näher festzulegen. Auf diese Weise werden wir gewisse universelle Eigenschaften von verdünnten Lösungen beschreiben können.

Vorderhand nehmen wir auch an, dass der gelöste Stoff nicht dissoziiert ist. Ein gutes Beispiel wäre eine Zuckerlösung in Wasser. Das Ziel dieses Abschnitts ist es, die Abhängigkeit der freien Enthalpie $G(T, p, N, N_c)$ von N und N_c zu bestimmen und daraus Aussagen über die chemischen Potentiale des Lösungsmittels und des gelösten Stoffes zu bekommen.

Wegen der Annahme der Verdünntheit ist es naheliegend, die freie Enthalpie nach N_c zu entwickeln. Allerdings, wenn wir uns vorstellen, dass wir G aus F gewinnen, sehen wir aus Gl. (4.18), dass wegen der Ununterscheidbarkeit der N_c Moleküle des gelösten Stoffes der bei $N_c = 0$ nichtanalytische Term $kT \ln N_c! \approx N_c kT(\ln N_c - 1)$ in G vorkommen muss (37). Das legt den Ansatz

$$G(T, p, N, N_c) = G(T, p, N, 0) + N_c f(T, p, N) + N_c kT (\ln N_c - 1) \tag{5.80}$$

nahe, wobei

$$G(T, p, N, 0) = N\mu_l^{(0)}(T, p) \tag{5.81}$$

die freie Enthalpie des reinen Lösungsmittels ist. Die Funktion f ist unbekannt, aber immerhin lässt sich mit folgender Überlegung ihre Abhängigkeit von N bestimmen. Die extensiven Variablen in G sind N und N_c. Daher gilt nach Gl. (2.7)

$$\left(N \frac{\partial}{\partial N} + N_c \frac{\partial}{\partial N_c} \right) G(T, p, N, N_c) = G(T, p, N, N_c). \tag{5.82}$$

Einsetzen von Gl. (5.80) und Gl. (5.81) in diese partielle Differentialgleichung liefert

$$N \frac{\partial f}{\partial N} = -kT \quad \Rightarrow \quad f(T, p, N) = -kT \ln N + \varphi(T, p) \tag{5.83}$$

mit einer Funktion $\varphi(T, p)$, die aus unseren allgemeinen Überlegungen nicht hervorgeht; zu deren Bestimmung müsste man Kenntnis der Wechselwirkung zwischen Lösungsmittel und gelöstem Stoff haben. Somit erhalten wir als Resultat, dass G für eine verdünnte Lösung die Gestalt

$$G(T, p, N, N_c) = N\mu_l^{(0)}(T, p) + N_c \left\{ \varphi(T, p) + kT \left(\ln \frac{N_c}{N} - 1 \right) \right\} \tag{5.84}$$

hat. Daraus folgen durch Ableiten nach N und N_c die chemischen Potentiale (25; 37)

$$\mu_l(T, p, c) = \mu_l^{(0)}(T, p) - ckT, \tag{5.85}$$

$$\mu_c(T, p, c) = \varphi(T, p) + kT \ln c \tag{5.86}$$

für Lösungsmittel und gelösten Stoff im Fall einer verdünnten Lösung. Insbesondere haben wir erhalten, dass die Abhängigkeit der chemischen Potentiale von der Konzentration c universell, also unabhängig von Lösungsmittel und gelöstem Stoff ist.

Wir erweitern unsere Überlegungen auf dissoziierte gelöste Stoffe. Wir behandeln nur die vollständige Dissoziation. Ein Beispiel wäre Wasser als Lösungsmittel, in dem Kochsalz gemäß NaCl $\rightarrow$ Na$^+$ + Cl$^-$ dissoziiert. Etwas komplizierter ist der Fall von Natriumsulfat in Wasser mit Na$_2$SO$_4$ $\rightarrow$ 2Na$^+$ + (SO$_4$)$^{2-}$. Um alle erdenklichen Fälle zu berücksichtigen, nehmen wir eine Dissoziation jedes Moleküls des gelösten Stoffes in ν Ionen an, von denen ν_1 von einer Sorte, ν_2 von einer anderen Sorte, etc. sind, also $\nu = \nu_1 + \nu_2 + \cdots$ gilt. Im obigen Beispiel von Kochsalz wäre $\nu_1 = \nu_2 = 1$, für Natriumsulfat hätten wir $\nu_1 = 2$, $\nu_2 = 1$. Nun haben wir $\nu_1 N_c$, $\nu_2 N_c$, etc. gleiche Ionen und anstelle von Gl. (5.80) schreiben wir

$$G(T, p, N, N_c) = N\mu_l^{(0)}(T, p) + N_c f(T, p, N) + \sum_j (\nu_j N_c) kT \left[\ln(\nu_j N_c) - 1 \right] \tag{5.87}$$

$$= N\mu_l^{(0)}(T, p) + N_c \bar{f}(T, p, N) + \nu N_c kT (\ln N_c - 1), \tag{5.88}$$

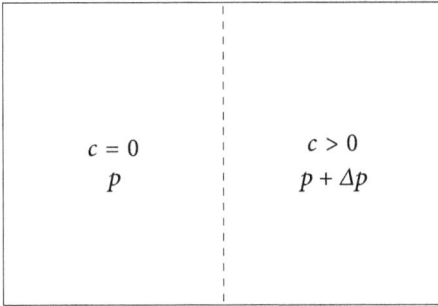

Abb. 5.5. Ein System bestehend aus zwei Teilsystemen mit Austausch der Moleküle des Lösungsmittels durch eine semipermeable Membran. Nur im rechten Teilsystem befindet sich gelöster Stoff mit Konzentration c. Die Membran soll außerdem Wärmeaustausch erlauben.

wobei wir

$$\bar{f}(T, p, N) = f(T, p, N) + kT \sum_j \nu_j \ln \nu_j \tag{5.89}$$

definiert haben. Gilt $\nu_j = 1 \; \forall \; j$, dann ist $\bar{f} = f$; das ist z.B. für Kochsalz der Fall. Wie für f finden wir nun

$$\bar{f}(T, p, N) = -\nu kT \ln N + \varphi(T, p) \tag{5.90}$$

und

$$G(T, p, N, N_c) = N\mu_l^{(0)}(T, p) + N_c \left\{ \varphi(T, p) + \nu kT \left(\ln \frac{N_c}{N} - 1 \right) \right\}. \tag{5.91}$$

Setzt man $\nu = 1$ (keine Dissoziation), erhält man wieder Gl. (5.84). Die chemischen Potentiale, verallgemeinert auf die Möglichkeit der Dissoziation in ν Bestandteile, sind daher gegeben durch

$$\mu_l(T, p, c) = \mu_l^{(0)}(T, p) - \nu c kT, \tag{5.92}$$

$$\mu_c(T, p, c) = \varphi(T, p) + \nu kT \ln c, \tag{5.93}$$

wobei die Konzentration weiterhin als $c = N_c / N$ definiert ist. Man stellt sofort fest, dass sich damit Gl. (5.91) als

$$G = N\mu_l + N_c \mu_c \tag{5.94}$$

schreiben lässt.

5.7.2 Der osmotische Druck

Wir betrachten ein System, das aus zwei Teilsystemen mit den Volumina V_0 und V besteht – siehe Abb. 5.5. Das Gesamtvolumen $V_0 + V$ sei mit einem Lösungsmittel gefüllt, außerdem seien im rechten Teilsystem (Volumen V) N_c Moleküle eines Stoffes gelöst. Wir machen die Annahme, dass die beiden Teilsysteme durch eine ideale semipermeable Membran getrennt seien, welche nur die Moleküle des Lösungsmittels durchlässt. Weiters sei Wärmeaustausch möglich und daher die Temperaturen der Teilsysteme gleich. Da die Membran unbeweglich sein soll, ist kein Volumsaustausch möglich, und die Drücke in den Teilsystemen können verschieden sein. Weil die Membran für die Moleküle des Lösungsmittels durchlässig ist, müssen aber die chemischen Potentiale des Lösungsmittels in den Teilsystemen gleich sein:

$$\mu_l^{(0)}(T, p) = \mu_l(T, p + \Delta p, c). \tag{5.95}$$

Die Druckdifferenz Δp wird osmotischer Druck genannt.

Unser Ziel ist die Berechnung von Δp. Wir benützen Gl. (5.92) für die rechte Seite von Gl. (5.95) und entwickeln $\mu_l^{(0)}(T, p + \Delta p)$ bis zum Term linear in Δp; letzteres ist gerechtfertigt, da wir verdünnte Lösungen behandeln. Diese Schritte führen zu

$$\mu_l(T, p + \Delta p, c) = \mu_l^{(0)}(T, p) + \frac{\partial \mu_l^{(0)}}{\partial p} \Delta p - v c k T. \tag{5.96}$$

Die Ableitung von $\mu_l^{(0)}$ nach p liefert das Volumen v_l, das von einem Molekül des Lösungsmittels eingenommen wird. Somit ergibt sich $\Delta p = v c k T / v_l$. Mit $\Delta p \equiv p_{\text{osm}}$ und $v_l = V / N$ erhalten wir das *van 't Hoff'sche Gesetz*

$$p_{\text{osm}} = \frac{v N_c k T}{V}. \tag{5.97}$$

Der osmotische Druck einer verdünnten Lösung hat dieselbe Form wie der Druck eines idealen Gases; die Anzahl der Gasmoleküle ist ersetzt durch die Anzahl $v N_c$ der Ionen in der Lösung.

Berechnen wir als Beispiel den osmotischen Druck von Meerwasser. Die Salzhaltigkeit wird durch die Salinität σ_S angegeben; ist m_S die Masse der gelösten Salze und m_W die Masse des Wassers, in dem die Salze aufgelöst sind, dann ist die Salinität durch $\sigma_S = m_S / (m_W + m_S)$ definiert (28). Wenn im Wasser nur eine Sorte von Salz aufgelöst ist, kann man sich leicht überlegen, dass man die Teilchendichte des Salzes in der Lösung durch

$$\rho_c = \frac{\sigma_S \rho_m}{M_S} \tag{5.98}$$

erhält, wobei ρ_m die Massendichte der Lösung und M_S die Masse des Salzmoleküls ist. Die Salinität der verschiedenen Meere ist beträchtlich verschieden. Die sogenannte Standardsalinität ist durch $\sigma_S = 34.449$ g/kg festgelegt. Um p_{osm} zu berechnen, legen wir im Weiteren die Standardsalinität zugrunde und nehmen an, dass wir es mit einer reinen Kochsalzlösung zu tun haben. Die Masse von Na Cl ist $M_S = 97.04 \times 10^{-27}$ kg.

In guter Näherung nehmen wir an, dass $\rho_m = 1$ kg/Liter gilt. Dann gibt Gl. (5.98) die Teilchendichte von Kochsalz als $\rho_c \approx 35.5 \times 10^{22}$ pro Liter. Mit Gl. (5.97) und $\nu = 2$ erhält man für eine Temperatur von 15 °C den erstaunlich hohen Wert $p_{osm} \approx 28$ bar. Dieser Wert ist mit 25 bar zu vergleichen, der in (28) mit Hilfe einer empirischen Formel berechnet wurde; die Übereinstimmung ist in Anbetracht der verwendeten Näherungen nicht schlecht. Allerdings sind so hohe Werte für p_{osm} nur bei idealen semipermeablen Membranen zu erreichen. Sind Salze im Wasser gelöst, erhöht sich seine Dichte, da Wasserstoffbrückenbindungen durch die Salzionen aufgebrochen werden. Berücksichtigt man das im vorliegenden Fall, wäre ρ_c und damit p_{osm} um etwa 2% größer (38), der Effekt ist also klein. Für die Standardsalinität ist die Konzentration $c \approx 0.011$, und die Annahme der verdünnten Lösung ist gerechtfertigt.

5.7.3 Die Siedepunktserhöhung

Der gelöste Stoff beeinflusst den Übergang zwischen der flüssigen Phase und der Dampfphase des Lösungsmittels. Betrachten wir das System der Lösung im Gleichgewicht mit dem Dampf des Lösungsmittels. Wir nehmen an, dass der gelöste Stoff nichtflüchtig ist, also nur in der flüssigen Phase des Lösungsmittels enthalten ist. Daher haben wir den Fall von Teilchenaustausch des Lösungsmittels über die Oberfläche der Flüssigkeit. Da bei einem Phasenübergang flüssig – gasförmig im Schwerefeld sich die Höhe des Flüssigkeitsstandes an die Gleichgewichtsbedingung anpasst, ist Volumsaustausch möglich und daher der Druck in der flüssigen Phase gleich dem in der Gasphase. Geben wir also p und c vor, lautet die Gleichgewichtsbedingung $\mu_l(T, p, c) = \mu_d(T, p)$, wobei μ_d das chemische Potential des Lösungsmittels in der Gasphase ist. Der Druck p ist identisch mit dem Dampfdruck p_d des Lösungsmittels.

Obige Bedingung bestimmt den Siedepunkt der Lösung, da T der einzige freie Parameter ist, wenn wir p festhalten. Wenn T_s der Siedepunkt des Lösungsmittels bei $c = 0$ ist, wird sich der Siedepunkt bei $c \neq 0$ um ΔT_s verändern. Somit erhalten wir die Gleichung

$$\mu_l(T_s + \Delta T_s, p, c) = \mu_d(T_s + \Delta T_s, p) \qquad (5.99)$$

zur Bestimmung von ΔT_s. Wiederum benützen wir, dass die Lösung verdünnt ist, und entwickeln Gl. (5.99) bis zur ersten Ordnung in ΔT_s. Wegen $\mu_l^{(0)}(T_s, p) = \mu_d(T_s, p)$, was ja den Siedepunkt für $c = 0$ festlegt, und weil wir $\nu c k \Delta T_s$ vernachlässigen, erhalten wir mit Gl. (5.92)

$$\left. \frac{\partial \mu_l^{(0)}}{\partial T} \right|_{T_s} \Delta T_s - \nu c k T_s = \left. \frac{\partial \mu_d}{\partial T} \right|_{T_s} \Delta T_s \quad \Rightarrow \quad -s_l \Delta T_s - \nu c k T_s = -s_d \Delta T_s. \qquad (5.100)$$

In dieser Gleichung sind s_l und s_d die Entropien pro Teilchen in der Flüssigkeit bzw. im Dampf bei der Temperatur T_s. Mit der Verdampfungswärme pro Lösungsmittelmolekül $q_v = T_s(s_d(T_s, p_d) - s_l(T_s, p_d))$ im reinen Lösungsmittel erhalten wir schließlich

!

$$\Delta T_s = \frac{vckT_s^2}{q_v}.$$ (5.101)

Die Änderung des Siedepunkts ist positiv, daher führt der gelöste Stoff zu einer Erhöhung des Siedepunkts.

5.7.4 Die Gefrierpunktserniedrigung

In Analogie zur Siedepunktserhöhung kann man argumentieren, dass bei einer verdünnten Lösung eine Gefrierpunktserniedrigung vorliegt. Wir legen die Annahme zugrunde, dass der gelöste Stoff beim Gefrieren im flüssigen Anteil des Lösungsmittels bleibt. Wenn T_g den Gefrierpunkt bezeichnet, ist die Gleichgewichtsbedingung

$$\mu_l(T_g + \Delta T_g, p, c) = \mu_k(T_g + \Delta T_g, p).$$ (5.102)

Der Index k bezeichnet den Festkörper. Mit denselben Schritten wie im vorigen Abschnitt erhält man

!

$$\Delta T_g = -\frac{vckT_g^2}{q_s}$$ (5.103)

mit $q_s = T_g(s_l(T_g, p) - s_k(T_g, p))$. Da die Schmelzwärme q_s positiv ist, tritt nun eine Gefrierpunktserniedrigung ein.

Betrachten wir als Beispiel NaCl gelöst in Wasser. Bei gegebener Salinität ist das exakte Verhältnis der Anzahl der gelösten Salzmoleküle zur Anzahl der Wassermoleküle

$$\frac{N_c}{N} = \frac{\sigma_S}{1 - \sigma_S} \frac{A_r(\mathrm{H_2O})}{A_r(\mathrm{NaCl})},$$ (5.104)

wobei $A_r(X)$ die relative Molekülmasse von X symbolisiert. Für 1 g Kochsalz pro Kilogramm Lösung erhält man mit dieser Formel die Konzentration $c \approx N_c/N \approx 3.08 \times 10^{-4}$, wobei für unsere Genauigkeit der Term linear in σ_S genügt. Die Formeln Gl. (5.101) und Gl. (5.103) liefern $\Delta T_s \approx 0.018\,\mathrm{K}$ und $\Delta T_g \approx -0.064\,\mathrm{K}$. Daher gefriert Meerwasser mit Standardsalinität erst bei etwa $-2\,^\circ\mathrm{C}$.

5.7.5 Die Dampfdruckerniedrigung

Nun geben wir die Temperatur vor und wollen die Änderung der Dampfdruckkurve $\bar{p}_d(T)$ einer Flüssigkeit aufgrund der Konzentration c eines gelösten Stoffes berechnen.

Unter diesen Voraussetzungen lautet die Gleichgewichtsbedingung

$$\mu_l(T, \bar{p}_d + \Delta\bar{p}_d, c) = \mu_d(T, \bar{p}_d + \Delta\bar{p}_d), \tag{5.105}$$

aus der wir $\Delta\bar{p}_d$ bestimmen können. Um die Notation nicht zu schwerfällig zu machen, haben wir bei $\bar{p}_d$ die T-Abhängigkeit weggelassen. Einsetzen von Gl. (5.92) in Gl. (5.105) und Entwicklung bis zur ersten Ordnung in den kleinen Größen liefert

$$v_l \Delta\bar{p}_d - vckT = v_d \Delta\bar{p}_d, \tag{5.106}$$

wobei v_l und v_d die molekularen Flüssigkeits- und Dampfvolumina des Lösungsmittels beim Phasenübergang sind. Mit $v_l \ll v_d$ erhalten wir

$$\Delta\bar{p}_d = \frac{vckT}{v_l - v_d} \simeq -\frac{vckT}{v_d} \simeq -vc\bar{p}_d, \tag{5.107}$$

wobei im letzten Schritt die ideale Gasgleichung $\bar{p}_d v_d = kT$ als Näherung für den Dampf verwendet wurde. Somit erhalten wir das *Raoult'sche Gesetz*:

$$\frac{\Delta\bar{p}_d}{\bar{p}_d} \simeq -vc. \tag{5.108}$$

Es besagt, dass über einer Lösung der Dampfdruck erniedrigt ist; unabhängig von der Temperatur ist die relative Dampfdruckerniedrigung für verdünnte Lösungen einfach durch die Konzentration vc der gelösten Ionen gegeben.

5.7.6 Das Henry'sche Gesetz

Hier betrachten wir die Situation, dass sich über dem Lösungsmittel ein Gemisch von r idealen Gasen befindet. Der Gesamtdruck p der Gase ist daher gleich der Summe aus den Partialdrücken p_j der Gase plus dem Dampfdruck des Lösungsmittels. Wir haben es also hier mit Lösungen von Gasen und nicht Salzen zu tun. Es soll die Frage erörtert werden, wie hoch die Konzentration der Gase in der Lösung ist. Zum Unterschied zu den vorigen Abschnitten diskutieren wir nicht den Austausch der Lösungsmittelteilchen zwischen flüssigem und gasförmigem Aggregatzustand, sondern den Austausch von Gasmolekülen zwischen Gasphase und Lösung.

Da wir jetzt r gelöste Stoffe haben, müssen wir die im Abschnitt 5.7.1 durchgeführte Diskussion der freien Enthalpie auf den Fall von mehreren gelösten Stoffen erweitern. Das Lösungsmittel enthalte wieder N Moleküle, während vom Gas der Sorte j ($j = 1, \ldots, r$) die Anzahl der Moleküle in der Lösung N_j sei mit $N_j \ll N$. Somit machen wir analog zu Gl. (5.80) den Ansatz

$$G(T, p, N, N_1, \ldots, N_r) = G_0(T, p, N) + \sum_{j=1}^{r} N_j f_j(T, p, N) + kT \sum_{j=1}^{r} N_j (\ln N_j - 1), \tag{5.109}$$

wobei $G_0(T, p, N) \equiv G(T, p, N, 0, \ldots, 0) = N\mu_l^{(0)}(T, p)$ die freie Enthalpie des reinen Lösungsmittels ist. Benützen wir wiederum, dass

$$\left(N \frac{\partial}{\partial N} + \sum_j N_j \frac{\partial}{\partial N_j} \right) G(T, p, N, N_1, \ldots, N_r) = G(T, p, N, N_1, \ldots, N_r) \qquad (5.110)$$

erfüllt sein muss, werden wir entsprechend Gl. (5.83) auf

$$N \frac{\partial f_j}{\partial N} = -kT \quad \Rightarrow \quad f_j(T, p, N) = -kT \ln N + \varphi_j(T, p) \qquad (5.111)$$

geführt und erhalten somit

$$G(T, p, N, N_1, \ldots, N_r) = N\mu_l^{(0)}(T, p) + \sum_{j=1}^{r} N_j \left\{ \varphi_j(T, p) + kT \left(\ln \frac{N_j}{N} - 1 \right) \right\}. \qquad (5.112)$$

Daraus folgen die chemischen Potentiale (25; 37)

$$\mu_l = \mu_l^{(0)}(T, p) - \sum_{j=1}^{r} c_j \, kT, \qquad (5.113)$$

$$\mu_{cj} = \varphi_j(T, p) + kT \ln c_j \qquad (5.114)$$

für das Lösungsmittel und die gelösten Stoffe, wobei wir die Konzentrationen $c_j = N_j/N$ in der Näherung $N_j \ll N$ definiert haben. Diese Formeln stellen die Verallgemeinerung von Gl. (5.85) und Gl. (5.86) dar. Eine triviale Bemerkung dazu: Während die Größen c_j die Konzentrationen der Gase der Sorte j im Lösungsmittel bezeichnen, sind ihre Konzentrationen in der Gasphase durch p_j/p mit den Partialdrücken p_j gegeben.

Nun ist es ein Leichtes, die am Beginn dieses Abschnittes gestellte Aufgabe zu lösen. Die Gleichgewichtsbedingung für das j-te Gas lautet $\mu_{cj} = \mu_{gj}$, wobei μ_{gj} das chemische Potential (3.58) eines idealen Gases ist, in dem p durch den Partialdruck p_j ersetzt wird. Einsetzen der chemischen Potentiale in die Gleichgewichtsbedingung ergibt

$$\varphi_j(T, p) + kT \ln c_j = \chi_j(T) + kT \ln \frac{p_j}{p_0} \qquad (5.115)$$

und daher

$$c_j = \frac{p_j}{p_0} \exp \left\{ \beta \left(\chi_j(T) - \varphi_j(T, p) \right) \right\}. \qquad (5.116)$$

Das wesentliche Resultat ist, dass die Konzentration des j-ten Gases in der Lösung zu seinem Partialdruck proportional ist. Der Proportionalitätsfaktor hängt von der Gassorte und der Temperatur ab und enthält auch den Gesamtdruck p. Die Abhängigkeit vom Referenzdruck p_0 hat physikalisch natürlich keine Bedeutung; er erscheint in Gl. (3.58) ja nur, um allen vorkommenden Größen eine geeignete physikalische Dimension zuzuschreiben. Die Abhängigkeit von p auf der rechten Seite von Gl. (5.116) kann jedoch für nicht zu große Drücke vernachlässigt werden. Das kann mit Hilfe der aus der freien Enthalpie der Lösung folgenden Maxwell-Relation

$$\frac{\partial \varphi_j(T, p)}{\partial p} = \frac{\partial}{\partial p} \frac{\partial G}{\partial N_j} = \frac{\partial V}{\partial N_j}\bigg|_{T, p, N, N_k \neq N_j} \tag{5.117}$$

geschlossen werden; bei der Ableitung von V nach N_j sind N_k mit $k \neq j$ festgehalten. Die rechte Seite dieser Gleichung ist nämlich von der Größenordnung v_j, das ist das Volumen, das ein Gasmolekül der Sorte j in der Lösung einnimmt. Daher ist der druckabhängige Teil in $\varphi_j(T, p)$ größenordnungsmäßig durch pv_j gegeben. Wie im Unterkapitel 3.8 besprochen, ist so ein Term auf alle Fälle gegenüber $\chi_j(T)$ vernachlässigbar. Damit erhalten wir das *Gesetz von Henry*:

$$c_j \propto p_j. \tag{5.118}$$

In Worten besagt es, dass die Konzentration der Gasmoleküle der Sorte j in der Lösung proportional zum Partialdruck dieses Gases über der Flüssigkeitsoberfläche ist und dieser Proportionalitätsfaktor nur von der Temperatur und der Gassorte j abhängt.

5.8 Ionisierung einatomiger idealer Gase

Die Ionisierung von Gasatomen kann man bei vorgegebener Temperatur und vorgegebenem Druck als Reaktionsgleichgewicht

$$A \rightleftharpoons A^+ + e^- \tag{5.119}$$

auffassen, welches über

$$\mu_A = \mu_{A^+} + \mu_{e^-} \tag{5.120}$$

zu einem Massenwirkungsgesetz führt. Um dieses herzuleiten, legen wir folgende vereinfachende Annahmen zugrunde:

1. Wenn das Gas kein Edelgas ist, könnte ein Gemisch von Atomen und Molekülen vorliegen. Wir nehmen jedoch an, dass praktisch alle Moleküle dissoziiert und nur Atome vorhanden sind.
2. Für Atome mit mehreren Elektronen nehmen wir an, dass wir Mehrfachionisation vernachlässigen können. Für die Behandlung von Mehrfachionisation siehe z.B. (37).
3. Angeregte Zustände in A und A^+ sollen für unsere Betrachtungen ebenfalls vernachlässigbar sein.

Mit diesen Annahmen können wir das angekündigte Massenwirkungsgesetz recht einfach herleiten (34; 37). Gemäß Gl. (4.75) hat man für einatomige ideale Gase, welche nur translatorische Freiheitsgrade besitzen, die kanonische Zustandssumme

$$Z_{1a} = g_a \frac{V}{\lambda_a^3} e^{-\beta \varepsilon_a} \tag{5.121}$$

mit dem Index $a = A$, A^+, e^- für das neutrale Atom, das ionisierte Atom und das Elektron. Dabei bezeichnet ε_a ($a = A$, A^+) die Grundzustandsenergie der Elektronenhülle. Das Elektron ist frei und hat daher $\varepsilon_{e^-} = 0$. Die Größen g_a bezeichnen den Entartungsgrad der Grundzustände von A und A^+, der aus dem Drehimpuls des elektronischen Grundzustands und dem Kernspin resultiert. Für das (freie) Elektron gilt immer $g_{e^-} = 2$, weil das Elektron Spin 1/2 und daher zwei Spineinstellungen hat. Z.B. beim Wasserstoffatom hat sowohl der Kern als auch das Elektron im Grundzustand Spin 1/2, also ist $g_A = 2 \times 2 = 4$ und $g_{A^+} = 2$. Mit Gl. (4.19) erhält man aus Z_{1a} durch Einsetzen der Formel Gl. (1.66) für die de Broglie-Wellenlänge λ das chemische Potential

$$\mu_a(T, p) = -kT \ln \left(g_a \left(\frac{2\pi m_a}{h^2} \right)^{3/2} \frac{(kT)^{5/2}}{c_a p} \right) + \varepsilon_a. \tag{5.122}$$

Wir haben hier außerdem die thermische Zustandsgleichung des idealen Gases und das Gesetz von Dalton benützt in der Form $V/N_a = kT/(c_a p)$, was uns die Abhängigkeit von der Konzentration c_a in $\mu_a(T, p)$ liefert. Mit $g_{e^-} = 2$ und $m_A \approx m_{A^+}$ führt uns Gl. (5.120) zum Massenwirkungsgesetz

$$\frac{c_{A^+} c_{e^-}}{c_A} = \frac{2 g_{A^+}}{g_A} \left(\frac{2\pi m_e}{h^2} \right)^{3/2} \frac{(kT)^{5/2}}{p} e^{-B/(kT)}. \tag{5.123}$$

Dabei ist $B = \varepsilon_{A^+} - \varepsilon_A$ die Bindungsenergie des Elektrons.

Nun definieren wir die Zahl $N_0 \equiv N_A + N_{A^+}$, welche bei der Ionisierung gleich bleibt, und den Ionisierungsgrad $\alpha = N_{A^+}/N_0$. Unter Berücksichtigung von $N_{A^+} = N_{e^-}$ können wir die Konzentrationen in

$$c_A = \frac{1 - \alpha}{1 + \alpha}, \quad c_{A^+} = c_{e^-} = \frac{\alpha}{1 + \alpha} \tag{5.124}$$

umschreiben. Damit erhalten wir aus Gl. (5.123) die *Saha-Gleichung*

$$\frac{\alpha^2}{1 - \alpha^2} = \frac{2 g_{A^+}}{g_A} \left(\frac{2\pi m_e}{h^2} \right)^{3/2} \frac{(kT)^{5/2}}{p} e^{-B/(kT)} \tag{5.125}$$

für das Ionisierungsgleichgewicht. Schreibt man die rechte Seite dieser Gleichung als $K(T)/p$, ergibt sich der Ionisierungsgrad zu

$$\alpha = \frac{1}{\sqrt{1 + p/K(T)}}. \tag{5.126}$$

Eine nützliche Version von Gl. (5.125) erhält man, wenn der Druck durch

$$p = \frac{(N_A + N_{A^+} + N_{e^-})\,kT}{V} = \frac{(N_A + 2N_{A^+})\,kT}{V} \tag{5.127}$$

ersetzt wird. Dann kann man nämlich Gl. (5.125) umformen in

$$\frac{\alpha^2}{1-\alpha} = 2\,\varphi(T,V) \quad \text{mit} \quad \varphi(T,V) = \frac{g_{A^+}}{g_A}\,\frac{V}{N_0}\left(\frac{2\pi m_e kT}{h^2}\right)^{3/2} e^{-B/(kT)}. \tag{5.128}$$

In dieser Version ist der Ionisierungsgrad durch

$$\alpha(T,V) = -\varphi(T,V) + \sqrt{\varphi^2(T,V) + 2\varphi(T,V)} \tag{5.129}$$

gegeben und hängt statt vom Druck von der Gesamtdichte N_0/V der schweren Teilchen ab. Weiters lässt sich noch die Funktion $\varphi(T,V)$ auf die Gestalt

$$\varphi(T,V) = \left(\frac{T}{T_0}\right)^{3/2} e^{-B/(kT)} \tag{5.130}$$

bringen, wenn wir eine Temperatur T_0 durch

$$kT_0 \equiv \left(\frac{g_A}{g_{A^+}}\right)^{2/3} \left(\frac{N_0}{V}\right)^{2/3} \frac{h^2}{2\pi m_e} \tag{5.131}$$

einführen.

Mit Gl. (5.129) können wir eine kritische Temperatur (34) durch $\varphi(T_{\mathrm{kr}},V) = 1$ definieren, bei welcher daher $\alpha(T_{\mathrm{kr}},V) = \sqrt{3}-1 \simeq 0.73$ gilt. Damit lassen sich die Grenzfälle

$$\begin{aligned} T \gg T_{\mathrm{kr}}: \quad & \alpha(T,V) \simeq 1 - 1/(2\varphi(T,V)), \\ T \ll T_{\mathrm{kr}}: \quad & \alpha(T,V) \simeq \sqrt{2\,\varphi(T,V)} \end{aligned} \tag{5.132}$$

unterscheiden; T_{kr} ist die typische Temperatur, wo der Übergang zur Ionisierung stattfindet.

Ist die Dichte N_0/V so gering, so dass kT_0 viele Größenordnungen kleiner als die Bindungsenergie B ist, dann kann kT_{kr} beträchtlich unterhalb von B liegen; d.h., das Gas ist schon ionisiert, auch wenn T noch beträchtlich kleiner als B/k ist. Um das zu sehen, wollen wir unter diesen Voraussetzungen die Gleichung

$$\frac{B}{kT_{\mathrm{kr}}} = \frac{3}{2}\ln\frac{T_{\mathrm{kr}}}{T_0} \tag{5.133}$$

für T_{kr} lösen. Mit $\ln(T_{\mathrm{kr}}/T_0) = \ln\{B/(kT_0)\} - \ln\{B/(kT_{\mathrm{kr}})\}$ und unter Vernachlässigung von $\ln\{B/(kT_{\mathrm{kr}})\}$ liefert Gl. (5.133) die Abschätzung

$$kT_{\mathrm{kr}} \simeq \frac{B}{\frac{3}{2}\ln\frac{B}{kT_0}}. \tag{5.134}$$

Als Illustration betrachten wir ein H II-Gebiet um heiße Sterne, welches aus Wasserstoffatomen und H-Ionen besteht. Als typische Richtwerte nehmen wir $N_0/V = $

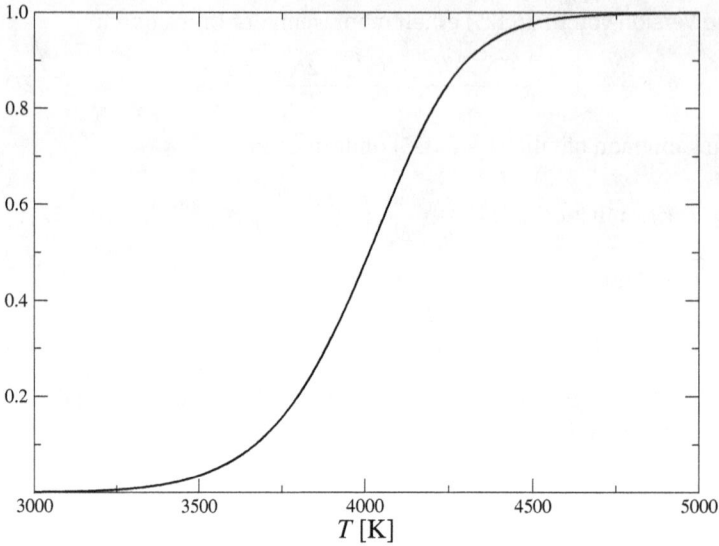

Abb. 5.6. Der Ionisierungsgrad α als Funktion von T. Als Dichte wurde $N_0/V = 10^4\,\mathrm{cm}^{-3}$ angenommen.

$10^4\,\mathrm{cm}^{-3}$ und $T = 10^4\,$K. Dann ergibt sich $T_0 \simeq 4.1 \times 10^{-8}\,$K. Mit der Ionisierungsenergie $B = 13.6\,$eV für Wasserstoff erhält man aus Gl. (5.134) $kT_{\mathrm{kr}} \simeq B/43.5$ bzw. $T_{\mathrm{kr}} \simeq 3630\,$K. Also sollte, weil $T = 10^4\,$K beträchtlich über T_{kr} liegt, das Gas stark ionisiert sein. Tatsächlich ist es schon bei 5000 K vollständig ionisiert – siehe Abb. 5.6. Aus dieser Abbildung sieht man auch, dass der Temperaturbereich, in dem α stark zunimmt, relativ schmal ist: von 3700 K bis 4300 K ändert sich α von etwa 0.1 auf 0.9. Es zeigt sich auch, dass Gl. (5.134) die Temperatur T_{kr} unterschätzt, denn im vorliegenden Fall ergibt die numerische Lösung von Gl. (5.133) den Wert $T_{\mathrm{kr}} \simeq 4150\,$K.

5.9 Festkörper: Wärmekapazität des Gitters

Im Unterkapitel 5.3 haben wir aus dem klassischen Gleichverteilungssatz die Regel von Dulong-Petit erhalten. Gleichzeitig haben wir jedoch festgestellt, dass die gemessenen Wärmekapazitäten von Festkörpern oft unterhalb von $C_V = 3Nk$ liegen. Wie wir im Folgenden sehen werden, liefert die Quantenmechanik eine natürliche Erklärung für diesen Sachverhalt.

5.9.1 Normalschwingungen

Wir betrachten einen Kristall, der aus N Atomen oder N einatomigen Ionen besteht, welche Schwingungen mit kleinen Amplituden durchführen. Es gibt $3N - 6$ Normalschwingungen (Phononen), d.h., harmonische Oszillatoren für den Fall kleiner Auslenkungen. Wir nehmen an, dass diese Oszillatoren voneinander entkoppelt sind und wir Effekte der Anharmonizität vernachlässigen können. Der Kristall soll makroskopisch groß sein, daher kann die Frequenzverteilung als kontinuierlich aufgefasst werden und es gilt $3N - 6 \approx 3N$. Bezeichnen wir mit $\sigma(\omega)\,d\omega$ die Anzahl der Normalschwingungen im Intervall $[\omega, \omega + d\omega]$, haben wir die Normierungsbedingung

$$\int_0^\infty d\omega\, \sigma(\omega) = 3N, \tag{5.135}$$

die kalorische Zustandsgleichung (siehe Gl. (5.38))

$$U = \int_0^\infty d\omega\, \sigma(\omega)\, \hbar\omega \left(\frac{1}{2} + \frac{1}{e^{\beta\hbar\omega} - 1} \right) \tag{5.136}$$

und die Wärmekapazität

$$C_V = k \int_0^\infty d\omega\, \sigma(\omega)\, \frac{(\beta\hbar\omega)^2 e^{\beta\hbar\omega}}{\left(e^{\beta\hbar\omega} - 1\right)^2}. \tag{5.137}$$

Mit der Variablen $x = \beta\hbar\omega$ lässt sich die Wärmekapazität in

$$C_V = k \int_0^\infty \frac{dx}{\beta\hbar}\, \sigma\left(\frac{x}{\beta\hbar}\right) \frac{x^2 e^x}{(e^x - 1)^2} \tag{5.138}$$

umformen. Die Funktion $g(x) = x^2 e^x/(e^x - 1)^2$ schneidet das Integral bei ca. $x = 1$ ab. Für $x \ll 1$ ist $g(x)$ näherungsweise eins.

5.9.2 Regel von Dulong-Petit

Wir untersuchen nun Gl. (5.138) im Limes $T \to \infty$ bzw. $\beta \to 0$. Da im Kristall die Gitterkonstante(n) eine untere Schranke an die Wellenlänge der Schwingungen vorgeben, gibt es ein ω_{max}, so dass

$$\sigma(\omega) = 0 \quad \text{für} \quad \omega > \omega_{max} \tag{5.139}$$

gilt. Sobald $kT \gg \hbar\omega_{max}$ erfüllt ist, ist $x \leq \beta\hbar\omega_{max} \ll 1$ und Gl. (5.138) liefert

$$C_V \stackrel{T\to\infty}{\longrightarrow} k \int_0^{\beta\hbar\omega_{max}} \frac{dx}{\beta\hbar}\, \sigma\left(\frac{x}{\beta\hbar}\right) = k \int_0^{\omega_{max}} d\omega\, \sigma(\omega). \qquad (5.140)$$

Somit erhalten wir die Regel von Dulong-Petit

$$\lim_{T\to\infty} C_V(T, N) = 3Nk, \qquad (5.141)$$

unabhängig von der speziellen Form der Verteilung $\sigma(\omega)$.

Allerdings muss man beachten, dass die Regel von Dulong-Petit nicht für molekulare Kristalle Gültigkeit haben kann; Beispiele sind fester Stickstoff, der aus N_2-Molekülen besteht, oder Wassereis, dessen Bausteine H_2O-Moleküle sind. In solchen Fällen ist die Wärmekapazität pro Molekül immer größer als $3k$, da zusätzliche Freiheitsgrade vorhanden sind. Z.B. bei Eis hat man etwa $4.5k$. Natürlich trifft dasselbe auch für Ionenkristalle zu, die zusammengesetzte Ionen enthalten wie z.B. $Ca^{2+} (SO_4)^{2-}$; die Wärmekapazität pro Molekül ist höher als $6k$, was der Wert nach der Regel von Dulong-Petit wäre.

5.9.3 Das Verhalten von C_V für $T \to 0$

Bevor wir diesen Limes durchführen, müssen wir einige Fakten über die Normalschwingungen zusammenstellen – siehe z.B. (39). Angenommen, der Kristall sei aus N_e Kopien seiner kleinsten Einheit, der Elementarzelle, aufgebaut. Die Elementarzelle wiederum bestehe aus r Atomen oder Ionen, also ist $N = rN_e$. Zum Beispiel ist $r = 2$ bei $NaCl$, während bei einem monoatomaren Kristall in den meisten Fällen $r = 1$ gilt; eine Ausnahme bildet das Diamantgitter mit $r = 2$, in dem auch Silizium kristallisiert. Dann gibt es $3r$ Dispersionsrelationen $\omega_s(\vec{k})$, wobei $\vec{k}$ der Wellenzahlvektor und $s = 1, \ldots, 3r$ ist. Von diesen $3r$ Dispersionsrelationen gibt es drei sogenannte akustische Zweige ($s = 1, 2, 3$), für die $\lim_{k\to 0} \omega_s(\vec{k}) = 0$ erfüllt ist ($k \equiv |\vec{k}|$). Für die anderen Zweige, die sogenannten optischen Zweige, ist $\omega_s(\vec{0}) \neq 0$. Üblicherweise liegen die Frequenzen der optischen Phononen über denen der akustischen. Fixieren wir eine Richtung durch einen Einheitsvektor $\vec{n}$, dann können wir für die akustischen Zweige den Limes

$$\lim_{k\to 0} \frac{\omega_s(k\vec{n})}{k} \equiv u_s(\vec{n}) \quad (s = 1, 2, 3) \qquad (5.142)$$

bilden, wobei $u_s(\vec{n})$ die Schallgeschwindigkeiten sind, die im Allgemeinen von der Richtung $\vec{n}$ abhängen. In Kristallgittern mit hoher Symmetrie ist $u_s(\vec{n})$ jedoch unabhängig von $\vec{n}$ und es gibt zwei Schallgeschwindigkeiten, u_ℓ mit longitudinaler Polarisation und u_t mit zwei transversalen Polarisationen.

Für sehr niedrige Temperaturen tragen in Gl. (5.138) nur kleine Frequenzen bei, da $g(x)$ die hohen Frequenzen unterdrückt. Im Limes $T \to 0$ sind daher nur mehr die akustischen Phononen im linearen Bereich ihrer Dispersionskurve relevant:

$$\omega_s(k\vec{n}) \simeq u_s(\vec{n})\, k. \tag{5.143}$$

Da die Zählung der Schwingungsmoden über $\vec{k}$ erfolgt, müssen wir auf die Integration über ω umrechnen. Wenn die Wellenlänge λ der Normalschwingung sehr viel größer als der Gitterabstand ist, kann der Festkörper als Kontinuum aufgefasst werden und die Zählung der Freiheitsgrade erfolgt wie beim idealen Gas über den Impuls gemäß Gl. (4.57). Allerdings verwendet man beim Festkörper den Wellenzahlvektor $\vec{k}$ anstelle des Impulsvektors $\vec{p} = \hbar\vec{k}$. Damit erfolgt die Zählung der Freiheitsgrade durch die Integration $V\mathrm{d}^3 k/(2\pi)^3$. Da wir letzten Endes die Integration nur auf Funktionen von ω anwenden werden, können wir sie folgendermaßen durchführen:

$$\sum_{s=1}^{3} \int \frac{V\mathrm{d}^3 k}{(2\pi)^3} \cdots \;=\; \frac{V}{2\pi^2} \sum_{s=1}^{3} \int \frac{\mathrm{d}\Omega}{4\pi} \int_0^\infty \mathrm{d}k\, k^2 \cdots$$

$$\simeq\; \frac{3V}{2\pi^2}\, \frac{1}{3} \sum_{s=1}^{3} \int \frac{\mathrm{d}\Omega}{4\pi}\, \frac{1}{u_s^3(\vec{n})} \int_0^\infty \mathrm{d}\omega\, \omega^2 \cdots, \tag{5.144}$$

wobei $\mathrm{d}\Omega$ das Raumwinkelelement ist. Im letzten Schritt haben wir Gl. (5.143) benützt. Zur Abkürzung definieren wir die effektive Schallgeschwindigkeit u über

$$\frac{1}{u^3} = \frac{1}{3} \sum_{s=1}^{3} \int \frac{\mathrm{d}\Omega}{4\pi}\, \frac{1}{u_s^3(\vec{n})}. \tag{5.145}$$

Bei hoher Kristallsymmetrie ist u gegeben durch

$$\frac{1}{u^3} = \frac{1}{3}\left(\frac{1}{u_\ell^3} + \frac{2}{u_t^3} \right). \tag{5.146}$$

Gleichung (5.144) liefert daher

$$\sigma(\omega) \simeq \frac{3V\omega^2}{2\pi^2 u^3} \tag{5.147}$$

für kleine Frequenzen. Mit Gl. (5.138) erhält man somit das asymptotische Verhalten der Wärmekapazität für kleine Temperaturen:

$$C_V \xrightarrow{T\to 0} k\, \frac{3V}{2\pi^2} \left(\frac{kT}{\hbar u} \right)^3 \int_0^\infty \mathrm{d}x\, \frac{x^4 e^x}{(e^x - 1)^2}. \tag{5.148}$$

Jetzt benötigen wir noch den Wert des Integrals Gl. (5.148). Da bei der Behandlung der freien Quantengase ähnliche Integrale vorkommen, formulieren wir ein nützliches Theorem.

Theorem 6. *Integralformeln: Wir definieren die Integrale*

$$I_\pm(\alpha) = \int_0^\infty dx\, \frac{x^\alpha}{e^x \pm 1} \;(\alpha > 0), \quad J_\pm(\alpha) = \int_0^\infty dx\, \frac{x^\alpha e^x}{(e^x \pm 1)^2} \;(\alpha > 1).$$

Dann ergibt sich der Zusammenhang

$$J_\pm(\alpha) = \alpha I_\pm(\alpha - 1)$$

und weiters

$$I_-(\alpha) = \zeta(\alpha + 1)\Gamma(\alpha + 1), \quad I_+(\alpha) = \zeta(\alpha + 1)\Gamma(\alpha + 1)\left(1 - \frac{1}{2^\alpha}\right),$$

wobei die Zeta-Funktion definiert ist durch

$$\zeta(y) = \sum_{n=1}^\infty \frac{1}{n^y} \quad (y > 1).$$

Zwei wichtige Werte der Zeta-Funktion sind $\zeta(2) = \pi^2/6$ *und* $\zeta(4) = \pi^4/90$.

Anwendung des Theorems liefert

$$\int_0^\infty dx\, \frac{x^4 e^x}{(e^x - 1)^2} = \frac{4\pi^4}{15} \tag{5.149}$$

und somit

!

$$C_V \xrightarrow{T \to 0} k\, \frac{2\pi^2}{5} \left(\frac{kT}{\hbar u}\right)^3 V. \tag{5.150}$$

Das ist ein wichtiges, allgemein gültiges Resultat: auf Grund der akustischen Phononen verhält sich C_V für kleine Temperaturen wir T^3.

5.9.4 Das Debye-Modell

Durch Wahl einer speziellen Verteilung σ_D interpoliert dieses Modell zwischen den Grenzfällen des T^3-Gesetzes im Limes $T \to 0$ und der Regel von Dulong-Petit im Limes $T \to \infty$. Das Modell nimmt sich Gl. (5.147) zum Vorbild und postuliert einfach, dass $\sigma(\omega) \propto \omega^2$ für alle Frequenzen unterhalb einer maximalen Frequenz ω_D Gültigkeit hat und darüber Null ist. Daher ist

$$\sigma_D(\omega) = \begin{cases} K\omega^2 & (\omega < \omega_D), \\ 0 & (\omega > \omega_D). \end{cases} \tag{5.151}$$

Durch die Normierungsbedingung Gl. (5.135) können wir die Konstante K durch die *Debye-Frequenz* ω_D ausdrücken, womit wir

$$\sigma_D(\omega) = \frac{9N\omega^2}{\omega_D^3} \quad (\omega < \omega_D) \tag{5.152}$$

erhalten. Damit können wir Gl. (5.138) umschreiben in

!

$$C_V^{(D)}(T,N) = 9Nk\left(\frac{T}{T_D}\right)^3 \int\limits_0^{T_D/T} dx\, \frac{x^4 e^x}{(e^x-1)^2} \quad \text{mit} \quad T_D = \frac{\hbar\omega_D}{k}. \tag{5.153}$$

Das ist die Debye-Formel für die Wärmekapazität eines Kristalls. Die Temperatur T_D heißt Debye-Temperatur.

Mit dem Integral Gl. (5.149) erhalten wir sofort

$$C_V^{(D)} \simeq \frac{12\pi^4}{5} Nk\left(\frac{T}{T_D}\right)^3 \quad \text{für} \quad T \ll T_D. \tag{5.154}$$

Durch Vergleich von Gl. (5.147) mit Gl. (5.152) oder von Gl. (5.150) mit Gl. (5.154) können wir einen Zusammenhang zwischen der Debye-Temperatur bzw. Debye-Frequenz und der effektiven Schallgeschwindigkeit u herstellen:

$$(kT_D)^3 \equiv (\hbar\omega_D)^3 = 6\pi^2(\hbar u)^3 \rho \tag{5.155}$$

mit der Teilchendichte $\rho = N/V$.

Die Verteilung $\sigma(\omega)$ kann durch inelastische Neutronenstreuung am Kristall gemessen und mit $\sigma_D(\omega)$ verglichen werden. Wie erwartet, ist die Übereinstimmung für große ω sehr schlecht – siehe z.B. (39). Die Interpolationsformel Gl. (5.153) für die Wärmekapazität stimmt trotzdem auch im mittleren Temperaturbereich in den meisten Fällen überraschend gut mit den Messungen überein. Deutliche Abweichungen von Gl. (5.153) im mittleren Bereich kommen jedoch vor, z.B. bei Diamant. Es ist nicht eindeutig, wie man mit experimentellen Daten für die Wärmekapazität aus Gl. (5.153) die Debye-Temperatur extrahiert. Man könnte z.B. T_D durch einen Fit an Daten über einen großen Temperaturbereich bestimmen. Andrerseits könnte man T_D im Tieftemperaturbereich mit Hilfe von Gl. (5.154) festlegen; da für $T \to 0$ nur $\sigma(\omega) \propto \omega^2$ beiträgt und damit das T^3-Gesetz exakt wird, ist das eine physikalisch sinnvolle Festlegung, wie in (39) argumentiert wird. Die numerische Werte von T_D, die im Folgenden angegeben werden, sind durch diese Konvention bestimmt worden.

5.9.5 Das Einstein-Modell und optische Phononen

Dieses Modell ist noch einfacher als das Debye-Modell. Es nimmt an, dass im Phononenspektrum nur eine einzige Frequenz ω_E vorkommt, also die Verteilung durch eine δ-Funktion

$$\sigma_E(\omega) = 3N\delta(\omega - \omega_E) \qquad (5.156)$$

gegeben ist. Aus der Diskussion in diesem Unterkapitel ist offensichtlich, dass dieses Modell zwar die Regel von Dulong-Petit wiedergibt, jedoch nicht das T^3-Gesetz; für tiefe Temperaturen fällt die Wärmekapazität exponentiell ab, wie man sofort aus Gl. (5.137) herleiten kann:

$$C_V^{(E)}(T, N) = 3Nk \left(\frac{\hbar\omega_E}{2kT} \right)^2 \frac{1}{\sinh^2 \frac{\hbar\omega_E}{2kT}}. \qquad (5.157)$$

In manchen Fällen macht es jedoch Sinn, das Einstein-Modell für die optischen Phononen zu verwenden, falls die Dispersionsrelationen $\omega_s(\vec{k})$ ($s = 4, \ldots, 3r$) nicht stark von $\vec{k}$ abhängig sind. Für die akustischen Phononen gilt natürlich weiterhin das Debye-Modell. Nehmen wir der Einfachheit halber an, dass eine Frequenz ω_{opt} für alle optischen Phononenzweige genügt, bekommen wir die Verteilung

$$\tilde{\sigma}(\omega) = \frac{9N_e\omega^2}{\omega_D^3} \Theta(\omega_D - \omega) + (3r - 3)N_e\, \delta(\omega - \omega_{\mathrm{opt}}). \qquad (5.158)$$

Jetzt ist die Debye-Frequenz nur über die akustischen Phononen definiert, daher haben wir

$$\omega_D^3 = 6\pi^2 u^3 N_e / V \qquad (5.159)$$

anstelle von Gl. (5.155). Nachdem weiterhin Gl. (5.154) mit N statt N_e zur Bestimmung der Debye-Temperatur verwendet werden soll, muss man selbige als

$$kT_D = r^{1/3}\hbar\omega_D \qquad (5.160)$$

definieren. Andrerseits ist die maximale Frequenz der akustischen Phononen wie früher durch ω_D gegeben. Daher lautet die Wärmekapazität (14; 39)

$$
\begin{aligned}
\tilde{C}_V(T, N) &= 9rN_ek \left(\frac{T}{T_D} \right)^3 \int_0^{T_D/(r^{1/3}T)} dx\, \frac{x^4 e^x}{(e^x - 1)^2} \\
&\quad + (3r - 3)N_ek \left(\frac{\hbar\omega_{\mathrm{opt}}}{2kT} \right)^2 \frac{1}{\sinh^2 \frac{\hbar\omega_{\mathrm{opt}}}{2kT}}.
\end{aligned} \qquad (5.161)
$$

Von $\tilde{C}_V$ kann man unter obigen Bedingungen an die optischen Phononen erwarten, dass sich die Qualität der Interpolation zwischen $T \ll T_D$ und $T \sim T_D$ verbessert.

5.9.6 Vergleich mit dem Experiment

Viele Debye-Temperaturen sind von der Größenordnung 10^2 K. Die folgenden Werte sind aus (40). Z.B. ist $T_D = 640$ K für Si, 428 K für Al, 105 K für Pb, 321 K für NaCl und

174 K für KBr. Bei Diamant ist $T_D = 2230$ K ungewöhnlich hoch und die Regel von Dulong-Petit gilt nicht bei Raumtemperatur; auch bei Si ist sie verletzt, wenn auch schwächer. Numerisch erhält man aus Gl. (5.153) für $T = T_D$ den Wert $C_V^{(D)}/(3Nk) = 0.952$. Daher ist laut Debye-Modell die Regel von Dulong-Petit recht gut erfüllt für $T \gtrsim T_D$. Für Metalle muss man bei der Bestimmung von T_D beachten, dass bei tiefen Temperaturen nicht nur das Kristallgitter mit $C_V^{(D)} \propto T^3$ sondern auch die Elektronen zur Wärmekapazität beitragen; allerdings ist deren Beitrag proportional zu T und kann daher gut von dem des Kristallgitters absepar/iert werden – siehe Unterkapitel 5.15.

5.9.7 Bemerkungen zur freien Energie und freien Enthalpie des Festkörpers

In diesem Unterkapitel haben wir nur die kalorische Zustandsgleichung des Festkörpers und Folgerungen daraus besprochen. Für manche Anwendungen ist es jedoch nützlich, die freie Energie bzw. Enthalpie zu kennen. Um diese thermodynamischen Potentiale zu berechnen, gehen wir von der allgemeinen Form der kalorischen Zustandsgleichung (5.136) aus. Will man das Debye-Modell verwenden, braucht man nur $\sigma(\omega)$ durch $\sigma_D(\omega)$ ersetzen. Es ist nicht schwer nachzuprüfen, dass

$$F = F_0 + \phi(V)T + kT \int_0^\infty d\omega\, \sigma(\omega) \ln\left(1 - e^{-\beta\hbar\omega}\right) \tag{5.162}$$

die Gibbs-Helmholtz-Gleichung (2.12) erfüllt, wobei die Nullpunktsenergie in der Konstante F_0 steckt. Natürlich bleibt die Funktion $\phi(V)$ bei Verwendung von Gl. (2.12) unbestimmt. Allerdings können wir eine Aussage zu $\phi(V)$ durch Anwendung des 3. Hauptsatzes erhalten, welcher besagt, dass für $T \to 0$ die Entropie verschwinden muss, weil dann alle Oszillatoren im Grundzustand sind. Berechnen wir die Entropie S durch Ableiten von F aus Gl. (5.162) nach T, erhalten wir $\lim_{T\to 0} S = -\phi(V) = 0$. Es erscheint auf den ersten Blick seltsam, dass damit F keine explizite Abhängigkeit von V enthält, allerdings kann man sich überlegen, dass harmonische Schwingungen des Kristalls sein Volumen konstant lassen – siehe (34; 39), also unsere Näherung gar keine Volumsabhängigkeit beinhaltet. Damit muss eine Abhängigkeit vom Volumen implizit in F enthalten sein und zwar in F_0 und in σ; im Debye-Modell steckt letztere Abhängigkeit in ω_D. Da ein Festkörper relativ inkompressibel ist, ist einerseits die Näherung, dass die freie Enthalpie G nicht vom Druck abhängt, für die meisten Zwecke ziemlich gut; Ähnliches haben wir schon bei Flüssigkeiten diskutiert. Daher muss andrerseits F sehr stark von V abhängen, denn für eine kleine Änderung in V ist eine große Druckänderung notwendig; somit ist in F die implizite Abhängigkeit von V eine Notwendigkeit. Zum Schluss kommen wir noch zur Konstante F_0. Wenn wir die freie Energie des Festkörpers mit jener seines flüssigen oder gasförmigen Aggregatzustandes vergleichen, müssen wir F_0 relativ zur anderen Phase festlegen. Damit schreiben wir $F_0 = -N\epsilon_B$, wobei ϵ_B die Bindungsenergie eines Moleküls im Festköper relativ zum

Fluid ist. Somit erhalten wir

$$F = -N\epsilon_B + 3NkT \int\limits_0^\infty d\omega\, \bar\sigma(\omega)\, \ln\left(1 - e^{-\beta\hbar\omega}\right), \tag{5.163}$$

wobei $\bar\sigma(\omega)$ auf eins normiert ist, um die Abhängigkeit des Integralterms von N sichtbar zu machen.

5.10 Ideale Spinsysteme: Paramagnetismus

5.10.1 Die Magnetisierung

Wir betrachten N Atome oder Ionen mit Spin bzw. Gesamtdrehimpuls j (j ist ganz- oder halbzahlig) in einem Magnetfeld $\vec{\mathcal{H}}$, welche genügend Abstand voneinander haben, so dass man die Wechselwirkung der Atome bzw. Ionen untereinander vernachlässigen kann. Alternativ kann man auch annehmen, dass das äußere Magnetfeld $\vec{\mathcal{H}}$ so stark ist, dass die Wechselwirkung der Spins mit dem Magnetfeld dominiert. D.h., wir betrachten für ein Teilchen den Hamilton-Operator

$$\widehat{H} = -\vec\mu \cdot \vec{\mathcal{H}} \quad \text{mit} \quad \vec\mu = \mu_M \vec{J}/\hbar. \tag{5.164}$$

Wegen der Division durch $\hbar$ hat μ_M die Dimension eines magnetischen Moments. In dieser Gleichung haben wir ausgenützt, dass nur der Gesamtdrehimpuls $\vec{J}$ des Teilchens eine Richtung vorgibt und dass für das magnetische Moment daher nur dieser Vektor zur Verfügung steht. (Das ist nicht ganz richtig, denn ist die Elektronenschale des Ions nicht gefüllt aber $\langle \vec{J}\rangle = \vec{0}$, kann trotzdem ein kleiner paramagnetischer Effekt, der van Vleck-Paramagnetismus, auftreten – siehe (39).) Unser Ziel ist es, mit dem Hamilton-Operator (5.164) bei vorgegebener Temperatur die Magnetisierung des Systems zu berechnen.

Wir nehmen an, dass das Magnetfeld $\vec{\mathcal{H}}$ in die z-Richtung zeigt und bezeichnen seine z-Komponente mit $\mathcal{H}$. Die Energieeigenwerte für einen einzelnen Spin sind somit

$$E_m = -\mu_M \mathcal{H} m \quad \text{mit} \quad m = -j, -j+1, \ldots, j-1, j. \tag{5.165}$$

Wir nehmen an, dass sich die Spins in einem Wärmebad der Temperatur T befinden. Definieren wir

$$\eta = \beta\mu_M\mathcal{H}, \tag{5.166}$$

ist die kanonische Zustandssumme gegeben durch Aufsummierung einer geometrischen Reihe:

$$Z_{\text{mag}} = \sum_{m=-j}^{j} e^{\eta m} = e^{-\eta j}\, \frac{1 - e^{\eta(2j+1)}}{1 - e^{\eta}} = \frac{\sinh\eta(j + 1/2)}{\sinh\eta/2}. \tag{5.167}$$

Nun können wir leicht den Erwartungswert des magnetischen Moments hinschreiben:

$$\langle \mu_z \rangle = \frac{1}{Z_{\mathrm{mag}}} \sum_{m=-j}^{j} \mu_M m e^{\eta m} = \frac{\mu_M}{Z_{\mathrm{mag}}} \frac{\partial Z_{\mathrm{mag}}}{\partial \eta} = \mu_M \frac{\partial}{\partial \eta} \ln Z_{\mathrm{mag}} = kT \frac{\partial}{\partial \mathcal{H}} \ln Z_{\mathrm{mag}}. \quad (5.168)$$

Die Differentiation liefert

$$\langle \mu_z \rangle = \mu_M j B_j(\eta) \quad \text{mit} \quad B_j(\eta) = \frac{1}{j} \left[\left(j + \frac{1}{2} \right) \coth \left(j + \frac{1}{2} \right) \eta - \frac{1}{2} \coth \frac{1}{2} \eta \right], \quad (5.169)$$

wobei B_j die sogenannte *Brillouin-Funktion* ist.

Das gesamte Magnetfeld ist im Gauß'schen System gegeben durch (44)

$$\vec{B} = \vec{\mathcal{H}} + 4\pi \vec{M}. \quad (5.170)$$

Es setzt sich zusammen aus dem äußeren Magnetfeld $\vec{\mathcal{H}}$ und dem Feld, das durch die Ausrichtung der magnetischen Momente entsteht. Die Magnetisierung $\vec{M}$ wird erhalten aus

$$\vec{M} = \frac{N}{V} \langle \vec{\mu} \rangle. \quad (5.171)$$

Gemäß Gl. (5.169) ergibt sich

$$M_z = \frac{N}{V} \mu_M j B_j(\eta). \quad (5.172)$$

Nun wollen wir die Grenzfälle $|\mu_M \mathcal{H}|/(kT) \gg 1$ und $|\mu_M \mathcal{H}|/(kT) \ll 1$ betrachten. Dazu benützen wir das folgende Theorem.

Theorem 7. *Die Funktion* $\coth y$ *hat die Eigenschaften*

$$\lim_{y \to \pm \infty} \coth y = \pm 1 \quad \text{und} \quad \coth y = \frac{1}{y} + \frac{y}{3} + \cdots,$$

wobei diese Entwicklung die Laurent-Reihe um $y = 0$ *ist.*

Für die weiteren Überlegungen nehmen wir $\mathcal{H} > 0$ an. Der erste Grenzfall wird mit dem ersten Teil des Theorems behandelt, aus dem

$$\lim_{\mathcal{H} \to \infty} B_j(\eta) = \mathrm{sgn}(\mu_M) \quad (5.173)$$

folgt. Damit erhalten wir

$$M_z \to \frac{N}{V} |\mu_M| j, \quad (5.174)$$

also die maximale Magnetisierung oder Sättigungsmagnetisierung.

Im zweiten Grenzfall benützen wir die Laurent-Reihenentwicklung um $\eta = 0$ mit dem Resultat

$$B_j(\eta) \to \frac{j+1}{3} \eta. \quad (5.175)$$

Damit erhalten wir das *Curie-Gesetz*

$$M_z = \chi \mathcal{H} \quad \text{mit} \quad \chi = \frac{N}{V} \frac{\mu_M^2 \, j(j+1)}{3kT}, \tag{5.176}$$

wobei

$$\chi = \left. \frac{\partial M_z}{\partial \mathcal{H}} \right|_T \tag{5.177}$$

die isotherme magnetische Suszeptibilität ist.

5.10.2 Magnetische Momente von Ionen und Atomen

Wie kommt das magnetische Moment eines Ions oder Atoms zustande? Wir vernachlässigen Kernmomente, die ca. drei Größenordnungen kleiner als das Bohr'sche Magneton

$$\mu_B = \frac{e\hbar}{2m_e c_l} \tag{5.178}$$

sind, und betrachten freie Ionen bzw. Atome. Das magnetische Moment kommt daher von der Elektronenhülle und wir können den Ansatz $\mu_M = -g\mu_B$ machen, wobei wir mit dem Minuszeichen die negative Ladung des Elektrons berücksichtigen. Allerdings folgt aus den obigen Gleichungen, dass das Vorzeichen des magnetischen Moments irrelevant ist. Die Magnetisierung zeigt immer in dieselbe Richtung wie das äußere Magnetfeld und verstärkt es daher. Genau diesen Effekt nennt man *Paramagnetismus*. Wie groß ist nun g, der sogenannte *Landé-Faktor*? Wir nehmen an, dass der Zustand der Elektronenspins einen wohldefinierten Gesamtspin mit Quantenzahl s hat und ebenso der Gesamtbahndrehimpuls durch ℓ gegeben ist. Kommt der Spin des Ions nur von den Elektronenspins ($s \neq 0$, $\ell = 0$), haben wir $g = 2$. Addieren sich die Elektronenspins zu Null ($s = 0$) und nur der Bahndrehimpuls $\ell \neq 0$ trägt bei, dann ist $g = 1$. Im Allgemeinen muss aber der Landé-Faktor durch die Erwartungswerte der Drehimpulsoperatoren und die Relation

$$\langle \vec{L} + 2\vec{S} \rangle = g \langle \vec{J} \rangle \tag{5.179}$$

bestimmt werden. Als Resultat bekommt man

$$g = 1 + \frac{j(j+1) + s(s+1) - \ell(\ell+1)}{2j(j+1)}. \tag{5.180}$$

Die Berechnung des Landé-Faktors ist z.B. in (41) durchgeführt. Es stellt sich heraus, dass für die meisten Ionenkristalle mit dreiwertigen Ionen der seltenen Erden (4f-Elemente) das Curie-Gesetz mit dem Faktor g aus Gl. (5.180) gut zutrifft (39), z.B.

für Ce^{3+}, Pr^{3+}, etc. D.h., für die seltenen Erden hat das Feld des Kristallgitters wenig Einfluss auf das Ion. Dies ist nicht so für Übergangsmetalle (3d-Metalle), wo man näherungsweise $g\sqrt{j(j+1)} \simeq 2\sqrt{s(s+1)}$ hat, z.B. bei V^{4+}, V^{3+}, V^{2+}, Cr^{3+}, Cr^{2+}, Fe^{3+}, Fe^{2+}, etc. Hier stört das Kristallfeld die Rotationssymmetrie so stark, dass man effektiv $\ell = 0$ erhält. Näheres siehe bei (39).

5.11 Adiabatische Entmagnetisierung

Mit adiabatischer Entmagnetisierung kann man paramagnetische Salze von ca. 1 K bis ca. 0.01 K abkühlen. Da wir die Anzahl der paramagnetischen Ionen im Salz nicht verändern, bezeichnen wir hier die Abhängigkeit der thermodynamischen Größen von N nicht. Dasselbe machen wir mit dem Volumen V, das hier ebenfalls keine Rolle spielt. Im Unterschied zum vorigen Unterkapitel berücksichtigen wir in einer effektiven Weise eine Wechselwirkung zwischen benachbarten Ionen.

5.11.1 Die freie Energie der paramagnetischen Ionen im Kristall

Wir nehmen wieder an, dass wir die Dipolwechselwirkung benachbarter paramagnetischer Ionen vernachlässigen können, erlauben aber die Möglichkeit einer gewissen Aufspaltung der elektronischen Energieniveaus durch das Magnetfeld benachbarter paramagnetischer Ionen (42). Das berücksichtigen wir mit dem heuristischen Ansatz

$$E_{im} = \delta_i + g\mu_B \mathcal{H}m \tag{5.181}$$

für die Energieniveaus eines einzelnen Ions, wobei die δ_i die Aufspaltungsenergien des elektronischen Grundzustands bezeichnen. Somit ist die kanonische Zustandssumme näherungsweise durch

$$Z = \left(Z_{int} Z_{mag}\right)^N \tag{5.182}$$

gegeben mit

$$Z_{int} = \sum_i e^{-\beta\delta_i} \tag{5.183}$$

und Z_{mag} aus Gl. (5.167). Dann erhalten wir mit Gl. (5.168) und Gl. (5.171)

$$F(T, \mathcal{H}) = -kT \ln Z \quad \text{und} \quad \frac{\partial F}{\partial \mathcal{H}} = -NkT \frac{\partial}{\partial \mathcal{H}} \ln Z_{mag} = -\mathcal{M}_z(T, \mathcal{H}), \tag{5.184}$$

wobei wir das totale magnetische Moment $\mathcal{M}_z = VM_z$ definiert haben. Somit ist das Differential der freien Energie gegeben durch

$$dF = -SdT - \mathcal{M}_z d\mathcal{H}. \tag{5.185}$$

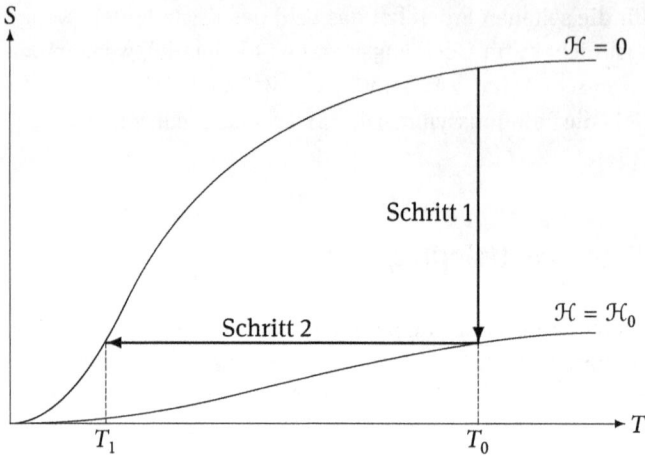

Abb. 5.7. Das Prinzip der Kühlung durch adiabatische Entmagnetisierung.

5.11.2 Das Prinzip der Kühlung durch adiabatische Entmagnetisierung

Wir definieren die Wärmekapazität bei konstantem Magnetfeld

$$C_H(T, \mathcal{H}) = \left.\frac{dQ}{dT}\right|_{\mathcal{H}} = T\left.\frac{\partial S}{\partial T}\right|_{\mathcal{H}}, \tag{5.186}$$

woraus wir

$$C_H > 0 \;\Rightarrow\; \left.\frac{\partial S}{\partial T}\right|_{\mathcal{H}} > 0 \tag{5.187}$$

ablesen. Nun leiten wir die Maxwell-Relation

$$\left.\frac{\partial S}{\partial \mathcal{H}}\right|_T = -\frac{\partial}{\partial \mathcal{H}}\frac{\partial F}{\partial T} = \left.\frac{\partial \mathcal{M}_z}{\partial T}\right|_{\mathcal{H}} \tag{5.188}$$

her und folgern aus dem Curie-Gesetz Gl. (5.176), dass

$$\left.\frac{\partial S}{\partial \mathcal{H}}\right|_T < 0 \tag{5.189}$$

gilt. Die Gleichungen (5.187) und (5.189) bilden die Grundlage für die Kühlung durch adiabatische Entmagnetisierung.

Die Kühlung erfolgt in zwei Schritten:
i.   Isotherme Magnetisierung bei Temperatur T_0 von $\mathcal{H} = 0$ nach $\mathcal{H} = \mathcal{H}_0$.
ii. Adiabatische (und quasistatische) Entmagnetisierung von $\mathcal{H} = \mathcal{H}_0$ nach $\mathcal{H} = 0$; dabei erfolgt die Temperaturänderung von T_0 auf $T_1 < T_0$.

Im ersten Schritt wird die Entropie verringert – siehe Gl. (5.189). Im zweiten Schritt bleibt die Entropie konstant. Die Entropiezunahme durch das langsame Abschalten des Magnetfelds – siehe wiederum Gl. (5.189) – wird kompensiert durch die Entropieabnahme durch Temperaturverringerung – siehe Gl. (5.187). Die beiden Schritte sind in Abb. 5.7 skizziert; die obere Kurve stellt $S(T, \mathcal{H} = 0)$ dar, die untere $S(T, \mathcal{H} = \mathcal{H}_0)$.

5.11.3 Thermodynamik der adiabatischen Entmagnetisierung

Unser Ziel ist es, eine Formel für die Änderung der Temperatur bei adiabatischer Entmagnetisierung herzuleiten. Wir betrachten zuerst das Differential der Entropie

$$dS(T, \mathcal{H}) = \left.\frac{\partial S}{\partial T}\right|_{\mathcal{H}} dT + \left.\frac{\partial S}{\partial \mathcal{H}}\right|_{T} d\mathcal{H}. \tag{5.190}$$

Damit erhalten wir

$$dS = 0 \;\Rightarrow\; \left.\frac{\partial T}{\partial \mathcal{H}}\right|_{S} = -\frac{\left.\dfrac{\partial S}{\partial \mathcal{H}}\right|_{T}}{\left.\dfrac{\partial S}{\partial T}\right|_{\mathcal{H}}} = -\frac{T}{C_H} \left.\frac{\partial M_z}{\partial T}\right|_{\mathcal{H}} \tag{5.191}$$

bzw.

$$\left.\frac{\partial T}{\partial \mathcal{H}}\right|_{S} = -\frac{VT}{C_H} \left.\frac{\partial M_z}{\partial T}\right|_{\mathcal{H}}. \tag{5.192}$$

Wir benötigen weiters die Abhängigkeit der Wärmekapazität C_H von $\mathcal{H}$. Zu diesem Zweck leiten wir die Maxwell-Relation

$$\left.\frac{\partial C_H}{\partial \mathcal{H}}\right|_{T} = \left.\frac{\partial}{\partial \mathcal{H}}\right|_{T} T \left.\frac{\partial S}{\partial T}\right|_{\mathcal{H}} = T \left.\frac{\partial}{\partial T}\right|_{\mathcal{H}} \left.\frac{\partial S}{\partial \mathcal{H}}\right|_{T} = T \left.\frac{\partial^2 M_z}{\partial T^2}\right|_{\mathcal{H}} \tag{5.193}$$

her, woraus wir

$$\left.\frac{\partial C_H}{\partial \mathcal{H}}\right|_{T} = VT \left.\frac{\partial^2 M_z}{\partial T^2}\right|_{\mathcal{H}} \quad\text{bzw.}\quad C_H(T, \mathcal{H}) = C_H(T, 0) + VT \int_0^{\mathcal{H}} d\mathcal{H}' \left.\frac{\partial^2 M_z}{\partial T^2}\right|_{\mathcal{H}'} \tag{5.194}$$

erhalten (12). D.h., die Abhängigkeit von $\mathcal{H}$ in C_H ist durch M_z bestimmt.

Aus dieser Rechnung folgern wir, dass für die Berechnung von $\partial T/\partial \mathcal{H}|_S$ die Größen $C_H(T, 0)$ und $M_z(T, \mathcal{H})$ bzw. die magnetische Suszeptibilität $\chi(T, \mathcal{H})$ bekannt sein müssen.

5.11.4 Eine Näherung für $\chi(T, \mathcal{H})$ und $C_H(T, 0)$

Für die magnetische Suszeptibilität nehmen wir das Curie-Gesetz Gl. (5.176)

$$\chi(T, \mathcal{H}) = \frac{a}{T} \tag{5.195}$$

mit einer Konstante a, denn in der Näherung des Curie-Gesetzes ist χ von $\mathcal{H}$ unabhängig, bzw. die Magnetisierung M_z linear in $\mathcal{H}$.

Für $C_H(T, 0)$ ist Z_{int} verantwortlich (12; 42). Gleichung (4.6) liefert

$$C_H(T, 0) = \frac{N}{kT^2} \frac{\partial^2}{\partial \beta^2} \ln Z_{\text{int}} = \frac{N}{kT^2} \left(\Delta H_{\text{int}}\right)^2 \tag{5.196}$$

mit

$$(\Delta H_{\text{int}})^2 = \frac{\sum_i \delta_i^2 e^{-\beta \delta_i}}{Z_{\text{int}}} - \left(\frac{\sum_i \delta_i e^{-\beta \delta_i}}{Z_{\text{int}}} \right)^2. \tag{5.197}$$

Wir machen die Annahme

$$\frac{|\delta_i|}{kT} \ll 1, \tag{5.198}$$

wir betrachten also Temperaturen, bei denen kT immer noch größer als die Aufspaltung des elektronischen Grundzustands des Ions durch das Magnetfeld der benachbarten Ionen ist. Angenommen, die Aufspaltung erfolgt in k Niveaus, dann ist

$$(\Delta H_{\text{int}})^2 \simeq \frac{1}{k} \sum_i \delta_i^2 - \frac{1}{k^2} \left(\sum_i \delta_i \right)^2. \tag{5.199}$$

Gleichung (5.198) bewirkt also, dass $(\Delta H_{\text{int}})^2$ näherungsweise konstant ist. Damit können wir

$$C_H(T,0) \simeq \frac{Vb}{T^2} \tag{5.200}$$

schreiben mit einer Konstante b, und mit Gl. (5.194) und Gl. (5.195) folgt daraus

$$C_H(T, \mathcal{H}) \simeq \frac{Vb}{T^2} + VT \int_0^{\mathcal{H}} d\mathcal{H}' \frac{2a\mathcal{H}'}{T^3} = \frac{V}{T^2} \left(b + a\mathcal{H}^2 \right). \tag{5.201}$$

In unserer Näherung erhalten wir also

$$\left. \frac{\partial T}{\partial \mathcal{H}} \right|_S = \frac{aT\mathcal{H}}{b + a\mathcal{H}^2}. \tag{5.202}$$

Diese Differentialgleichung lässt sich leicht lösen:

$$\frac{T_1}{T_0} = \left(\frac{b + a\mathcal{H}_1^2}{b + a\mathcal{H}_0^2} \right)^{1/2}. \tag{5.203}$$

Schritt 2 der adiabatischen Entmagnetisierung beginnt mit $(T_0, \mathcal{H}_0)$, der Endzustand ist charakterisiert durch $(T_1, \mathcal{H}_1)$. Üblicherweise ist $\mathcal{H}_1 = 0$ wie in Abb. 5.7. Gleichung (5.203) zeigt, dass die Konstante b, welche von der Aufspaltung des elektronischen Grundzustands durch die umgebenden Ionen herrührt (Zeeman-Effekt), die Begrenzung von T_1 nach unten verursacht.

5.11.5 Beispiele für paramagnetische Salze

Die beiden Beispiele und ihre typischen Kühlbereiche sind aus (12) und (42):

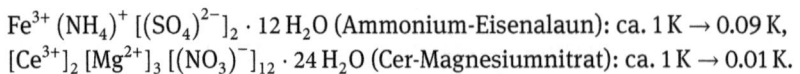

$Fe^{3+} (NH_4)^+ [(SO_4)^{2-}]_2 \cdot 12\,H_2O$ (Ammonium-Eisenalaun): ca. $1\,K \rightarrow 0.09\,K$,
$[Ce^{3+}]_2 [Mg^{2+}]_3 [(NO_3)^-]_{12} \cdot 24\,H_2O$ (Cer-Magnesiumnitrat): ca. $1\,K \rightarrow 0.01\,K$.

Die paramagnetischen Ionen sind Ce^{3+} und Fe^{3+}, welche in diesen Salzen weit sepa-
riert sind. Dadurch wechselwirken sie nur wenig miteinander und verhalten sich in
guter Näherung wie ideale Spinsysteme. Die Ionen Fe^{3+} und Ce^{3+} haben beide Gesamtdrehimpuls $j = 5/2$. Bei Ce^{3+} ist das relativ leicht zu verstehen: Die einzige nichtaufge-
füllte Schale ist 4f ($\ell = 3$) mit einem Elektron. Gemäß der Drehimpulsaddition wären
$j = 5/2$ und $7/2$ möglich. Das energetische Minimum ist nach den Hund'schen Regeln – siehe z.B. (39) – bei der antiparallelen Einstellung, also $j = 5/2$. Bei Fe^{3+} sind
die fünf äußeren Elektronen in der 3d-Schale. Nach den Hund'schen Regeln haben sie
Gesamtbahndrehimpuls $\ell = 0$ und $s = j = 5/2$.

5.12 Ideale Quantengase

5.12.1 Die Besetzungszahlen

In diesem Unterkapitel besprechen wir Fermionen und Bosonen ohne Wechselwirkung, jedoch soll ihre Dichte so groß sein, dass die Unterscheidung zwischen Bose-
Einstein-Statistik (BE) und Fermi-Dirac-Statistik (FD) wichtig wird. Weil wir Teilchen
ohne Wechselwirkung betrachten, lässt sich der N-Teilchen-Hamilton-Operator als
Summe

$$\widehat{H}_N = \sum_{n=1}^{N} \hat{h}(n) \tag{5.204}$$

schreiben. Wir nehmen an, dass wir die Eigenzustände und Eigenwerte des Einteil-
chen-Hamilton-Operators $\hat{h}$ vollständig kennen:

$$\hat{h}|\phi_j\rangle = \varepsilon_j|\phi_j\rangle. \tag{5.205}$$

Den Vielteilchenzustand können wir dadurch charakterisieren, indem wir angeben,
wieviele Teilchen sich in den Zuständen $|\phi_j\rangle$ befinden. Jeder Vielteilchenzustand wird
also durch eine Folge

$$\{v\} = \{v_1, v_2, v_3, \ldots\} \tag{5.206}$$

beschrieben, in der nur endliche viele Glieder ungleich Null sind. Anzahl der Teilchen
$N_{\{v\}}$ und Energie $E_{\{v\}}$ des Vielteilchenzustands sind daher

$$N_{\{v\}} = \sum_j v_j, \quad E_{\{v\}} = \sum_j v_j\varepsilon_j. \tag{5.207}$$

Der entscheidende Unterschied zwischen Bosonen und Fermionen ist, dass Bosonen
der BE-Statistik und Fermionen der FD-Statistik gehorchen. Daher gilt für die v_j Folgendes:

$$\text{Bosonen: } v_j \in \{0, 1, 2, 3, \ldots\} \equiv \mathbb{N}_0, \quad \text{Fermionen: } v_j \in \{0, 1\}. \tag{5.208}$$

Für dieses Problem lässt sich die kanonische Zustandssumme nicht in geschlos-
sener Form angeben, aber wir können die großkanonische Zustandssumme Y explizit

berechnen. Da jeder Folge $\{v\}$ genau ein Vielteilchenzustand entspricht, können wir diese Folgen als Summationsindex benützen. Daher ist Y durch

$$Y = \sum_{\{v\}} \exp\left(-\beta(E_{\{v\}} - \mu N_{\{v\}})\right) = \sum_{\{v\}} \exp\left(-\beta \sum_j v_j(\varepsilon_j - \mu)\right) \tag{5.209}$$

gegeben. Um diese Summation zu präzisieren, betrachten wir zuerst Folgen, für die $v_{l+1} = v_{l+2} = \cdots = 0$ gilt und führen dann den Limes $l \to \infty$ durch. Diese Prozedur entspricht exakt der Summation über Folgen $\{v\}$, die nur endlich viele Einträge ungleich Null haben. Wie erhalten auf diese Weise

$$Y = \lim_{l \to \infty} \left(\sum_{v_1=0}^{v_{max}} e^{-\beta v_j(\varepsilon_j - \mu)}\right) \cdots \left(\sum_{v_l=0}^{v_{max}} e^{-\beta v_l(\varepsilon_l - \mu)}\right) = \lim_{l \to \infty} \prod_{j=1}^{l} \sum_{v_j=0}^{v_{max}} e^{-\beta v_j(\varepsilon_j - \mu)}, \tag{5.210}$$

wobei wir gemäß Gl. (5.208) für Fermionen $v_{max} = 1$ setzen, während wir für Bosonen, wo wir eine unendliche geometrische Reihe haben, $v_{max} = \infty$ setzen. Das Resultat der Rechnung ist

$$Y = \begin{cases} \prod_j \left(1 - e^{-\beta(\varepsilon_j - \mu)}\right)^{-1} & \text{(BE)}, \\ \prod_j \left(1 + e^{-\beta(\varepsilon_j - \mu)}\right) & \text{(FD)}. \end{cases} \tag{5.211}$$

Damit $\forall j$ der Faktor in der geometrischen Reihe kleiner als eins ist, muss

$$\text{BE:} \quad \mu < \min_j \varepsilon_j \tag{5.212}$$

erfüllt sein. Damit das unendliche Produkt konvergiert, ist notwendig, dass für $j \to \infty$ die Folge der Energieeigenwerte ε_j genügend schnell gegen Unendlich geht.

Damit haben wir das großkanonische Potential

$$J(T, V, \mu) = -Vp(T, \mu) = -kT \ln Y \tag{5.213}$$

und damit auch den Druck

$$p(T, \mu) = \begin{cases} -\frac{kT}{V} \sum_j \ln\left(1 - e^{-\beta(\varepsilon_j - \mu)}\right) & \text{(BE)}, \\ \frac{kT}{V} \sum_j \ln\left(1 + e^{-\beta(\varepsilon_j - \mu)}\right) & \text{(FD)}. \end{cases} \tag{5.214}$$

als Funktion von T, V, μ gefunden.

Mit dem Potential J bestimmen wir N, den Erwartungswert des Teilchenzahloperators, durch

$$N = -\frac{\partial J}{\partial \mu} = V \frac{\partial p}{\partial \mu} \tag{5.215}$$

aus Gl. (5.214). Das Resultat dieser Rechnung ist

$$N = \sum_j \frac{1}{e^{\beta(\varepsilon_j - \mu)} \mp 1} \quad \text{mit} \quad - \text{ für BE, } + \text{ für FD.} \tag{5.216}$$

Geben wir N vor, dann wird aus dieser Gleichung das chemische Potential μ bestimmt. Die Bedeutung des chemischen Potentials μ ist also, die gewünschte Teilchenzahl einzustellen. Die Energie kann man leicht mit Hilfe von Gl. (4.22) bestimmen:

$$U = \sum_j \frac{\varepsilon_j}{e^{\beta(\varepsilon_j - \mu)} \mp 1} \tag{5.217}$$

Es ist naheliegend, dass die einzelnen Summanden in Gl. (5.216) die mittleren Besetzungszahlen des Energieniveaus ε_j sind – siehe auch Gl. (5.217). Dass dies tatsächlich so ist, wollen wir jetzt präzisieren. Eigentlich ist die Besetzungszahl des Energieniveaus ε_j ein Operator $\hat{v}_j$ und wir wollen den Erwartungswert von $\hat{v}_j$ im großkanonischen Ensemble ausrechnen. Diesen Erwartungswert bezeichnen wir mit $\bar{v}_j$. Er ist gegeben durch

$$\bar{v}_j = \frac{1}{Y} \sum_{\{v\}} v_j \exp\left(-\beta \sum_k v_k(\varepsilon_k - \mu)\right) = \frac{\sum_{v_j=0}^{v_{max}} v_j \, e^{-v_j(\beta \varepsilon_j + \alpha)}}{\sum_{v_j=0}^{v_{max}} e^{-v_j(\beta \varepsilon_j + \alpha)}} = -\frac{\partial}{\partial \alpha} \ln\left(1 \mp e^{-(\beta \varepsilon_j + \alpha)}\right)^{\mp 1}, \tag{5.218}$$

wobei wir $\alpha = -\beta \mu$ benützt haben. Für BE ist $v_{max} = \infty$ und es gelten die oberen Vorzeichen in der Endformel, während für FD mit $v_{max} = 1$ die unteren Vorzeichen gelten. Auswertung von Gl. (5.218) ergibt das erwartete Ergebnis

$$\bar{v}_j = \frac{1}{e^{\beta(\varepsilon_j - \mu)} \mp 1} \tag{5.219}$$

für die mittlere Besetzungszahl. Damit lassen sich Gl. (5.216) und Gl. (5.217) als

$$N = \sum_j \bar{v}_j \quad \text{bzw.} \quad U = \sum_j \bar{v}_j \varepsilon_j \tag{5.220}$$

schreiben.

5.12.2 Der Limes kleiner Besetzungszahlen

Wir untersuchen jetzt den Fall, dass $\bar{v}_j \ll 1 \ \forall \ j$ gilt. Das ist äquivalent mit

$$\bar{v}_j \simeq e^{-\beta(\varepsilon_j - \mu)} \ll 1. \tag{5.221}$$

D.h., in diesem Limes verschwindet der Unterschied zwischen FD und BE, und die mittleren Besetzungszahlen folgen der sogenannten Maxwell-Boltzmann-Statistik (MB). In diesem Grenzfall lässt sich μ leicht ausrechnen, denn es gilt dann

$$N \simeq \sum_k e^{-\beta(\varepsilon_k - \mu)} = e^{\beta\mu} \sum_k e^{-\beta\varepsilon_k} \ \Rightarrow \ e^{\beta\mu} \simeq \frac{N}{\sum_k e^{-\beta\varepsilon_k}}. \tag{5.222}$$

Somit sind die mittleren Besetzungszahlen gegeben durch

$$\bar{v}_j \simeq \frac{N e^{-\beta\varepsilon_j}}{\sum_k e^{-\beta\varepsilon_k}}. \tag{5.223}$$

Da wir μ im obigen Limes ausrechnen konnten, ist es naheliegend, die kanonische Zustandssumme Z zu berechnen. Aus der freien Energie F erhält man J durch Legendre-Transformation: $J = F - \mu N$. Wegen $F = -kT \ln Z$ und $J = -kT \ln Y$ erhalten wir die allgemeine Relation

$$\ln Z = \ln Y - \beta\mu N. \tag{5.224}$$

Anwendung auf Gl. (5.211) ergibt

$$\ln Z = \mp \sum_j \ln\left(1 \mp e^{-\beta(\varepsilon_j - \mu)}\right) - \beta\mu N. \tag{5.225}$$

Mit Gl. (5.221) und Gl. (5.222) berechnen wir

$$\ln Z \simeq \sum_j e^{-\beta(\varepsilon_j - \mu)} - \beta\mu N \simeq N - N \ln \frac{N}{\sum_j e^{-\beta\varepsilon_j}} = -(N \ln N - N) + N \ln \sum_j e^{-\beta\varepsilon_j}. \tag{5.226}$$

Schließlich erhalten wir durch Anwendung der Stirling'schen Formel $N \ln N - N \simeq \ln N!$ das Resultat

$$Z \simeq \frac{1}{N!} \left(\sum_j e^{-\beta\varepsilon_j}\right)^N. \tag{5.227}$$

Wir haben auf diese Weise Gl. (4.18) wiedergewonnen. Zusammenfassend haben wir also folgendes Ergebnis:

$$\bar{v}_j \ll 1 \ \forall \ j \ \Rightarrow \ Z_{\text{FD, BE}} \to \frac{1}{N!} Z_{\text{MB}} \quad \text{mit} \quad Z_{\text{MB}} = \left(\sum_j e^{-\beta\varepsilon_j}\right)^N. \tag{5.228}$$

Wären die Teilchen unterscheidbar, hätten wir die kanonische Zustandssumme Z_{MB} der Maxwell-Boltzmann-Statistik.

Zum Abschluss noch zwei Bemerkungen zur früheren Behandlung des einatomigen idealen Gases im Unterkapitel 1.3:

1. Unser Ausgangspunkt waren die Energieniveaus in einem Kasten. Weil in diesem Fall $\varepsilon_j \geq 0$ ist und $e^{\beta\varepsilon_0} \simeq 1$ für das niedrigste Energieniveau gilt, ist $\bar{\nu}_j \ll 1$ äquivalent zu

$$e^{\beta\mu} = \frac{N}{Z_{\text{tr}}} = \frac{N\lambda^3}{V} \ll 1. \tag{5.229}$$

Letzteres ergibt $\lambda^3 \ll N/V$, also genau die Bedingung für die klassische Behandlung des Gases.

2. Bei der Abzählung der Zustände im Kasten – siehe Unterkapitel 1.3 – haben wir implizit angenommen, dass mehrfach besetzte Einteilchen-Zustände nicht relevant sind, daher war die Unterscheidung FD-BE unwichtig und wir haben ein verdünntes, klassisches Gas behandelt. Das Ergebnis der Abzählung $\hat{\Omega}$ entspricht der MB-Statistik, das wir dann mit dem Faktor $1/N!$ zu Ω korrigiert haben.

5.12.3 Illustration des Unterschieds zwischen den Statistiken

Nun betrachten wir einen Fall, der zu dem mit kleinen Besetzungszahlen entgegengesetzt ist. Wir gehen von nur zwei Energieniveaus und zwei Teilchen aus. Dann kann man die kanonische Zustandssumme für die verschiedenen Statistiken sofort hinschreiben und sehen, dass die entsprechenden kanonischen Zustandssummen bei dichter Besetzung im Allgemeinen ganz verschieden sind:

$$Z_{\text{FD}} = e^{-\beta(\varepsilon_1+\varepsilon_2)}, \tag{5.230}$$

$$Z_{\text{BE}} = e^{-2\beta\varepsilon_1} + e^{-\beta(\varepsilon_1+\varepsilon_2)} + e^{-2\beta\varepsilon_2}, \tag{5.231}$$

$$Z_{\text{MB}} = e^{-2\beta\varepsilon_1} + 2e^{-\beta(\varepsilon_1+\varepsilon_2)} + e^{-2\beta\varepsilon_2} = \left(e^{-\beta\varepsilon_1} + e^{-\beta\varepsilon_2}\right)^2. \tag{5.232}$$

5.12.4 Das freie ideale Quantengas

Hier sollen die Teilchen nicht nur nichtwechselwirkend sondern auch frei sein. Weiters machen wir die Annahme, dass außer dem Spin keine inneren Freiheitsgrade vorhanden sind bzw. keine Rolle spielen. Damit ist die Energie der Teilchen einfach durch die kinetische Energie

$$\varepsilon(\vec{p}) = \frac{\vec{p}^{\,2}}{2m} \tag{5.233}$$

gegeben. Wegen Gl. (5.212) haben wir außerdem $\mu < 0$ für Bosonen. Gemäß Gl. (4.57) ersetzen wir Summation durch Integration und erhalten für Teilchenzahl und Energie

$$N = (2s+1)\frac{V}{(2\pi\hbar)^3}\int d^3p\,\frac{1}{e^{\beta(\varepsilon-\mu)}\mp 1}, \quad U = (2s+1)\frac{V}{(2\pi\hbar)^3}\int d^3p\,\frac{\varepsilon}{e^{\beta(\varepsilon-\mu)}\mp 1}. \tag{5.234}$$

Dabei bezeichnet s den Spin der Teilchen. Für Bosonen gilt in Gl. (5.234) das Minuszeichen und s ist ganzzahlig, während für Fermionen das Pluszeichen zu nehmen ist bei halbzahligem s. In der Folge beziehen sich die oberen Vorzeichen immer auf Bosonen, die unteren auf Fermionen. Wir führen als Abkürzung die *Fugazität*

$$z = e^{\beta\mu} \tag{5.235}$$

ein. Unser Ziel ist es, N und U als Funktion von z darzustellen. Wir nehmen im Folgenden an, dass $z < 1$ gilt, was die Entwicklung der Integranden von N und U in eine geometrische Reihe nach $ze^{-\beta\varepsilon}$ zulässt. Wir behandeln zuerst N. Die Reihenentwicklung ergibt

$$N(T, V, \mu) = \pm(2s + 1) \frac{V}{(2\pi\hbar)^3} \int d^3p \sum_{\ell=1}^{\infty} (\pm z)^\ell e^{-\beta\varepsilon\ell}. \tag{5.236}$$

Wir vertauschen Summation und Integration und machen für jedes ℓ im Integral die Variablentransformation $\vec{q} = \sqrt{\ell}\, \vec{p}$ mit der Jacobi-Determinante $\ell^{-3/2}$. Damit werden alle Integrale auf Gl. (4.74) zurückgeführt und wir erhalten das Resultat

$$N(T, V, \mu) = \pm(2s + 1) \frac{V}{\lambda^3} g_{3/2}(\pm z) \tag{5.237}$$

mit der thermischen de Broglie-Wellenlänge $\lambda(T)$ aus Gl. (1.66). Die Funktion $g_{3/2}(z)$ gehört zur Funktionenklasse der Polylogarithmen, welche man über die Potenzreihe

$$g_\alpha(z) = \sum_{\ell=1}^{\infty} \frac{z^\ell}{\ell^\alpha}, \tag{5.238}$$

definieren kann. Dabei ist jedem $\alpha \in \mathbb{R}$ oder $\mathbb{C}$ eine unendliche Reihe mit Konvergenzradius eins zuordnet. Für $z = 1$ konvergieren diese Reihen, falls Re $\alpha > 1$ ist; in diesem Fall ist $g_\alpha(1) = \zeta(\alpha)$.

Wie die Teilchenzahl kann auch die Energie nach der Fugazität entwickelt werden:

$$
\begin{aligned}
U &= \pm(2s + 1) \frac{V}{(2\pi\hbar)^3} \int d^3p \sum_{\ell=1}^{\infty} (\pm z)^\ell \left(-\frac{1}{\ell} \frac{\partial}{\partial\beta} \right) e^{-\beta\varepsilon\ell} \\
&= \pm(2s + 1) V \sum_{\ell=1}^{\infty} (\pm z)^\ell \frac{1}{\ell^{5/2}} \left(-\frac{\partial}{\partial\beta} \frac{1}{\lambda^3} \right).
\end{aligned}
\tag{5.239}
$$

Mit

$$-\frac{\partial}{\partial\beta} \frac{1}{\lambda^3} = \frac{3}{2} \frac{kT}{\lambda^3} \tag{5.240}$$

erhalten wir schließlich

$$U(T, V, \mu) = \pm\frac{3}{2} kT (2s + 1) \frac{V}{\lambda^3} g_{5/2}(\pm z). \tag{5.241}$$

Wir betonen nochmals, dass bei der Herleitung angenommen wurde, dass innere Freiheitsgrade keine Rolle spielen.

Nun betrachten wir den Fall, dass die Fugazität z klein ist, und wir wollen U näherungsweise als Funktion von N anstatt von μ ausrechnen. Nach Gl. (5.237) ist z genau dann klein, wenn $\rho\lambda^3$ klein ist, wobei $\rho = N/V$ die Teilchendichte ist. Wir begnügen uns in den Gleichungen (5.237) und (5.241) mit den Termen linear und quadratisch in z:

$$N \simeq (2s+1)\frac{V}{\lambda^3}\left(z \pm \frac{z^2}{2^{3/2}}\right), \quad U \simeq \frac{3}{2}kT(2s+1)\frac{V}{\lambda^3}\left(z \pm \frac{z^2}{2^{5/2}}\right). \tag{5.242}$$

Mit $y \equiv \rho\lambda^3/(2s+1)$ erhalten wir $z \simeq y(1 \mp y/2^{3/2})$ aus der Gleichung für N. Einsetzen in U liefert das gesuchte Resultat

$$U \simeq \frac{3}{2}NkT\left(1 \mp \frac{1}{2^{5/2}}\frac{\rho\lambda^3}{2s+1}\right). \tag{5.243}$$

Der zweite Term in der Klammer stellt die Quantenkorrektur zu $U = \frac{3}{2}NkT$ auf Grund der BE-Statistik (Minuszeichen) bzw. der FD-Statistik (Pluszeichen) dar.

Nun wollen wir den Druck in die Betrachtung einbeziehen. Ersetzen wir wieder mit Hilfe von Gl. (4.57) Summation durch Integration, dann liefert Gl. (5.214)

$$\frac{p(T,\mu)}{kT} = \mp(2s+1)\int \frac{d^3p}{(2\pi\hbar)^3}\ln\left(1 \mp e^{-\beta(\varepsilon-\mu)}\right). \tag{5.244}$$

Im hier auftretenden Integral verwenden wir Polarkoordinaten. Mit $p \equiv |\vec{p}|$ und partieller Integration machen wir die Umformung

$$\int_0^\infty dp\, p^2 \ln\left(1 \mp e^{-\beta(\varepsilon-\mu)}\right)$$

$$= \left.\frac{1}{3}p^3 \ln\left(1 \mp e^{-\beta(\varepsilon-\mu)}\right)\right|_0^\infty + \frac{1}{3}\int_0^\infty dp\, p^3\, \frac{\mp e^{-\beta(\varepsilon-\mu)}\beta p/m}{1 \mp e^{-\beta(\varepsilon-\mu)}}$$

$$= \mp\frac{2}{3}\beta\int_0^\infty dp\, p^2\, \frac{\varepsilon}{e^{\beta(\varepsilon-\mu)} \mp 1}. \tag{5.245}$$

Somit erhalten wir das Resultat

$$p = \frac{2}{3}\frac{U}{V}. \tag{5.246}$$

Diese Relation ist uns schon beim idealen einatomigen Gas im Unterkapitel 1.4 begegnet. Die neue Erkenntnis hier ist allerdings, dass sie auch bei Berücksichtigung der Quantenstatistik, und zwar unabhängig von BE oder FD, Gültigkeit hat.

Gleichungen (5.243) und (5.246) liefern eine Quantenkorrektur zur thermischen Zustandsgleichung des idealen Gases:

$$pV \simeq NkT\left(1 \mp \frac{1}{2^{5/2}}\frac{\rho\lambda^3}{2s+1}\right). \tag{5.247}$$

Für Bosonen ist der Druck etwas geringer, für Fermionen etwas höher als im rein klassischen Fall.

Die praktische Bedeutung der Quantenkorrektur zur Zustandsgleichung des idealen Gases ist gering. Für ein gewöhnliches Gas gibt es bereits einen Korrekturterm ρb in der van der Waals-Gleichung (3.1), welcher wegen $\lambda^3 \ll b$ im Allgemeinen wesentlich größer als die Quantenkorrektur ist; denn b ist etwa das Vierfache des Eigenvolumens des Gasmoleküls – siehe Unterkapitel 6.2 – und die thermische de Broglie-Wellenlänge ist recht klein – siehe Gl. (4.52). Zum Vergleich geben wir das Volumen pro Molekül eines idealen Gases bei Normbedingungen an: $v_n = 1/\rho_n \simeq (33.4\,\text{Å})^3$; dies verdeutlicht die Kleinheit von $\rho\lambda^3$, wenn das Gas nicht sehr dicht ist.

Für Elektronen im Zentrum der Sonne ist einerseits die Dichte mit $\rho \simeq 6\times10^{25}\,\text{cm}^{-3}$ hoch, andrerseits ist jedoch wegen der hohen Temperatur $T \simeq 15 \times 10^6\,\text{K}$ die thermische de Broglie-Wellenlänge klein und trotz der kleinen Elektronmasse nur etwa 0.2 Å. Das ergibt $\rho\lambda^3 \simeq 0.43$ und somit eine relativ geringe Quantenkorrektur zum Druck der Elektronen von etwa 4 %. Für die Protonen und ^{4}He-Kerne im Zentrum der Sonne spielen Quantenkorrekturen zum Druck keine Rolle, da ihre de Broglie-Wellenlängen zu klein sind. Der Gesamtdruck setzt sich aber aus den Partialdrücken der Elektronen, Protonen und ^{4}He-Kerne zusammen, was die Bedeutung der elektronischen Quantenkorrektur zum Gesamtdruck weiter verringert. In guter Näherung kann man daher das Plasma im Zentrum der Sonne als ideales Gas betrachten (43). Jedoch wird sich im Unterkapitel 5.15 zeigen, dass die FD-Statistik für Elektronen in weißen Zwergen und Leitungselektronen im Metall eine entscheidende Rolle spielt. In diesen Fällen ist allerdings Gl. (5.247) unbrauchbar und man muss auf die exakten Formeln in Gl. (5.234) zurückgreifen.

5.12.5 Das ultrarelativistische ideale Quantengas

In der Diskussion des frühen Universums werden häufig die Teilchen- und Energiedichten von ultrarelativistischen massiven Teilchen bei $\mu \to 0$ verwendet. Durch Einsetzen von $\varepsilon(\vec{p}) = c_i|\vec{p}|$ in Gl. (5.234) und mit den Integralen

$$\int_0^\infty dx\, \frac{x^2}{e^x - 1} = 2\,\zeta(3) \ \text{ mit } \ \zeta(3) \simeq 1.202, \quad \int_0^\infty dx\, \frac{x^3}{e^x - 1} = \frac{\pi^4}{15} \tag{5.248}$$

aus Theorem 6 erhalten wir die gewünschten Formeln für Teilchen- und Energiedichte

$$\rho_{\text{BE}} = (2s + 1)\,\frac{\zeta(3)}{\pi^2}\left(\frac{kT}{\hbar c_i}\right)^3, \quad \eta_{\text{BE}} = (2s + 1)\,\frac{\pi^2}{30}\,\frac{(kT)^4}{(\hbar c_i)^3}, \tag{5.249}$$

welche für die BE-Statistik gelten. Die Formeln der FD-Statistik unterscheiden sich von denen der BE-Statistik nur durch den Zahlenfaktoren $1 - 2^{-\alpha}$ in der Formel für $I_+(\alpha)$:

$$\rho_{\text{FD}} = \frac{3}{4}\,\rho_{\text{BE}}, \quad \eta_{\text{FD}} = \frac{7}{8}\,\eta_{\text{BE}}. \tag{5.250}$$

Um den Druck im Fall von relativistischen Teilchen zu berechnen, gehen wir wieder von Gl. (5.244) aus. Nun kann μ wieder beliebig sein. In Gl. (5.245) müssen wir nur beachten, dass wir nun die relativistische kinetische Energie $c_l|\vec{p}|$ haben. Das hat zur Folge, dass am Ende der Gl. (5.245) der Faktor 1/3 statt 2/3 steht. Somit gilt

$$p = \frac{1}{3}\frac{U}{V} \tag{5.251}$$

im relativistischen Fall bei beliebigem μ.

Zum Abschluss berechnen wir noch die Entropiedichten bei $\mu \to 0$. Wir verwenden, dass wir mit Gl. (5.251)

$$J = -pV = -\frac{1}{3}U \tag{5.252}$$

bekommen. Einsetzen der obigen Energiedichten und Ableiten nach T liefert die Entropiedichten

$$s_{\mathrm{BE}} = (2s + 1)\frac{2\pi^2}{45}k\left(\frac{kT}{\hbar c_l}\right)^3 \quad \text{und} \quad s_{\mathrm{FD}} = \frac{7}{8}s_{\mathrm{BE}}. \tag{5.253}$$

5.13 Das Photonengas

5.13.1 Das chemische Potential der Photonen

Die Anzahl der Photonen in einem Behälter (Hohlraum) kann nicht vorgegeben werden, sondern stellt sich von selbst im thermischen Gleichgewicht ein, da an den Wänden ständig Photonen erzeugt und absorbiert werden. Auf diese Weise liegt ein Spezialfall des Bose-Gases vor, ein Photonengas. Betrachten wir das Gesamtsystem Hohlraum mit Photonen und das dazu gekoppelte Wärmebad, muss die Entropie als Funktion der Zahl der Photonen N ein Maximum haben. Daher gilt gemäß Gl. (1.57)

$$\frac{\partial S}{\partial N} = -\frac{\mu}{T} = 0 \quad \Rightarrow \quad \mu = 0, \tag{5.254}$$

wobei μ das chemische Potential der Photonen ist. Folglich ist $Y = Z$ für die Photonen im Hohlraum, da für $\mu = 0$ die großkanonische Zustandssumme Y in Gl. (5.209) einfach eine kanonische Zustandssumme ist, wenn auch für beliebig viele Teilchen.

5.13.2 Die Abzählung der Zustände

Dazu stellen wir uns vor, dass die Gefäßwände aus Metall sind. Daher ist die Randbedingung $\vec{E}_\parallel = \vec{0}$ für das elektrische Feld parallel zur Wand (44). Das Gefäß ist definiert durch $0 \le x_j \le L_j$ ($j = 1, 2, 3$). Wenn $\vec{k}$ der Wellenzahlvektor ist, muss $\sin(\vec{k} \cdot \vec{x})$ an den Gefäßwänden Null sein. Daher ist

$$\vec{k} = \pi \begin{pmatrix} n_1/L_1 \\ n_2/L_2 \\ n_3/L_3 \end{pmatrix} \quad \text{mit} \quad n_j \in \mathbb{N}. \tag{5.255}$$

Für jeden Wellenzahlvektor gibt es zwei Polarisationen. Übrigens kann man zeigen, dass die spezielle Form des Gefäßes keine Rolle für die Überlegungen zur Hohlraumstrahlung spielt, falls die relevanten Wellenlängen viel kleiner als die Gefäßdimensionen sind (12). Für die Photonenergie gilt

$$\epsilon(\vec{p}) = c_l |\vec{p}| = \hbar\omega \;\Rightarrow\; \mathrm{d}|\vec{p}| = \frac{\hbar}{c_l}\,\mathrm{d}\omega. \tag{5.256}$$

Daher können wir wie im Abschnitt 4.4.1 bei der Abzählung der Zustände vorgehen und erhalten

$$2 \times \frac{V}{(2\pi\hbar)^3} \int \mathrm{d}^3 p \;\rightarrow\; \frac{V}{\pi^2 c_l^3} \int_0^\infty \mathrm{d}\omega\,\omega^2. \tag{5.257}$$

Dabei haben wir Gl. (5.256) verwendet und auch schon die Winkelintegration durchgeführt.

5.13.3 Die Strahlungsgesetze der Hohlraumstrahlung

Die Abzählung der Zustände zusammen mit den Überlegungen aus dem Unterkapitel 5.12 liefert sofort die spektrale Teilchendichte

$$\rho(\omega) = \frac{1}{\pi^2 c_l^3} \frac{\omega^2}{e^{\frac{\hbar\omega}{kT}} - 1} \tag{5.258}$$

und die spektrale Energiedichte (*Planck'sches Strahlungsgesetz*)

$$\eta(\omega) = \frac{\hbar}{\pi^2 c_l^3} \frac{\omega^3}{e^{\frac{\hbar\omega}{kT}} - 1}. \tag{5.259}$$

Für die integrierten Versionen von Gl. (5.258) und Gl. (5.259) wenden wir die Formeln aus Gl. (5.248) an. Damit erhalten wir

$$\rho(T) = \frac{2\,\zeta(3)}{\pi^2} \left(\frac{kT}{\hbar c_l}\right)^3, \quad \eta(T) = \frac{\pi^2}{15} \frac{(kT)^4}{(\hbar c_l)^3}, \tag{5.260}$$

wobei die Formel für $\eta(T)$ *Stefan-Boltzmann-Gesetz* genannt wird. Wir hätten diese Beziehungen auch aus Gl. (5.249) durch Ersetzung von $2s + 1$ durch 2 erhalten können.

Zuletzt untersuchen wir, bei welcher Frequenz sich das Maximum der spektralen Energiedichte befindet. Dazu brauchen wir das Maximum von $x^3/(e^x - 1)$, welches bei $x_m \approx 2.822$ liegt. Somit erhalten wir das *Wien'sche Verschiebungsgesetz*

$$\frac{\hbar\omega_{\max}}{kT} = x_m. \tag{5.261}$$

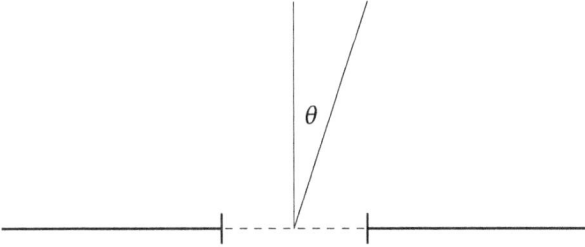

Abb. 5.8. Strahlungsleistung eines Hohlraums. Aus der Öffnung mit der Fläche A entweicht Hohlraumstrahlung.

5.13.4 Der Strahlungsdruck

Hier führen wir im Wesentlichen nur die am Ende des Unterkapitels 5.12 angedeutete Rechnung für den ultrarelativistischen Fall durch. Wegen $p = -J/V = (kT/V)\ln Y$ benützen wir die großkanonische Zustandssumme für Bosonen und berechnen

$$
\begin{aligned}
p &= -\frac{kT}{\pi^2 c_l^3} \int\limits_0^\infty d\omega\, \omega^2 \ln\left(1 - e^{-\beta\hbar\omega}\right) = \\
&\quad -\frac{kT}{\pi^2 c_l^3} \left\{ \left[\frac{1}{3}\omega^3 \ln\left(1 - e^{-\beta\hbar\omega}\right)\right]_0^\infty - \frac{1}{3}\int\limits_0^\infty d\omega\, \omega^3 \frac{\beta\hbar e^{-\beta\hbar\omega}}{1 - e^{-\beta\hbar\omega}} \right\}.
\end{aligned}
\tag{5.262}
$$

Dies ergibt das Resultat

$$
p(T) = \frac{1}{3}\eta(T).
\tag{5.263}
$$

5.13.5 Strahlungsleistung eines Hohlraums

Wir nehmen an, dass der Hohlraum eine kleine Öffnung der Fläche A hat – siehe Abb. 5.8. Dann entweicht senkrecht zur Öffnung durch die Fläche $dxdy$ pro Sekunde die Energie $\eta\, dx\, dy\, c_l$. Im Winkel θ zur Normalen ist die Energie um den Faktor $\cos\theta$ verringert. Die Wahrscheinlichkeit, dass der Strahl durch das Raumwinkelelement $d\Omega = \sin\theta d\theta d\phi$ geht, ist $d\Omega/(4\pi)$. Daher ist die durch die Öffnung emittierte Strahlungsleistung gegeben durch

$$
P_{em} = \eta(T)\, c_l\, A\, \frac{1}{4\pi} \int\limits_0^{2\pi} d\phi \int\limits_0^{\pi/2} d\theta \sin\theta \cos\theta.
\tag{5.264}
$$

Somit haben wir das Resultat

$$
P_{em} = \frac{1}{4}\, c_l A\, \eta(T).
\tag{5.265}
$$

Diese Ableitung ist auf einen Hohlraum bezogen (*Hohlraumstrahlung* oder *Schwarzkörperstrahlung*), jedoch ist der Gültigkeitsbereich ein viel größerer. Auch die Abstrahlung von Materieoberflächen ist oft durch P_{em} gegeben, abgesehen von Abweichungen z.B. durch Emissions- und Absorptionslinien. Die Sonnenoberfläche ist näherungsweise ein schwarzer Strahler mit $T \sim 5800$ K, wenn man die bekannte Strahlungsleistung der Sonne hernimmt und mit Gl. (5.265) und η aus Gl. (5.260) der Sonne eine Temperatur zuordnet. Die *kosmische Hintergrundstrahlung*, ein Überbleibsel vom Urknall, hat mit extrem guter Genauigkeit das Frequenzspektrum der Hohlraumstrahlung. Diese Strahlung ist zuletzt bei der e^+e^--Annihilation etwa zwei Sekunden nach dem Urknall aufgeheizt worden und hat sich seitdem gemäß dem Gesetz $T \propto 1/a(t)$ abgekühlt, wobei $a(t)$ der Skalenfaktor in der Friedmann-Robertson-Walker-Metrik ist. Heute hat die kosmische Hintergrundstrahlung eine Temperatur von $T_0 = 2.7255 \pm 0.0006$ K. Eine Diskussion des frühen Universums ist z.B. in (45) zu finden.

5.13.6 Freie Energie und Entropie des Photonengases

Wegen $Z = Y$ für Photonen gilt Gleichheit von freier Energie und großkanonischem Potential, und daher ist $F = -pV$. Wir schreiben als Abkürzung für das Stefan-Boltzmann-Gesetz $\eta = \sigma_{SB} T^4$, wobei die Konstante σ_{SB} aus Gl. (5.260) abgelesen werden kann. Dann erhalten wir mit Gl. (5.263)

$$F(T,V) = -\frac{1}{3}\sigma_{SB}VT^4 \quad \text{und} \quad S(T,V) = -\frac{\partial F}{\partial T} = \frac{4}{3}\sigma_{SB}VT^3. \tag{5.266}$$

5.14 Ideales Bose-Gas

5.14.1 Anzahl der Teilchen und Bose-Einstein-Kondensation

In diesem Unterkapitel beschäftigen wir uns mit einem idealen Bose-Gas bestehend aus nichtrelativistischen freien Teilchen mit Spin 0 und Masse M. Daher ist

$$\varepsilon(\vec{p}) = \frac{\vec{p}^{\,2}}{2M} \quad \text{und} \quad \mu < 0. \tag{5.267}$$

Letzteres folgt aus Gl. (5.212) und wurde schon im Unterkapitel 5.12 verwendet, wo wir auch

$$N(T,V,\mu) = \frac{V}{\lambda^3}\, g_{3/2}(z) \quad \text{mit} \quad \lambda = \frac{h}{\sqrt{2\pi M k T}} \tag{5.268}$$

hergeleitet haben.

Betrachten wir Gl. (5.268) genauer. Wenn wir $\rho = N/V$ festhalten und T kleiner werden lassen, muss wegen $\rho \propto T^{3/2}g_{3/2}(z)$ die Fugazität $z = \exp(\beta\mu)$ bzw. das chemische Potential μ größer werden (d.h., $|\mu|$ wird kleiner), um ρ zu reproduzieren. Das geht allerdings nur bis zu einer kritischen Temperatur $T_c(\rho)$, wo $\mu = 0$ erreicht wird. Die kritische de Broglie-Wellenlänge und die kritische Temperatur sind daher gegeben durch

$$\rho\lambda_c^3 = \zeta(3/2) \quad \text{bzw.} \quad kT_c = \frac{2\pi}{[\zeta(3/2)]^{2/3}} \frac{\hbar^2 \rho^{2/3}}{M} \qquad (5.269)$$

mit $\zeta(3/2) \simeq 2.612$.

Damit haben wir gefunden, dass Gl. (5.268) nur für $T \geq T_c$ gültig ist. Andrerseits hat $N = \sum_j \bar{v}_j$ aber für jedes T eine Lösung. Im Prinzip ist die Energie ja quantisiert in einem endlichen Volumen, auch wenn die Abstände zwischen den Niveaus sehr klein sind, und wir können immer beliebig viele Teilchen in den Grundzustand stecken, sofern μ nur genügend nahe bei der Grundzustandsenergie ε_0 ist. Für $\beta(\varepsilon_0 - \mu) \ll 1$ erhalten wir nämlich

$$\bar{v}_0 = \frac{1}{e^{\beta(\varepsilon_0 - \mu)} - 1} \simeq \frac{kT}{\varepsilon_0 - \mu} \qquad (5.270)$$

und $\bar{v}_0 \gg 1$. Die Schranke $T \geq T_c$ ist also ein Artefakt des Übergangs von der Summation zur Integration und im thermodynamischen Limes mit makroskopischer Besetzung $N_0 \equiv \bar{v}_0$ des Grundzustands ist $\mu \simeq \varepsilon_0 - kT/N_0$. Das Endresultat ist somit

$$N(T, V, \mu) = \begin{cases} \dfrac{V}{\lambda^3} g_{3/2}(z) & (T \geq T_c), \\ N_0 + \dfrac{V}{\lambda^3} \zeta(3/2) & (T \leq T_c). \end{cases} \qquad (5.271)$$

Mit Hilfe von Gl. (5.269) machen wir die Umformung

$$\frac{V}{\lambda^3} \zeta(3/2) = \frac{\lambda_c^3}{\lambda^3} \rho V = \left(\frac{T}{T_c}\right)^{3/2} N, \qquad (5.272)$$

was mit Gl. (5.271) zu

$$\frac{N_0}{N} = \begin{cases} 0 & (T \geq T_c), \\ 1 - \left(\dfrac{T}{T_c}\right)^{3/2} & (T \leq T_c) \end{cases} \qquad (5.273)$$

führt. Der Prozess, bei dem sich makroskopisch viele Teilchen im Grundzustand ansammeln, heißt *Bose-Einstein-Kondensation*.

5.14.2 Die Energie des idealen Bose-Gases

Von Gl. (5.241) wissen wir, dass die innere Energie durch

$$U(T, V, \mu) = \frac{3}{2} kT \frac{V}{\lambda^3} g_{5/2}(z) \quad \text{für} \quad T \geq T_c \tag{5.274}$$

gegeben ist. Falls $T \leq T_c$ gilt, müssen wir in dieser Gleichung $\mu = 0$ setzen. Das Kondensat trägt nicht zur Energie bei, da für freie Teilchen alle Teilchen im Kondensat die Energie $\varepsilon_0 = 0$ haben. Daher ist

$$U = \frac{3}{2} kT \frac{V}{\lambda^3} \zeta(5/2) \quad \text{für} \quad T \leq T_c. \tag{5.275}$$

Mit der Umformung Gl. (5.272) erhalten wir schließlich

$$U = \frac{3 \zeta(5/2)}{2 \zeta(3/2)} NkT \left(\frac{T}{T_c} \right)^{3/2} \quad (T \leq T_c). \tag{5.276}$$

Dabei ist $\zeta(5/2) \approx 1.2415$.

Gleichung (5.274) hat den üblichen Nachteil von Erwartungswerten des großkanonischen Ensembles, dass U von μ abhängt. Im konkreten Fall muss man für $T > T_c$ die Fugazität z aus

$$\rho \lambda^3 = g_{3/2}(z) \tag{5.277}$$

bestimmen – siehe Gl. (5.268) – und in Gl. (5.274) einsetzen, um U als Funktion von T, V, N, bzw. U/N als Funktion von T und ρ zu erhalten. Statt ρ kann man auch die kritische Temperatur verwenden bzw. die Identität

$$\rho \lambda^3 = \zeta(3/2) \left(\frac{T_c}{T} \right)^{3/2}, \tag{5.278}$$

die man aus Gl. (5.272) erhält.

Den Fall $T \gg T_c$ haben wir eigentlich schon im Unterkapitel 5.12 betrachtet und das Resultat Gl. (5.243) erhalten. Formen wir dieses unter Verwendung von T_c um, ergibt sich

$$U(T, V, N) \simeq \frac{3}{2} NkT \left(1 - \frac{\zeta(3/2)}{2^{5/2}} \left(\frac{T_c}{T} \right)^{3/2} \right) \tag{5.279}$$

und, wenig überraschend, $U \simeq 3NkT/2$ für $T \gg T_c$, die Energie des freien einatomigen Gases. Für hohe Temperaturen ist nämlich Gl. (4.51) für die klassische Behandlung eines Gases erfüllt.

Der Druck des idealen Bose-Gases ist gemäß Gl. (5.246) durch $p = 2U/(3V)$ gegeben und liefert somit keine zusätzliche Information. Interessanterweise hängt p unterhalb der kritischen Temperatur nur von T ab, weil $\rho T_c^{-3/2}$ von ρ (und T) unabhängig ist, was man von Gl. (5.269) ablesen kann.

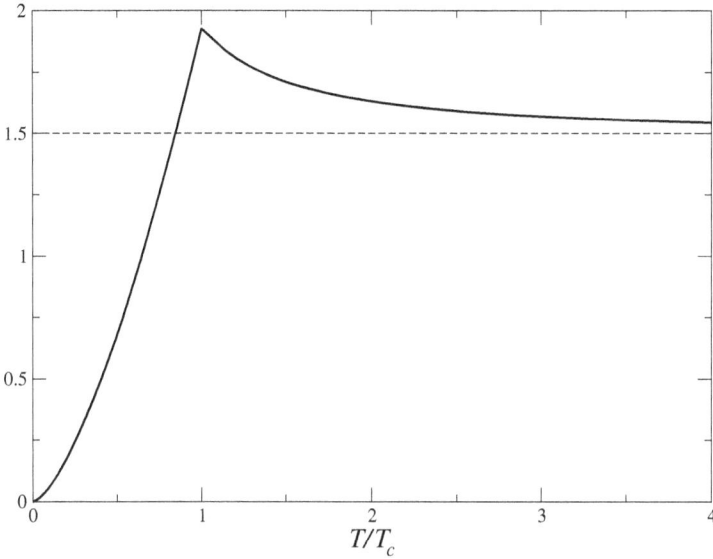

Abb. 5.9. $C_V/(Nk)$ für das ideale Bose-Gas.

5.14.3 Die Wärmekapazität

Gl. (5.276) und Gl. (5.279) ergeben die Wärmekapazität

$$\frac{C_V}{Nk} = \begin{cases} \dfrac{15\,\zeta(5/2)}{4\,\zeta(3/2)}\left(\dfrac{T}{T_c}\right)^{3/2} & (T \leq T_c), \\[2ex] \dfrac{3}{2}\left(1 + \dfrac{\zeta(3/2)}{2^{7/2}}\left(\dfrac{T_c}{T}\right)^{3/2} + \cdots\right) & (T > T_c). \end{cases} \tag{5.280}$$

Während wir für $T \leq T_c$ die Wärmekapazität explizit als Funktion von T berechnen konnten, lässt sich für $T > T_c$ aus den Gleichungen (5.274), (5.277) und (5.278) nur schließen, dass wir in diesem Fall eine Potenzreihe in $(T_c/T)^{3/2}$ haben, von der wir in Gl. (5.280) nur die beiden ersten Terme berechnet haben.

Es ist allerdings möglich, für $T > T_c$ eine exakte implizite Darstellung von C_V zu erhalten, nämlich über eine Parameterdarstellung von C_V und T als Funktion von z. Diese Parameterdarstellung wollen wir jetzt herleiten. Zuerst differenzieren wir Gl. (5.274) nach T und erhalten

$$\frac{C_V}{Nk} = \frac{\mathrm{d}}{\mathrm{d}T}\frac{U}{Nk} = \frac{3}{2}\frac{\mathrm{d}}{\mathrm{d}T}\left(T\frac{g_{5/2}(z)}{g_{3/2}(z)}\right) =$$

$$\frac{3}{2}\left[\frac{g_{5/2}(z)}{g_{3/2}(z)} + T\left(\frac{g'_{5/2}(z)}{g_{3/2}(z)} - \frac{g_{5/2}(z)}{g_{3/2}(z)}\frac{g'_{3/2}(z)}{g_{3/2}(z)}\right)\frac{\mathrm{d}z}{\mathrm{d}T}\right]. \tag{5.281}$$

Die totale Ableitung von z nach T soll anzeigen, dass auch μ nach T abgeleitet wird bei konstantem N und V. Die Größe dz/dT berechnen wir aus Gl. (5.277):

$$\frac{dz}{dT} = -\frac{3}{2T} \frac{g_{3/2}(z)}{g'_{3/2}(z)}. \tag{5.282}$$

Für die weitere Rechnung benötigt man Ableitungen von $g_\alpha(z)$, die durch

$$\frac{d}{dz} g_\alpha(z) = \frac{1}{z} g_{\alpha-1}(z) \tag{5.283}$$

auf $g_{\alpha-1}(z)$ zurückgeführt werden. Setzen wir die beiden Relationen in Gl. (5.281) ein, bekommen wir die angekündigte Parameterdarstellung im Bereich $T > T_c$:

$$\frac{C_V}{Nk} = \frac{15}{4} \frac{g_{5/2}(z)}{g_{3/2}(z)} - \frac{9}{4} \frac{g_{3/2}(z)}{g_{1/2}(z)} \quad \text{mit} \quad \frac{T}{T_c} = \left(\frac{\zeta(3/2)}{g_{3/2}(z)} \right)^{2/3}, \tag{5.284}$$

wobei die Formel für T/T_c aus den Gleichungen (5.277) und (5.278) hergeleitet wird. Damit ist C_V für $T > T_c$ implizit als Funktion von T gefunden. Mit Hilfe der Formeln aus Gl. (5.284) ist $C_V/(Nk)$ in Abb. 5.9 dargestellt. Im Bereich $T \leq T_c$ stellt die Kurve in Abb. 5.9 die erste Relation in Gl. (5.280) dar. Die Wärmekapazität hat bei $T = T_c$ einen Knick.

Mit Gl. (5.284) ist es ein Leichtes, die beiden Grenzfälle in z zu untersuchen. Für $z \to 1$ geht $T \to T_c$ und $C_V/(Nk) \to 15\zeta(5/2)/(4\zeta(3/2))$ wegen $g_{1/2}(z) \to \infty$ für $z \to 1$. Das stimmt mit der ersten Zeile in Gl. (5.280) für $T = T_c$ überein. Im Limes $z \to 0$ haben wir den asymptotischen Limes $g_\alpha(z) \to z$, daraus folgt $T \to \infty$ und $C_V/(Nk) \to 3/2$. Wieder haben wir das entsprechende Ergebnis aus Gl. (5.280) reproduziert, diesmal ohne Näherung.

Der Übergang vom Bose-Gas zum Bose-Einstein-Kondensat kann als Phasenübergang aufgefasst werden. Für die Diskussion der Natur dieses Phasenübergangs verweisen wir z.B. auf (15; 34).

5.14.4 Bemerkungen zur Realisierung der Bose-Einstein-Kondensation im Experiment

Die Bedingung für die Bose-Einstein-Kondensation (BEK) eines idealen, also wechselwirkungsfreien Gases beinhaltet zwei widerstrebende Forderungen: Damit $T < T_c$ experimentell realisierbar ist, sollte gemäß Gl. (5.269) die Dichte ρ genügend groß sein, während die Wechselwirkungsfreiheit eine möglichst kleine Dichte verlangt. Im Normalfall verflüssigt sich ein Gas, bevor man T_c erreicht hat. So war vor 1995 das einzige System, das man mit BEK in Verbindung gebracht hat, flüssiges ^{4}He mit der Eigenschaft der Suprafluidität. Allerdings zeigt der flüssige Aggregatzustand, dass man hier die Wechselwirkung keineswegs vernachlässigen darf und der Zusammenhang mit der BEK ist unklar. Nimmt man Gl. (5.269) und berechnet T_c aus $1/\rho \approx 46\,\text{Å}^3$ für flüssiges Helium, erhält man 3.13 K. Das ist nicht weit weg von $T_\lambda = 2.17$ K, wo ^{4}He einen Phasenübergang zu einem supraflüssigen Anteil hat, was dafür spricht, dass die BEK am supraflüssigen Zustand beteiligt ist.

1995 gelang es, die BEK von ^{87}Rb und ^{23}Na-Atomen zu realisieren (46; 47). Die Abkühlung erfolgte in zwei Schritten: Laserkühlung auf ca. 10 μK, danach Verdampfungskühlung in einer magnetischen Falle. Rb und Na sind gut in einer magnetischen Falle manipulierbar. Das erste Kondensat mit ^{87}Rb wurde erreicht bei $T_c \approx 170$ nK und $\rho \approx 2.5 \times 10^{12}$ Atomen pro cm^3 mit einer Probe von etwa 20 000 Atomen, von denen 2000 ins Kondensat übergingen. Die geringe Dichte sorgte dafür, dass die Wechselwirkung zwischen den Atomen klein war, also ein ideales Gas angenähert wurde. Wir betonen, dass hier der Zusammenhang zwischen kritischer Temperatur und Teilchendichte nicht durch Gl. (5.269) gegeben ist, da die Atome in der Falle keine freien Teilchen sind. Das erste Na-Kondensat hatte etwa hundertmal so viele Atome wie das Rb-Kondensat. Warum sind ^{87}Rb und ^{23}Na Bosonen? Beide haben eine Edelgaselektronenhülle plus ein einzelnes Elektron in der äußeren Schale. Zusammen mit dem halbzahligen Kernspin haben beide Isotope einen ganzzahligen Gesamtdrehimpuls und sind damit Bosonen.

5.15 Ideales Fermi-Gas

5.15.1 Zustandsdichte und Energiedichte

Wir betrachten ein ideales Fermi-Gas aus nichtrelativistische Teilchen mit Spin 1/2. Wir haben zwar den Übergang von Summation über die Zustände zur Integration schon im Unterkapitel 5.12 diskutiert, jedoch ist eine Wiederholung hier angebracht, weil wir zweckmäßigerweise die Integration in einer etwas anderen Form schreiben wollen. Mit den zwei Spineinstellungen erhalten wir

$$\sum_j \to 2 \times \frac{V}{(2\pi\hbar)^3} \int d^3p \to 2 \times \frac{V}{(2\pi\hbar)^3} \times 4\pi \int_0^\infty dp\, p^2. \qquad (5.285)$$

Im zweiten Schritt haben wir die Winkelintegration durchgeführt. Wir verwenden die Notation $p = |\vec{p}|$. Weiters verwenden wir

$$\varepsilon(\vec{p}) = \frac{\vec{p}^{\,2}}{2m} \implies dp = \sqrt{\frac{m}{2\varepsilon}}\, d\varepsilon, \qquad (5.286)$$

woraus wir schließlich

$$\sum_j \to V \int_0^\infty d\varepsilon\, g(\varepsilon) \quad \text{mit} \quad g(\varepsilon) = \frac{\sqrt{2}m^{3/2}}{\pi^2\hbar^3}\sqrt{\varepsilon} \qquad (5.287)$$

erhalten. Die Funktion $g(\varepsilon)$ heißt Zustandsdichte. Die spezielle Funktion in Gl. (5.287) ist die Zustandsdichte des idealen Fermi-Gases. Somit erhalten wir Teilchen- und

Energiedichte als Funktion von T und μ:

$$\rho(T,\mu) = \int_0^\infty d\varepsilon\, g(\varepsilon)\, \frac{1}{e^{\beta(\varepsilon-\mu)} + 1}, \quad \eta(T,\mu) = \int_0^\infty d\varepsilon\, g(\varepsilon)\, \frac{\varepsilon}{e^{\beta(\varepsilon-\mu)} + 1}. \tag{5.288}$$

Natürlich wollen wir letzten Endes das chemische Potential μ eliminieren und η als Funktion von T und ρ berechnen. Dazu müssen wir $\rho(\mu, T)$ in Gl. (5.288) umkehren und $\mu(T, \rho)$ berechnen. Bevor wir dieses Problem anpacken, behandeln wir zuerst den Spezialfall $T = 0$.

5.15.2 Der Limes $T \to 0$

Die mittlere Besetzungszahl ist in diesem Limes gegeben durch eine Stufenfunktion:

$$\frac{1}{e^{\beta(\varepsilon-\mu)} + 1} \to \begin{cases} 1 & \text{für} \quad \varepsilon < \mu, \\ 0 & \text{für} \quad \varepsilon > \mu. \end{cases} \tag{5.289}$$

Mit

$$\int_0^\mu d\varepsilon\, g(\varepsilon) = \frac{2}{3}\mu g(\mu), \quad \int_0^\mu d\varepsilon\, g(\varepsilon)\,\varepsilon = \frac{2}{5}\mu^2 g(\mu) \tag{5.290}$$

erhalten wir

$$\rho(0,\mu) = \frac{2}{3}\mu g(\mu), \quad \eta(0,\mu) = \frac{2}{5}\mu^2 g(\mu). \tag{5.291}$$

Die *Fermi-Energie* ist definiert als

$$\varepsilon_F(\rho) = \mu(0,\rho). \tag{5.292}$$

Wir können sie aus $\rho(0,\mu)$ in Gl. (5.291) bestimmen:

!

$$\varepsilon_F(\rho) = \frac{\hbar^2}{2m}\left(3\pi^2\rho\right)^{2/3}. \tag{5.293}$$

Mit der Definition von ε_F schreibt sich die erste Relation in Gl. (5.291) als

$$\rho = \frac{2}{3}\varepsilon_F g(\varepsilon_F). \tag{5.294}$$

Damit erhalten wir die Energiedichte als Funktion von ρ:

$$\eta(0,\rho) = \frac{2}{5}\varepsilon_F^2 g(\varepsilon_F) = \frac{3}{5}\rho\,\varepsilon_F. \tag{5.295}$$

Weiters können wir die mittlere Energie pro Teilchen bei $T = 0$ angeben:

$$\frac{\eta(0,\rho)}{\rho} = \frac{3}{5}\varepsilon_F. \tag{5.296}$$

Tab. 5.2. Größenordnungen für Systeme, die in gewisser Näherung als ideales Fermi-Gas behandelt werden können.

	$\rho^{-1/3}$ [cm]	ε_F [eV]	Teilchensorte
Metall	10^{-8}	10	Elektronen
^{3}He-Flüssigkeit	4×10^{-8}	4×10^{-4}	^{3}He-Atome
Weißer Zwerg (Kern)	10^{-10}	10^5	Elektronen
Atomkern	10^{-13}	10^7	Protonen bzw. Neutronen

Gemäß Gl. (5.246) erhält man den Zusammenhang zwischen Druck und Energiedichte durch

$$p = \frac{2}{3}\,\eta, \tag{5.297}$$

was für beliebige Temperaturen gilt. Den Druck bei $T = 0$ nennt man *Fermi-Druck*: $p_F = p(T = 0, \rho)$. Mit unseren Resultaten erhalten wir

$$p_F = \frac{2}{5}\,\rho\,\varepsilon_F. \tag{5.298}$$

Wir betonen, dass der Fermi-Druck ein rein quantenmechanischer Effekt der FD-Statistik ist.

In Tabelle 5.2 sind einige Systeme angeführt, für die die Behandlung als ideales Fermi-Gas in mancher Hinsicht Sinn macht. Die Werte sind grobe Näherungen.

Betrachten wir als Beispiel den Atomkern. Sein Radius ist näherungsweise

$$R = r_0 A^{1/3} \quad \text{mit} \quad r_0 = 1.3 \times 10^{-13}\,\text{cm}, \tag{5.299}$$

wobei A die Massenzahl ist. Mit der Kernladungszahl Z ist die Dichte der Protonen gegeben durch

$$\rho_p = \frac{Z}{4\pi R^3/3} = \frac{Z}{4\pi r_0^3 A/3} \sim \frac{3}{8\pi r_0^3} \quad \text{für} \quad Z \sim A/2. \tag{5.300}$$

Setzt man das so erhaltene ρ_p und die Protonmasse in Gl. (5.293) ein, ergibt sich $\varepsilon_F \approx 28$ MeV.

Im Metall sind die Leitungselektronen bei Vernachlässigung der Abstoßung ein ideales Fermi-Gas. Man kann die Dichte der Leitungselektronen in einem Metall X durch

$$\rho = \frac{z_v \rho_m}{A_r(\text{X})u} \tag{5.301}$$

abschätzen, wobei z_v die Anzahl der Valenzelektronen, ρ_m die Massendichte, $A_r(\text{X})$ die relative Atommasse und u die atomare Masseneinheit ist. Für Kupfer ist $z_v = 1$ und $\rho_m = 8.96\,\text{g cm}^{-3}$. Mit obiger Formel ist die Teilchendichte der Leitungselektronen somit $\rho \approx 8.5 \times 10^{22}\,\text{cm}^{-3}$ bzw. $\rho^{-1} \approx 12\,\text{Å}^3$, woraus man $\varepsilon_F \approx 7$ eV abschätzt. Das entspricht einer *Fermi-Temperatur* $T_F = \varepsilon_F/k \approx 80\,000$ K. Hier gilt also $T \ll T_F$. Wann immer diese Relation für ein Fermi-Gas erfüllt ist, nennt man es *entartet*. Wie gut

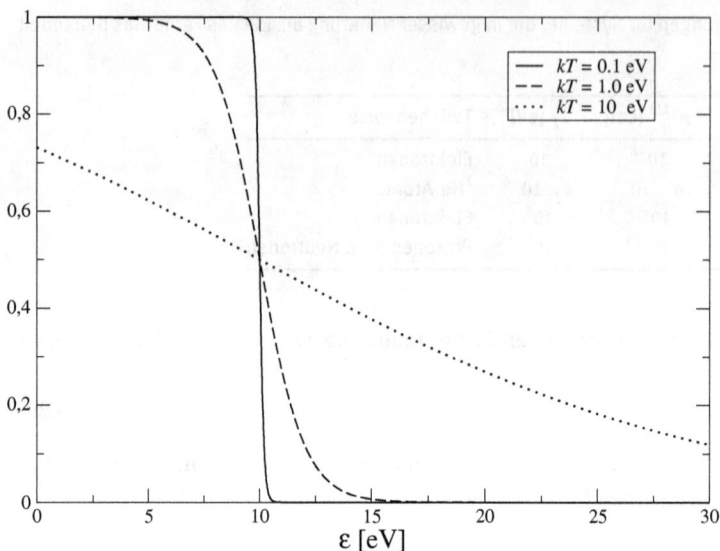

Abb. 5.10. Die mittlere Besetzungszahl $\bar{\nu}(\varepsilon)$ bei $\mu = 10$ eV für drei verschiedene Temperaturen.

die Leitungselektronen ein entartetes Fermi-Gas bilden, ist in Abb. 5.10 für $\mu = 10$ eV illustriert. Die durchgezogene Kurve entspricht einer möglichen Situation mit einer Temperatur von 1160 K. Bei Raumtemperatur würde diese Kurve noch näher bei einer Stufenfunktion ein. Für die gestrichelte und die punktierte Kurve, wo merkliche Abweichungen von einer Stufenfunktion auftreten, liegen die Temperaturen weit über dem Schmelzpunkt von Metallen.

Im Zentrum der Sonne ist die Fermi-Energie der Elektronen ca. 560 eV und daher $T_F \approx 6.5 \times 10^6$ K. Das ist etwa halb so groß wie die Temperatur. Trotzdem spielt die FD-Statistik für das Elektronengas im Zentrum der Sonne praktisch keine Rolle – siehe Diskussion im Unterkapitel 5.12. Bei Weißen Zwergen hingegen, wo Sonnenmassen auf Radien von etwa 10^4 km komprimiert sind, ist die Fermi-Temperatur im Zentrum des Sterns von der Größenordnung $T_F \sim 10^9$ K und wegen $T \ll T_F$ das Elektronengas entartet (43).

Für ^{3}He-Atome ist die Fermi-Energie deswegen so klein gegenüber ε_F im Metall, weil ^{3}He etwa 6000 Mal schwerer als ein Elektron ist.

5.15.3 Entwicklung der Energiedichte nach der Temperatur

Sowohl die Teilchen- als auch die Energiedichte haben die Gestalt

$$\int_0^\infty d\varepsilon f(\varepsilon)\, \bar{\nu}(\varepsilon) \quad \text{mit} \quad \bar{\nu}(\varepsilon) = \frac{1}{e^{\beta(\varepsilon-\mu)} + 1}, \tag{5.302}$$

was man mit der Heaviside-Funktion Θ in

$$\int_0^\infty d\varepsilon f(\varepsilon)\bar{v}(\varepsilon) = \int_0^\mu d\varepsilon f(\varepsilon) + \int_0^\infty d\varepsilon f(\varepsilon) \left[\bar{v}(\varepsilon) - \Theta(\mu - \varepsilon)\right] \qquad (5.303)$$

umschreiben kann. Die grundlegende Annahme für die weitere Rechnung ist die Entartung des Fermi-Gases, also

$$kT \ll \varepsilon_F(\rho), \qquad (5.304)$$

was nach der obigen Diskussion z.B. für Leitungselektronen eine exzellente Annahme ist. Der wesentliche Punkt ist, dass bei $T = 0$ die Funktion $\bar{v}(\varepsilon)$ eine Stufenfunktion ist: für $\varepsilon < \varepsilon_F$ ist sie eins, für $\varepsilon > \varepsilon_F$ ist sie null – siehe Gl. (5.289). Ist Gl. (5.304) erfüllt, bedeutet das, dass die Stufe nur ein wenig abgerundet wird – siehe die Kurve mit $kT = 0.1$ eV in Abb. 5.10, wobei der Übergang von 0.99 zu 0.01 in $\bar{v}(\varepsilon)$ auf einer Breite von etwa $10 \times kT$ um $\mu \approx \varepsilon_F$ passiert.

Um das zweite Integral in Gl. (5.303) auszuwerten, führen wir die dimensionslose Variable

$$x = \beta(\varepsilon - \mu) \qquad (5.305)$$

ein und die Funktion $\xi(x)$, die im folgenden Theorem definiert ist.

Theorem 8. *Eine Funktion ξ auf $\mathbb{R}$ sei gegeben durch*

$$\xi(x) = \frac{1}{e^x + 1} - \Theta(-x).$$

Dann gilt $\xi(-x) = -\xi(x)$.

Gemäß obiger Bemerkung zu $\bar{v}(\varepsilon)$ ist es für ein entartetes Fermi-Gas sinnvoll, die sogenannte *Sommerfeld-Technik* anzuwenden, bei welcher man $f(\mu + x/\beta)$ um $x = 0$ entwickelt. Wir erhalten somit aus Gl. (5.303)

$$\int_0^\infty d\varepsilon f(\varepsilon)\bar{v}(\varepsilon) = \qquad (5.306)$$

$$\int_0^\mu d\varepsilon f(\varepsilon) + \frac{1}{\beta} \int_{-\beta\mu}^\infty dx\, \xi(x) \left(f(\mu) + \frac{1}{\beta} f'(\mu)x + \frac{1}{2\beta^2} f''(\mu)x^2 + \cdots \right).$$

Stellen wir uns ein Metall bei Raumtemperatur vor, dann ist $\beta\mu$ von der Größenordnung 400, wenn wir $\mu \sim \varepsilon_F \sim 10$ eV und $kT \sim 1/40$ eV setzen. Also machen wir die Ersetzung $\beta\mu \to \infty$. Wegen Theorem 8 fallen die Integrale mit geraden Potenzen von x weg. Somit ist bis auf völlig zu vernachlässigende Terme der Ordnung $e^{-\beta\mu}$

$$\int_0^\infty d\varepsilon f(\varepsilon)\bar{v}(\varepsilon) \approx \int_0^\mu d\varepsilon f(\varepsilon) + \frac{1}{\beta} \int_{-\infty}^\infty dx\, \xi(x) \left(\frac{1}{\beta} f'(\mu)x + \frac{1}{6\beta^3} f'''(\mu)x^3 + \cdots \right). \qquad (5.307)$$

Weil die rechte Seite dieser Gleichung im Wesentlichen eine Entwicklung nach kT/ε_F darstellt, beschränken wir uns auf die beiden ersten Terme. Theorem 6 liefert

$$\int_{-\infty}^{\infty} dx\, \xi(x)\, x = 2 \int_{0}^{\infty} dx\, \frac{x}{e^x + 1} = \frac{\pi^2}{6}. \tag{5.308}$$

Wir erhalten eine Entwicklung bis T^2:

$$\int_{0}^{\infty} d\varepsilon f(\varepsilon) \bar{v}(\varepsilon) \approx \int_{0}^{\mu} d\varepsilon f(\varepsilon) + \frac{\pi^2}{6} f'(\mu) (kT)^2. \tag{5.309}$$

Für die Teilchendichte ist f gleich der Zustandsdichte g, für die Energiedichte ist $f(\varepsilon) = \varepsilon g(\varepsilon)$. Somit bekommen wir schließlich die T^2-Korrektur zu Gl. (5.291):

$$\rho(T, \mu) = \int_{0}^{\mu} d\varepsilon\, g(\varepsilon) + \frac{\pi^2}{6} g'(\mu) (kT)^2, \tag{5.310}$$

$$\eta(T, \mu) = \int_{0}^{\mu} d\varepsilon\, \varepsilon\, g(\varepsilon) + \frac{\pi^2}{6} \big(g(\mu) + \mu g'(\mu) \big) (kT)^2. \tag{5.311}$$

Die Gleichung für die Energiedichte η ist noch nicht in der gewünschten Form, weil wir erst $\mu(T, \rho)$ aus $\rho(T, \mu)$ berechnen und in $\eta(T, \mu)$ einsetzen müssen. Da wir uns mit der Korrektur der Ordnung T^2 begnügen, machen wir den Ansatz $\mu = \varepsilon_F + \delta\mu$. Einsetzen in Gl. (5.310) ergibt zur gewünschten Ordnung

$$\rho = \int_{0}^{\varepsilon_F} d\varepsilon\, g(\varepsilon) + g(\varepsilon_F)\delta\mu + \frac{\pi^2}{6} g'(\varepsilon_F) (kT)^2. \tag{5.312}$$

Wie wir bei $T = 0$ herausgearbeitet haben, ist ρ identisch mit dem ersten Integral auf der rechten Seite. Damit erhalten wir das chemische Potential in der gewünschten Form

$$\mu(T, \rho) = \varepsilon_F - \frac{\pi^2}{6} \frac{g'(\varepsilon_F)}{g(\varepsilon_F)} (kT)^2, \tag{5.313}$$

woraus das Endresultat

$$\eta(T, \rho) = \int_{0}^{\varepsilon_F} d\varepsilon\, \varepsilon\, g(\varepsilon) + \frac{\pi^2}{6} g(\varepsilon_F) (kT)^2 \tag{5.314}$$

folgt. Wir betonen, dass in den Gleichungen (5.310), (5.311), (5.313) und (5.314) nirgends die spezielle Form der Zustandsdichte eingeht, also diese Gleichungen für eine allgemeine Zustandsdichte $g(\varepsilon)$ gelten.

Spezialisieren wir uns auf das ideale Fermi-Gas mit der Zustandsdichte Gl. (5.287) und der Ableitung

$$g'(\mu) = \frac{g(\mu)}{2\mu}, \tag{5.315}$$

erhalten wir das chemische Potential

$$\mu(T, \rho) = \varepsilon_F \left[1 - \frac{\pi^2}{12} \left(\frac{kT}{\varepsilon_F} \right)^2 \right] \tag{5.316}$$

und mit Gl. (5.290) und Gl. (5.295) die Energiedichte

$$\eta(T, \rho) = \frac{3}{5} \rho \, \varepsilon_F \left[1 + \frac{5\pi^2}{12} \left(\frac{kT}{\varepsilon_F} \right)^2 \right]. \tag{5.317}$$

5.15.4 Die Wärmekapazität des idealen Fermi-Gases

Gleichung (5.317) gibt den führenden Term der Wärmekapazität $C_V = V \partial \eta / \partial T$ des idealen entarteten Fermi-Gases als

$$C_V = \frac{\pi^2}{2} Nk \frac{kT}{\varepsilon_F(\rho)}. \tag{5.318}$$

Für Elektronen im Metall können wir das schon vorhin erwähnte Verhältnis $kT/\varepsilon_F \sim 1/400$ heranziehen. Die Wärmekapazität ist also relativ klein: Nur die Elektronen an der *Fermi-Kante* können zur elektronischen Wärmekapazität C_{el} beitragen. Bei Raumtemperatur dominieren die Phononen des Kristallgitters die Wärmekapazität eines Metalls. Das ändert sich bei tiefen Temperaturen unterhalb der Debye-Temperatur, wo die Wärmekapazität C_{phon} der Phononen sich wie T^3 verhält. Also hat die Wärmekapazität C_V des Metalls die Form $C_V = \alpha T^3 + \gamma T$ mit Konstanten α und γ, wenn $T \ll T_D$ ist. Nehmen wir freie Leitungselektronen im Metall an und zwar genau eines pro Atom, erhalten wir mit Gl. (5.154), Gl. (5.318) und $\varepsilon_F = kT_F$

$$\frac{C_{el}}{C_{phon}} \simeq \frac{5}{24\pi^2} \frac{T_D^3}{T_F T^2}. \tag{5.319}$$

Also sind C_{el} und C_{phon} bei genügend tiefen Temperaturen von vergleichbarer Größenordnung, bzw. bei sehr tiefen Temperaturen dominiert sogar C_{el}.

5.16 Magnetische Eigenschaften des idealen Fermi-Gases

Nun diskutieren wir den Einfluss eines äußeren Magnetfelds auf das ideale Fermi-Gas. Da wir eine Anwendung der Resultate auf Leitungselektronen beabsichtigen, betrachten wir ein nichtrelativistisches entartetes Fermi-Gas bestehend aus Elektronen.

5.16.1 Der Pauli-Paramagnetismus

Das magnetische Moment der Spins in einem idealen Fermi-Gas von Elektronen bewirkt einen paramagnetischen Effekt (Pauli-Paramagnetismus). Um diesen Effekt zu berechnen, berücksichtigen wir die kinetische Energie und das magnetische Moment des Elektrons. Da die Zustandsdichte $g(\varepsilon)$ aus Gl. (5.287) einen Faktor 2 für die beiden Spineinstellungen enthält, müssen wir bei $\mathcal{H} \neq 0$ in der Teilchen- und Energiedichte wieder durch 2 dividieren:

$$\rho = \int_0^\infty d\varepsilon \, \frac{g(\varepsilon)}{2} \left[\frac{1}{e^{\beta(\varepsilon - \mu_B \mathcal{H} - \mu)} + 1} + \frac{1}{e^{\beta(\varepsilon + \mu_B \mathcal{H} - \mu)} + 1} \right], \tag{5.320}$$

$$\eta = \int_0^\infty d\varepsilon \, \frac{g(\varepsilon)}{2} \left[\frac{\varepsilon - \mu_B \mathcal{H}}{e^{\beta(\varepsilon - \mu_B \mathcal{H} - \mu)} + 1} + \frac{\varepsilon + \mu_B \mathcal{H}}{e^{\beta(\varepsilon + \mu_B \mathcal{H} - \mu)} + 1} \right]. \tag{5.321}$$

Für die Berechnung der Magnetisierung berücksichtigen wir, dass laut Gl. (5.326) den Energieeigenwerten $\varepsilon \pm \mu_B \mathcal{H}$ die magnetischen Momente $\mp \mu_B$ in z-Richtung entsprechen. Somit erhalten wir

$$M_z = \int_0^\infty d\varepsilon \, \frac{g(\varepsilon)}{2} \left[\frac{\mu_B}{e^{\beta(\varepsilon - \mu_B \mathcal{H} - \mu)} + 1} + \frac{-\mu_B}{e^{\beta(\varepsilon + \mu_B \mathcal{H} - \mu)} + 1} \right]. \tag{5.322}$$

In einem realistischen Fall von Elektronen in einem Metall gilt immer $\varepsilon_F \gg kT$ und $\varepsilon_F \gg \mu_B \mathcal{H}$. Wir dürfen daher für die Magnetisierung den Limes $T \to 0$ durchführen:

$$M_z \xrightarrow{T \to 0}$$

$$\frac{1}{2} \mu_B \left[\int_0^{\mu + \mu_B \mathcal{H}} d\varepsilon g(\varepsilon) - \int_0^{\mu - \mu_B \mathcal{H}} d\varepsilon g(\varepsilon) \right] \simeq$$

$$\frac{1}{2} \mu_B \left[\int_0^\mu d\varepsilon g(\varepsilon) + \mu_B \mathcal{H} g(\mu) - \int_0^\mu d\varepsilon g(\varepsilon) + \mu_B \mathcal{H} g(\mu) \right] = \mu_B^2 g(\mu) \mathcal{H}. \tag{5.323}$$

Wegen $\mu = \varepsilon_F$ bei $T = 0$ erhalten wir die Suszeptibilität

$$\chi_{\text{Pauli}} = \mu_B^2 g(\varepsilon_F). \tag{5.324}$$

Wir betonen, dass dieses Resultat für *freie* Elektronen gilt. Im Metall ist natürlich die Abstoßung zwischen den Elektronen wirksam und Gl. (5.324) nur eine grobe Näherung.

Für freie Elektronen können wir Gl. (5.294) verwenden und Gl. (5.324) umschreiben in $\chi_{\text{Pauli}} = 3\mu_B^2 \rho/(2\varepsilon_F)$. Weiters bemerken wir, dass μ auch bei $T = 0$ von $\mathcal{H}$ abhängen wird. In niedrigster Ordnung muss diese Abhängigkeit allerdings quadratisch in

$\mathcal{H}$ sein, weil μ nicht von der Richtung von $\mathcal{H}$ abhängen kann, also hat μ die Gestalt

$$\mu(T = 0, \rho, \mathcal{H}) \simeq \varepsilon_F \left\{ 1 + a_2 \left(\frac{\mu_B \mathcal{H}}{\varepsilon_F} \right)^2 \right\} \tag{5.325}$$

mit einem konstanten Koeffizienten a_2. Das Einsetzen von diesem μ in M_z würde einen Zusatzbeitrag quadratisch in $\mathcal{H}$ in der Suszeptibilität geben, der völlig vernachlässigbar ist. Das Entsprechende gilt auch im Fall des Landau-Diamagnetismus, für den wir den Koeffizienten a_2 explizit berechnen werden.

5.16.2 Magnetfelder und thermodynamische Potentiale

Für die weitere Diskussion benötigen wir die Abhängigkeit der thermodynamischen Potentiale vom äußeren Magnetfeld $\vec{\mathcal{H}}$. Wir nehmen an, dass sich eine homogene Probe in einem homogenen Magnetfeld befindet. Wie im Unterkapitel 5.10 erwähnt, ist das Gesamtmagnetfeld (44) in der Probe $\vec{B} = \vec{\mathcal{H}} + 4\pi\vec{M}$, wobei $\vec{M}$ die Magnetisierung ist. Für Para- und Diamagnetismus ist die Magnetisierung viel kleiner als das angelegte Magnetfeld. Elektronen mit Ladung $-e$ und Masse m in einem Magnetfeld werden durch den Hamilton-Operator

$$\widehat{H} = \frac{1}{2m} \left(\vec{P} + \frac{e}{c_l} \vec{A} \right)^2 - \vec{\mu} \cdot \vec{\mathcal{H}} \quad \text{mit} \quad \vec{\mu} = -\mu_B \vec{\sigma} \tag{5.326}$$

beschrieben, wobei $\vec{P}$ der Impulsoperator, μ_B das Bohr'sche Magneton, $\vec{\mu}$ der Operator des magnetischen Moments und $\vec{A}$ das Vektorpotential mit $\vec{\mathcal{H}} = \operatorname{rot} \vec{A}$ ist. Wir betrachten hier nur konstante Magnetfelder $\vec{\mathcal{H}}$. Für das entsprechende Vektorpotential können wir z.B.

$$\vec{A} = \frac{1}{2} \vec{\mathcal{H}} \times \vec{x} \tag{5.327}$$

hinschreiben. Das Vektorpotential ist eindeutig bis auf Eichtransformationen der Gestalt $\vec{A} \to \vec{A} + \vec{\nabla}\Lambda$, wobei Λ eine beliebige Funktion von $\vec{x}$ ist (44). Da die Magnetisierung $\vec{M}$ als Dipoldichte definiert ist, erhalten wir aus dem Hamilton-Operator (5.326) in einem abgeschlossenen System im Gleichgewicht

$$V\vec{M} = -\frac{1}{\Omega} \sum_{r \in I} \vec{\nabla}_{\mathcal{H}} E_r(\vec{\mathcal{H}}), \tag{5.328}$$

bzw.

$$dU(S, V, \vec{\mathcal{H}}, N) = T dS - p \, dV - V\vec{M} \cdot d\vec{\mathcal{H}} + \mu \, dN. \tag{5.329}$$

Also ist $-V\vec{M}$ die zum äußeren Magnetfeld gehörige verallgemeinerte Kraft. Daher haben wir für die freie Energie

$$\vec{\nabla}_{\mathcal{H}} F = -V\vec{M} \tag{5.330}$$

und die entsprechenden Relationen für die thermodynamischen Potentiale H, G und J. Siehe auch Unterkapitel 5.11. Die isotherme magnetische Suszeptibilität ist definiert in Gl. (5.177). Im Weiteren soll das Magnetfeld immer in z-Richtung zeigen und wir verwenden die Notation $\mathcal{H}_z \equiv \mathcal{H}$.

5.16.3 Das großkanonische Potential des idealen Fermi-Gases im Magnetfeld

Der Pauli-Paramagnetismus ist nur *ein* Effekt des Verhaltens von Fermionen im äußeren Magnetfeld. In diesem Abschnitt wollen wir eine Formel für das großkanonische Potential J des idealen Fermi-Gases im Magnetfeld entwickeln, die uns im Prinzip erlaubt, alle auftretenden Effekte zu diskutieren. In diesem Zusammenhang stellt sich heraus, dass es günstiger ist, statt Gl. (5.327) das Vektorpotential

$$\vec{A} = \begin{pmatrix} 0 \\ x\mathcal{H} \\ 0 \end{pmatrix} \tag{5.331}$$

zu verwenden, welches aus Gl. (5.327) durch eine Eichtransformation mit $\Lambda = \mathcal{H}xy/2$ hervorgeht. Um die Eigenwerte von $\widehat{H}$ aus Gl. (5.326) mit dem Vektorpotential aus Gl. (5.331) zu berechnen, machen wir den Ansatz

$$\psi(\vec{x}, s) = e_s\, e^{i(p_y y + p_z z)/\hbar}\varphi(x) \quad \text{mit} \quad s = \pm 1 \text{ bzw. } \pm, \quad e_+ = \begin{pmatrix} 1 \\ 0 \end{pmatrix}, \quad e_- = \begin{pmatrix} 0 \\ 1 \end{pmatrix} \tag{5.332}$$

für die Eigenzustände. Dann führt $\widehat{H}\psi = E\psi$ zur Differentialgleichung

$$-\frac{\hbar^2}{2m}\varphi''(x) + \frac{1}{2}m\omega_c^2(x - x_0)^2\varphi(x) = \left(E - \frac{p_z^2}{2m} - \mu_B\mathcal{H}s \right)\varphi(x). \tag{5.333}$$

Dabei ist ω_c die Zyklotronfrequenz, welche mit dem Bohr'schen Magneton folgendermaßen zusammenhängt:

$$\hbar\omega_c = \frac{e\hbar\mathcal{H}}{mc_1} = 2\mu_B\mathcal{H}. \tag{5.334}$$

Weiters ist x_0 gegeben durch

$$x_0 = -\frac{p_y c_1}{e\mathcal{H}} = -\frac{p_y}{m\omega_c}. \tag{5.335}$$

Da Gl. (5.333) genau die Gestalt der Gleichung für den harmonischen Oszillator hat, können wir sofort die Energieeigenwerte hinschreiben:

$$E(p_z, \nu, s) = \frac{p_z^2}{2m} + \hbar\omega_c\left(\nu + \frac{1}{2}\right) + s\mu_B\mathcal{H} \quad \text{mit} \quad p_z \in \mathbb{R}, \ \nu \in \mathbb{N}_0, \ s = \pm 1. \qquad (5.336)$$

Die Eigenwerte hängen vom kontinuierlichen Parameter p_z und den diskreten Parametern ν und s ab. Die natürliche Zahl ν nummeriert die sogenannten *Landau-Niveaus* durch. Die Eigenwerte $E(p_z, \nu, s)$ sind bezüglich p_y entartet.

Um die großkanonische Zustandssumme zu berechnen, müssen wir also über s und ν summieren und über die kontinuierlichen Parameter p_y und p_z mit dem im Abschnitt 4.4.1 besprochenen Integrationsmaß integrieren. Wenn wir annehmen, dass die Probenabmessungen durch $0 \leq x \leq L_x$, etc. definiert sind, müssen wir berücksichtigen, dass der Nullpunkt x_0 des harmonischen Potentials innerhalb der Probe bleibt. Daher ist p_y gemäß Gl. (5.335) negativ und erstreckt sich über das Intervall

$$-m\omega_c L_x \equiv -p_0 \leq p_y \leq 0. \qquad (5.337)$$

Mit der großkanonischen Zustandssumme für das ideale Fermi-Gas aus Gl. (5.211) erhalten wir somit

$$J = -kT \sum_{s=\pm 1} \sum_{\nu=0}^{\infty} \int_{-p_0}^{0} \frac{L_y \mathrm{d}p_y}{2\pi\hbar} \int_{-\infty}^{\infty} \frac{L_z \mathrm{d}p_z}{2\pi\hbar} \ln\left(1 + e^{-\beta(E(p_z, \nu, s)-\mu)}\right). \qquad (5.338)$$

Wegen der Entartung der Energieeigenwerte bezüglich p_y ist die p_y-Integration trivial und erlaubt, den Entartungsgrad pro ν bezogen auf die xy-Ebene zu definieren:

$$g_{xy} = \frac{L_x L_y m\omega_c}{2\pi\hbar} = \frac{L_x L_y m\mu_B\mathcal{H}}{\pi\hbar^2}. \qquad (5.339)$$

Wir erhalten also das Resultat

$$J(T, \mathcal{H}, \mu) = -kT g_{xy} \sum_{s=\pm 1} \sum_{\nu=0}^{\infty} \int_{-\infty}^{\infty} \frac{L_z \mathrm{d}p_z}{2\pi\hbar} \ln\left(1 + e^{-\beta(E(p_z, \nu, s)-\mu)}\right) \qquad (5.340)$$

für das großkanonische Potential. Das Volumen $V = L_x L_y L_z$ halten wir im Folgenden konstant und bezeichnen daher in J die Abhängigkeit von V nicht. Implizit ist in unsere Behandlung von J eingegangen, dass die Ausdehnung der Wellenfunktion $\varphi(x)$ viel kleiner als L_x ist.

Im Abschnitt 4.4.1 haben wir das Integrationsmaß $L_i \mathrm{d}p_i/(2\pi\hbar)$ für die Impulskomponenten durch die Bedingung erhalten, dass die Wellenfunktion am Rand des

Gebiets Null ist. Weil im vorliegenden Problem die y-Abhängigkeit von $\psi(\vec{x}, s)$ durch $\exp(ip_y y/\hbar)$ gegeben ist, müssen wir hier allerdings *periodische Randbedingungen* wählen, um das Integrationsmaß zu bekommen (15):

$$e^{ip_y L_y/\hbar} = 1 \quad \Rightarrow \quad p_y = \frac{2\pi\hbar n}{L_y} \quad (n \in \mathbb{Z}). \tag{5.341}$$

Wir erhalten damit dasselbe Integrationsmaß wie im Abschnitt 4.4.1. Natürlich hätten wir auch im Unterkapitel 1.3 bei der Behandlung freier Teilchen im Kasten periodische Randbedingungen verwenden können und hätten dieselbe Anzahl $\tilde{\Omega}$ der Zustände wie in Gl. (1.32) erhalten, da die Physik ja nicht von der speziellen Wahl der mathematischen Randbedingungen abhängen darf.

5.16.4 Der Landau-Diamagnetismus

In diesem Abschnitt berechnen wir die magnetische Suszeptibilität des sogenannten Landau-Diamagnetismus, der von der Bahnbewegung freier Elektronen erzeugt wird. D.h., wir betrachten hier nur den Effekt des Vektorpotentials im Hamilton-Operator Gl. (5.326), was bedeutet, dass wir in E aus Gl. (5.336) den Spinteil weglassen. Allerdings müssen wir bei der *Abzählung der Zustände* die Anzahl der möglichen Spineinstellungen berücksichtigen, um die richtige Suszeptibilität zu bekommen, die mit der Bahnbewegung der Elektronen zusammenhängt. Wir ersetzen daher in Gl. (5.340) E durch

$$\epsilon_\nu(p_z) = \frac{p_z^2}{2m} + \hbar\omega_c\left(\nu + \frac{1}{2}\right) \tag{5.342}$$

und die Summation über die Spins durch den Faktor 2. Somit ist das großkanonische Potential, das wir in diesem Abschnitt behandeln wollen, durch

$$J(T, \mathcal{H}, \mu) = -2kTg_{xy} \sum_{\nu=0}^{\infty} \int_{-\infty}^{\infty} \frac{L_z \mathrm{d}p_z}{2\pi\hbar} \ln\left(1 + e^{-\beta(\epsilon_\nu(p_z)-\mu)}\right) \tag{5.343}$$

gegeben.

Zur Berechnung von J in Gl. (5.343) machen wir zuerst eine partielle Integration und erhalten

$$J = -\frac{4g_{xy}L_z}{\pi\hbar} \sum_{\nu=0}^{\infty} \int_{0}^{\infty} \mathrm{d}p_z \frac{p_z^2}{2m} \frac{1}{e^{\beta(\epsilon_\nu(p_z)-\mu)} + 1}. \tag{5.344}$$

Anstelle von p_z verwenden wir die Integrationsvariable

$$\epsilon_z = \frac{p_z^2}{2m} \quad \Rightarrow \quad \mathrm{d}p_z = \sqrt{\frac{m}{2\epsilon_z}}\, \mathrm{d}\epsilon_z. \tag{5.345}$$

Nach diesem Zwischenschritt erhalten wir

$$J = -\frac{4g_{xy}L_z}{\pi\hbar} \int_{0}^{\infty} \mathrm{d}\epsilon_z \sqrt{\frac{m}{2\epsilon_z}} \sum_{\nu=0}^{\infty} \frac{\epsilon_z}{e^{\beta(\epsilon_\nu(p_z)-\mu)} + 1}. \tag{5.346}$$

Zur näherungsweisen Berechnung der Summe über ν wenden wir die Euler'sche Summenformel aus Theorem 5 auf die Funktion

$$f(y) = \frac{1}{e^{\beta(\epsilon_z + \hbar\omega_c y - \mu)} + 1} \tag{5.347}$$

an, brechen nach der ersten Ableitung ab und machen im Bereich zwischen 0 und 1/2 die lineare Näherung $f(y) \simeq f(0) + yf'(0)$. Damit erhalten wir die Formel (37)

$$\sum_{\nu=0}^{\infty} f(\nu + 1/2) \simeq \int_0^\infty d\nu \, f(\nu + 1/2) + \frac{1}{2} f(1/2) - \frac{1}{12} f'(1/2) \simeq \int_0^\infty dy \, f(y) + \frac{1}{24} f'(0). \tag{5.348}$$

Anwendung dieser Formel liefert die Näherung

$$\sum_{\nu=0}^{\infty} f(\nu + 1/2) \simeq \int_0^\infty dy \, \frac{1}{e^{\beta(\epsilon_z + \hbar\omega_c y - \mu)} + 1} - \frac{1}{24} \frac{\beta\hbar\omega_c \, e^{\beta(\epsilon_z - \mu)}}{(e^{\beta(\epsilon_z - \mu)} + 1)^2}. \tag{5.349}$$

Wir werden sehen, dass das in J einer Entwicklung bis $(\hbar\omega_c)^2$ entspricht.

Zur Berechnung des Diamagnetismus genügt es, den Limes $T \to 0$ zu betrachten. Dieser Limes lässt sich in Gl. (5.349) leicht durchführen, wenn man Gl. (5.289) berücksichtigt und

$$\lim_{\beta \to \infty} \frac{\beta e^{\beta u}}{(e^{\beta u} + 1)^2} = \delta(u) \tag{5.350}$$

benützt, wobei $\delta(u)$ die Delta-Funktion ist. Als Resultat bekommen wir

$$F(\epsilon_z) = \frac{1}{\hbar\omega_c} (\mu - \epsilon_z) \, \Theta(\mu - \epsilon_z) - \frac{1}{24} \hbar\omega_c \, \delta(\mu - \epsilon_z) \tag{5.351}$$

mit der Heaviside-Funktion $\Theta(u)$. Weil eine Potenz von $\mathcal{H}$ in g_{xy} steckt, ist nun offensichtlich, dass unsere Näherung das thermodynamische Potential J zur Ordnung $\mathcal{H}^2$ liefert. Das ist für unsere Zwecke ausreichend, weil wir für die Suszeptibilität die Ableitung der Magnetisierung nach $\mathcal{H}$ und damit die zweite Ableitung von J nach $\mathcal{H}$ benötigen. Nun führen wir die Integration

$$\int_0^\infty d\epsilon_z \sqrt{\epsilon_z} \, F(\epsilon_z) \simeq \frac{4}{15} \mu^{5/2} (\hbar\omega_c)^{-1} - \frac{1}{24} \mu^{1/2} \hbar\omega_c \tag{5.352}$$

durch und setzen dieses Resultat und den Entartungsgrad der Landau-Niveaus, Gl. (5.339), in Gl. (5.346) ein. Wir erhalten ein Resultat, welches sich mit Hilfe der Zustandsdichte (5.287) recht einfach darstellen lässt:

$$J(T = 0, \mathcal{H}, \mu) \simeq -Vg(\mu) \left\{ \frac{4}{15} \mu^2 - \frac{1}{6} (\mu_B \mathcal{H})^2 \right\}. \tag{5.353}$$

Den $\mathcal{H}$-unabhängigen Term auf der rechten Seite dieser Gleichung könnte man natürlich recht einfach aus dem großkanonischen Potential des idealen Fermi-Gases und Gl. (5.214) im Limes $T \to 0$ erhalten.

Die Güte unserer Näherung hängt vom Verhältnis $\mu_B\mathcal{H}/\mu$ ab. Die Größe des Bohr'schen Magnetons ist $\mu_B = 5.7884 \times 10^{-5}$ eV T^{-1}. Daher ist $\mu \simeq \epsilon_F \gg \mu_B\mathcal{H}$ und dieses Verhältnis selbst für sehr große Magnetfelder von 10 Tesla klein.

Durch Ableitung von J erhält man Magnetisierung und Teilchendichte:

$$M_z = -\frac{1}{V}\frac{\partial J}{\partial\mathcal{H}}, \quad \rho = -\frac{1}{V}\frac{\partial J}{\partial\mu}. \tag{5.354}$$

Die zweite Gleichung erlaubt, das chemische Potential μ als Funktion von T, ρ und $\mathcal{H}$ auszudrücken. Mit J aus Gl. (5.353) werten wir die zweite Gleichung unter Verwendung von Gl. (5.315) aus und erhalten

$$\rho \simeq \frac{2}{3}\mu g(\mu)\left\{1 - \frac{1}{8}\left(\frac{\mu_B\mathcal{H}}{\mu}\right)^2\right\}. \tag{5.355}$$

Offensichtlich gilt $\mu = \epsilon_F$ bei $\mathcal{H} = 0$. Die näherungsweise Umkehrung dieser Gleichung ergibt

$$\mu(T = 0, \rho, \mathcal{H}) \simeq \epsilon_F\left\{1 + \frac{1}{12}\left(\frac{\mu_B\mathcal{H}}{\epsilon_F}\right)^2\right\}. \tag{5.356}$$

Wie zu erwarten war, ist der Korrekturterm zu ϵ_F quadratisch in $\mathcal{H}$. D.h., setzen wir Gl. (5.356) in M_z ein, erzeugen wir zusätzlich zum $\mathcal{H}$-unabhängigen Term einen Term quadratisch in $\mathcal{H}$ in der Suszeptibilität. Da wir uns mit einer $\mathcal{H}$-unabhängigen Suszeptibilität begnügen, verwenden wir $\mu = \epsilon_F$ in M_z und erhalten das Endresultat

---

$$\chi_{\text{Landau}} = -\frac{1}{3}\mu_B^2 g(\epsilon_F) = -\frac{1}{3}\chi_{\text{Pauli}}. \tag{5.357}$$

Die Bahnbewegung der Elektronen bewirkt also eine negative Suszeptibilität, d.h., einen diamagnetischen Effekt. Allerdings ist der Nettoeffekt aus Pauli-Paramagnetismus und Landau-Diamagnetismus für freie Elektronen ein paramagnetischer, denn $\chi_{\text{Pauli}} + \chi_{\text{Landau}} = \frac{2}{3}\chi_{\text{Pauli}}$ ist positiv.

Wir betonen nochmals, dass die ab Gl. (5.342) geführte Diskussion ausschließlich auf den Landau-Diamagnetismus zugeschnitten ist, weil zwar die Fermi-Statistik berücksichtigt, jedoch der Spinteil in Gl. (5.342) weggelassen ist. Z.B. ist Gl. (5.356) keineswegs das vollständige chemische Potential des idealen Elektronengases im Magnetfeld (15).

5.16.5 Der de Haas-van Alphen-Effekt

In den beiden vorigen Abschnitten haben wir in der Suszeptibilität die Spineffekte und Bahnbewegung der Elektronen getrennt behandelt. Allerdings ist dem vollständigen großkanonischen Potential J aus Gl. (5.340) für das freie Fermi-Gas im Magnetfeld nicht anzusehen, warum sich Spin- und Bahneffekte getrennt behandeln lassen sollten. Tatsächlich ist die vollständige Suszeptibilität gegeben durch

$$\chi = \chi_{\text{Pauli}} + \chi_{\text{Landau}} + \chi_{\text{osz}}, \tag{5.358}$$

wobei χ_{osz} der Teil ist, wo sich diese Effekte eben nicht trennen lassen. Allerdings wird dieser Anteil nur bei tiefen Temperaturen wirksam. Die Berechnung von χ_{osz} ist aufwendig; es wird auf (15) verwiesen. Das Resultat ist näherungsweise

$$\chi_{\text{osz}} \simeq \frac{3\pi^2}{2} \, \rho \, \frac{kT}{\mathcal{H}^2} \left(\frac{\varepsilon_F}{\mu_B \mathcal{H}} \right)^{1/2} \sum_{p=1}^{\infty} p^{1/2} \frac{\cos\left(\dfrac{\pi p \, \varepsilon_F}{\mu_B \mathcal{H}} - \dfrac{\pi}{4} \right)}{\sinh\left(\dfrac{\pi^2 p kT}{\mu_B \mathcal{H}} \right)}. \tag{5.359}$$

Offensichtlich ist die Suszeptibilität χ_{osz} für Temperaturen $kT \gg \mu_B \mathcal{H}$ exponentiell unterdrückt. Setzen wir ρ aus Gl. (5.294) in χ_{osz} ein und verwenden Gl. (5.324), erhalten wir

$$\chi_{\text{osz}} \simeq \chi_{\text{Pauli}} \times \pi^2 \, \frac{kT}{\mu_B \mathcal{H}} \left(\frac{\varepsilon_F}{\mu_B \mathcal{H}} \right)^{3/2} \sum_{p=1}^{\infty} p^{1/2} \frac{\cos\left(\dfrac{\pi p \, \varepsilon_F}{\mu_B \mathcal{H}} - \dfrac{\pi}{4} \right)}{\sinh\left(\dfrac{\pi^2 p kT}{\mu_B \mathcal{H}} \right)}. \tag{5.360}$$

In dieser Form sieht man wegen $\varepsilon_F \gg \mu_B \mathcal{H}$ leicht, dass für genügend kleine Temperaturen χ_{osz} viel größer als χ_{Pauli} ist. Das oszillierende Verhalten der magnetischen Suszeptibilität in $1/\mathcal{H}$, welches bei tiefen Temperaturen auftritt, heißt *de Haas-van Alphen-Effekt* – siehe auch Abschnitt 5.17.2.

5.17 Para- und Diamagnetismus im Festkörper

Als Anwendung und Abrundung der besprochenen para- und diamagnetischen Effekte führen wir eine vereinfachte Diskussion des Festkörpers im Magnetfeld durch. Für weitergehende Diskussionen verweisen wir z.B. auf (39).

5.17.1 Nichtmetall

5.17.1.1 Paramagnetismus
Enthält der Festkörper Ionen mit Gesamtdrehimpuls $j \neq 0$, ist er paramagnetisch mit einer Suszeptibilität entsprechend dem Curie-Gesetz (5.176).

5.17.1.2 Diamagnetismus
Viele Ionenkristalle enthalten Ionen mit abgeschlossen Schalen; z.B. F^- und Na^+ haben eine Elektronenhülle entsprechend der des Edelgases Neon. Solche Ionen erzeugen einen Diamagnetismus, wie wir jetzt darlegen werden. Der relevante Hamilton-

Operator eines solchen Ions ist der Hamilton-Operator der Elektronen im konstanten Magnetfeld. Wir müssen also das Vektorpotential aus Gl. (5.327) in den Hamilton-Operator (5.326) einsetzen und auf den Fall von mehreren Elektronen verallgemeinern. Unter Benützung der Umformung

$$\frac{e}{2mc_l} \left(\vec{P}_i \cdot \vec{A}(\vec{x}_i) + \vec{A}(\vec{x}_i) \cdot \vec{P}_i \right) = \frac{\mu_B}{\hbar} \vec{L}_i \cdot \vec{\mathcal{H}}$$ (5.361)

erhalten wir damit

$$\hat{H} = \sum_{i=1}^{z_e} \left[\frac{\vec{P}_i^2}{2m} + \frac{\mu_B}{\hbar} \left(\vec{L}_i + 2\vec{S}_i \right) \cdot \vec{\mathcal{H}} + \frac{e^2}{8mc_l^2} \left(\mathcal{H}^2 \vec{X}_i^2 - \left(\vec{\mathcal{H}} \cdot \vec{X}_i \right)^2 \right) \right],$$ (5.362)

wobei $\vec{P}_i$, $\vec{X}_i$, L_i und $\vec{S}_i$ Impuls-, Orts-, Bahndrehimpuls- und Spinoperator des i-ten Elektrons sind. Die Summe geht über die z_e Elektronen im Ion. Der zweite Term auf der rechten Seite ergibt den Paramagnetismus für Elektronenzustände mit $j \neq 0$, der dritte Term ist für den Diamagnetismus verantwortlich. Da bei Raumtemperatur die Elektronen des Ions im Grundzustand $|\psi\rangle$ sind und die Energie elektronischer Anregungen viel größer als kT ist, ist der für den Diamagnetismus relevante Beitrag zur Energie (39) gegeben durch

$$\Delta E_{\text{dia}} = \frac{e^2 \mathcal{H}^2}{8mc_l^2} \sum_{i=1}^{z_e} \langle \psi | (X_i^2 + Y_i^2) | \psi \rangle.$$ (5.363)

Wir definieren

$$\langle r^2 \rangle = \frac{1}{z_e} \sum_{i=1}^{z_e} \langle \psi | (X_i^2 + Y_i^2 + Z_i^2) | \psi \rangle$$ (5.364)

und berücksichtigen, dass der Zustand $|\psi\rangle$ rotationssymmetrisch ist. Damit erhalten wir die von Gl. (5.363) herrührende T-unabhängige negative Suszeptibilität

$$\chi_{\text{dia}}^{\text{Ion}} = -\frac{N}{V} \frac{\partial^2}{\partial \mathcal{H}^2} \Delta E_{\text{dia}} = -\frac{N}{V} \frac{e^2}{4mc_l^2} \times \frac{2}{3} z_e \langle r^2 \rangle,$$ (5.365)

wobei N die Anzahl der diamagnetischen Ionen ist. Mit dem Bohr'schen Radius $a_0 = \hbar^2/(me^2)$ und der Feinstrukturkonstante $\alpha = e^2/(\hbar c_l)$ schreiben wir Gl. (5.365) um in

!

$$\chi_{\text{dia}}^{\text{Ion}} = -\frac{1}{6} \rho \alpha^2 a_0 z_e \langle r^2 \rangle.$$ (5.366)

Sind mehrere Sorten von diamagnetischen Ionen vorhanden, muss man in Gl. (5.366) über die Sorten summieren, wobei die Werte von ρ, z_e und $\langle r^2 \rangle$ im Allgemeinen von der Sorte abhängen.

Die Suszeptibilität χ ist eine dimensionslose Größe. Allerdings unterscheidet sich ihr Wert im SI-Einheitensystem von dem im Gauß-System durch einen numerischen

Faktor: $\chi|_{SI} = 4\pi \chi|_{Gauß}$. Die Umrechnung von SI in Gauß-Einheiten und vice versa ist im Detail im Anhang von (48) diskutiert. Im Folgenden wollen wir die Größenordnungen von Dia- und Paramagnetismus vergleichen. Da wir in diesem Buch für elektromagnetische Größen das Gauß-System benützen, könnten wir insbesondere für die paramagnetische Suszeptibilität χ_{para} aus dem Curie-Gesetz (5.176) alle Größen in cgs-Einheiten einsetzen. Es gibt aber einen einfacheren Weg, um diesen Vergleich zu machen, der noch dazu alle möglichen Schwierigkeiten bei der Umrechnung zwischen SI und Gauß-Einheiten vermeidet. Dieser Weg nützt aus, dass in der paramagnetischen Suszeptibilität als einzige elektromagnetische Größe das Bohr'sche Magneton auftritt und dass sich in μ_B das Verhältnis e/m zu Gunsten der Feinstrukturkonstante und des Bohr'schen Radius durch die Formel

$$\mu_B^2 = \frac{1}{4} \alpha^3 a_0^2 \hbar c_l \tag{5.367}$$

eliminieren lässt. Nun können wir leicht einen Größenordnungsvergleich von χ_{para} mit χ_{dia}^{Ion} durchführen. Mit $\langle r^2 \rangle \sim a_0^2$ erhalten wir die grobe Abschätzung

$$\chi_{dia}^{Ion}/\chi_{para} \sim \frac{a_0 kT}{\alpha \hbar c_l}. \tag{5.368}$$

Dabei haben wir weder z_e noch mögliche verschiedene Dichten von diamagnetischen und paramagnetischen Ionen berücksichtigt. Setzen wir in Gl. (5.368) $a_0 \simeq 0.5 \times 10^{-10}$ m und $T \sim 300$ K ein, bekommen wir, dass der Diamagnetismus etwa zwei bis drei Größenordnungen kleiner als der Paramagnetismus ist (39). In absoluten Zahlen ist $\chi_{para} \sim 10^{-2} \div 10^{-3}$ und $\chi_{dia}^{Ion} \sim 10^{-5}$.

5.17.2 Metall

Wir unterscheiden beim Metall die zwei Fälle $kT \gg \mu_B \mathcal{H}$ und $kT \lesssim \mu_B \mathcal{H}$.

5.17.2.1 $kT \gg \mu_B \mathcal{H}$

Betrachten wir Raumtemperatur, also $kT \sim 1/40$ eV, und $\mathcal{H} \lesssim 20$ Tesla, was etwa den größten im Labor erzeugbaren Magnetfeldern entspricht, finden wir $\mu_B \mathcal{H} \lesssim 10^{-3}$ eV, also ist $\mu_B \mathcal{H}$ viel kleiner als kT. Wir orientieren uns am freien Elektronengas als Näherung für die Leitungselektronen. Daher haben wir insgesamt

$$\chi = \chi_{Pauli} + \chi_{Landau} + \chi_{dia}^A, \quad \chi_{osc} \simeq 0, \tag{5.369}$$

wobei χ_{dia}^A dem Diamagnetismus der Atomrümpfe entspricht, also das Analogon zu χ_{dia}^{Ion} ist. Das freie Elektronengas ist allerdings zu stark idealisiert. In einer Verallgemeinerung, die nur in einfachen Fällen funktioniert, kann die Elektronmasse m durch eine effektive Masse m^* für die Bahnbewegung ersetzt werden (39). Es ist leicht einzusehen, dass dann die Energieeigenwerte aus Gl. (5.336) durch

$$E(p_z, v, s) = \frac{p_z^2}{2m^*} + 2\mu_B^* \mathcal{H} \left(v + \frac{1}{2} \right) + s\mu_B \mathcal{H} \quad \text{mit} \quad \mu_B^* = \frac{m}{m^*} \mu_B. \tag{5.370}$$

ersetzt werden müssen (15). Damit wird Gl. (5.357) korrigiert zu

$$\frac{\chi_{\text{Landau}}}{\chi_{\text{Pauli}}} = -\frac{1}{3} \left(\frac{m}{m^*} \right)^2. \tag{5.371}$$

5.17.2.2 $kT \lesssim \mu_B \mathcal{H}$

In diesem Bereich dominiert, wie beim freien Elektronengas besprochen, der Anteil χ_{osc} in der Suszeptibilität und damit der de Haas-van Alphen-Effekt. Allerdings müssen wir wieder in Gl. (5.359) an geeigneten Stellen die Ersetzung $m \to m^*$ machen (15):

$$\chi_{\text{osz}} \simeq \frac{3\pi^2}{2} \rho \frac{kT}{\mathcal{H}^2} \left(\frac{\varepsilon_F}{\mu_B^* \mathcal{H}} \right)^{1/2} \sum_{p=1}^{\infty} (-1)^p \cos \left(\pi p \frac{m^*}{m} \right) p^{1/2} \frac{\cos \left(\frac{\pi p \, \varepsilon_F}{\mu_B^* \mathcal{H}} - \frac{\pi}{4} \right)}{\sinh \left(\frac{\pi^2 \, pkT}{\mu_B^* \mathcal{H}} \right)}. \tag{5.372}$$

Dass die Ersetzung

$$1 = (-1)^p \cos(\pi p) \to (-1)^p \cos \left(\pi p \frac{m^*}{m} \right) \forall \, p \tag{5.373}$$

zu machen ist, ist nur aus der Berechnung von χ_{osc} erkennbar – siehe (15). Das Vorkommen von m^*/m weist darauf hin, dass χ_{osc} ein Effekt ist, wo sowohl die Landau-Niveaus als auch die Spineinstellungen in untrennbarer Weise beitragen.

Gleichung (5.372) hat eine Oszillationsperiode (Grundschwingung) in $1/\mathcal{H}$ von

$$\Delta \frac{1}{\mathcal{H}} = \frac{2\mu_B^*}{\varepsilon_F}. \tag{5.374}$$

Wie kommt dieser Effekt zustande? Wir betrachten die Energieniveaus aus Gl. (5.370) und berücksichtigen, dass die Energieniveaus im Wesentlichen nur bis ε_F gefüllt sind. Der Entartungsgrad g_{xy} der Landau-Niveaus – siehe Gl. (5.339) – ist proportional zu $\mathcal{H}$. Reduzieren wir die Feldstärke, wird g_{xy} daher kleiner. Halten wir s fest, dann rutscht bei

$$\frac{1}{\mathcal{H}_v} = \frac{2\mu_B^* \left(v + \frac{1}{2} \right) + s\mu_B}{\varepsilon_F} \tag{5.375}$$

das v-te Landau-Niveau unter die Fermi-Kante und wird bei weiterer Reduzierung von $\mathcal{H}$ befüllt. Man kann nämlich zeigen, dass sich durch das Einschalten des Magnetfelds die Anzahl der Zustände mit Energien kleiner gleich ε_F nicht ändert, die Zustände werden nur „umgeordnet". Das ist insofern einleuchtend, als das Einschalten des Magnetfelds zwar die Bahnen der Elektronen aber nicht deren kinetische Energie verändert. Die Differenz $\mathcal{H}_{\nu+1}^{-1} - \mathcal{H}_{\nu}^{-1}$ ergibt gerade Gl. (5.374). Definieren wir die Fermi-Kugel als die Fläche im $\vec{k}$-Raum gegeben durch

$$\frac{\hbar^2 \vec{k}^2}{2m^*} = \varepsilon_F, \tag{5.376}$$

erhalten wir

$$\Delta \frac{1}{\mathcal{H}} = \frac{e}{\hbar c_l} \frac{2\pi}{A_F} \quad \text{mit} \quad A_F = \pi \vec{k}^2. \tag{5.377}$$

Dabei ist A_F der größte Querschnitt der Fermi-Kugel im $\vec{k}$-Raum.

Für realistische Metalle ist die *Fermi-Fläche* im $\vec{k}$-Raum im Allgemeinen keine Kugel sondern eine Fläche, die aus der Dispersionsrelation durch die Bedingung $\hbar\omega(\vec{k}) = \varepsilon_F$ erhalten wird. In der Festkörperphysik wird Folgendes gezeigt (39): Wenn man ein Magnetfeld $\mathcal{H}(\vec{k})$ in Richtung $\vec{k}$ legt und verändert, erhält man die Grundschwingung

$$\Delta \frac{1}{\mathcal{H}(\vec{k})} = \frac{e}{\hbar c_l} \frac{2\pi}{A_e(\vec{k})}, \tag{5.378}$$

wobei $A_e(\vec{k})$ der Extremalquerschnitt der Fermi-Fläche orthogonal zu $\vec{k}$ ist. Der de Haas-van Alphen-Effekt erlaubt also, Aussagen über die Fermi-Fläche zu machen.

5.18 Übungsaufgaben

1. Berechnen Sie unter Verwendung der Maxwell-Verteilung die mittlere thermische Geschwindigkeit $\bar{v}$ für ein ideales Gas, wobei $\bar{v}$ als Erwartungswert von $|\vec{v}|$ definiert ist.
2. Ein Gas von N klassischen nichtwechselwirkenden Teilchen sei im Kontakt mit einem Wärmebad der Temperatur T. Die Hamilton-Funktion eines Teilchens sei $H_{kl} = c_l|\vec{p}|$. Berechnen Sie mit Hilfe des Gleichverteilungssatzes den Erwartungswert der Energie.
3. Berechnen Sie für das vorige Beispiel die freie Energie, die Entropie und die Zustandsgleichung.
4. Ein Teilchen mit der Hamilton-Funktion $H_{kl} = \vec{p}^2/2m + V(r)$ sei im Kontakt mit einem Wärmebad der Temperatur T. Das Potential habe die Form $V(r) = \xi r^\alpha$ mit der Kopplungskonstante $\xi > 0$, $\alpha > 0$ und $r = |\vec{x}|$. Berechnen Sie die mittlere Energie des Teilchens.
5. Berechnen Sie den Erwartungswert von $H_{kl} = p^2/2m + \xi x^4$ (eindimensionales Problem) in einem Wärmebad der Temperatur T.
6. Ein Teilchen im Wärmebad mit nur einem Translationsfreiheitsgrad sei auf den Bereich $|x| < L$ eingeschränkt und bewege sich im Potential $V(x) = \frac{1}{2}\xi x^2$. Berech-

nen Sie $\langle H_{kl} \rangle$ unter Verwendung der Gauß'schen Fehlerfunktion. Diskutieren Sie weiters die Limiten $kT \ll V_0$ und $kT \gg V_0$ ($V_0 \equiv \xi L^2 / 2$).

7. Geben Sie gemäß dem Gleichverteilungssatz die Wärmekapazitäten von CO_2-Gas und Wasserdampf an. Welche Wärmekapazitäten werden tatsächlich bei $T \sim 400\,\text{K}$ gemessen?

8. Schreiben Sie Z_{rot} für das $^{16}O_2$-Molekül an.

9. Berechnen Sie für das H_2-Molekül die Zustandssummen Z_{para} und Z_{ortho} in führender Ordnung in T/T_r. Was folgt daraus für die Wärmekapazitäten?

10. Ein System habe endlich viele Energieniveaus E_k ($k = 1, 2, \ldots, n$) mit dazugehörigen Entartungsgraden g_k und befinde sich in einem Wärmebad der Temperatur T. Zeigen Sie, dass in so einem System die Wärmekapazität C_V sowohl für $T \to 0$ als auch für $T \to \infty$ gegen Null geht. Wie verhält sich C_V in diesen Limiten asymptotisch?

11. Ein $Te\,O_2$-Einkristall mit einer Masse von 750 g habe eine Temperatur von 10 mK. Um wieviel erhöht sich seine Temperatur, wenn er eine Energie von 1 MeV aus einem Teilchenzerfall absorbiert? Die Debye-Temperatur von $Te\,O_2$ ist 232 K. Dieses Messprinzip wird z.B. im CUORE-Experiment angewendet.

12. Berechnen Sie zum vorigen Beispiel die Schwankung der inneren Energie des $Te\,O_2$-Kristalls und schätzen Sie die relative Schwankung ab.

13. Zeigen Sie, dass man die freie Energie des Debye-Modells in der Form $F = -N\epsilon_B + Tf(T_D/T)$ schreiben kann. Leiten Sie daraus einen Zusammenhang zwischen der Debye-Temperatur T_D und dem Grüneisen-Parameter γ_g her.

14. Berechnen Sie die freie Energie des Debye-Modells im Limes $T \ll T_D$ und bestimmen Sie damit die Wärmekapazität C_V und – unter Verwendung des Resultats von Aufgabe 11 aus Kapitel 2 – den Ausdehnungskoeffizienten α.

15. Eine Anzahl von Protonen mit dem magnetischen Moment $\mu_p = 1.41 \times 10^{-26}\,\text{JT}^{-1}$ befinde sich in einem homogenen Magnetfeld mit einer Stärke von 10 Tesla und im Kontakt mit einem Wärmebad der Temperatur $T = 300\,\text{K}$. Wie groß ist der Prozentsatz der Protonen, deren Spins in Richtung des Magnetfelds zeigt?

16. Berechnen Sie die magnetische Suszeptibilität einer paramagnetischen Substanz in der klassischen Näherung und leiten Sie damit das Curie-Gesetz her.

17. Berechnen Sie für ein Photonengas die Entropie $S(T, V)$ aus der Energiedichte $\eta(T)$ und dem Strahlungsdruck.

18. Berechnen Sie für ideale Bose- und Fermi-Gase die Schwankung des Besetzungszahloperators $\hat{\nu}_j$.

19. Berechnen Sie im Limes kleiner Dichten und für Temperatur T die mittlere Energie pro Teilchen eines idealen relativistischen Bose- oder Fermi-Gases.

20. Bestimmen Sie für das freie nichtrelativistische Bose-Gas mit Spin 0 die Grenzkurve im p–v-Diagramm, wo Bose-Einstein-Kondensation eintritt.

21. Berechnen Sie die kritische Temperatur für Bose-Einstein-Kondensation im Fall eines relativistischen Bose-Gases mit Spin 0.

22. Es seien N Bosonen mit Spin 0 in einem harmonischen Oszillatorpotential gefangen. Dem Potential entsprechen die Kreisfrequenzen ω_1, ω_2, ω_3 in Richtung der Koordinatenachsen. Ersetzen Sie die Summation über die Oszillatorniveaus durch geeignete Integrale und berechnen Sie damit N als Funktion von Temperatur und Fugazität. Zeigen Sie damit, dass die kritische Temperatur T_c für Bose-Einstein-Kondensation durch $N = (kT_c)^3 \zeta(3)/(\hbar\omega)^3$ bestimmt ist ($\omega \equiv (\omega_1 \omega_2 \omega_3)^{1/3}$).

23. Berechnen Sie T_c aus dem vorigen Beispiel für $N = 10^4$ und $\omega = 1000\,\mathrm{s}^{-1}$.

24. Berechnen Sie für ein freies ideales nichtrelativistisches Fermi-Gas mit Spin 1/2 die großkanonische Zustandssumme J im Limes $T \to 0$.

25. Zeigen Sie, dass im Limes schwacher Magnetfelder die großkanonische Zustandssumme Gl. (5.340) übergeht in die großkanonische Zustandssumme des freien idealen Fermi-Gases.

26. Berechnen Sie den Koeffizienten a_2 aus Gl. (5.325) für das freie Elektronengas.

6 Systeme von Teilchen mit Wechselwirkung

6.1 Reales Gas: Cluster- und Virialentwicklung

In diesem Unterkapitel verwenden wir die klassische Näherung für die Berechnung der kanonischen Zustandssumme, daher nehmen wir an, dass die Bedingung $(V/N)^{1/3} \gg \lambda$ erfüllt ist – zur Definition der de Broglie-Wellenlänge λ siehe Gl. (1.66).

6.1.1 Die Clusterentwicklung

In dieser Entwicklung benützt man, dass sich gemäß Gl. (4.67) die großkanonische Zustandssumme als Funktion der Fugazität $z = e^{\beta\mu}$ in eine Reihe entwickeln lässt:

$$Y_{\mathrm{kl}}(T, V, \mu) = \sum_{N=0}^{\infty} z^N Z_{\mathrm{kl}}(T, V, N), \tag{6.1}$$

wobei die Koeffizienten $Z_{\mathrm{kl}}(T, V, N)$ die mit den Hamilton-Funktionen

$$H_{\mathrm{kl}\,0} = 0, \ H_{\mathrm{kl}\,1} = \frac{\vec{p}^{\,2}}{2m}, \ H_{\mathrm{kl}\,N} = \sum_{i=1}^{N} \frac{\vec{p}_i^{\,2}}{2m} + U_N(\vec{x}_1, \ldots, \vec{x}_N) \quad (N \geq 2) \tag{6.2}$$

berechneten kanonischen Zustandssummen sind – siehe Gl. (4.66). Der Index kl weist auf die klassische Näherung hin. Mit dem Integral Gl. (4.74) erhält man

$$Z_{\mathrm{kl}}(T, V, N) = \frac{1}{\lambda^{3N}} A_N \quad \text{mit} \ \ A_N = \frac{1}{N!} \int_V d^3x_1 \cdots \int_V d^3x_N \exp\left(-\beta U_N(\vec{x}_1, \ldots, \vec{x}_N)\right).$$

$$\tag{6.3}$$

Die Relation Gl. (2.9) für das großkanonische Potential gibt

$$p(T, V, \mu) = \frac{kT}{V} \ln\left(1 + V\left(\frac{z}{\lambda^3}\right) + A_2\left(\frac{z}{\lambda^3}\right)^2 + A_3\left(\frac{z}{\lambda^3}\right)^3 + \cdots\right). \tag{6.4}$$

Nun nehmen wir an, dass das Argument des Logarithmus genügend nahe bei Eins ist und wir die Entwicklung $\ln(1 + u) = u - u^2/2 + u^3/3 - + \cdots$ anwenden können. Wir ordnen um, so dass wieder eine Entwicklung nach z/λ^3 entsteht:

$$\frac{p}{kT} = \sum_{n=1}^{\infty} \tilde{B}_n \left(\frac{z}{\lambda^3}\right)^n, \tag{6.5}$$

wobei die ersten drei Koeffizienten gegeben sind durch

$$\begin{aligned}
\tilde{B}_1 &= 1, \\
\tilde{B}_2 &= \frac{1}{2V} \int_V d^3x_1 \int_V d^3x_2 \left[e^{-\beta U_2(\vec{x}_1, \vec{x}_2)} - 1\right], \\
\tilde{B}_3 &= \frac{1}{6V} \int_V d^3x_1 \int_V d^3x_2 \int_V d^3x_3 \left[e^{-\beta U_3(\vec{x}_1, \vec{x}_2, \vec{x}_3)} \right. \\
&\quad \left. - e^{-\beta U_2(\vec{x}_1, \vec{x}_2)} - e^{-\beta U_2(\vec{x}_2, \vec{x}_3)} - e^{-\beta U_2(\vec{x}_1, \vec{x}_3)} + 2\right].
\end{aligned} \tag{6.6}$$

Der weiteren Diskussion legen wir die Annahme zugrunde, dass das N-Teilchen-Potential eine Summe von Zweiteilchen-Potentialen ist, dass also

$$U_N(\vec{x}_1, \ldots, \vec{x}_N) = \sum_{1 \le j < k \le N} w_{jk} \quad \text{mit} \quad w_{jk} \equiv w(|\vec{x}_j - \vec{x}_k|) \tag{6.7}$$

gilt. Wenn das Zweiteilchen-Potential $w(r)$ schnell genug für $r \to \infty$ abfällt, kann man zeigen, dass die Koeffizienten $\tilde{B}_n$ nur von solchen Konstellationen der Teilchen Beiträge erhalten, wo *alle* n Ortsvektoren nahe beisammen sind, also die n Teilchen einen Cluster bilden. Explizit können wir das an $\tilde{B}_2$ und $\tilde{B}_3$ verifizieren, wobei diese Cluster-Eigenschaft mit Hilfe der *Mayer-Funktionen* $f_{jk} \equiv e^{-\beta w_{jk}} - 1$, welche offensichtlich für $|\vec{x}_j - \vec{x}_k| \to \infty$ gegen Null gehen, besonders transparent wird:

$$\tilde{B}_2 = \frac{1}{2V} \int_V d^3x_1 \int_V d^3x_2 \, f_{12},$$

$$\tilde{B}_3 = \frac{1}{6V} \int_V d^3x_1 \int_V d^3x_2 \int_V d^3x_3 \left[f_{12} f_{13} f_{23} + f_{12} f_{13} + f_{12} f_{23} + f_{13} f_{23} \right]. \tag{6.8}$$

Dass die Cluster-Eigenschaft der $\tilde{B}_n$ für beliebige n gilt, erfordert komplizierte kombinatorische Überlegungen, welche z.B. in (18) detailliert entwickelt werden. Das schnelle Abfallverhalten von w erlaubt, den Limes

$$\lim_{V \to \infty} \tilde{B}_n \equiv B_n(T) \tag{6.9}$$

zu machen: Nach der Transformation der $\vec{x}_1, \ldots, \vec{x}_n$ auf Schwerpunkts- und Relativkoordinaten, hängt der Integrand von $\tilde{B}_n$ nicht von den Schwerpunktskoordinaten $\vec{x}_s$ ab, und die Integration über $\vec{x}_s$ ergibt gerade das Volumen V, welches den Faktor $1/V$ in $\tilde{B}_n$ wegkürzt. Die Faktoren $\tilde{B}_n$ bzw. B_n haben die Dimension von $V^{(n-1)}$. Wegen

$$\frac{\partial p(T, \mu)}{\partial \mu} = -\frac{1}{V} \frac{\partial J}{\partial \mu} = \frac{N}{V} \quad \text{und} \quad \frac{\partial z}{\partial \mu} = \beta z \tag{6.10}$$

bekommen wir das Gleichungssystem

$$\frac{p}{kT} = \sum_{n=1}^{\infty} B_n(T) \left(\frac{z}{\lambda^3} \right)^n, \quad \rho = \sum_{n=1}^{\infty} n B_n(T) \left(\frac{z}{\lambda^3} \right)^n \tag{6.11}$$

!

mit der Teilchendichte $\rho = N/V$. Diese Entwicklung heißt *Clusterentwicklung* und beschreibt die thermische Zustandsgleichung in parametrischer Form.

6.1.2 Die Virialentwicklung

Eliminiert man den Parameter z/λ^3 aus dem Gleichungssystem (6.11), erhält man eine Entwicklung des Drucks nach Potenzen der Teilchendichte, die sogenannte *Virial-*

entwicklung. Dazu kehrt man die zweite Relation in Gl. (6.11) um und drückt z/λ^3 als Potenzreihe in ρ aus. Wegen $B_1 = 1$ lauten die ersten Terme

$$\frac{z}{\lambda^3} = \rho - 2B_2\rho^2 + (8B_2^2 - 3B_3)\rho^3 + \cdots \tag{6.12}$$

Setzt man dieses Resultat in p von Gl. (6.11) ein, erhält man

$$\frac{p}{kT} = \rho - B_2\rho^2 + (4B_2^2 - 2B_3)\rho^3 + \cdots \tag{6.13}$$

Der Druck ist somit als Funktion von T und ρ gegeben. Der erste Term in Gl. (6.13) ergibt die Zustandsgleichung des idealen Gases. Die nächsten Terme bilden Korrekturen dazu.

6.1.3 Der Koeffizient $B_2(T)$

Wir transformieren $\vec{x}_1$, $\vec{x}_2$ auf Schwerpunkts- und Relativkoordinaten:

$$\vec{x}_s = \frac{1}{2}(\vec{x}_1 + \vec{x}_2), \quad \vec{x} = \vec{x}_1 - \vec{x}_2 \quad \Rightarrow \quad d^3x_1 d^3x_2 = d^3x_s\, d^3x. \tag{6.14}$$

Damit erhalten wir

$$B_2 = \lim_{V\to\infty} \frac{1}{2V} \int_{\mathcal{V}} d^3x_s \int d^3x \left[e^{-\beta w(r)} - 1\right], \tag{6.15}$$

wobei wir $r = |\vec{x}_1 - \vec{x}_2|$ definiert haben. Damit bekommen wir eine einfache Form für B_2:

!

$$B_2(T) = 2\pi \int_0^\infty dr\, r^2 \left[e^{-\beta w(r)} - 1\right]. \tag{6.16}$$

Ist das Zweiteilchen-Potential nicht rotationssymmetrisch, dann ist $w(r)$ das über alle räumlichen Richtungen gemittelte Potential. Das Bemerkenswerte am Koeffizienten B_2 ist, dass er einerseits ein Koeffizient in der Entwicklung der makroskopischen Größe $p/(kT)$ ist, andrerseits durch ein mikroskopisches Potential w bestimmt wird, das auch in Molekülstreuexperimenten gemessen werden kann.

6.2 Die van der Waals-Gleichung

6.2.1 Virialentwicklung und van der Waals-Gleichung

Wir nehmen ein annähernd kugelförmiges Molekül mit Durchmesser d an. Wir machen den plausiblen phänomenologischen Ansatz, dass das Potential $w(r)$ für $r < d$

unendlich und für $r > d$ negativ ist; für $r \gg d$ geht es gegen Null. Das bewirkt eine anziehende Kraft zwischen den Molekülen innerhalb einer Distanz von einigen Moleküldurchmessern. Es ist anzunehmen, dass für $kT \sim |w(\bar{r})|$, wobei $\bar{r}$ der mittlere Molekülabstand ist, der Phasenübergang vom gasförmigen zum flüssigen Aggregatzustand eintreten wird. Weil wir ein Gas beschreiben wollen, machen wir daher die Annahme

$$\frac{|w(r)|}{kT} \ll 1 \quad \text{für} \quad r > d. \tag{6.17}$$

Aus Gl. (6.16) leiten wir damit ab, dass $B_2(T)$ durch

$$B_2(T) \simeq -2\pi \int_0^d dr\, r^2 - 2\pi\beta \int_d^\infty dr\, r^2 w(r) \tag{6.18}$$

gegeben ist. Somit erhalten wir

$$B_2(T) \simeq -b + \frac{a}{kT} \quad \text{mit} \quad b = \frac{2\pi d^3}{3}, \quad a = -2\pi \int_d^\infty dr\, r^2 w(r). \tag{6.19}$$

Beide Koeffizienten a und b sind positiv und b ist das Vierfache des Eigenvolumens des Moleküls.

Einsetzen von Gl. (6.19) in die Virialentwicklung liefert

$$p = kT \left[\rho + \left(b - \frac{a}{kT} \right) \rho^2 \right] = kT\rho(1 + b\rho) - a\rho^2. \tag{6.20}$$

Das ist fast die van der Waals-Gleichung aus Gl. (3.1), aber die Virialentwicklung liefert sie eben nicht ganz – zumindest nicht in der von uns betrachteten Ordnung der Entwicklung. Wir müssen noch die Ersetzung $1 + b\rho \to (1 - b\rho)^{-1}$ machen, um

$$p = \frac{kT\rho}{1 - b\rho} - a\rho^2 \tag{6.21}$$

zu bekommen. Wegen $\rho = N/V$ stimmt diese Gleichung genau mit van der Waals-Gleichung in Gl. (3.1) überein.

Diese „Herleitung" ist aus zwei Gründen unbefriedigend. Der eine Grund ist der willkürliche letzte Schritt. Der andere folgt aus der Tatsache (siehe nächstes Unterkapitel), dass die van der Waals-Gleichung den Phasenübergang gasförmig – flüssig zumindest qualitativ richtig beschreibt. Daher ist sowohl die Notwendigkeit von $b\rho \ll 1$ als auch die der Näherung Gl. (6.17) fraglich.

6.2.2 Alternative Herleitung der van der Waals-Gleichung

Wir betrachten die sogenannte *Molekularfeldnäherung* für den Spezialfall des realen, verdünnten Gases. Die Idee dabei ist, ein Teilchen herauszupicken, welches sich im mittleren Potential der anderen bewegt. Damit haben wir eine effektive Einteilchen-Theorie. Wir nehmen weiters an, dass die Teilchen kugelförmig mit Durchmesser d und unendlich hart seien und machen folgenden Ansatz für das mittlere Potential des herausgepickten Teilchens:

$$\bar{U}(\vec{x}) = \begin{cases} \infty & \text{für } |\vec{x} - \vec{y}| \le d, \\ -\bar{U}_0 & \text{sonst.} \end{cases} \tag{6.22}$$

Dabei ist $\vec{y}$ der Ortsvektor eines beliebigen anderen Teilchens. Es ist plausibel, die Stärke von $\bar{U}_0$ als proportional zur Teilchendichte anzunehmen:

$$\bar{U}_0 = a \frac{N}{V}. \tag{6.23}$$

Damit erhalten wir eine effektive *kanonische* Zustandssumme in klassischer Näherung als

$$\bar{Z} = \frac{1}{N!} \left[\int \frac{d^3 p}{(2\pi\hbar)^3} \, e^{-\beta \vec{p}^{\,2}/(2m)} \int d^3 x e^{-\beta\bar{U}(\vec{x})} \right]^N = \frac{1}{N!} \left[\frac{1}{\lambda^3} \left(V - Nb' \right) e^{\beta\bar{U}_0} \right]^N, \tag{6.24}$$

wobei Gl. (6.22) bewirkt, dass vom Volumen V das Volumen Nb' abgezogen wird, welches dem Ortsvektor $\vec{x}$ nicht zur Verfügung steht. Naiverweise würde man $b' = 4\pi d^3/3$ setzen, woraus $b' = 2b$ mit b aus Gl. (6.19) folgen würde. Allerdings ist $4\pi d^3/3$ das Volumen, welches pro wechselwirkendem Paar von Teilchen ausgeschlossen ist. Daher ist das Volumen, das im Mittel *einem* Teilchen nicht zur Verfügung steht, gegeben durch (12)

$$Nb' = \frac{1}{N} \binom{N}{2} \frac{4\pi d^3}{3} \simeq N \frac{2\pi d^3}{3} \quad \Rightarrow \quad b' = b. \tag{6.25}$$

Somit folgt aus $\bar{Z}$

$$p = kT \frac{\partial}{\partial V} \ln \bar{Z} = NkT \frac{\partial}{\partial V} \left[\ln(V - Nb) + \beta\bar{U}_0 \right], \tag{6.26}$$

und wir erhalten

$$p = \frac{NkT}{V - Nb} - a \frac{N^2}{V^2}, \tag{6.27}$$

also tatsächlich die van der Waals-Gleichung.

Man kann sich fragen, inwieweit die Interpretation von b als das vierfache Eigenvolumen eines Teilchens mit den gemessenen Werten von b übereinstimmt. Mit Gl. (6.19) erhält man den Molekülradius r_0 zu $r_0 = [3b/(16\pi)]^{1/3}$ bzw.

$$r_0 \simeq \left(100 \times \frac{b_m}{1\,\mathrm{m^3\,kmol^{-1}}} \right)^{1/3} \text{Å} \tag{6.28}$$

mit $b_m = bN_A$. Mit den Werten für b_m aus (29) erhält man für eine Auswahl annähernd kugelförmiger Gasmoleküle die Tabelle 6.1. Diese Radien r_0 sind von der richtigen Größenordnung von Atom- bzw. Molekülradien. Allerdings ist die Definition eines Atom- bzw. Molekülradius nicht eindeutig. Jedoch sind in der Literatur angegebene Atom- bzw. Molekülradien etwas größer als die Werte von r_0 in obiger Tabelle.

Tab. 6.1. Aus b berechnete Molekülradien.

Gas	He	Ne	Ar	Kr	Xe	CH_4	NH_3
r_0 [Å]	1.33	1.20	1.47	1.57	1.72	1.62	1.54

6.3 Der Phasenübergang gasförmig – flüssig

6.3.1 Der kritische Punkt

Es stellt sich heraus, dass die van der Waals-Gleichung den Phasenübergang gasförmig – flüssig zumindest in semiquantitativer Weise beinhaltet. Das wollen wir jetzt demonstrieren. Dazu schreiben wir die van der Waals-Gleichung in der Form

$$p(T, v) = \frac{kT}{v - b} - \frac{a}{v^2} \quad \text{mit} \quad v = \frac{V}{N} \tag{6.29}$$

an und machen eine Kurvendiskussion. Ist kT sehr groß, dominiert der erste Term auf der rechten Seite von Gl. (6.29) und der Zusammenhang von p und v bei gegebenem T ist eindeutig. Ist hingegen kT klein, dominiert für kleine v der zweite Term, außer in der Nähe von b, wo der Druck gegen unendlich geht. Die van der Waals-Gleichung geschrieben als algebraische Gleichung in v ist eine kubische Gleichung. Es muss daher eine kritische Temperatur T_c geben, so dass für $T < T_c$ der Zusammenhang zwischen p und v mehrdeutig ist, d.h., wo es für ein p drei Lösungen in v gibt. Die kritische Temperatur ist gegeben, wenn $p(T_c, v)$ als Funktion von v einen Wendepunkt mit waagrechter Tangente hat. Diesen Punkt nennt man kritischen Punkt. Mit den Ableitungen

$$\frac{\partial p}{\partial v} = -\frac{kT}{(v - b)^2} + \frac{2a}{v^3}, \tag{6.30}$$

$$\frac{\partial^2 p}{\partial v^2} = \frac{2kT}{(v - b)^3} - \frac{6a}{v^4} \tag{6.31}$$

ist der kritische Punkt durch das Gleichungssystem

$$\frac{\partial p}{\partial v} = 0, \quad \frac{\partial^2 p}{\partial v^2} = 0 \tag{6.32}$$

festgelegt. Dieses nichtlineare System von zwei Gleichungen mit zwei Unbekannten lässt sich leicht lösen, indem wir mit Hilfe von Gl. (6.30) und Gl. (6.31) die Größe $kT/(v - b)^2$ durch v ausdrücken. Damit berechnen wir das Volumen v_c am kritischen Punkt durch

$$\frac{kT}{(v_c - b)^2} = \frac{2a}{v_c^3} = \frac{3a}{v_c^4}(v_c - b) \quad \Rightarrow \quad v_c = 3b \tag{6.33}$$

und daraus die Temperatur T_c und den Druck p_c. Folglich erhalten wir

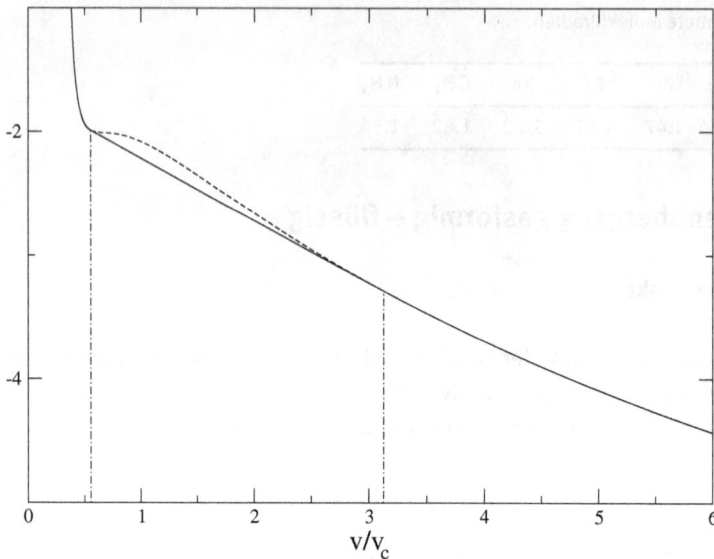

Abb. 6.1. Die Funktion $(f - f_0(T))\,/(p_c v_c)$ aus Gl. (6.35) für $T/T_c = 0.85$. Der unphysikalische Teil dieser Kurve ist gestrichelt. Weiters ist die Tangente eingezeichnet und die Koordinaten v_1, v_2 der Tangentenpunkte sind durch die strichpunktierten Linien markiert.

$$v_c = 3b, \quad kT_c = \frac{8a}{27b}, \quad p_c = \frac{a}{27b^2} \tag{6.34}$$

am kritischen Punkt. Also haben wir die Situation, dass $p(T, v)$ aus Gl. (6.29) als Funktion von v für $T < T_c$ einen Wendepunkt hat. Daher gibt es für gewisse p drei Volumina v mit $p = p(T, v)$.

6.3.2 Die Druckkurve für Temperaturen unterhalb von T_c

Wie ist die Situation für $T < T_c$ zu interpretieren? Um das herauszufinden, studieren wir die freie Energie des van der Waals-Gases. Wir gehen dabei schrittweise vor:

- Zuerst schreiben wir die freie Energie Gl. (3.7) des van der Waals-Gases um in die Form

$$f(T, v) \equiv \frac{F}{N} = f_0(T) - kT \ln \frac{v - b}{v_c} - \frac{a}{v}. \tag{6.35}$$

Der Druck hat in v zwei Extrema, ein lokales Minimum bei v_1' und ein lokales Maximum bei v_2'. Das bedeutet, dass die isotherme Kompressibilität κ_T wegen

$$\frac{1}{\kappa_T} = -v \left.\frac{\partial p}{\partial v}\right|_T = v \frac{\partial^2 f}{\partial v^2} \tag{6.36}$$

im Bereich $v_1' < v < v_2'$ negativ und das System instabil wird; kleine Volumsschwankungen schaukeln sich auf und führen zu Explosion oder Implosion.

- Anders ausgedrückt, $1/\kappa_T$ hat die Nullstellen v_1' und v_2', bzw. f hat als Funktion von v zwei Wendepunkte. Daraus folgt, dass es zwei Volumina v_1, v_2 ($v_1 < v_1' < v_2' < v_2$) mit einer gemeinsamen Tangente an f geben muss. Dieser Tangente entspricht der Druck

$$\bar{p} = -\left.\frac{\partial f}{\partial v}\right|_{v=v_1} = -\left.\frac{\partial f}{\partial v}\right|_{v=v_2}. \tag{6.37}$$

Weil bei diesen Punkten der Druck gleich ist, sind *beide* Volumina Lösungen der Gleichung $\bar{p} = p(T, v)$. Die mittlere der drei Lösungen, welche zwischen v_1' und v_2' liegt, haben wir wegen dem unphysikalischen Bereich in v schon ausgeschieden. Der v-abhängige Teil der freien Energie aus Gl. (6.35) mit der hier beschriebenen Tangentenkonstruktion ist in Abb. 6.1 illustriert, wo

$$\frac{f(T, v) - f_0(T)}{p_c v_c} = -\frac{8T}{3T_c} \ln\left(\frac{v}{v_c} - \frac{1}{3}\right) - \frac{3v_c}{v} \tag{6.38}$$

als Funktion von v/v_c abgebildet ist.

- Also bleiben von den drei Volumina beim Druck $\bar{p}$ nur die beiden äußeren mit $\bar{p} = p(T, v_1) = p(T, v_2)$ ($v_1 < v_2$) über. Wegen der gemeinsamen Tangente von f bei v_1 und v_2 lässt sich $\bar{p}$ schreiben als

$$\bar{p} = -\frac{f_2 - f_1}{v_2 - v_1} = -\frac{1}{v_2 - v_1} \int_{v_1}^{v_2} dv \, \frac{\partial f}{\partial v} \tag{6.39}$$

bzw.

$$\bar{p}(T) = \frac{1}{v_2 - v_1} \int_{v_1}^{v_2} dv \, p(T, v) = p(T, v_1) = p(T, v_2). \tag{6.40}$$

- Setzt man für $p(T, v)$ im Integral die van der Waals-Gleichung ein, liefert Gl. (6.40) drei Relationen für $\bar{p}$. Daher lassen sich bei gegebener Temperatur $T < T_c$ die drei Größen $v_1(T)$, $v_2(T)$ und $\bar{p}(T)$ aus Gl. (6.40) bestimmen. Diese Vorgangsweise nennt man *Maxwell-Konstruktion* – siehe Abb. 6.2. Weil gemäß Gl. (6.40) die Fläche unter Druckkurve zwischen v_1 und v_2 einem gleich großen Rechteck mit

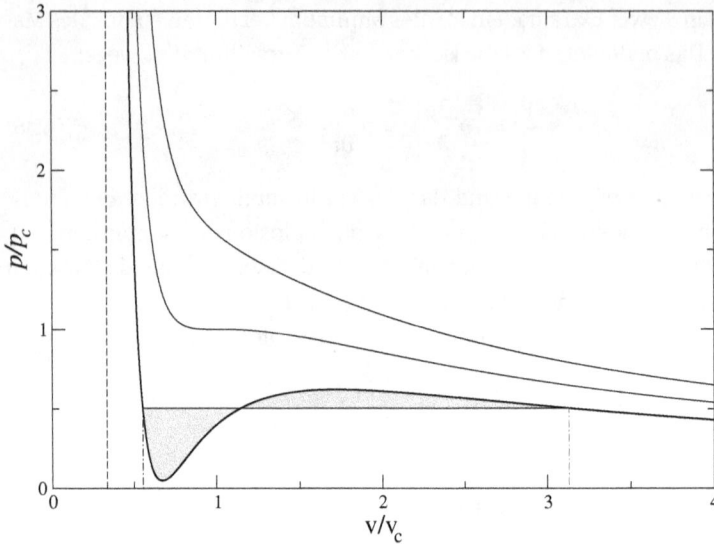

Abb. 6.2. Drei Isothermen des van der Waals-Gases mit $T/T_c = 1.15$, 1.00 und 0.85 (von oben nach unten). Für $T/T_c = 0.85$ sind die Koordinaten von v_1/v_c und v_2/v_c (strichpunktierte Linien) und die Maxwell-Konstruktion eingezeichnet, d.h., die beiden grauen Flächen sind gleich groß.

Fläche $(v_2 - v_1)\bar{p}$ entspricht, sind die beiden grauen Flächen in Abb. 6.2 gleich groß.

- Die Frage ist nun, welcher Teil der Kurve $p = p(T, v)$ physikalisch ist und wie diese Kurve im unphysikalischen Bereich abgeändert gehört. Wir dürfen f im Bereich $v_1 < v < v_2$ nicht entlang von $f(T, v)$ laufen lassen, weil wir sonst in den unphysikalischen Bereich mit negativer Kompressibilität kommen. Ändern wir hingegen f so ab, dass die freie Energie entlang der Tangente läuft, erhalten wir

$$\bar{f}(\alpha) = \alpha f(T, v_1) + (1 - \alpha) f(T, v_2) \quad (0 \le \alpha \le 1). \tag{6.41}$$

Dann ist

$$\bar{f}(\alpha) < f(T, \alpha v_1 + (1 - \alpha) v_2) \tag{6.42}$$

für $0 < \alpha < 1$ und nach der Diskussion im Unterkapitel 2.5 hat das System mit $\bar{f}$ eine größere Entropie als mit $f(T, \alpha v_1 + (1 - \alpha) v_2)$.

- Gemäß Gl. (6.36) ist die freie Energie bei fixem T wegen der Positivität der Kompressibilität eine *konvexe Funktion* in v. (f ist übrigens konkav in T, wie man mit Hilfe der Wärmekapazität argumentiert.) Daraus, dass die konvexe Hülle einer Funktion in der Ebene eindeutig ist, folgern wir, dass $\bar{f}$ die korrekte Beschreibung des Gleichgewichtszustands im Bereich $v_1 < v < v_2$ darstellt. Daher repräsentiert die durchgezogene Linie in Abb. 6.1 die freie Energie im gesamten Bereich $v/v_c > 1/3$.

In Abb. 6.2 sind drei Isothermen des van der Waals-Gases eingezeichnet. Anhand der Druckkurve mit $T/T_c = 0.85$ ist die Maxwell-Konstruktion illustriert: Im Mittelteil der Kurve ($v_1 < v < v_2$) stellt die horizontale Strecke den physikalischen Verlauf dar.

6.3.3 Der Phasenübergang

Fassen wir zusammen, was wir herausgearbeitet haben. Bei $T < T_c$ sind drei Gebiete zu unterscheiden:
- $v > v_2(T)$: Die Teilchen befinden sich in der reinen Gasphase.
- $v < v_1(T)$: Die Teilchen befinden sich in einer reinen Phase (flüssige Phase).
- $v_1(T) < v < v_2(T)$: Ein Teil der Teilchen befindet sich in der flüssigen, der Rest in der gasförmigen Phase. Die entsprechenden Anteile sind durch α und $1 - \alpha$ gegeben.

Was ist die Berechtigung, bei $v < v_1(T)$ von einer flüssigen Phase zu sprechen? Bei großem v ist man auf alle Fälle in der Gasphase. Geht man durch Druckerhöhung zu kleineren Volumina, gibt es in v einen Sprung von $v_2(T)$ zum *kleineren* Volumen $v_1(T)$ pro Teilchen, wenn der Druck den Wert $\bar{p}$ überschreitet. Die Teilchen sind aber trotzdem frei beweglich. Das ist das Kennzeichen einer Flüssigkeit.

Der Druck $\bar{p}(T)$ gegeben durch die Maxwell-Konstruktion Gl. (6.40) ist der Dampfdruck. Wir können auf die übliche Art für $v < v_1(T)$ und $v > v_2(T)$ durch Legendre-Transformation das chemische Potential $\mu(T, p)$ bekommen. An der Phasengrenze haben wir gerade

$$\mu_1(T, \bar{p}) = f_1 + \bar{p}\,v_1, \quad \mu_2(T, \bar{p}) = f_2 + \bar{p}\,v_2. \tag{6.43}$$

Einerseits garantiert uns die erste Relation in Gl. (6.39), dass

$$\mu_1(T, \bar{p}) = \mu_2(T, \bar{p}) \tag{6.44}$$

erfüllt ist. Andrerseits macht die Ableitung nach p einen Sprung:

$$\left.\frac{\partial \mu_1(T, p)}{\partial p}\right|_{p=\bar{p}} = v_1(T) < \left.\frac{\partial \mu_2(T, p)}{\partial p}\right|_{p=\bar{p}} = v_2(T). \tag{6.45}$$

Wir haben also einen Phasenübergang erster Ordnung, der bei $T \uparrow T_c$ verschwindet, weil die Volumina v_1 und v_2 gleich werden. Aus demselben Grund geht in diesem Limes auch die latente Wärme

$$q = T(s_2 - s_1) = -T\left(\left.\frac{\partial f}{\partial T}\right|_{v=v_2} - \left.\frac{\partial f}{\partial T}\right|_{v=v_1}\right) \tag{6.46}$$

gegen Null.

Die van der Waals-Gleichung lässt sich mit Hilfe der kritischen Größen auf eine universelle Form bringen:

!

$$\tilde{p} = \frac{p}{p_c}, \quad \tilde{T} = \frac{T}{T_c}, \quad \tilde{v} = \frac{v}{v_c} \quad \Rightarrow \quad \tilde{p} + \frac{3}{\tilde{v}^2} = \frac{8\tilde{T}}{3\tilde{v} - 1}. \tag{6.47}$$

Außerdem gilt

$$\frac{p_c v_c}{kT_c} = \frac{3}{8} = 0.375. \tag{6.48}$$

Diese Relation ist für viele Gase zumindest semiquantitativ erfüllt. Mit den kritischen Daten aus (40) erhält man z.B. die Werte 0.305 für ^{4}He, 0.309 für H_2, 0.308 für O_2 und 0.227 für H_2O.

Die van der Waals-Gleichung beinhaltet nur zwei Phasen, die gasförmige und die flüssige. Das Phasendiagramm hat nur eine Linie, die beim kritischen Punkt (T_c, p_c) beginnt und bei endlichem T den Druck $p = 0$ erreicht (31). Natürlich hat die van der Waals-Gleichung bei entsprechend tiefen Temperaturen keine Gültigkeit mehr.

6.4 Oberflächeneffekte bei der Dampfkondensation

6.4.1 Das Systems Flüssigkeitstropfen – Dampf

Die Diskussion des Phasenübergangs im Unterkapitel 6.3 berücksichtigt keine Oberflächeneffekte. Jedoch gibt die Änderung der Koexistenzfläche $\mathcal{F}$ zwischen Flüssigkeit und Gas einen zusätzlichen Beitrag

$$đA_O = \sigma \, d\mathcal{F} \tag{6.49}$$

zu dU, der Änderung der inneren Energie, den wir bisher vernachlässigt haben. Der Koeffizent σ in Gl. (6.49) ist die Oberflächenspannung, welche in $J\,m^{-2} = N\,m^{-1}$ gemessen wird. Die Oberflächenspannung ist temperaturabhängig, sie verringert sich mit wachsendem T. Da sie ein makroskopisches Konzept ist, macht sie bei sehr kleinen Tropfen keinen Sinn mehr, was man auch so ausdrücken kann, dass σ schließlich abhängig vom Tropfenradius r wird. Besteht der Tropfen nur mehr aus einer kleinen Anzahl von Molekülen, muss man weniger Energie aufwenden, um ein Molekül aus dem Inneren an die Oberfläche zu bringen, als im Fall einer ebenen Oberfläche, also nimmt σ mit r ab. Für Wasser ist dieser Effekt allerdings für $r \gtrsim 100\,nm$ praktisch zu vernachlässigen und bei $r \sim 10\,nm$ immer noch relativ klein; für kleinere Radien nimmt σ rasch ab, bzw. die Oberflächenspannung verliert ihren Sinn – für Details siehe (38).

Im Folgenden werden wir den Einfluss der Oberflächenspannung auf die Dampfkondensation diskutieren und feststellen, dass sie für die Tröpfchenbildung und den damit verbundenen metastabilen Zustand des übersättigten Dampfes verantwortlich ist. Dabei werden wir immer annehmen, dass das betrachtete System Flüssigkeitstropfen – Dampf sich weit unterhalb des kritischen Punkts befindet, so dass wir $v_f \ll v_d$ annehmen können, wobei v_f und v_d das Flüssigkeits- bzw. Dampfvolumen pro Molekül bezeichnen. Obwohl wir die Bildung von Wassertropfen vor Augen haben, hat die Diskussion natürlich Gültigkeit für alle Stoffe, für die unsere Annahmen zutreffen.

Wir betrachten eine ideale Situation mit einem kugelförmigen Tropfen mit Radius r umgeben von Dampf. Wir stellen uns vor, dass das Gefäß mit einem Wärmereservoir mit Temperatur T verbunden ist und eine Vorrichtung mit einem Kolben besitzt, so dass wir Volumsänderungen durch Änderung der Kolbenposition durchführen und damit den Druck am Kolben bei einem vorgegebenen Druck p fixieren können. Weiters nehmen wir an, dass in guter Näherung die Oberflächenspannung σ eine Konstante ist. Wie im Abschnitt 2.5.2 besprochen, hat im Gleichgewicht die freie Enthalpie G des Systems Flüssigkeitstropfen – Dampf ein Minimum. Da wir aber das Verhältnis V_f/V_d von Flüssigkeits- zu Dampfvolumen nicht kennen, empfiehlt es sich, die freie Enthalpie in der Form hinzuschreiben, wie sie aus der freien Energie F erhältlich ist. Damit schreiben wir für unser System Flüssigkeitstropfen – Dampf

$$G = F_d + F_f + p\left(V_d + V_f\right) + 4\pi r^2 \sigma. \tag{6.50}$$

Hier wie im Folgenden beziehen sich die Indizes d und f immer auf Dampf- bzw. Flüssigkeitsgrößen.

Die Gesamtzahl der Teilchen im System sei N und im Folgenden immer konstant gehalten. Wegen

$$N = N_d + N_f \quad \text{und} \quad V_f = \frac{4\pi r^3}{3} \tag{6.51}$$

können wir als unabhängige Variable V_d, r und N_f wählen (34). Um das Gleichgewicht des Systems zu finden, müssen wir $G = G(T, V_d, r, N_f)$ untersuchen. Wir suchen zuerst für jede dieser Variablen die stationären Punkte von G. Ableiten von G in Gl. (6.50) nach V_d und r und Nullsetzen der Ableitungen liefert

$$p_d = p, \quad p_f = p + \frac{2\sigma}{r}. \tag{6.52}$$

!

Die erste Relation ist evident, da der Druck am Kolben des Gefäßes ja nur durch den Dampfdruck verursacht wird. Die zweite Relation besagt, dass wegen der Oberflächenspannung der Druck im Tropfen größer als im Dampf ist. Nun machen wir die Umformung

$$F_f + pV_f = F_f + p_f V_f - \frac{4\pi r^3}{3} \times \frac{2\sigma}{r} = N_f\, \mu_f(T, p_f) - \frac{8\pi r^2 \sigma}{3} \tag{6.53}$$

und erhalten

$$G = N_d\, \mu_d(T, p) + N_f\, \mu_f\left(T, p + \frac{2\sigma}{r}\right) + \frac{4\pi r^2 \sigma}{3} \tag{6.54}$$

Abb. 6.3. Gleichheit der chemischen Potentiale des Tropfens und des übersättigten Dampfes gemäß Gl. (6.55). Eingezeichnet ist auch der Dampfdruck $\bar{p}_d$ für $r = \infty$, der durch den Schnittpunkt der Kurven bestimmt ist.

mit den chemischen Potentialen μ_d und μ_f. Ableitung von G bezüglich N_f unter Berücksichtigung der ersten Relation von Gl. (6.51) ergibt Gleichheit der chemischen Potentiale von Dampf und Flüssigkeit:

$$\mu_f\left(T, p + \frac{2\sigma}{r}\right) = \mu_d(T, p). \tag{6.55}$$

Diese Relation ist nach Abschnitt 2.5.1 offensichtlich: Zwischen Dampf und Flüssigkeit können Teilchen ausgetauscht werden, daher hat man im Gleichgewicht $\mu_d = \mu_f$.

Gleichung (6.55) kann als Bestimmungsgleichung für r bei gegebenem T und p gelesen werden. Bezeichnen wir die Lösung von Gl. (6.55) als $r^* = r^*(T, p)$. In Abb. 6.3 sind schematisch die Kurven von μ_d und μ_f als Funktionen des Drucks eingezeichnet. Die Kurve für μ_d ist wesentlich steiler als jene für μ_f, da die Ableitungen der chemischen Potentiale nach p die jeweiligen molekularen Volumina ergeben. Außerdem ist die Krümmung der beiden Kurven negativ, weil diese Volumina mit dem Druck abnehmen. Allerdings ist bei Flüssigkeiten im Allgemeinen diese negative Krümmung sehr klein, da Flüssigkeiten eine sehr kleine Kompressibilität haben. Die Kurven schneiden sich beim Dampfdruck $\bar{p}_d$, der über einer ebenen Flüssigkeitsoberfläche ($r = \infty$) herrscht. Der Dampfdruck $p_d = p$ gemäß Gl. (6.55) muss höher als $\bar{p}_d$ sein, weil in Gl. (6.55) im Argument von μ_f nicht p, sondern der größere Druck $p + 2\sigma/r$ steht. In Abb. 6.3 ist dieser Sachverhalt illustriert. Umgekehrt lässt sich aus den Kurven für die chemischen Potentiale bei gegebenem Dampfdruck $p_d = p$ der Druck p_f im Flüssigkeitstropfen und damit über Gl. (6.52) der Radius r^* bestimmen.

Beim Tropfenradius $r = r^*$ ist das System jedoch in einem labilen Gleichgewicht. Um die folgende Diskussion übersichtlicher zu gestalten, benützen wir die Notation

$$\Delta\mu \equiv \mu_f(T, p_f) - \mu_d(T, p_d). \tag{6.56}$$

Damit ist die Änderung der freien Enthalpie, wenn die Anzahl der Teilchen im Tropfen um dN_f geändert wird, durch

$$d_{N_f} G = \Delta\mu \, dN_f \qquad (6.57)$$

gegeben. Wir unterscheiden nun bei gegebenem Dampfdruck p zwischen r infinitesimal kleiner bzw. infinitesimal größer als r^* und benützen die Gleichungen (6.52), (6.55) und (6.57):

$$r < r^* \;\Rightarrow\; p_f(r) > p_f(r^*) \;\Rightarrow\; \Delta\mu > 0 \;\Rightarrow\; d_{N_f} G < 0 \text{ für } dN_f < 0,$$
$$r > r^* \;\Rightarrow\; p_f(r) < p_f(r^*) \;\Rightarrow\; \Delta\mu < 0 \;\Rightarrow\; d_{N_f} G < 0 \text{ für } dN_f > 0.$$

In dieser Zusammenstellung wurde die Positivität bzw. Negativität von $\Delta\mu$ aus Abb. 6.3 abgelesen. Die unmittelbare Konsequenz ist, dass sich für $r < r^*$ das System zu stabilisieren versucht, d.h. G verringert, indem der Tropfen Moleküle an den Dampf abgibt; damit wird aber r noch kleiner und der Prozess setzt sich fort, bis der Tropfen verschwindet. Ist jedoch $r > r^*$, nimmt der Tropfen aus dem Dampf Moleküle auf; der Tropfen vergrößert sich und der Prozess führt zur vollständigen Kondensation des Dampfes.

Der Sachverhalt, dass die freie Enthalpie bei $r = r^*$ ein Maximum hat, kann direkter gesehen werden, falls man Inkompressibilität der Flüssigkeit annimmt. Dann ist $N_f = 4\pi r^3/(3v_f)$ und G aus Gl. (6.54) kann als Funktion $\tilde{G}$ von T, p und r aufgefasst werden. Unter Verwendung von $\Delta\mu$ lässt sich Gl. (6.54) schreiben als

$$\tilde{G} = N\mu_d + \frac{4\pi r^3}{3v_f}\Delta\mu + \frac{4\pi r^2\sigma}{3}. \qquad (6.58)$$

Die erste und zweite Ableitung von $\tilde{G}$ nach r sind gegeben durch

$$\frac{\partial\tilde{G}}{\partial r} = \frac{4\pi r^2}{v_f}\Delta\mu \quad \text{und} \quad \frac{\partial^2\tilde{G}}{\partial r^2} = \frac{8\pi r}{v_f}\Delta\mu - 8\pi\sigma. \qquad (6.59)$$

Da bei $r = r^*$ die Differenz der chemischen Potentiale, also $\Delta\mu$, verschwindet, ist die zweite Ableitung von $\tilde{G}(r)$ beim Radius r^* negativ und die freie Enthalpie hat dort kein Minimum sondern ein Maximum. Es soll abschließend darauf hingewiesen werden, dass die erste Ableitung von $\tilde{G}$ nach r deswegen so eine einfache Gestalt hat, weil p_f aus Gl. (6.52) gerade so bestimmt wurde, dass die Ableitung von G bei konstantem N_f Null ist; somit ergibt sich $\frac{\partial\tilde{G}}{\partial r} = \frac{dN_f}{dr}\Delta\mu$.

6.4.2 Die Kelvin-Gleichung

Anstatt p in Gleichung (6.55) als gegeben anzunehmen, können wir stattdessen den Tropfenradius r vorgeben. Dann bestimmt Gl. (6.55) den kritischen Dampfdruck $p_r(T)$, der folgendermaßen charakterisiert ist. Wenn $p > p_r(T)$ erfüllt ist, gilt $\Delta\mu < 0$ für $\Delta\mu$

Tab. 6.2. Verhältnis vom kritischen Dampfdruck p_r zum Dampfdruck $p_\infty = \bar{p}_d$ bei $T = 20\,°C$ in Abhängigkeit vom Radius des Wassertropfens.

r (nm)	1	10	10^2	10^3
$p_r(T)/\bar{p}_d(T)$	2.925	1.113	1.011	1.001

aus Gl. (6.56), weil μ_d als Funktion von p eine größere Steigung hat als μ_f; somit wächst der Tropfen. Ist umgekehrt $p < p_r(T)$, dann gilt $\Delta\mu > 0$ und der Tropfen verdampft. Zur näherungsweisen Berechnung von $p_r(T)$ kann man wie folgt vorgehen. Durch Differentiation von Gl. (6.55) erhält man

$$v_f \left(\frac{\mathrm{d}p_r}{\mathrm{d}r} - \frac{2\sigma}{r^2} \right) = v_d \frac{\mathrm{d}p_r}{\mathrm{d}r}. \tag{6.60}$$

Für die weitere Vorgangsweise macht man die Näherungen

$$v_d = \frac{kT}{p_r}, \quad v_f = \text{konstant}, \quad v_d \gg v_f \tag{6.61}$$

in Gl. (6.60) und erhält

$$\frac{1}{p_r} \frac{\mathrm{d}p_r}{\mathrm{d}r} = -\frac{2\sigma v_f}{r^2 kT}. \tag{6.62}$$

Diese Differentialgleichung wird durch Separation der Variablen gelöst. Die Integration erfolgt vom Tropfen mit unendlich großem Radius, also der ebenen Oberfläche, bis zu r. Bei $r = \infty$ ist p_r gleich dem Dampfdruck $\bar{p}_d(T)$. Als Ergebnis erhält man die *Kelvin-Gleichung*

$$\frac{p_r(T)}{\bar{p}_d(T)} = \exp\left(\frac{2\sigma v_f}{rkT} \right). \tag{6.63}$$

Hat man ein Dampf-Luft-Gemisch, ersetzt man in dieser Gleichung den Dampfdruck durch den Sättigungsdruck $p_s(T, p)$.

In Tabelle 6.2 sind für einige Radien r die Werte von $p_r/\bar{p}_d$ für Wasser angegeben; als Temperatur wurde $20\,°C$ angenommen, wo die Oberflächenspannung $\sigma = 0.0725\,\mathrm{Nm}^{-1}$ ist; die entsprechende Kurve ist in Abb. 6.4 durch $m_s = 0$ g gekennzeichnet. Tabelle 6.2 illustriert, warum Wolkenbildung ohne Kondensationskeime im Allgemeinen nicht zustande kommt. Bilden sich winzige Tropfen durch Zufallskollisionen, lösen sie sich sofort wieder auf, weil der Dampfdruck in der Luft zu klein ist; Tröpfchen mit einem Radius von 1 nm wären erst ab einer relativen Luftfeuchtigkeit von etwa 290% stabil. (Diese Zahl darf man aber nicht zu ernst nehmen, weil bei einem so kleinen Radius das Konzept der Oberflächenspannung nicht mehr ganz sinnvoll ist.) Die Wahrscheinlichkeit, dass sich so große Tropfen durch Zufallskollisionen bilden, so dass sie bei vernünftigen relativen Luftfeuchtigkeiten stabil sind, ist viel zu klein. Abschätzungen ergeben, dass sich in einer völlig keimfreien Luft Wassertropfen erst ab einer relativen Luftfeuchtigkeit von ungefähr 400% bilden (38). Daher spielt die Wolkenbildung ohne Kondensationskeime in der Realität praktisch keine Rolle, da sich Tropfen, längst bevor die *homogene Nukleation* zum Tragen kommt, durch *inhomogene Nukleation* bilden, also durch Kondensation an in der Luft vorhandenen Aerosolen.

6.4.3 Der Druck in einer Dampfblase

Hier wollen wir das Analogon zur Kelvin-Gleichung für eine Dampfblase in der Flüssigkeit herleiten. Wir betrachten eine Situation wie die am Anfang dieses Unterkapitels, aber wir vertauschen die Rolle von Flüssigkeit und Dampf. D.h., der Kolben, der den äußeren Druck herstellt, wirkt auf die Flüssigkeit, in der sich eine kugelförmige Dampfblase mit Radius r befindet. Wieder haben wir die freie Enthalpie aus Gl. (6.50), jedoch ist nun $V_d = 4\pi r^3/3$ und wir verwenden die unabhängigen Variablen V_f, r und N_d, um die stationären Punkte von G zu finden. Durch Ableiten nach V_f und r erhalten wir die Drücke

$$p_f = p, \quad p_d = p + \frac{2\sigma}{r}. \tag{6.64}$$

Dieselben Schritte wie bei der Herleitung von Gl. (6.54) liefern die freie Enthalpie

$$G = N_d\, \mu_d\left(T, p + \frac{2\sigma}{r}\right) + N_f\, \mu_f(T, p) + \frac{4\pi r^2 \sigma}{3}. \tag{6.65}$$

Damit erhalten wir die zu Gl. (6.55) analoge Relation, nämlich die Bedingung dafür, dass G bezüglich Teilchenaustausch zwischen Flüssigkeit und Blase stationär ist:

$$\mu_f(T, p) = \mu_d\left(T, p + \frac{2\sigma}{r}\right). \tag{6.66}$$

Wir bezeichnen den kritischen Druck $p_d = p + 2\sigma/r$ in der Dampfblase, bei dem Gl. (6.66) erfüllt ist, mit $p_r(T)$. Um dafür eine Formel herzuleiten, schreiben wir Gl. (6.66) um in

$$\mu_f\left(T, p_r - \frac{2\sigma}{r}\right) = \mu_d(T, p_r). \tag{6.67}$$

Der Vergleich mit Gl. (6.55) zeigt, dass man im Fall der Dampfblase den Druck $p_r(T)$ aus der Kelvin-Gleichung einfach durch ein Minus im Exponenten bekommt:

$$\frac{p_r(T)}{\bar{p}_d(T)} = \exp\left(-\frac{2\sigma v_f}{rkT}\right). \tag{6.68}$$

Der kritische Dampfdruck in der Blase ist also kleiner als der Dampfdruck $\bar{p}_d$ bei $r = \infty$. Die Interpretation von p_r im Fall der Dampfblase wird klar, wenn wir uns wiederum vergegenwärtigen, dass μ_d viel stärker mit dem Druck ansteigt als μ_f. Mit

$$d_{N_d} G = (\mu_d(T, p_d) - \mu_f(T, p_f))\, dN_d \tag{6.69}$$

erhalten wir für die Verringerung der freien Enthalpie die Bedingung

$$p_d > p_r \quad \Rightarrow \quad \mu_d(T, p_d) - \mu_f(T, p_f) > 0 \quad \Rightarrow \quad dN_d < 0,$$
$$p_d < p_r \quad \Rightarrow \quad \mu_d(T, p_d) - \mu_f(T, p_f) < 0 \quad \Rightarrow \quad dN_d > 0.$$

Für kleine Blasen ist wegen Gl. (6.68) der kritische Druck p_r klein. Weil in der Blase der Dampfdruck $p_d = p + 2\sigma/r$ herrscht, wird daher für kleine Blasen $p_d > p_r$ erfüllt sein und die Blase wird kollabieren. Ist die Blase groß genug, so dass $p_d < p_r$ ist, wächst die Blase, bzw. entweicht aus der Flüssigkeit. Dieses Entweichen von Dampfblasen ist der Vorgang, den man Sieden nennt.

Bei einem üblichen Siedevorgang befindet sich über der Flüssigkeitsoberfläche Luft und der äußere Druck p ist durch den Atmosphärendruck gegeben. Wir vernachlässigen den kleinen Unterschied zwischen dem Sättigungsdruck $p_s(T, p)$ und dem Dampfdruck $\bar{p}_d(T)$. Für verschwindende Oberflächenspannung σ tritt das Sieden beim Siedepunkt $T = T_s$ ein, wo $p = \bar{p}_d(T_s)$ erfüllt ist. Bei $\sigma \neq 0$ ist jedoch der Dampfdruck in der Blase durch $p_d = p + 2\sigma/r > p$ gegeben und somit sind bei $T = T_s$ knapp unter der Flüssigkeitsoberfläche die Ungleichungen $p_r < \bar{p}_d < p_d$ erfüllt. Entsteht die Blase tiefer in der Flüssigkeit, wo der Druck p größer als der Atmosphärendruck ist, wird p_d im selben Maß größer, während sich p_r nicht ändert, und somit gilt weiterhin $p_r < p_d$. Daher haben wir bei $T = T_s$ immer $p_r < p_d$ und nach der Diskussion im vorigen Absatz kollabieren die Dampfblasen. Wir schließen daraus, dass Sieden nur bei $\bar{p}_d(T) > p$ möglich ist, was eine Temperatur $T > T_s$ erfordert. Man hat also im Allgemeinen den Effekt des *Siedeverzugs*. Daher ist T_s eigentlich die minimale Temperatur, oberhalb der das Sieden prinzipiell möglich ist. Bei $T > T_s$ wird p_r größer, da erstens der Dampfdruck $\bar{p}_d(T)$ höher als bei $T = T_s$ ist und zweitens der Exponent in Gl. (6.68) größer wird. Da die Temperaturerhöhung jedoch nichts am Atmosphärendruck p ändert, kann für genügend große Blasen mit Radius r die Stabilitätsbedingung $p_d = p + 2\sigma/r < p_r(T)$ erfüllt werden. Wie überwindet aber die Flüssigkeit beim Sieden das Stadium der kleinen Blasen, die einen enormen Siedeverzug benötigen würden, um stabil zu sein? Gemäß (27) ist der Grund in Luft zu suchen, die in mikroskopischen Poren und Rissen der Gefäßwand vorhanden ist. Es ist leicht zu zeigen, dass für ein Gemisch aus Dampf und Luft die zweite Relation in Gl. (6.64) durch $p_d + p_{\text{Luft}} = p + 2\sigma/r$ zu ersetzen ist, wobei p_{Luft} der Partialdruck der Luft in der Blase ist; der Grund ist, dass beide Gase dasselbe Volumen $4\pi r^3/3$ zur Verfügung haben. Eine Dampfblase beginnt ihr Leben als Luftblase, welche aus den Poren der Gefäßwand entweicht und groß genug sein kann, um $p_{\text{Luft}} = p + 2\sigma/r < p_r(T)$ bei $T > T_s$ zu erfüllen. Dann wächst die Blase, indem sie Dampf aufnimmt. Luftblasen spielen also beim Sieden von Wasser dieselbe Rolle wie Kondensationskeime bei der Tropfenbildung.

6.4.4 Die Stabilität von Tropfen, in denen Salze gelöst sind

Wir betrachten noch einmal das System eines Flüssigkeitstropfens mit Radius r im Gleichgewicht mit dem Dampf, wobei wir im Unterschied zu der am Beginn dieses Unterkapitels behandelten Situation annehmen, dass der Flüssigkeitstropfen N_c Moleküle eines Salzes gelöst habe. Unser Ausgangspunkt ist wieder Gl. (6.50), wobei die freie Energie F_f sich jetzt auf die Lösung bezieht, also auf den Tropfen, der aus N_l Molekülen des Lösungsmittels und N_c Molekülen des darin gelösten Salzes besteht. Wir nehmen im Weiteren an, dass N_c im Tropfen konstant sei. Das Volumen V_f des Tropfens setzt sich aus den Volumina, die Lösungsmittel und Salz einnehmen, zusammen: $N_l v_l + N_c v_c = V_f = 4\pi r^3/3$. Dabei ist v_l das Volumen eines Lösungsmittelmoleküls in der Flüssigkeit und v_c das eines Salzmoleküls in der Lösung. F_f hängt natürlich auch von der Konzentration $c = N_c/N_l$ ab, wobei wir wie im Unterkapitel 5.7 annehmen, dass die Lösung verdünnt ist.

So wie am Beginn des aktuellen Unterkapitels diskutiert, ergeben sich an den stationären Punkten von G die Drücke von Gl. (6.52), womit man analog die freie Enthalpie

$$G = N_d \mu_d(T, p) + N_l \mu_l(T, p_f, c) + N_c \mu_c(T, p_f, c) + \frac{4\pi r^2 \sigma}{3} \tag{6.70}$$

herleitet. Dabei haben wir $G_f = N_l \mu_l + N_c \mu_c$ verwendet – siehe Gl. (5.94), wobei μ_l durch Gl. (5.92) und μ_c durch Gl. (5.93) gegeben ist. Weiters hat man Austausch von Molekülen des Lösungsmittels zwischen Tropfen und Dampf, was zur Stationaritätsbedingung

$$\mu_l\left(T, p + \frac{2\sigma}{r}, c\right) = \mu_l^{(0)}\left(T, p + \frac{2\sigma}{r}\right) - v c k T = \mu_d(T, p) \tag{6.71}$$

führt. Auf der linken Seite haben wir Gl. (5.92) verwendet und angenommen, dass jedes Salzmolekül vollständig in ν Ionen dissoziiert ist.

Für die weitere Diskussion machen wir, wie schon bei der Herleitung der Kelvin-Gleichung, die Annahme, dass die Flüssigkeit inkompressibel ist. Daher sind v_l und v_c konstant. Mit

$$N_l = \left(\frac{4\pi r^3}{3} - N_c v_c\right)\frac{1}{v_l}. \tag{6.72}$$

ist die Konzentration im Tropfen durch

$$c = \frac{N_c}{N_l} = \frac{N_c v_l}{4\pi r^3/3 - N_c v_c} \approx \frac{3 N_c v_l}{4\pi r^3} \tag{6.73}$$

gegeben, wobei wir konsequenterweise Terme höherer Ordnung in N_c weggelassen haben. Einsetzen von c in Gl. (6.71) ergibt

$$\mu_l^{(0)}\left(T, p + \frac{2\sigma}{r}\right) - \frac{3 \nu N_c v_l k T}{4\pi r^3} = \mu_d(T, p). \tag{6.74}$$

Nun gehen wir völlig analog zur Herleitung der Kelvin-Gleichung für den kritischen Dampfdruck p_r vor; d.h., bei gegebenem T und r suchen wir den Druck $p = p_r$ als Lösung von Gl. (6.74). Das Resultat ist die *Köhler-Gleichung*

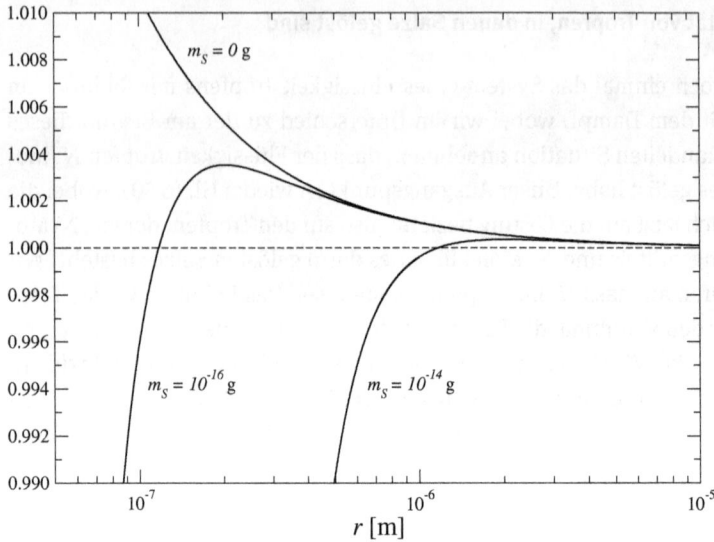

Abb. 6.4. $p_r(T)/\bar{p}_d(T)$ als Funktion des Tropfenradius r bei $T = 20\,°C$. Die Masse des im Wassertropfen gelösten Kochsalzes ist mit m_S bezeichnet und in Gramm angegeben. Die Kurve mit $m_S = 0\,g$ illustriert die Kelvin-Gleichung (6.63), die beiden anderen Kurven mit den Werten $m_S = 10^{-16}\,g$ und $10^{-14}\,g$ folgen der Köhler-Gleichung (6.75).

$$\frac{p_r(T)}{\bar{p}_d(T)} = \exp\left(\frac{2\sigma v_l}{rkT} - \frac{3\nu N_c v_l}{4\pi r^3} \right). \tag{6.75}$$

Die Kurven in Abb. 6.4 zeigen den Verlauf von $p_r(T)/\bar{p}_d(T)$ als Funktion des Tropfenradius r für drei Werte der Masse m_S des im Tropfen gelösten Kochsalzes. Um N_c zu erhalten, wurde die Masse 97.04×10^{-27} kg für ein Molekül Na Cl verwendet. Obwohl die Oberflächenspannung von Wasser leicht mit der Salzkonzentration zunimmt (38), wurde der konstante Wert $\sigma = 0.0725\,\mathrm{Nm^{-1}}$ genommen. Die Kurve mit $m_S = 0$ illustriert die Kelvin-Gleichung. Laut (38) sind Salzmassen von 10^{-16} bzw. 10^{-14} g realistische Werte in Wolkentropfen, die entsprechenden Kurven sind durch die Köhler-Gleichung mit $\nu = 2$ gegeben. Die Abbildung illustriert den qualitativen Unterschied zwischen Tropfen aus reinem Wasser ($m_S = 0$) und solchen, in denen Salz gelöst ist ($m_S \neq 0$). Im zweiten Fall gibt es ein Maximum von $p_r(T)$ bei

$$r_m = \left(\frac{9\nu N_c kT}{8\pi\sigma} \right)^{1/2} \quad \text{mit} \quad \ln\frac{p_m(T)}{\bar{p}_d(T)} = \frac{8}{9} \left(\frac{2\pi\sigma^3 v_l^2}{\nu N_c (kT)^3} \right)^{1/2}, \tag{6.76}$$

wobei $p_m(T) = p_r(T)\big|_{r=r_m}$ den maximalen Wert von $p_r(T)$ bezeichnet.

Um das Verhalten der Tropfen als Funktion von Radius r und Dampfdruck p zu diskutieren, beachten wir wiederum, dass im Fall der Imkompressibilität der Lösung die freie Enthalpie als Funktion $\tilde{G}$ von T, p und r aufgefasst werden kann. Die zu Gl. (6.58) analoge Gleichung ist nun

$$\tilde{G} = N\mu_d + N_l\Delta\mu + N_c\mu_c(T, p_f, c) + \frac{4\pi r^2 \sigma}{3} \quad \text{mit} \quad \Delta\mu = \mu_l(T, p_f, c) - \mu_d(T, p). \quad (6.77)$$

Die Gesamtzahl der Lösungsmittelmoleküle $N = N_l + N_d$ ist natürlich konstant und N_l als Funktion von r ist in Gl. (6.72) gegeben. Um die erste Ableitung von $\tilde{G}$ nach r zu berechnen, berücksichtigen wir, dass die Abhängigkeit von r in N_l, p_f, c und $4\pi r^2 \sigma/3$ steckt. Die r-Abhängigkeit in p_f liefert den Beitrag

$$\frac{dp_f}{dr} \frac{\partial}{\partial p_f} \left(N_l\mu_l + N_c\mu_c\right) = -\frac{2\sigma}{r^2} \times \left(N_l v_l + N_c v_c\right) = -\frac{2\sigma}{r^2} \times \frac{4\pi r^3}{3} = -\frac{8\pi r \sigma}{3} \quad (6.78)$$

zur ersten Ableitung und kürzt sich weg, wie schon bei $c = 0$, mit der Ableitung von $4\pi r^2 \sigma/3$. Wegen

$$\frac{\partial}{\partial c} \left(N_l\mu_l + N_c\mu_c\right) = \frac{\partial}{\partial c} \left(-N_l vkTc + N_c vkT \ln c\right) = 0 \quad (6.79)$$

gibt auch die r-Abhängigkeit von c keinen Beitrag. Es bleibt also nur die r-Abhängigkeit in N_l in der ersten Ableitung. Zur zweiten Ableitung gibt es je einen Beitrag von $\frac{dN_l}{dr}$, p_f und c. In Summe erhalten wir die einfachen Formeln

$$\frac{\partial \tilde{G}}{\partial r} = \frac{4\pi r^2}{v_l} \Delta\mu \quad \text{und} \quad \frac{\partial^2 \tilde{G}}{\partial r^2} = \frac{8\pi r}{v_l} \Delta\mu - 8\pi\sigma + \frac{9vN_ckT}{r^2}. \quad (6.80)$$

Da $p = p_r$ für eine inkompressible Flüssigkeit die Lösung von Gl. (6.71) darstellt und somit $\Delta\mu = 0$ für $p = p_r$ gilt, wächst ein Tropfen, der sich oberhalb einer Köhler-Kurve in Abb. 6.4 befindet, weil dort $\Delta\mu$ negativ ist. Wie schon im ersten Teil dieses Unterkapitels diskutiert, gilt dasselbe natürlich auch im Fall der Kelvin-Kurve, wo man die Differenz $\Delta\mu = \mu_f(T, p_f) - \mu_d(T, p)$ hat. Umgekehrt wird ein Tropfen unterhalb einer Köhler-Kurve bzw. Kelvin-Kurve kleiner. Es gibt jedoch einen qualitativen Unterschied zwischen den beiden Kurven. Im Fall der Kelvin-Kurve ($N_c = 0$ im Tropfen) liegt bei $p = p_r$ immer ein Maximum von $\tilde{G}$ als Funktion des Tropfenradius r vor bei konstantem p und T – siehe Gl. (6.59). Befindet sich also der Punkt (r, p) unterhalb der Kelvin-Kurve, wird der Tropfen sich vollständig auflösen. Hingegen ist im Fall der Köhler-Kurve ($N_c > 0$ im Tropfen) nur die rechte Flanke ($r > r_m$) ein Maximum von $\tilde{G}$, während die linke Flanke ($r < r_m$) ein Minimum von $\tilde{G}$ ist. Dies ist aus der zweiten Ableitung in Gl. (6.80) ersichtlich, die auf der Köhler-Kurve für $r = r_m$ gerade verschwindet. Liegt also der Punkt (r, p) unterhalb der Köhler-Kurve und ist p fix, verringert sich aus diesem Grund der Radius r des Tropfens bis zu dem Radius r_0, für den $p_{r_0} = p$ gilt, und der Tropfenradius stabilisiert sich dort. Zusammenfassend können wir also feststellen, dass Salzpartikel in der Luft eine wichtige Funktion bei der Tropfenbildung spielen (38).

6.5 Zustandsgleichung eines Plasmas mit niedriger Dichte

6.5.1 Der Debye-Radius

Wir betrachten ein komplett ionisiertes Gas (Plasma) in einem Volumen V, welches aus r Sorten von Teilchen mit Ladung $z_a e$ besteht ($a = 1, \ldots, r$), wobei die z_a ganze Zahlen sind und e die Elementarladung bezeichnet. Von jeder Sorte seien N_a Teilchen vorhanden, daher ist $\rho_{a0} = N_a/V$ die entsprechenden Teilchendichte. Weil das Gas als Ganzes elektrisch neutral ist, haben wir

$$\sum_a z_a \rho_{a0} = 0. \tag{6.81}$$

Wir nehmen an, dass sich das betrachtete Gas nur wenig vom idealen Gas unterscheidet, also die Coulomb-Energie viel kleiner als die thermische Energie ist. Mit $N = \sum_a N_a$ lässt sich diese Forderung formulieren als

$$e^2 \left(\frac{N}{V} \right)^{1/3} \ll kT. \tag{6.82}$$

Um eine Idee der erlaubten Dichten zu bekommen, setzen wir in diese Gleichung $T = 10^4$ K ein. Das ergibt die Schranke $N/V \ll 2 \times 10^{20}$ cm^{-3}.

Um das elektrostatische Potential in der Nähe eines Ions zu berechnen, wenden wir die *Debye-Hückel-Methode* an (34; 37). Das Ion habe die Ladung $z_b e$ und sitze im Koordinatenursprung. Bezeichnen wir das Potential mit Φ, dann erfüllt es die Poisson-Gleichung (44)

$$\Delta \Phi(\vec{x}) = -4\pi e \left(z_b \delta(\vec{x}) + \sum_{a=1}^r z_a \rho_a(\vec{x}) \right). \tag{6.83}$$

Der erste Term auf der rechten Seite beschreibt die Punktladung des Ions mit Hilfe der δ-Funktion und der zweite Term die Ladungsdichte in seiner Umgebung. Entsprechend der Boltzmann-Verteilung sind die konstanten Ladungsdichten ρ_{a0} in der Umgebung des Ions durch den Boltzmann-Faktor modifiziert:

$$\rho_a(\vec{x}) = \rho_{a0} \exp \left(-\frac{z_a e \Phi(\vec{x})}{kT} \right). \tag{6.84}$$

Nun benützen wir die Bedingung (6.82), welche die Näherung

$$e \sum_a z_a \rho_a \simeq e \sum_a z_a \rho_{a0} - e^2 \sum_a z_a^2 \rho_{a0} \frac{\Phi}{kT} \tag{6.85}$$

erlaubt. Da der erste Term in der Näherung Null ist, führt Einsetzen des zweiten Terms in Gl. (6.83) auf

$$\left(\Delta - \frac{1}{r_D^2} \right) \Phi(\vec{x}) = -4\pi e z_b \delta(\vec{x}) \tag{6.86}$$

mit dem *Debye-Radius* r_D, der durch

$$r_D = \left[\frac{kT}{4\pi e^2 \sum_a z_a^2 \rho_{a0}} \right]^{1/2} \tag{6.87}$$

gegeben ist. Aus Gl. (6.86) erhält man das Potential

$$\Phi(\vec{x}) = z_b e \frac{\exp(-r/r_D)}{r} \quad \text{mit} \quad r = |\vec{x}|. \tag{6.88}$$

Das Coulomb-Potential des im Ursprung sitzenden Ions ist also abgeschirmt durch die Wolke der umgebenden Ionen, und die Abschirmlänge ist durch den Debye-Radius gegeben. Da der Debye-Radius von der Größenordnung $r_D \sim [kT/(4\pi e^2 \rho)]^{1/2}$ mit $\rho = N/V$ ist, kann man kT aus der Bedingung Gl. (6.82) eliminieren und diese umformulieren in

$$\rho r_D^3 \gg \frac{1}{(4\pi)^{3/2}} \simeq 0.022. \tag{6.89}$$

Damit die Methode von Debye-Hückel Gültigkeit hat, darf daher der mittlere Teilchenabstand nicht größer als der Debye-Radius sein.

Betrachten wir als Beispiel N Ionen mit Ladungszahl Z und ZN Elektronen im Volumen V (34). Dann ist $\rho_{I0} = N/V$, $\rho_{e0} = ZN/V$, $z_I = Z$, $z_e = -1$, und der Debye-Radius lässt sich als

$$r_D = \left[\frac{kT}{4\pi e^2 \rho_{e0}(Z+1)} \right]^{1/2} \tag{6.90}$$

schreiben. Sitzt ein Ion bei $r = 0$, sind sein Potential und die Dichten der Ladungswolken gegeben durch

$$\Phi = Ze \frac{e^{-r/r_D}}{r}, \quad \rho_e = \rho_{e0}\left(1 + \frac{Ze^2}{kTr}e^{-r/r_D}\right), \quad \rho_I = \rho_{I0}\left(1 - \frac{Z^2 e^2}{kTr}e^{-r/r_D}\right). \tag{6.91}$$

Offensichtlich machen die Dichten nur Sinn für $r \gg r_0 \equiv (Ze)^2/(kT)$. Man kann leicht überprüfen, dass aus Gl. (6.82) $r_0 \ll r_D$ folgt, also die Dichten aus Gl. (6.91) – außer in unmittelbarer Nähe des Ions – Sinn machen. Man kann aus diesen Dichten die Ladungsüberschüsse ΔQ_a in der Wolke, die das Ion umgibt, berechnen:

$$\Delta Q_a = z_a e \left(\int_V d^3x\, \rho_a - V\rho_{a0} \right) \quad (a = I, e). \tag{6.92}$$

Da der Debye-Radius im Allgemeinen sehr viel kleiner als die Dimension des Gefäßes ist, in dem sich das Plasma befindet, können wir die Integration von $\exp(-r/r_D)/r$ über den ganzen dreidimensionalen Raum ausführen:

$$\int d^3x \frac{\exp(-r/r_D)}{r} = 4\pi r_D^2. \tag{6.93}$$

Mit Hilfe von Gl. (6.91) ergibt sich daher

$$\Delta Q_e = -\frac{Ze}{Z+1} \quad \text{und} \quad \Delta Q_I = -\frac{Z^2 e}{Z+1}. \tag{6.94}$$

Wegen $\Delta Q_e + \Delta Q_I = -Ze$ ist in einer Entfernung $r \gg r_D$ die Ladung Ze des Ions vollständig abgeschirmt.

6.5.2 Kalorische und thermische Zustandsgleichung des Plasmas

Nun fahren wir mit der allgemeinen Diskussion des Plasmas fort. Um seine thermische Zustandsgleichung zu erhalten, wollen wir zuerst seine freie Energie berechnen. Dazu benötigen wir die Coulomb-Energie. Diese ist für eine beliebige Ladungsverteilung $\rho_c(\vec{x})$ mit dem Potential $\phi_c(\vec{x})$ durch das Integral $U_c = \frac{1}{2}\int d^3x\,\rho_c(\vec{x})\phi_c(\vec{x})$ gegeben (44). Betrachten wir wieder ein Ion der Sorte b, das sich im Koordinatenursprung $r = 0$ befindet. Um seinen Beitrag zum Integral für U_c zu finden, müssen wir das Potential Gl. (6.88) verwenden, allerdings ohne das Potential, das durch das Ion selbst erzeugt wird. D.h., die Coulomb-Energie dieses Ions ist durch

$$\lim_{r \to 0} z_b e\left(\Phi(r) - \frac{z_b e}{r}\right) = -\frac{z_b^2 e^2}{r_D} \tag{6.95}$$

gegeben. Berücksichtigen wir noch den Faktor 1/2 aus der Formel für U_c und machen uns klar, dass mit dem Resultat (6.95) der Integration über das Volumen einfach der Summation über alle Ionen entspricht, dann bekommen wir

$$U_c = -\frac{1}{2r_D}\sum_b N_b z_b^2 e^2. \tag{6.96}$$

Einsetzen von r_D liefert das gewünschte Resultat

$$U_c = -\left(\frac{\pi}{kTV}\right)^{1/2}\left(\sum_a N_a z_a^2 e^2\right)^{3/2}. \tag{6.97}$$

Drücken wir andrerseits $\sum_a N_a z_a^2 e^2$ durch den Debye-Radius aus, ergibt sich

$$U_c = -\frac{1}{8\pi}NkT\frac{1}{\rho r_D^3}. \tag{6.98}$$

Von dieser Gleichung kann man ablesen, dass für $\rho r_D^3 \gtrsim 1$ – siehe Gl. (6.89) – die Coulomb-Energie tatsächlich nur eine kleine Korrektur zur thermischen Energie des idealen Gases darstellt.

Im Plasma setzt sich gemäß unseren Annahmen die kalorische Zustandsgleichung aus U_{id} für das ideale Gas und der Coulomb-Energie U_c zusammen. Mit der Wärmekapazität C_V hat man daher

$$U(T,V,N) = U_0 + C_V(T - T_0) - \left(\frac{\pi}{kTV}\right)^{1/2}\left(\sum_a N_a z_a^2 e^2\right)^{3/2}, \tag{6.99}$$

wobei U_0 und C_V proportional zu N sind und weder von V noch T abhängen. Wegen der vollständigen Ionisierung der Gasatome ist das eine vernünftige Annahme, da dann nur mehr die translatorischen Freiheitsgrade für die Wärmekapazität zur Verfügung stehen und somit $C_V = \frac{3}{2}Nk$ ist. Der Zusammenhang zwischen der kalorischen Zustandsgleichung und der freien Energie wird durch die Gibbs-Helmholtz-Gleichung (2.12) und deren Lösung Gl. (2.24) hergestellt. Klarerweise muss der erste Teil von Gl. (6.99) die freie Energie des idealen einatomigen Gases ergeben. Für den zweiten Teil von Gl. (6.99) liefert die Gibbs-Helmholtz-Gleichung

$$-\frac{2}{3}\left(\frac{\pi}{kV}\right)^{1/2}\left(\frac{1}{T^{1/2}} - \frac{T}{T_0^{3/2}}\right)\left(\sum_a N_a z_a^2 e^2\right)^{3/2} + \phi(V)T. \tag{6.100}$$

Dabei ist $\phi(V)$ die Funktion, die man nicht aus der kalorischen Zustandsgleichung erhalten kann. Allerdings muss im Limes $T \to \infty$ die freie Energie des Plasmas mit der des idealen Gases übereinstimmen (37), wodurch $\phi(V)$ festgelegt ist:

$$\phi(V) = -\frac{2}{3}\left(\frac{\pi}{kV}\right)^{1/2}\frac{1}{T_0^{3/2}}\left(\sum_a N_a z_a^2 e^2\right)^{3/2}. \tag{6.101}$$

Schließlich erhalten wir die freie Energie

$$F(T,V,N) = N\left[f_0 - s_0(T - T_0) + \frac{3}{2}k\left(T - T_0 - \ln\frac{T}{T_0}\right) - kT\ln\frac{V}{v_0 N}\right]$$
$$-\frac{2}{3}\left(\frac{\pi}{kTV}\right)^{1/2}\left(\sum_a N_a z_a^2 e^2\right)^{3/2}, \tag{6.102}$$

wobei die erste Zeile dieser Gleichung die freie Energie des idealen einatomigen Gases ist und aus den Gleichungen (3.51 und 3.53) mit $c_V = \frac{3}{2}k$ erhalten wird.

Folglich erhalten wir durch die negative Ableitung von Gl. (6.102) nach V die gesuchte thermische Zustandsgleichung

$$p = \frac{NkT}{V} - \frac{1}{3V^{3/2}}\left(\frac{\pi}{kT}\right)^{1/2}\left(\sum_a N_a z_a^2 e^2\right)^{3/2}. \tag{6.103}$$

!

Der Druck im verdünnten Plasma ist etwas kleiner als im idealen Gas als Folge der attraktiven Coulomb-Wechselwirkung. Aus der freien Energie (6.102) bzw. aus der kalorischen Zustandsgleichung (6.99) können wir die Wärmekapazität ausrechnen:

$$C_V = \frac{3}{2}Nk + \frac{1}{2T^{3/2}}\left(\frac{\pi}{kV}\right)^{1/2}\left(\sum_a N_a z_a^2 e^2\right)^{3/2}. \tag{6.104}$$

Die Wärmekapazität ist etwas höher als die des idealen Gases, da Temperaturerhöhung die Coulomb-Energie vergrößert. Gleichungen (6.103) und (6.104) lassen sich mit Hilfe von r_D in

$$p = \frac{NkT}{V}\left(1 - \frac{1}{24\pi\rho r_D^3}\right) \quad \text{und} \quad C_V = \frac{3}{2}Nk\left(1 + \frac{1}{24\pi\rho r_D^3}\right) \tag{6.105}$$

umformulieren. Wiederum sieht man explizit, dass für $\rho r_D^3 \gtrsim 1$ die Korrekturen zum idealen Gas klein sind.

Ist die Temperatur des Plasmas hoch, emittieren die geladenen Teilchen viele Photonen und die Strahlungsenergie, welche wir bei der Behandlung des Plasmas nicht berücksichtigt haben, liefert einen wichtigen Beitrag zur Gesamtenergie. Als Bedingung zur Vernachlässigung der Strahlungsenergie können wir annehmen, dass der gaskinetische Druck, gegeben durch die Formel ρkT des idealen Gases, viel größer als der Strahlungsdruck ist (34). Letzteren erhält man aus dem Stefan-Boltzmann-Gesetz (5.260) und Gl. (5.263). Berücksichtigen wir noch einmal die Bedingung aus Gl. (6.82), erhalten wir ein Intervall in der Teilchendichte ρ, innerhalb dessen unsere Behandlung des Plasmas Gültigkeit hat:

$$\frac{\pi^2}{45}\left(\frac{kT}{\hbar c_l}\right)^3 \ll \rho \ll \left(\frac{kT}{e^2}\right)^3. \tag{6.106}$$

Mit $T_0 = 10^4$ K als Referenztemperatur ergibt sich

$$2 \times 10^{13}\ \text{cm}^{-3} \times \left(\frac{T}{T_0}\right)^3 \ll \rho \ll 2 \times 10^{20}\ \text{cm}^{-3} \times \left(\frac{T}{T_0}\right)^3, \tag{6.107}$$

also ein relativ großer Bereich. Z.B. das Plasma im Zentrum der Sonne mit $T \approx 15 \times 10^6$ K und einer Dichte der Ionen von etwa 10^{26} cm^{-3} liegt in diesem Bereich und verhält sich daher in guter Näherung wie ein ideales Gas (43).

6.6 Der Ferromagnetismus

Beim idealen paramagnetischen System ist die Wechselwirkung zwischen den Spins vernachlässigbar und die Magnetisierung proportional zum angelegten äußeren Magnetfeld $\vec{\mathcal{H}}$. Im Gegensatz dazu diskutieren wir hier Systeme, wo man die magnetische Wechselwirkung der Teilchen mit Spin $j \neq 0$ untereinander nicht vernachlässigen kann. Diese Wechselwirkung kann so stark sein, dass sich eine Magnetisierung ohne äußeres Feld einstellt. Diesen Effekt nennt man *Ferromagnetismus*.

6.6.1 Die Austauschwechselwirkung

Wir betrachten Atome bzw. Ionen im Kristall, welche ungepaarte Elektronen haben. Wir nehmen die einfachste Situation an, also ein ungepaartes Elektron pro Atom.

Wenn wir zwei benachbarte Elektronen mit Wellenfunktion ϕ_a bzw. ϕ_b betrachten, dann können sich deren Spins zum Gesamtspin $s = 0$ mit der Spinprojektion $s_z = 0$ auf die z-Achse oder $s = 1$ mit $s_z = \pm 1, 0$ formieren. Damit werden die beiden Elektronen näherungsweise durch die Zustände (13)

$$\psi \simeq \frac{1}{\sqrt{2(1 + \mathcal{N}_s)}} [\, \phi_a(\vec{x}_1)\,\phi_b(\vec{x}_2) + (-1)^s \phi_b(\vec{x}_1)\,\phi_a(\vec{x}_2)\,]\,|ss_z\rangle \qquad (6.108)$$

mit $\|\phi_a\| = \|\phi_b\| = 1$ und $\mathcal{N}_s = (-1)^s\,|\langle\phi_a|\phi_b\rangle|^2$ beschrieben. Im Weiteren werden wir $\mathcal{N}_s$ der Einfachheit halber vernachlässigen. In Gl. (6.108) haben wir die FD-Statistik berücksichtigt, denn $|ss_z\rangle$ ist antisymmetrisch für $s = 0$ und symmetrisch für $s = 1$. Die Coulomb-Energie, die von der Abstoßung der beiden Elektronen herrührt, ist durch den Erwartungswert

$$E_c = \left\langle \psi \left| \frac{e^2}{r_{12}} \right| \psi \right\rangle \quad \text{mit} \quad r_{12} = |\vec{x}_1 - \vec{x}_2| \qquad (6.109)$$

gegeben. Einsetzen von Gl. (6.108) in E_c ergibt

$$E_c = I_0 + (-1)^s\, I/2 \qquad (6.110)$$

mit

$$I_0 \;=\; \int d^3x_1 \int d^3x_2\, |\phi_a(\vec{x}_1)|^2\, |\phi_b(\vec{x}_2)|^2\, \frac{e^2}{r_{12}}, \qquad (6.111)$$

$$\frac{1}{2}\,I \;=\; \int d^3x_1 \int d^3x_2\, \mathrm{Re}\,[\,\phi_a(\vec{x}_1)^*\,\phi_b(\vec{x}_2)^*\,\phi_b(\vec{x}_1)\,\phi_a(\vec{x}_2)\,]\, \frac{e^2}{r_{12}}, \qquad (6.112)$$

wobei I_0 als *direkte Coulomb-Energie* und I als *Austauschintegral* bezeichnet wird. Wir betonen, dass I keineswegs eine neue Art von Wechselwirkungsenergie („Austauschwechselwirkung") darstellt, sondern nur ein Effekt der FD-Statistik im Zusammenhang mit der Coulomb-Energie ist (39). Mit $\varphi(\vec{x}) \equiv \phi_a(\vec{x})\,\phi_b(\vec{x})^*$ lässt sich I als

$$\frac{1}{2}\,I = \int d^3x_1 \int d^3x_2\,[\,\mathrm{Re}\,\varphi(\vec{x}_1)\,\mathrm{Re}\,\varphi(\vec{x}_2) + \mathrm{Im}\,\varphi(\vec{x}_1)\,\mathrm{Im}\,\varphi(\vec{x}_2)\,]\,\frac{e^2}{r_{12}} \qquad (6.113)$$

schreiben. In dieser Form sieht man die Ähnlichkeit des Austauschintegrals mit der elektrostatischen Energie einer Ladungsverteilung. Daher ist das Austauschintegral immer positiv. Seine Größe hängt allerdings davon ab, wie stark sich die Wellenfunktionen ϕ_a und ϕ_b überlappen.

Wir wollen nun Gl. (6.110) mit Hilfe von Spinoperatoren darstellen. Die $\vec{s}_i$ ($i = 1, 2$) sollen die Spinoperatoren ohne den Faktor $\hbar$ sein. Wir erhalten das Quadrat des Gesamtspins als

$$\vec{s}^{\,2} = (\vec{s}_1 + \vec{s}_2)^2 = \vec{s}_1^{\,2} + \vec{s}_2^{\,2} + 2\,\vec{s}_1 \cdot \vec{s}_2 \qquad (6.114)$$

und damit

$$\langle ss_z|\vec{s}_1 \cdot \vec{s}_2|ss_z\rangle = \frac{1}{2}\,s(s+1) - \frac{3}{4} \qquad (6.115)$$

bzw.

$$\langle ss_z | \vec{s}_1 \cdot \vec{s}_2 | ss_z \rangle = \begin{cases} -3/4 & (s = 0), \\ 1/4 & (s = 1). \end{cases} \tag{6.116}$$

Die Coulomb-Energie Gl. (6.110) können wir somit formulieren als

$$E_c = I_0 - I \left(\langle \vec{s}_1 \cdot \vec{s}_2 \rangle + 1/4 \right). \tag{6.117}$$

Wir sehen somit, dass $s = 1$ in E_c energetisch bevorzugt ist.

Da diese Energie von der Coulomb-Wechselwirkung stammt, obwohl die Spins in der Formel vorkommen, ist sie viel stärker als die magnetische Wechselwirkung zwischen den Spins. Der Ferromagnetismus kommt also nicht von der magnetischen Wechselwirkung, sondern ist ein Effekt der FD-Statistik und der Coulomb-Wechselwirkung. Dies ist im Gegensatz zum Paramagnetismus von Ionen mit $j \neq 0$, wo Effekte der FD-Statistik völlig vernachlässigbar sind. Nachdem wir allerdings nur zwei Elektronen betrachtet haben, ist die obige Überlegung rein qualitativ. Obendrein haben wir die Coulomb-Wechselwirkung der Elektronen mit den Ionen bzw. Atomen, von denen sie stammen, nicht berücksichtigt. Diese Wechselwirkung ist anziehend und liefert daher einen Austauschterm, der ein umgekehrtes Vorzeichen als der oben diskutierte Austauschterm hat (39). Unsere Diskussion zeigt also keineswegs, dass parallele Spins immer energetisch bevorzugt sind, sondern weist nur darauf hin, dass unter günstigen Bedingungen dieser Fall eintreten kann.

6.6.2 Das Heisenberg-Modell

Dieses Modell nimmt an, dass parallele Spins tatsächlich energetisch bevorzugt sind. Es berücksichtigt, ausgehend von Gl. (6.117), nur die Spin-Spin-Wechselwirkung der Elektronen mit den nächsten Nachbarn und die Wechselwirkung der einzelnen Spins mit einem äußeren Magnetfeld $\vec{\mathcal{H}}$. Daher hat dieses Modell den Hamilton-Operator

$$\widehat{H} = 2\mu_B \sum_j \vec{s}_j \cdot \vec{\mathcal{H}} - I \sum_{\{j,k\}} \vec{s}_j \cdot \vec{s}_k \tag{6.118}$$

mit $I > 0$. Dabei bedeutet $\{j, k\}$, dass $\vec{s}_j$ und $\vec{s}_k$ benachbarte Spins sind. Nachbarpaare werden nur einmal gezählt. Weiters haben wir berücksichtigt, dass der Operator des magnetischen Moments eines Elektronspins durch $\vec{\mu}_j = -2\mu_B \vec{s}_j$ gegeben ist.

6.6.3 Die Weiss'sche Näherung

Das Heisenberg-Modell ist trotz seiner Einfachheit mathematisch extrem anspruchsvoll und wir begnügen uns mit der Weiss'schen Näherung. Diese ist eine Molekularfeldnäherung, bei der die Spinoperatoren $\vec{s}_{k(j)}$ der nächsten Nachbarn des Elektrons j durch einen *Erwartungswert* ersetzt werden:

$$\sum_{k(j)} \vec{s}_k \to v\hat{s}. \tag{6.119}$$

Die Größe $\hat{s}$ enthält also keine Operatoren, sondern ist ein Vektor bestehend aus drei Zahlen. Die Anzahl der nächsten Nachbarn wird mit v bezeichnet (z.B. $v = 6$ im einfachen kubischen Gitter). In der Weiss'schen Näherung ist der Hamilton-Operator des Spins $\vec{s}_j$ also gegeben durch

$$\widehat{H}_{\text{eff},j} = 2\mu_B \vec{s}_j \cdot \left(\vec{\mathcal{H}} - \frac{vI}{2\mu_B} \hat{s} \right) = 2\mu_B \vec{s}_j \cdot \vec{\mathcal{H}}_{\text{eff}} \tag{6.120}$$

mit

$$\vec{\mathcal{H}}_{\text{eff}} = \vec{\mathcal{H}} - \frac{vI}{2\mu_B} \hat{s} = \vec{\mathcal{H}} + \frac{vI}{4\mu_B^2 \rho} \left(-2\mu_B \rho \hat{s} \right), \tag{6.121}$$

wobei wir die Teilchendichte ρ (Anzahl der Spins pro Volumen) ins Spiel gebracht haben. Da wir annehmen, dass alle Spins des Systems gleichwertig sind, ist die Magnetisierung durch $\vec{M} = -2\mu_B \rho \hat{s}$ gegeben. Damit können wir $\vec{\mathcal{H}}_{\text{eff}}$ schreiben als

$$\vec{\mathcal{H}}_{\text{eff}} = \vec{\mathcal{H}} + W\vec{M} \quad \text{mit} \quad W = \frac{vI}{4\mu_B^2 \rho}. \tag{6.122}$$

Das Interessante ist die Größenordnung von W. Ein typischer Wert für diese dimensionslose Größe ist $W \sim 10^3$ (39). Das zeigt, dass – wie schon vorhin erwähnt – das Austauschintegral $I \sim W\mu_B^2\rho$ wesentlich größer als die magnetische Wechselwirkung zweier Elektronen ist, denn deren Größenordnung ist durch $\mu_B^2\rho$ gegeben.

6.6.4 Die Magnetisierung in der Weiss'schen Näherung

Nun berechnen wir mit dem Hamilton-Operator Gl. (6.120) den Erwartungswert $\langle \vec{s}_j \rangle$. Im Prinzip können wir das Resultat aus dem Unterkapitel 5.10 nehmen und die Brillouin-Funktion $B_{1/2}(\eta)$ benützten, jedoch ist es für $s = 1/2$ einfacher, $\langle \vec{s}_j \rangle$ direkt mit Hilfe der Boltzmann-Faktoren zu ermitteln. Aus Konsistenzgründen muss allerdings $\langle \vec{s}_j \rangle = \hat{s}$ gelten, daher können wir gleich $\hat{s}$ durch die Magnetisierung $\vec{M}$ ersetzen. Legen wir das Magnetfeld in die z-Richtung und bezeichnen seine z-Komponente mit $\mathcal{H}$, erhalten wir eine *implizite* Gleichung für M_z:

$$M_z = \rho \frac{\mu_B e^{\beta\mu_B\mathcal{H}_{\text{eff}}} - \mu_B e^{-\beta\mu_B\mathcal{H}_{\text{eff}}}}{e^{\beta\mu_B\mathcal{H}_{\text{eff}}} + e^{-\beta\mu_B\mathcal{H}_{\text{eff}}}} = \rho\,\mu_B \tanh\left[\beta\mu_B(\mathcal{H} + WM_z) \right]. \tag{6.123}$$

Wir wollen diese Gleichung noch etwas umformen. Als Abkürzung definieren wir die Sättigungsmagnetisierung $M_0 = \rho\mu_B$ und eine kritische Temperatur T_c über

$$kT_c = \mu_B^2 \rho W = \frac{1}{4} vI. \tag{6.124}$$

Benützen wir den Areatangens Hyperbolicus, die Umkehrfunktion von Tangens Hyperbolicus, können wir Gl. (6.123) umschreiben in

$$\mathcal{H} = M_0 W \left(-\frac{M_z}{M_0} + \frac{T}{T_c} \, \mathrm{artanh} \, \frac{M_z}{M_0} \right). \tag{6.125}$$

Wir formulieren die benötigten Eigenschaften des Areatangens Hyperbolicus als Theorem.

Theorem 9. *Die Umkehrfunktion von* tanh *ist*

$$\mathrm{artanh}\,(x) = \frac{1}{2} \, \ln \frac{1+x}{1-x} = x + \frac{1}{3} x^3 + \cdots$$

Nun betrachten wir den Limes $M_z \ll M_0$. Damit erhalten wir aus Gl. (6.125) und Theorem 9

$$\mathcal{H} \simeq W \left(\frac{T}{T_c} - 1 \right) M_z + \frac{kT}{3\mu_B} \left(\frac{M_z}{M_0} \right)^3, \tag{6.126}$$

wobei wir $M_0 W/(kT_c) = 1/\mu_B$ verwendet haben.

$T > T_c$: In diesem Fall ist M_z eine monotone Funktion von $\mathcal{H}$ und wir bekommen bei Vernachlässigung des Terms mit M_z^3 das *Curie-Weiss-Gesetz*

$$M_z \simeq \frac{T_c}{W} \frac{1}{T - T_c} \mathcal{H} \equiv \chi_m \mathcal{H}, \tag{6.127}$$

welches für kleine Magnetfelder gilt. In Abb. 6.5 ist $\mathcal{H}$ als Funktion von M_z für den Fall $T/T_c = 1.2$ aufgetragen. Dabei wurde nicht die Näherung Gl. (6.126), sondern die Weiss'sche Näherung Gl. (6.125) verwendet.

$T < T_c$: Für $\mathcal{H} \to 0$ gibt es drei Lösungen für M_z – siehe Abb. 6.5. Da $\vec{M} \propto \vec{\mathcal{H}}$ erfüllt sein muss, ist der punktierte Teil der Kurve unphysikalisch. Für $\mathcal{H} \to 0$ gibt es die Lösungen $M_z = \pm M_s$, es stellt sich also eine spontane Magnetisierung ein. Da die spontane Magnetisierung eine beliebige Richtung im Raum haben kann, ist die Rotationssymmetrie spontan gebrochen. Setzen wir $\mathcal{H} = 0$ in Gl. (6.126), erhalten wir für $T \uparrow T_c$ die spontane Magnetisierung

$$M_s \simeq M_0 \sqrt{\frac{3(T_c - T)}{T_c}} \tag{6.128}$$

in führender Ordnung in $(T_c - T)/T_c$. Ist die Temperatur sehr niedrig, also $T \ll T_c$, ist die Magnetisierung nahe bei der Sättigungsmagnetisierung M_0. Das erschließt man

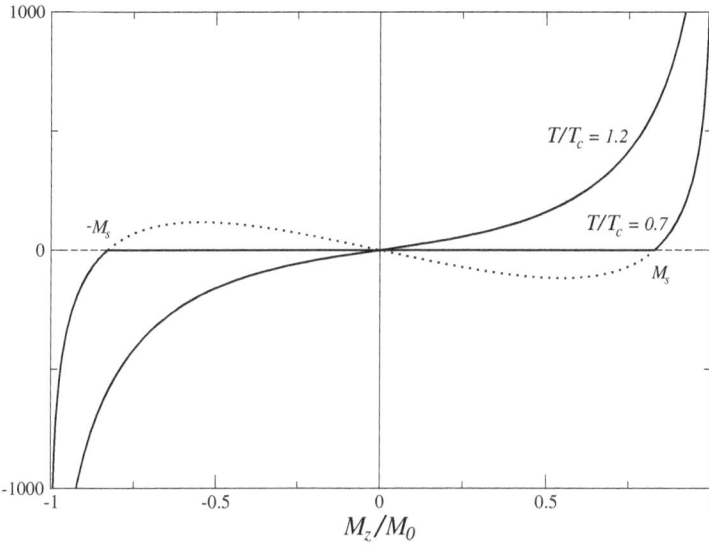

Abb. 6.5. $\mathcal{H}/M_0$ als Funktion von M_z/M_0. Die zwei Kurven gemäß Gl. (6.125) mit $W = 1000$ illustrieren die Fälle $T > T_c$ und $T < T_c$. Die punktierte Kurve ist unphysikalisch, M_s ist die spontane Magnetisierung.

mit $\mathcal{H} = 0$ aus Gl. (6.123), weil man in diesem Fall im Tangens Hyperbolicus M_z durch M_0 ersetzen kann. Das führt zu der Näherung

$$M_s \simeq M_0 \left(1 - 2e^{-2T_c/T}\right). \tag{6.129}$$

6.6.5 Ferromagnetische Materialien und Effekte

Das Phänomen der spontanen Magnetisierung, der Ferromagnetismus, tritt auf bei $\mathcal{H} = 0$, wenn die Temperatur unter die kritische Temperatur T_c abgesenkt wird. Der Übergang wird als Phasenübergang zweiter Ordnung bezeichnet, da die Magnetisierung dabei stetig bleibt. Die Magnetisierung kann als *Ordnungsparameter* benützt werden, um die Phase zu kennzeichnen. Für $T > T_c$ ist $M_s = 0$, und der Stoff ist in der paramagnetischen Phase. (Allerdings ist die Wahl eines Ordnungsparameters im Allgemeinen nicht eindeutig.) Andrerseits hat man für eine fixe Temperatur $T < T_c$ beim Übergang von $\mathcal{H} > 0$ zu $\mathcal{H} < 0$ einen Phasenübergang erster Ordnung, weil beim Durchgang von $\mathcal{H}$ durch Null die Magnetisierung den Sprung $M_s \rightarrow -M_s$ macht, also z.B. die Ableitung der freien Energie nach $\mathcal{H}$ unstetig ist wegen $VM_z = -\partial F/\partial \mathcal{H}$.

Der bekannteste Ferromagnet ist Fe mit $T_c = 1043$ K und $M_0 = 1752$ G. Andere metallische Ferromagnete sind Co mit $T_c = 1388$ K, $M_0 = 1446$ G und Ni mit $T_c = 627$ K, $M_0 = 510$ G. Viele Stoffe werden erst bei tiefen Temperaturen ferromagnetisch. Bei den Metallen gehören dazu die Lanthanoide Gd mit $T_c = 293$ K, $M_0 = 1980$ G und

Dy mit T_c = 85 K, M_0 = 3000 G. Ferromagnetismus tritt auch bei Nichtmetallen auf: $CrBr_3$ (T_c = 37 K), EuO (T_c = 77 K), $GdCl_3$ (T_c = 2.2 K). Die obigen Zahlen sind alle aus (39). Ein sehr wichtiger nichtmetallischer Ferromagnet ist Chromoxid CrO_2 mit T_c = 390 K, also höher als Raumtemperatur, welcher für Magnetbänder verwendet wird. Das Heisenberg-Modell des Ferromagneten ist übrigens eher als Beschreibung von nichtmetallischen Ferromagneten geeignet, wo die Elektronen ortsfest sind.

In einer ferromagnetischen Probe ($T < T_c$) stellt sich eine spontane Magnetisierung nur über kleine Bereiche von Millimetern und darunter ein. Diese Bereiche nennt man *Weiss'sche Bezirke*. Zwischen diesen magnetischen Domänen sind die *Bloch-Wände*, innerhalb derer die Magnetisierung die Richtung ändert. Die Probe als Ganzes ist nicht magnetisch. Beim Anlegen eines Magnetfelds beginnen die Weiss'schen Bezirke, sich nach $\vec{\mathcal{H}}$ auszurichten. Für kleine $\mathcal{H}$ gilt

$$\overline{M_z} \simeq \chi_{\text{ferro}} \mathcal{H}, \tag{6.130}$$

wobei $\chi_{\text{ferro}} \gg 1$ ist. Für große Felder tritt dann Sättigung ein und χ_{ferro} wird klein. Wie kommen die magnetischen Domänen zustande? Der Effekt der FD-Statistik in der Coulomb-Energie ist nur auf kurzen Distanzen wirksam und verschwindet exponentiell mit dem Abstand, hingegen fällt die Wechselwirkungsenergie zweier magnetischer Dipole mit der dritten Potenz ab. Da in einem Weiss'schen Bezirk die magnetischen Momente ausgerichtet sind, akkumuliert sich magnetische Energie. Das wird kompensiert durch die kleine Größe und unterschiedliche Ausrichtung der Domänen. Allerdings erhöht sich durch die Austauschwechselwirkung die Energie an den Domänengrenzen. Die Weiss'schen Bezirke kommen also durch eine Optimierung der Energie zustande. Dieser Effekt ist nicht im Heisenberg-Modell enthalten. Da man Energie aufwenden muss, um Weiss'sche Bezirke umzupolen, kommt es zu Effekten wie Hysterese und Dauermagnetismus.

6.6.6 Die Grenzen der Weiss'schen Näherung

Die magnetische Suszeptibiliät χ_m aus Gl. (6.127) und die spontane Magnetisierung M_s aus Gl. (6.128) haben ein Potenzverhalten bei Annäherung an die kritische Temperatur:

$$T \downarrow T_c : \chi_m(T) \propto (T - T_c)^{-\gamma}, \quad T \uparrow T_c : M_s(T) \propto (T_c - T)^{\beta}. \tag{6.131}$$

Die Potenzen γ und β sind zwei Beispiele für sogenannte kritische Exponenten, die bei Phasenübergängen zweiter Ordnung, wie dem Übergang von Para- zu Ferromagnetismus, auftreten. Die Weiss'sche Näherung des Heisenberg-Modells sagt $\gamma = 1$ und $\beta = 1/2$ voraus. Gemessen werden allerdings (39) $\gamma \approx 1.3 \div 1.4$ und $\beta = 0.33 \div 0.37$. Weiters erhält man im Limes $T \to 0$ aus der Weiss'schen Näherung ein exponentielles Verschwinden von $(M_0 - M_s(T))/M_0$ gemäß Gl. (6.129), während man im Heisenberg-

Modell übereinstimmend mit dem Experiment

$$T \to 0: \quad \frac{M_0 - M_s(T)}{M_0} \propto T^{3/2} \tag{6.132}$$

bekommt (39). Die Weiss'sche Näherung liefert also nur ein qualitatives Bild des Ferromagnetismus.

Für eine allgemeine Diskussion von Phasenübergängen zweiter Ordnung und kritischen Phänomenen verweisen wir auf die Literatur, zum Beispiel auf (13; 15; 17; 34).

6.7 Übungsaufgaben

1. Berechnen Sie mit Hilfe der Übungsaufgabe 10 aus Kapitel 2 die Verdampfungswärme q_v für ein van der Waals-Gas als Funktion des Dampfdrucks $\bar{p}_d$ und der molekularen Volumina v_d und v_f der Dampf- bzw. Flüssigkeitsphase.
2. Eine von der van der Waals-Gleichung verschiedene thermische Zustandsgleichung für reale Gase ist die Dieterici-Gleichung:

   $$p = \frac{NkT}{V - Nb} \exp\left(-\frac{Na}{VkT}\right).$$

   Berechnen Sie die kritischen Werte v_c, T_c und p_c und den Quotienten $p_c v_c/(kT_c)$.
3. Argumentieren Sie, dass für eine Gasblase in Wasser, die mit einem Gemisch aus Wasserdampf und Luft gefüllt ist, die kritische Bedingung für ihre Stabilität durch $p_d + p_{\text{Luft}} = p + 2\sigma/r$ gegeben ist.
4. Berechnen Sie näherungsweise den Debye-Radius für das Plasma im Zentrum der Sonne aus folgenden Daten: $T \simeq 15 \times 10^6$ K, $\rho_{e0} \simeq 6 \times 10^{25}$ cm^{-3}, die Massendichte besteht zu etwa 34% aus Protonen und zu 64% aus ^{4}He. Vernachlässigen Sie schwerere Kerne.
5. Berechnen Sie näherungsweise den Druck im Zentrum der Sonne mit Hilfe der Daten aus dem vorigen Beispiel. Führen Sie zuerst die Rechnung mit der Zustandsgleichung des idealen Gases aus und bestimmen Sie dann die Korrektur, die vom Plasma stammt.

7 Annäherung an das Gleichgewicht

7.1 Mastergleichungen

Mastergleichungen sind plausible Bilanzgleichungen, die die Zeitentwicklung eines Systems mit vielen Freiheitsgraden in der Nähe des Gleichgewichts beschreiben. Sie enthalten nicht die volle quantenmechanische Zeitentwicklung, da bei ihrer Herleitung von den Wahrscheinlichkeiten ρ_r der Mikrozustände ausgegangen wird und nicht von Wahrscheinlichkeitsamplituden.

7.1.1 Bilanzgleichungen

Wir setzen wie im Unterkapitel 1.2 den Hamilton-Operator als $\widehat{H}_{\text{tot}} = \widehat{H} + \widehat{H}_S$ an, wobei die Mikrozustände nach $\widehat{H}$ klassifiziert werden und $\widehat{H}_S$ die Störung ist. Es gilt also $\widehat{H}|\psi_r\rangle = E_r|\psi_r\rangle$ und $\widehat{H}_S$ bewirkt Übergänge $|\psi_r\rangle \to |\psi_s\rangle$ mit der Wahrscheinlichkeitsrate w_{rs}. Dabei sind die Größen w_{rs} so definiert, dass $w_{rs}\delta t$ die Wahrscheinlichkeit ist, dass $|\psi_r\rangle$ nach einer infinitesimalen Zeit δt in $|\psi_s\rangle$ übergeht. Für diese Raten gilt selbstverständlich $w_{rs} \geq 0$.

Die Wahrscheinlichkeit, dass sich das System im Mikrozustand $|\psi_r\rangle$ befindet, sei ρ_r. Dann können wir folgende Bilanz aufstellen:

$$\dot{\rho}_r = \sum_{s \neq r} \left(\rho_s w_{sr} - \rho_r w_{rs} \right). \tag{7.1}$$

Dies ist die sogenannte Haupt- oder Mastergleichung. Offensichtlich verletzt diese die Zeitumkehrinvarianz. D.h., wenn $\{\rho_r(t)\}$ eine Lösung von Gl. (7.1) ist, dann ist $\{\rho_r(-t)\}$ keine Lösung, außer die Wahrscheinlichkeiten ρ_r sind zeitlich konstant. Gleichung (7.1) sorgt dafür, dass die Summe über alle ρ_r zeitunabhängig ist, also die Normierung $\sum_r \rho_r = 1$ für alle Zeiten erhalten bleibt, denn

$$\sum_r \dot{\rho}_r = \sum_r \sum_{s \neq r} \left(\rho_s w_{sr} - \rho_r w_{rs} \right) = \sum_{r,s}{}' \left(\rho_s w_{sr} - \rho_r w_{rs} \right) = 0. \tag{7.2}$$

Der Strich am Summenzeichen bedeutet, dass nur über $r \neq s$ summiert wird. Da die Mastergleichung nur Wahrscheinlichkeiten und keine Wahrscheinlichkeitsamplituden enthält, muss sie durch die Annahme einer geeigneten Phasenmittelung, die z.B. durch zufällige, äußere Störungen erfolgt, welche in $\widehat{H}_S$ nicht beinhaltet ist, aus der Schrödinger-Gleichung hergeleitet werden (14). Sie ist daher keine fundamentale Gleichung. Den letzten Punkt sieht man auch daran, dass die Schrödinger-Gleichung die Zeitumkehrinvarianz bewahrt, während die Mastergleichung sie verletzt.

Für die weiter Diskussion nehmen wir an, dass es einen Index r_0 gibt, so dass jeder vorkommende Mikrozustand $|\psi_r\rangle$ von $|\psi_{r_0}\rangle$ durch eine Kette von nichtverschwindenden Wahrscheinlichkeitsraten zugänglich ist. Wäre das nicht der Fall, gäbe es entkoppelte Sektoren ohne Übergänge dazwischen und in jedem dieser Sektoren würde eine eigene Mastergleichung gelten.

7.1.1.1 Das Prinzip des detaillierten Gleichgewichts

Eine hinreichende Bedingung für eine zeitlich konstante Lösung der Mastergleichung ist

$$\rho_r w_{rs} = \rho_s w_{sr} \quad \forall r \neq s, \tag{7.3}$$

was auch *Prinzip des detaillierten Gleichgewichts* genannt wird (12). Die Größe $\rho_r w_{rs}$ ist die Übergangsrate für $|\psi_r\rangle \rightarrow |\psi_s\rangle$. Hat man zeitlich konstante Wahrscheinlichkeiten ρ_r, die Gl. (7.3) erfüllen, dann hat man damit eine Gleichgewichtslösung der Mastergleichung, so dass beide Seiten der Gleichung für sich Null sind. In diesem Gleichgewicht ist verständlich, dass die Klassifizierung der Mikrozustände nach $\widehat{H}$ kompatibel mit der Störung $\widehat{H}_S$ ist; denn die Störung erhält die Mikrostäte und ihre Wahrscheinlichkeiten, weil die Übergangsraten für $|\psi_r\rangle \rightarrow |\psi_s\rangle$ und $|\psi_s\rangle \rightarrow |\psi_r\rangle$ gleich sind.

Für ein abgeschlossenes System hat man in erster Ordnung Störungstheorie in $\widehat{H}_S$ die Wahrscheinlichkeitsraten (41)

$$w'_{rs} \propto |\langle \psi_s|\widehat{H}_S|\psi_r\rangle|^2 = |\langle \psi_r|\widehat{H}_S|\psi_s\rangle|^2 \;\Rightarrow\; w'_{rs} = w'_{sr}, \tag{7.4}$$

wobei nur die Hermitizität von $\widehat{H}_S$ benützt wurde. In höherer Ordnung in der Störung $\widehat{H}_S$ wird diese Relation im Allgemeinen verletzt sein, wenn keine Symmetrie vorliegt, die die Gleichheit der beiden Raten erzwingt. Für die weitere Diskussion setzen wir einfach

$$w'_{rs} = w'_{sr} \tag{7.5}$$

und nehmen an, dass für unsere Zwecke diese Relation mit genügender Genauigkeit bei kleiner Störung erfüllt ist. Wir halten außerdem fest, dass es zu jedem $|\psi_r\rangle$ mindestens ein $|\psi_s\rangle$ mit $s \neq r$ gibt, so dass $w'_{rs} \neq 0$ gilt. Durch äußere Einflüsse wie z.B. ein Wärmebad wird im Allgemeinen w_{rs} von w'_{rs} verschieden sein.

Hat man aber die Relation

$$w_{rs} = \varphi_r^{-1} w'_{rs} \tag{7.6}$$

mit Faktoren φ_r, dann kann man sofort die Gleichgewichtslösung

$$\rho_r = \frac{\varphi_r}{\mathcal{N}} \quad \text{mit} \quad \mathcal{N} = \sum_s \varphi_s \tag{7.7}$$

hinschreiben, da dann wegen Gl. (7.5) und Gl. (7.6) das Prinzip des detaillierten Gleichgewichts erfüllt ist. Für ein abgeschlossenes System gilt trivialerweise $\varphi_r = 1$, während wir später für ein System im Kontakt mit einem Wärmebad $\varphi_r = e^{-\beta E_r}$ herleiten werden. In diesen Fällen wird also das Gleichgewicht durch $\widehat{H}$ bestimmt, während $\widehat{H}_S$ für die Zeitentwicklung zum Gleichgewicht verantwortlich ist.

7.1.1.2 Das H-Theorem

Wir betrachten nun ein abgeschlossenes Systems, also ist $w_{rs} \equiv w'_{rs}$ und die Wahrscheinlichkeitsraten sind symmetrisch in den Indizes r und s. Die Größe $H[\rho]$ ist definiert als

$$H[\rho] = \sum_r \rho_r \ln \rho_r, \tag{7.8}$$

ist also abgesehen von einem Faktor $-k$ mit der in Gl. (4.44) eingeführten Entropie identisch. Das Neue hier ist, dass wir mit Gl. (7.1) eine Zeitentwicklung von $\tilde{S}(\rho)$ bzw. $H[\rho]$ zur Verfügung haben. Die zeitliche Änderung von $H[\rho]$ ist damit gegeben durch

$$
\begin{aligned}
\frac{\mathrm{d}}{\mathrm{d}t} H[\rho] \quad &= \quad \sum_r (\dot{\rho}_r \ln \rho_r + \dot{\rho}_r) = \sum_r \sum_{s \neq r} (\rho_s w_{sr} - \rho_r w_{rs}) \ln \rho_r = \\
&\quad \frac{1}{2} \sum_{r,s}{}' \left[(\rho_s w_{sr} - \rho_r w_{rs}) \ln \rho_r + (\rho_r w_{rs} - \rho_s w_{sr}) \ln \rho_s \right] = \\
&\quad \frac{1}{2} \sum_{r,s}{}' \left[\rho_s w_{sr}(\ln \rho_r - \ln \rho_s) + \rho_r w_{rs}(\ln \rho_s - \ln \rho_r) \right] = \\
&\quad -\frac{1}{2} \sum_{r,s}{}' w_{rs} \left(\rho_r - \rho_s \right) \left(\ln \rho_r - \ln \rho_s \right) \leq 0.
\end{aligned}
\tag{7.9}
$$

Um die letzte Zeile zu erhalten, haben wir Gl. (7.5) ausgenützt. Die Ungleichung gilt, weil der Logarithmus monoton wachsend ist. Damit haben wir das sogenannte H-Theorem

$$\frac{\mathrm{d}}{\mathrm{d}t} H[\rho] \leq 0 \tag{7.10}$$

hergeleitet. Dieses Theorem sagt, dass mit Gl. (7.1) als Zeitentwicklung in einem abgeschlossenen System die Entropie nur wachsen kann. Weiters legt das H-Theorem nahe, dass jede Lösung der Mastergleichung in einem abgeschlossenen System der Gleichgewichtslösung Gl. (7.7) mit $\varphi_r = 1 \ \forall r$ zustrebt, bei der alle ρ_r gleich sind. Dass dies tatsächlich der Fall ist, werden wir im nächsten Abschnitt sehen.

7.1.1.3 Lösung der Mastergleichung für abgeschlossene Systeme

Wir gehen von einem Anfangszustand $\{\rho_r(0)\}$ aus und Wir nehmen an, dass das für alle Mikrozustände mit $U - \Delta U \leq E_r \leq U$, wie im Unterkapitel 1.2 eingeführt, der Fall ist. Wir definieren

$$w_{rr} = -\sum_{s \neq r} w_{rs}, \tag{7.11}$$

womit wir die Hauptgleichung einfacher als

$$\dot{\rho}_r = \sum_s \rho_s w_{sr} \tag{7.12}$$

schreiben können. Die Matrix (w_{sr}) ist eine reelle, symmetrische, negativ definite Matrix. Die letzte Eigenschaft können wir beweisen, indem wir folgende quadratische

Form betrachten:

$$\sum_{s,r} x_s w_{sr} x_r = \sum_r w_{rr} x_r^2 + 2 \sum_{s<r} w_{sr} x_s x_r =$$
$$- \sum_{s<r} w_{sr} \left(x_s^2 + x_r^2 \right) + 2 \sum_{s<r} w_{sr} x_s x_r = - \sum_{s<r} w_{sr} \left(x_s - x_r \right)^2 . \tag{7.13}$$

Die Konsequenz daraus ist, dass $\lambda_j \leq 0$ für alle Eigenwerte λ_j von (w_{sr}) gilt. Wegen $\sum_r w_{sr} = 0 \,\forall\, r$ gibt es einen Eigenwert $\lambda_0 = 0$ und der dazugehörige Eigenvektor v_0 hat die Gestalt

$$v_0 = \frac{1}{\Omega} \begin{pmatrix} 1 \\ 1 \\ \vdots \\ 1 \end{pmatrix}, \tag{7.14}$$

wobei Ω die Anzahl der Mikrozustände ist. Da es gemäß unserer Annahme keine entkoppelten Sektoren geben soll, folgt aus Gl. (7.13), dass der Eigenvektor v_0 eindeutig ist. Die Eigenvektoren v_j mit $\lambda_j < 0$ müssen auf v_0 orthogonal sein, woraus wir

$$\sum_r (v_j)_r = 0 \quad (j \neq 0). \tag{7.15}$$

schließen.

Damit haben wir die Lösung

$$\rho(t) = v_0 + \sum_{j=1}^{\Omega-1} v_j e^{\lambda_j t}, \tag{7.16}$$

wobei wir hier die Wahrscheinlichkeiten $\rho_r(t)$ als Spaltenvektor geschrieben haben. Die Normierung $\sum_r \rho_r(t) = 1$ ist durch Gl. (7.15) garantiert. Weiters folgt aus Gl. (7.16), dass

$$\lim_{t \to \infty} \rho_r(t) = \frac{1}{\Omega} \quad \forall\, r \tag{7.17}$$

gilt. Die Größen $1/|\lambda_j|$ $(j = 1, 2, \dots)$ sind daher als Relaxationszeiten zu interpretieren. Die Mastergleichung liefert also das Fundamentalpostulat. Allerdings können wir trotzdem nicht von einer Herleitung des FPs sprechen, da die Mastergleichung, wie schon erwähnt, im Gegensatz zur Schrödinger-Gleichung keine fundamentale Gleichung ist. Das Ergebnis zeigt immerhin, dass wir erwarten können, dass Gl. (7.1) die Zeitentwicklung für große Systeme in der Nähe des Gleichgewichts richtig wiedergibt.

Der Gleichgewichtszustand (7.17) hängt nicht von den Raten w_{rs}, also nicht von $\widehat{H}_S$ ab. Er ist allein durch $\widehat{H}$ bestimmt. Das weist darauf hin, dass die durch $\widehat{H}_S$ bestimmte Wechselwirkung viel kleiner als die in $\widehat{H}$ enthaltene sein muss. Das ist konsistent mit Gl. (7.5), welche umso besser erfüllt ist, je kleiner die Störung ist.

7.1.1.4 System im Kontakt mit einem Wärmebad

Jetzt betrachten wir ein kleines System $\mathcal{A}$ im Kontakt mit einem Wärmebad $\mathcal{A}'$. Die Mikrozustände des Systems $\mathcal{A} \cup \mathcal{A}'$ sind durch $|\psi_r\rangle \otimes |\psi'_{r'}\rangle$ gegeben, wie im Abschnitt 1.6.1 besprochen. Die Zeitentwicklung ist durch den Hamilton-Operator $\widehat{H}_{tot} = \widehat{H} + \widehat{H}' + \widehat{H}_S$ bestimmt:

$$\dot{\rho}_{rr'} = \sum_{(s,s') \neq (r,r')} \left(\rho_{ss'}\, w(ss' \to rr') - \rho_{rr'}\, w(rr' \to ss') \right). \tag{7.18}$$

Das System $\mathcal{A}$ wechselwirkt zwar mit $\mathcal{A}'$, da jedoch das Wärmebad als viel größer als $\mathcal{A}$ angenommen wird, soll diese Wechselwirkung das Gleichgewicht in $\mathcal{A}'$ nicht stören. Also können die Wahrscheinlichkeiten $\rho_{rr'}$ geschrieben werden als

$$\rho_{rr'} = \rho_r\, \rho'_{r'}(E_{tot} - E_r), \tag{7.19}$$

wobei $\rho'_{r'}$ eine Funktion der Energie $E_{tot} - E_r$ des Zustandes $|\psi'_{r'}\rangle$ ist. Damit gilt

$$\rho_r = \sum_{r'} \rho_{rr'}. \tag{7.20}$$

Was uns eigentlich interessiert, ist die Zeitenwicklung der ρ_r. Daher summieren wir in Gl. (7.18) über r':

$$\dot{\rho}_r = \sum_{r'} \sum_{(s,s') \neq (r,r')} \left[\rho_s \rho'_{s'}(E_{tot} - E_s)\, w(ss' \to rr') - \rho_r \rho'_{r'}(E_{tot} - E_r)\, w(rr' \to ss') \right]. \tag{7.21}$$

Die rechte Seite trägt nichts bei für $s = r$. Das erlaubt, die Summation zu schreiben als

$$\dot{\rho}_r = \sum_{s \neq r} \left[\rho_s \sum_{r',s'} \rho'_{s'}(E_{tot} - E_s)\, w(ss' \to rr') - \rho_r \sum_{r',s'} \rho'_{r'}(E_{tot} - E_r)\, w(rr' \to ss') \right]. \tag{7.22}$$

Wir definieren

$$\bar{w}_{sr} = \sum_{r',s'} \rho'_{s'}(E_{tot} - E_s)\, w(ss' \to rr'), \quad \bar{w}_{rs} = \sum_{r',s'} \rho'_{r'}(E_{tot} - E_r)\, w(rr' \to ss') \tag{7.23}$$

und erhalten damit die Hauptgleichung eines Systems $\mathcal{A}$ im Kontakt mit einem Wärmebad:

$$\dot{\rho}_r = \sum_{s \neq r} \left(\rho_s \bar{w}_{sr} - \rho_r \bar{w}_{rs} \right). \tag{7.24}$$

Sie hat also genau dieselbe Gestalt wie Gl. (7.1), allerdings haben wir hier spezielle Wahrscheinlichkeitsraten $\bar{w}_{sr}$, die jetzt im Allgemeinen nicht symmetrisch in den Indizes sind. Um das zu sehen, benützen wir das FP für das Wärmebad, da wir annehmen, dass das Gleichgewicht in $\mathcal{A}'$ nicht gestört ist, und gehen wie im Abschnitt 1.6.1

vor:

$$\rho'_{r'}(E_{\text{tot}} - E_r) = \frac{1}{\Omega'(E_{\text{tot}} - E_r)} \simeq \frac{e^{\beta E_r}}{\Omega'(E_{\text{tot}})}. \tag{7.25}$$

Damit erhalten wir schließlich

$$\bar{w}_{sr} = e^{\beta E_s} w'_{sr}, \quad \bar{w}_{rs} = e^{\beta E_r} w'_{rs} \quad \text{mit} \quad w'_{sr} = w'_{rs}, \tag{7.26}$$

!

wobei Letzteres aus

$$w(ss' \to rr') = w(rr' \to ss') \tag{7.27}$$

folgt. Daher muss Gl. (7.26) zu Gl. (7.24) dazugenommen werden, um eine adäquate Beschreibung der Zeitentwicklung eines Systems im Kontakt mit einem Wärmebad zu erhalten (12).

Wie sieht nun das Gleichgewicht aus? Wegen Gl. (7.26) haben wir die Gleichgewichtslösung Gl. (7.7) mit $\varphi_r = e^{-\beta E_r}$. Wir erhalten somit, dass das Gleichgewicht durch das kanonische Ensemble mit

$$\rho_r = \frac{e^{-\beta E_r}}{Z} \quad \text{mit} \quad Z = \sum_s e^{-\beta E_s} \tag{7.28}$$

repräsentiert ist. Der Normierungsfaktor $\mathcal{N}$ aus Gl. (7.7) ist identisch der kanonischen Zustandssumme Z.

7.1.2 Magnetische Resonanz

Als Anwendung der Mastergleichung im Wärmebad diskutieren wir die sogenannte magnetische Resonanz (12). Wir stellen uns N Kerne mit Spin 1/2 in einem Kristallgitter vor. Wir legen ein Magnetfeld $\mathcal{H}$ in z-Richtung an, so dass wir die Energieeigenwerte $\epsilon_\pm = \mp \mu \mathcal{H}$ haben, wobei μ das magnetische Moment eines Kerns ist. Die Spins stehen im thermischen Kontakt mit dem Kristallgitter. Wir bezeichnen mit w_{+-} die Rate für $|\uparrow\rangle \to |\downarrow\rangle$ und mit w_{-+} die Rate für den umgekehrten Prozess. Gemäß Gl. (7.26) haben wir

$$\frac{w_{+-}}{w_{-+}} = e^{\beta(\epsilon_+ - \epsilon_-)} = e^{-2\beta\mu\mathcal{H}}. \tag{7.29}$$

Außerdem nehmen wir an, dass Radiowellen mit einer Frequenz $\hbar\omega \simeq 2\mu\mathcal{H}$ eingestrahlt werden, die ebenfalls Spinumklappprozesse bewirken. Diese Rate w ist unabhängig von der Temperatur des Kristalls, daher ist sie gleich für beide Richtungen des Umklappprozesses. Wir bezeichnen die Anzahl der Kerne mit „Spin hinauf" bzw. „Spin hinunter" mit n_+ bzw. n_-. Daher ist $n_+ + n_- = N$ und die beiden Wahrscheinlichkeiten sind $\rho_\pm = n_\pm/N$. Da N konstant bleibt, können wir die Bilanz gleich mit $n_\pm$

aufstellen:

$$\frac{dn_+}{dt} = n_- (w_{-+} + w) - n_+ (w_{+-} + w), \tag{7.30}$$

$$\frac{dn_-}{dt} = n_+ (w_{+-} + w) - n_- (w_{-+} + w). \tag{7.31}$$

Nun verwenden wir die Differenz der Spineinstellungen:

$$n \equiv n_+ - n_- \quad \Rightarrow \quad n_\pm = \frac{1}{2} (N \pm n). \tag{7.32}$$

Die Gleichungen (7.30) und (7.31) sind nicht unabhängig, da N zeitlich konstant ist. Wir können daher genausogut die Differenz der beiden Gleichungen bilden und erhalten eine Differentialgleichung in n:

$$\frac{dn}{dt} = -(w_{+-} + w_{-+} + 2w) n - (w_{+-} - w_{-+}) N \equiv -An + B. \tag{7.33}$$

Diese Gleichung hat die Lösung

$$n(t) = \left(n(0) - \frac{B}{A} \right) e^{-At} + \frac{B}{A} \tag{7.34}$$

und strebt dem stationären Gleichgewicht

$$\lim_{t \to \infty} n(t) = \frac{B}{A} = N \frac{e^{\beta \mu \mathcal{H}} - e^{-\beta \mu \mathcal{H}}}{e^{\beta \mu \mathcal{H}} + e^{-\beta \mu \mathcal{H}} + 2w/w'} \approx \frac{N \beta \mu \mathcal{H}}{1 + w/w'} \tag{7.35}$$

zu, wobei w' wie in Gl. (7.26) definiert ist. Im letzten Schritt haben wir $\beta \mu \mathcal{H} \ll 1$ benützt. Die Energie der absorbierten Radiofrequenz wird an das Kristallgitter abgegeben.

Man kann sofort zwei Grenzwerte von Gl. (7.35) ablesen: Ist $w \ll w'$, also die thermische Kopplung der Spins an das Gitter viel stärker als die Kopplung an die Radiofrequenz, hat man die Situation des thermischen Gleichgewichts, also den gewöhnlichen Paramagnetismus. Im Grenzfall $w \gg w'$ geht $n(t)$ im Limes $t \to \infty$ gegen Null; dann erzwingt die Radiofrequenz $n_+ = n_-$ für große Zeiten.

7.2 Die Boltzmann-Gleichung

7.2.1 Vorbetrachtungen

Die Boltzmann-Gleichung ist eine kinetische Gleichung zur Beschreibung der Zeitentwicklung von verdünnten Gasen. Sie beschreibt die Zeitentwicklung der Verteilungsfunktion $f(\vec{x}, \vec{p}, t)$ im Phasenraum. Dabei ist $f(\vec{x}, \vec{p}, t) \, d^3x \, d^3p$ die Anzahl der Teilchen, die sich zur Zeit t im Volumen $d^3x \, d^3p$ am Punkt $(\vec{x}, \vec{p})$ befinden. Die Normierung ist daher durch

$$\int_V d^3x \int d^3p \, f(\vec{x}, \vec{p}, t) = N \tag{7.36}$$

gegeben, wobei N die Gesamtzahl der Teilchen im Volumen ist. Man kann daher $f(\vec{x}, \vec{p}, t)/N$ als Wahrscheinlichkeitsverteilung im Phasenraum auffassen.

Etliche Näherungen bzw. Annahmen gehen in die Herleitung ein. Die erste Annahme folgt aus dem Faktum, dass die Boltzmann-Gleichung eine klassische Gleichung ist:

Keine Energieübertragung auf innere Freiheitsgrade.

Für die weitere Diskussion brauchen wir die mittlere freie Weglänge ℓ. Wie kann man ℓ berechnen? Die Anzahl der Stöße pro Sekunde ist gegeben durch $\bar{v}_{12}\sigma\rho$, wobei $\bar{v}_{12}$ die mittlere Relativgeschwindigkeit zweier Teilchen und σ der Streuquerschnitt ist. Die mittlere Zeit zwischen zwei aufeinanderfolgenden Stößen ist daher

$$\tau_s = \frac{1}{\bar{v}_{12}\sigma\rho}. \tag{7.37}$$

Die Maxwell-Verteilung erlaubt die Berechnung von $\bar{v}_{12}$:

$$\bar{v}_{12} = \sqrt{2}\,\bar{v} \quad \text{mit} \quad \bar{v} = \sqrt{\frac{8kT}{\pi m}}, \tag{7.38}$$

wobei $\bar{v}$ die mittlere thermische Geschwindigkeit *eines* Teilchens ist. Daraus erhalten wir

$$\ell = \tau_s \bar{v} = \frac{1}{\sqrt{2}\sigma\rho}. \tag{7.39}$$

Wenn die Teilchen den Durchmesser d haben, ist der Streuquerschnitt etwa $\sigma \sim \pi d^2$.

Die zweite Annahme betrifft Korrelationen. Es sei $g(\vec{x}_1, \vec{p}_1, \vec{x}_2, \vec{p}_2, t)$ die Korrelationsfunktion für zwei Teilchen, d.h.

$$g(\vec{x}_1, \vec{p}_1, \vec{x}_2, \vec{p}_2, t)\, \mathrm{d}^3 x_1 \, \mathrm{d}^3 p_1 \, \mathrm{d}^3 x_2 \, \mathrm{d}^3 p_2$$

ist die Wahrscheinlichkeit, gleichzeitig Teilchen 1 bei $(\vec{x}_1, \vec{p}_1)$ und Teilchen 2 bei $(\vec{x}_2, \vec{p}_2)$ zu treffen. In einem verdünnten Gas ist $\ell \gg d$ und zusammenstoßende Teilchen kommen aus räumlich weit entfernten Gebieten. Das führt zur

Annahme des *molekularen Chaos*:

$$g(\vec{x}_1, \vec{p}_1, \vec{x}_2, \vec{p}_2, t) = \frac{f(\vec{x}_1, \vec{p}_1, t)}{N} \times \frac{f(\vec{x}_2, \vec{p}_2, t)}{N}. \tag{7.40}$$

Als Nächstes vergleichen wir die mittlere Zeit τ_s zwischen zwei Stößen mit der Dauer eines Stoßes. Letztere ist größenordnungsmäßig gegeben durch $d/\bar{v}$. Die Wahrscheinlichkeit, dass ein Teilchen mit einem anderen zusammenstößt, ist daher proportional zu $(d/\bar{v})/\tau_s = d/\ell$. Weil wir ein verdünntes Gas zugrunde legen, ist diese Wahrscheinlichkeit klein. Dreierstöße werden daher um einen solchen Faktor gegenüber Zweierstößen unterdrückt sein. Damit haben wir eine weitere Annahme, die in die Herleitung der Boltzmann-Gleichung eingehen wird:

Es genügt, Zweierstöße zu berücksichtigen.

Die Annahmen des molekularen Chaos und der Vernachlässigung von Dreierstößen hat in unserer vereinfachenden Diskussion dieselbe Begründung: $d \ll \ell$ bzw. $d/\ell \ll 1$.

Betrachten wir als anschauliches Beispiel die Daten von Luft bei $T = 300\,\mathrm{K}$ und $p = 1$ bar. Dann ist der mittlere Teilchenabstand $\rho^{-1/3} \simeq 30\,\text{Å}$ und $d \simeq 2\,\text{Å} = 2 \times 10^{-8}\mathrm{cm}$. Die mittlere Geschwindigkeit ergibt sich zu $\bar{v} \simeq 4.5 \times 10^4$ cm/s und daraus folgt $\tau_s \simeq 5 \times 10^{-10}$ sec. Damit finden wir $\ell \simeq 2 \times 10^{-5}$ cm und $\ell \ll d$.

7.2.2 Herleitung der Boltzmann-Gleichung

Wir betrachten zuerst die Zeitentwicklung der Verteilungsfunktion, wenn keine Stöße vorhanden sind. Dann ist die Zahl der Teilchen in einem Phasenraumvolumen konstant. D.h., ändert sich die Zeit t um δt, erhalten wir

$$f(\vec{x} + \vec{p}\,\delta t/m,\ \vec{p} + \vec{F}\,\delta t, t + \delta t)\,\mathrm{d}^3 x'\,\mathrm{d}^3 p' = f(\vec{x}, \vec{p}, t)\,\mathrm{d}^3 x\,\mathrm{d}^3 p. \tag{7.41}$$

Hier ist

$$\vec{F} = -\vec{\nabla}U \tag{7.42}$$

eine äußere, konservative, impulsunabhängige Kraft. Die neuen Variablen im Impulsraum sind mit den alten durch die klassische Zeitentwicklung

$$\vec{x}\,' = \vec{x} + \frac{\vec{p}}{m}\,\delta t, \quad \vec{p}\,' = \vec{p} + \vec{F}\,\delta t \tag{7.43}$$

verbunden. Diese Zeitentwicklung kann als Variablentransformation aufgefasst werden. Das Volumselement im Phasenraum in den neuen Variablen wird durch die alten als

$$\mathrm{d}^3 x'\,\mathrm{d}^3 p' = \left| \begin{matrix} \mathbb{1} & \frac{1}{m}\delta t\mathbb{1} \\ \left(\frac{\partial F_i}{\partial x_j}\right)\delta t & \mathbb{1} \end{matrix} \right| \mathrm{d}^3 x\,\mathrm{d}^3 p \tag{7.44}$$

ausgedrückt. Man kann sich leicht überzeugen, dass man in erster Ordnung in δt das δt-unabhängige Resultat

$$\mathrm{d}^3 x'\,\mathrm{d}^3 p' = \mathrm{d}^3 x\,\mathrm{d}^3 p \tag{7.45}$$

bekommt. Das ist ein Spezialfall des *Theorems von Liouville*. Sind Stöße vorhanden, hat man die Bilanz

$$\frac{1}{\delta t}\left[f(\vec{x} + \vec{p}\,\delta t/m,\ \vec{p} + \vec{F}\,\delta t, t + \delta t)\,\mathrm{d}^3 x'\,\mathrm{d}^3 p' - f(\vec{x}, \vec{p}, t)\,\mathrm{d}^3 x\,\mathrm{d}^3 p \right]$$

$$= \left(\frac{\partial f}{\partial t} + \frac{\vec{p}}{m}\cdot\vec{\nabla}_x f + \vec{F}\cdot\vec{\nabla}_p f \right)\mathrm{d}^3 x\,\mathrm{d}^3 p$$

$$= \left(\frac{\partial f}{\partial t} \right)_{\mathrm{col}} \mathrm{d}^3 x\,\mathrm{d}^3 p = (\bar{R} - R)\,\mathrm{d}^3 x\,\mathrm{d}^3 p, \tag{7.46}$$

wobei der Stoßterm $(\partial f/\partial t)_{col} = \bar{R} - R$ zwei Beiträge hat: Teilchen gehen dem Phasenraumvolumen Gl. (7.45) durch Stöße verloren (R), bzw. treten durch Stöße in das Volumen ein ($\bar{R}$).

Für das weitere Vorgehen betrachten wir die Kinematik des Zweiteilchenstoßes. Wir haben Impuls- und Energieerhaltung. Die Impulse der einlaufenden Teilchen bezeichnen wir mit $\vec{p}$ und $\vec{p}_1$, die der auslaufenden mit $\vec{p}\,'$ und $\vec{p}_1'$. Mit gleichen Massen der beteiligten Teilchen gilt

$$\vec{p} + \vec{p}_1 = \vec{p}\,' + \vec{p}_1', \quad (\vec{p})^2 + (\vec{p}_1)^2 = (\vec{p}\,')^2 + (\vec{p}_1')^2. \tag{7.47}$$

Die Impulse können in Schwerpunkts- und Relativimpulse ($\vec{p}_s$, $\vec{p}_r$) umgeschrieben werden:

$$\vec{p} = \frac{1}{2}\vec{p}_s + \vec{p}_r, \ \vec{p}_1 = \frac{1}{2}\vec{p}_s - \vec{p}_r, \quad \vec{p}\,' = \frac{1}{2}\vec{p}_s + \vec{p}_r', \ \vec{p}_1' = \frac{1}{2}\vec{p}_s - \vec{p}_r'. \tag{7.48}$$

Der Schwerpunktsimpuls $\vec{p}_s$ ändert sich nicht bei der Streuung, während wir für den Relativimpuls die Änderung $\vec{p}_r \rightarrow \vec{p}_r'$ haben. Dann wird die Energieerhaltung durch

$$(\vec{p}_r)^2 = (\vec{p}_r')^2 \tag{7.49}$$

ausgedrückt. Im Schwerpunktsystem wird der Änderung $\vec{p}_r \rightarrow \vec{p}_r'$ durch den Streuwinkel θ zwischen $\vec{p}_r$ und $\vec{p}_r'$ und den Azimutalwinkel ϕ festgelegt.

Nun gehen wir zurück zu Gl. (7.46). Die Anzahl der pro Zeiteinheit aus dem Phasenraumvolumen $d^3x\, d^3p$ hinausgestreuten Teilchen ist gegeben durch

$$R\, d^3x\, d^3p = d^3x\, d^3p\, f(\vec{x}, \vec{p}, t) \times \int d^3p_1 \frac{1}{m} |\vec{p} - \vec{p}_1|\, f(\vec{x}, \vec{p}_1, t) \times \int d\Omega\, \frac{d\sigma}{d\Omega}\, (|\vec{p}_r|, \theta). \tag{7.50}$$

Die einzelnen Faktoren und Integrale haben folgende Bedeutung:
- Faktor 1: Anzahl der Targetteilchen im Phasenraumvolumen $d^3x\, d^3p$.
- Faktor 2: Der mit Relativgeschwindigkeit $(\vec{p} - \vec{p}_1)/m$ einfallende Fluss von Teilchen.
- Faktor 3: Der Streuquerschnitt im Schwerpunktsystem, daher ist $d\Omega$ der Raumwinkel, auf den $\vec{p}_r'$ zeigt.
- Erstes Integral: Über alle einfallenden Flüsse wird summiert.
- Zweites Integral: Über alle mit Energie-Impulserhaltung verträglichen Streuzustände wird summiert.

Nun berechnen wir die Anzahl der pro Zeiteinheit in das Phasenraumvolumen $d^3x\, d^3p$ hineingestreuten Teilchen. Es ist dabei am einfachsten, die Rolle der ungestrichenen und gestrichenen Impulse in der Herleitung von Gl. (7.50) zu vertauschen. Die Anzahl der Teilchen, die aus d^3p' und d^3p_1' in d^3p und d^3p_1 gestreut werden, ist daher durch

$$d^3x\, d^3p'\, f(\vec{x}, \vec{p}\,', t) \times d^3p_1' \frac{1}{m} |\vec{p}\,' - \vec{p}_1'|\, f(\vec{x}, \vec{p}_1', t) \times \int d\Omega\, \frac{d\sigma}{d\Omega}\, (|\vec{p}_r'|, \theta) \tag{7.51}$$

gegeben. Allerdings wollen wir in dieser Gleichung letzten Endes die Phasenraumvolumina $d^3p\, d^3p_1$ statt $d^3p'\, d^3p_1'$ verwenden und über d^3p_1 statt über d^3p_1' summieren.

Berücksichtigen wir dabei, dass der Streuprozess so ablaufen muss, dass ein Impuls $\vec{p}$ erhalten wird, dann folgt aus Gl. (7.48), dass

$$d^3p\,d^3p_1 = d^3p_s d^3p_r, \quad d^3p'\,d^3p'_1 = d^3p_s d^3p'_r \tag{7.52}$$

gilt. Weil bei $\vec{p}_r \to \vec{p}'_r$ der gestreute Vektor nur gedreht wird, erhalten wir für die Phasenraumvolumina

$$d^3p\,d^3p_1 = d^3p'\,d^3p'_1. \tag{7.53}$$

Weil außerdem

$$\left|\vec{p}' - \vec{p}'_1\right| = 2\left|\vec{p}'_r\right| = \left|\vec{p} - \vec{p}_1\right| = 2\left|\vec{p}_r\right| \tag{7.54}$$

erfüllt ist, kommen wir zum Ergebnis

$$\bar{R}\,d^3x\,d^3p = d^3x\,d^3p\,f(\vec{x},\vec{p}',t)\times\int d^3p_1\,\frac{1}{m}\,|\vec{p}-\vec{p}_1|\,f(\vec{x},\vec{p}'_1,t)\times\int d\Omega\,\frac{d\sigma}{d\Omega}\,(|\vec{p}_r|,\theta). \tag{7.55}$$

Dabei haben wir implizit Gleichheit des Streuquerschnitts für $(\vec{p},\vec{p}_1) \to (\vec{p}',\vec{p}'_1)$ und $(\vec{p}',\vec{p}'_1) \to (\vec{p},\vec{p}_1)$ angenommen, also *Zeitumkehrinvarianz* vorausgesetzt.

Nun fassen wir zusammen. Mit den Abkürzungen

$$f \equiv f(\vec{x},\vec{p},t), \quad f_1 \equiv f(\vec{x},\vec{p}_1,t), \quad f' \equiv f(\vec{x},\vec{p}',t), \quad f'_1 \equiv f(\vec{x},\vec{p}'_1,t) \tag{7.56}$$

können wir das Resultat so formulieren:

!

$$\frac{\partial f}{\partial t} + \frac{\vec{p}}{m}\cdot\vec{\nabla}_x f + \vec{F}\cdot\vec{\nabla}_p f = \int d^3p_1\,\frac{1}{m}\,|\vec{p}-\vec{p}_1|\int d\Omega\,\frac{d\sigma}{d\Omega}\,(|\vec{p}_r|,\theta)\,(f'\,f'_1 - f\,f_1). \tag{7.57}$$

Das ist die klassische *Boltzmann-Gleichung* mit dem Stoßterm $(\partial f/\partial t)_{col}$ auf der rechten Seite.

Die Boltzmann-Gleichung kann auf verschiedenste Arten modifiziert werden, z.B. um BE oder FD-Statistik zu berücksichtigen. In dieser Formulierung spielt sie unter anderem bei verschiedenen Problemen des frühen Universums eine wichtige Rolle.

7.2.3 Der Gleichgewichtszustand eines verdünnten Gases

Die Boltzmann-Gleichung erlaubt so wie die Mastergleichung für ein abgeschlossenes System, ein H-Theorem zu formulieren. Hier ist H definiert als das Funktional

$$H[f] = \int_V d^3x \int d^3p\,f \ln f. \tag{7.58}$$

Der Stoßterm bestimmt die zeitliche Änderung von H:

$$\frac{d}{dt} H[f] = \int_{\mathcal{V}} d^3x \int d^3p \, \frac{\partial f}{\partial t}(1 + \ln f) = \int_{\mathcal{V}} d^3x \int d^3p \left(\frac{\partial f}{\partial t}\right)_{\text{col}} (1 + \ln f). \tag{7.59}$$

Das zweite Gleichheitszeichen gilt deswegen, weil die beiden anderen Terme auf der linken Seite von Gl. (7.57) nichts beitragen. Der Term

$$\int_{\mathcal{V}} d^3x \int d^3p \, \frac{\vec{p}}{m} \cdot (\vec{\nabla}_x f)(1 + \ln f) = \int_{\partial \mathcal{V}} d\vec{A} \cdot \int d^3p \, \frac{\vec{p}}{m} \, f \ln f \tag{7.60}$$

entspricht einem „Entropiefluss" am Gefäßrand ($d\vec{A}$ ist das Oberflächenelement), der dort Null sein muss, weil wir annehmen, dass die Gefäßwand die Teilchen ideal reflektiert. Der andere Term

$$\int_{\mathcal{V}} d^3x \int d^3p \, \vec{F} \cdot (\vec{\nabla}_p f)(1 + \ln f) = \int_{\mathcal{V}} d^3x \, \vec{F} \cdot \int d^3p \, \vec{\nabla}_p (f \ln f) \tag{7.61}$$

ist Null, weil f in den Impulskoordinaten im Unendlichen Null wird. Einsetzen des Stoßterms aus Gl. (7.57) ergibt

$$\frac{d}{dt} H[f] = \int_{\mathcal{V}} d^3x \int d^3p \int d^3p_1 \, \frac{1}{m} |\vec{p} - \vec{p}_1| \int d\Omega \, \frac{d\sigma}{d\Omega} \left(|\vec{p}_r|, \theta\right) \left(f' f_1' - f f_1\right)(1 + \ln f).$$
$$\tag{7.62}$$

Machen wir die Vertauschung $\vec{p} \leftrightarrow \vec{p}_1$ und mitteln wir, geht der Integrand über in

$$\frac{1}{2} \left(f' f_1' - f f_1\right) \left[2 + \ln (f f_1)\right]. \tag{7.63}$$

Jetzt machen wir noch eine Vertauschung und Mittelung von ungestrichenen und gestrichenen Impulsen und benützen Gl. (7.53) und Gl. (7.54). Das ergibt das Resultat

$$\frac{d}{dt} H[f] = -\frac{1}{4} \int_{\mathcal{V}} d^3x \int d^3p \int d^3p_1 \, \frac{1}{m} |\vec{p} - \vec{p}_1| \int d\Omega \, \frac{d\sigma}{d\Omega} \left(|\vec{p}_r|, \theta\right)$$
$$\times \, \left(f' f_1' - f f_1\right) \left[\ln \left(f' f_1'\right) - \ln (f f_1)\right]. \tag{7.64}$$

Da die zweite Zeile dieser Gleichung positiv ist, erhalten wir hiermit das H-Theorem für die Boltzmann-Gleichung:

$$\frac{d}{dt} H[f] \leq 0. \tag{7.65}$$

Dass $dH[f]/dt$ etwas mit der zeitlichen Änderung der in Gl. (4.44) definierten Entropie $\tilde{S}$ zu tun hat, kann man sich folgendermaßen klar machen. Wir teilen den Phasenraum in Zellen der Größe $\Delta\Gamma = \prod_{i=1}^{3} \Delta x_i \, \Delta p_i$ ein. Die Zellen sollen so klein sein, dass wir f in jeder Zelle als näherungsweise konstant annehmen können. Hat f den Wert f_r in der r-ten Zelle, dann ist die Wahrscheinlichkeit, dass sich ein Teilchen in dieser Zelle befindet, durch $\rho_r = \Delta\Gamma f_r/N$ gegeben. Die Phasenraumzellen stellen die klassischen Zustände dar. Wir können damit die Entropie $\tilde{S}$ eines Teilchens, das sich im Wärmebad der anderen Teilchen bewegt, berechnen. Dann ist $\tilde{S}$ gegeben durch

$$-\frac{1}{k}\tilde{S} = \sum_r \frac{\Delta\Gamma f_r}{N}\ln\frac{\Delta\Gamma f_r}{N} = \frac{1}{N}\sum_r \Delta\Gamma f_r\left(\ln f_r + \ln\frac{\Delta\Gamma}{N}\right) \approx \frac{1}{N}H[f] + \ln\frac{\Delta\Gamma}{N}. \quad (7.66)$$

Da der letzte Term konstant ist, entspricht die zeitliche Änderung von $H[f]$ einer Entropieänderung.

Es sei nun $f(t=0)$ eine Anfangsverteilung im Phasenraum, deren Zeitentwicklung $f(t)$ durch die Boltzmann-Gleichung bestimmt ist. Ist weiters $H[f(t)]$ nach unten beschränkt, dann besagt das H-Theorem, dass $f(t)$ einer Gleichgewichtsverteilung f_0 zustrebt:

$$\lim_{t\to\infty} f(t) = f_0. \quad (7.67)$$

Diese Aussage verletzt die Zeitumkehrinvarianz. Da die Zeitentwicklung von $H[f(t)]$ durch den Stoßterm bestimmt ist, muss die Zeitumkehrverletzung in den probabilistischen Annahmen stecken, welche bei der Herleitung des Stoßterms verwendet wurden. Wie sieht die Gleichgewichtsverteilung f_0 aus? Da der Ausdruck unter dem Integral in Gl. (7.64) positiv ist, muss er im Gleichgewicht Null sein, woraus

$$f_0 f_{01} = f_0' f_{01}' \quad\Leftrightarrow\quad \ln f_0 + \ln f_{01} = \ln f_0' + \ln f_{01}' \quad (7.68)$$

folgt. Also ist $\ln f_0$ eine Erhaltungsgröße und muss eine Linearkombination aus den beim Stoß bekannten Erhaltungsgrößen sein:

$$\ln f_0 = A + \vec{B}\cdot\vec{p} + C\frac{\vec{p}^2}{2m}. \quad (7.69)$$

Die vektorielle Konstante $\vec{B}$ würde einen Impuls des Gesamtsystems beschreiben, den wir hier Null setzen. Für die Gleichgewichtsverteilung f_0 muss die linke Seite der Boltzmann-Gleichung ebenfalls Null sein, da ja wegen Gl. (7.68) der Stoßterm Null ist. Man kann leicht überprüfen, dass das für

$$f_0(\vec{x},\vec{p}) = \bar{\rho}\left(\frac{\beta}{2\pi m}\right)^{3/2}\exp\left(-\beta\left(\frac{\vec{p}^2}{2m} + U(\vec{x})\right)\right) \quad\text{mit}\quad \bar{\rho} = N\Big/\int_{\mathcal{V}} d^3x\, e^{-\beta U(\vec{x})} \quad (7.70)$$

mit der Kraft $\vec{F} = -\vec{\nabla}U$ der Fall ist. Weiters ist für f_0 auch die Normierungsbedingung Gl. (7.36) erfüllt. Die Größe β kann als $1/(kT)$ interpretiert werden und die Gleichgewichtsverteilung (7.70) entspricht genau der Einteilchen-Verteilung in einem äußeren Potential U, die wir im Zusammenhang mit der klassischen Näherung des kanonischen Ensembles kennengelernt haben. Die Wechselwirkung im Stoßterm geht nicht in die Gleichgewichtsverteilung ein, der Stoßterm bringt jedoch das System ins Gleichgewicht.

7.2.4 Lokale Gleichgewichtsverteilung

Ein wichtiger Punkt ist, dass der Stoßterm Null ist, auch wenn die Koeffizienten in Gl. (7.69) vom Ort abhängen. Lassen wir nun ortsabhängige Koeffizienten und einen lokalen Gesamtimpuls $\vec{p}_0$ zu, dann erhalten wir eine geeignete Form einer *lokalen Gleichgewichtsverteilung*:

$$f_0^{(l)}(\vec{x}, \vec{p}, t) = \rho(\vec{x}, t) \left(\frac{\beta(\vec{x}, t)}{2\pi m} \right)^{3/2} \exp\left(-\beta(\vec{x}, t) \frac{(\vec{p} - \vec{p}_0(\vec{x}, t))^2}{2m} \right). \tag{7.71}$$

Jetzt gilt zwar

$$\left(\frac{\partial f_0^{(l)}}{\partial t} \right)_{\text{col}} = 0, \tag{7.72}$$

jedoch ist im Allgemeinen

$$\left(\frac{\partial}{\partial t} + \frac{\vec{p}}{m} \cdot \vec{\nabla}_x + \vec{F} \cdot \vec{\nabla}_p \right) f_0^{(l)} \neq 0. \tag{7.73}$$

Daher hat die Gesamtlösung die Gestalt $f = f_0^{(l)} + \delta f$, was dann Sinn macht, wenn δf klein ist.

7.2.5 Die Relaxationszeitnäherung

Unter gewissen Voraussetzungen, wenn das System nahe bei einer lokalen Gleichgewichtsverteilung $f_0^{(l)}(\vec{x}, \vec{p}, t)$ ist, kann man den Stoßterm vereinfachen (18; 34):

$$\left(\frac{\partial f}{\partial t} \right)_{\text{col}} \rightarrow -\frac{1}{\tau_r} \left(f - f_0^{(l)} \right). \tag{7.74}$$

Aus der nichtlinearen Boltzmann-Gleichung wird damit eine lineare Differentialgleichung. Die Größe τ_r ist eine Relaxationszeit. Haben wir nämlich ein homogenes System ohne äußere Krafteinwirkung und ist $f_0^{(l)}$ zeitunabhängig, dann gilt

$$\dot{f} = -\frac{1}{\tau_r} \left(f - f_0^{(l)} \right) \quad \Rightarrow \quad f(t) = \left(f(0) - f_0^{(l)} \right) e^{-t/\tau_r} + f_0^{(l)}. \tag{7.75}$$

Die Relaxationszeit τ_r ist im Allgemeinen eine Funktion von $\vec{x}$ und $\vec{p}$ und ihre Größenordnung entspricht etwa einem kleinen Vielfachen der mittleren Stoßzeit, da einige Stöße für die Relaxation zum Gleichgewicht notwendig sind.

Die Relaxationszeitnäherung wird allerdings auch angewendet, wenn das System nicht homogen ist und äußere Kräfte vorhanden sind. Dann ist die Form der lokalen Gleichgewichtsverteilung $f_0^{(l)}$ durch Gl. (7.71) vorgegeben und mit dem Ansatz $f = f_0^{(l)} + \delta f$ erhält man

$$\left(\frac{\partial}{\partial t} + \frac{\vec{p}}{m} \cdot \vec{\nabla}_x + \vec{F} \cdot \vec{\nabla}_p \right) (f_0^{(l)} + \delta f) = -\frac{1}{\tau_r} \delta f. \tag{7.76}$$

Bei langsamer zeitlicher Änderung, schwacher Inhomogenität des Systems und kleinen äußeren Kräften kann diese Gleichung als Ausgangspunkt für Näherungslösungen genommen werden – siehe nächstes Unterkapitel.

7.3 Transportphänomene in Metallen

7.3.1 Annahmen und Voraussetzungen

Wir verwenden die Relaxationszeitnäherung, um Transportphänomene von Leitungselektronen in Metallen zu diskutieren (39). Wir betrachten folgende Situation:

i. Um die Diskussion zu vereinfachen, nehmen wir an, dass das Metall isotrop ist.
ii. Die Relaxationszeit τ_r hängt nur von der Energie ε der Elektronen ab.
iii. Das System ist stationär.
iv. Es ist ein Temperaturgradient vorhanden.
v. Es ist ein schwaches elektrisches Feld angelegt.

Im hier betrachteten Fall kommt der Stoßterm von der Wechselwirkung der Elektronen mit dem Gitter (Fremdatome, Fehlstellen, Schwingungen) und die Relaxationszeitnäherung kann in so einem Fall rigoroser aus der Boltzmann-Gleichung begründet werden (34). Für $e^- e^-$- Wechselwirkung wären n-Teilchenstöße ($n \geq 3$) nicht zu vernachlässigen, weil die Elektronen im Leitungsband sehr dicht sind. Wir nehmen an, dass die Zustandsdichte $g(\varepsilon)$ der Leitungselektronen bekannt ist und die $e^- e^-$-Wechselwirkung in hinreichender Weise berücksichtigt. Dieses $g(\varepsilon)$ ist daher verschieden von der Zustandsdichte des freien Elektrongases. Weil wir für die Leitungselektronen die FD-Statistik berücksichtigen müssen, setzen wir eine lokale Verteilungsfunktion der Gestalt

$$ f_0^{(l)}(\vec{x}, \vec{p}) = \frac{1}{e^{\beta(\vec{x})[\varepsilon - \mu(\vec{x})]} + 1} \tag{7.77} $$

an. Diese hängt sowohl über die Temperatur $T = 1/(k\beta)$ als auch über das chemische Potential μ vom Ort ab. Wegen der Isotropieannahme geht in die Elektronenenergie ε der Impuls $\vec{p}$ nur über den Betrag $|\vec{p}|$ ein.

Wie im vorigen Unterkapitel angedeutet, erhalten wir aus Gl. (7.76) die Näherungslösung

$$ f \simeq f_0^{(l)} - \tau_r \left(\vec{v} \cdot \vec{\nabla}_x - e\vec{E} \cdot \vec{\nabla}_p \right) f_0^{(l)}. \tag{7.78} $$

Dabei haben wir $\vec{F} = -e\vec{E}$ und $\vec{p}/m = \vec{v}$ gesetzt. Die Geschwindigkeit $\vec{v}$ ist jetzt allerdings als die Gruppengeschwindigkeit

$$\vec{v} = \vec{\nabla}_p\, \varepsilon(\vec{p}) \tag{7.79}$$

aufzufassen, da diese der Transportgeschwindigkeit der Elektronen im Leitungsband entspricht. Wir summieren über die Impulse im Leitungsband wie im Unterkapitel 5.15. Die Isotropieannahme erlaubt in den weiteren Rechnungen die Ersetzung

$$\int \frac{2\,\mathrm{d}^3 p}{(2\pi\hbar)^3} \to \int \mathrm{d}\varepsilon g(\varepsilon) \quad \text{mit} \quad g(\varepsilon) = \frac{1}{\pi^2\hbar^3}\, p^2\, \frac{\mathrm{d}p}{\mathrm{d}\varepsilon}. \tag{7.80}$$

Der Faktor 2 berücksichtigt die Anzahl der Spineinstellungen. Die hier betrachtete Näherung ist semiklassisch (39), da sie zwar die Quantenstatistik berücksichtigt, jedoch von der klassischen Boltzmann-Gleichung ausgeht.

7.3.2 Transportphänomene

Die Verteilung $f(\vec{x}, \vec{p})$ aus Gl. (7.78) führt auf nichtverschwindende Ladungs- und Wärmestromdichten

$$\vec{j}(\vec{x}) = -e \int \frac{2\,\mathrm{d}^3 p}{(2\pi\hbar)^3}\, f(\vec{x}, \vec{p})\, \vec{v}(\vec{p}), \tag{7.81}$$

$$\vec{i}_Q(\vec{x}) = \int \frac{2\,\mathrm{d}^3 p}{(2\pi\hbar)^3}\, f(\vec{x}, \vec{p})\, [\varepsilon(\vec{p}) - \mu(\vec{x})]\, \vec{v}(\vec{p}). \tag{7.82}$$

Die Form der Wärmestromdichte ist durch $T\mathrm{d}\hat{s} = \mathrm{d}\hat{u} - \mu\,\mathrm{d}\rho$ begründet, wobei $\hat{s}$ die Entropiedichte und $\hat{u}$ die Energiedichte ist – siehe Aufgabe 6 aus Kapitel 2. Es liefert nur δf einen Beitrag zu den Stromdichten, da $f_0^{(l)}$ im Impulsraum isotrop ist.

Um die Gleichungen (7.81) und (7.82) auszuwerten, berechnen wir zuerst

$$\vec{\nabla}_x f_0^{(l)} = -\frac{\partial f_0^{(l)}}{\partial \varepsilon}\left[(\varepsilon - \mu)\frac{\vec{\nabla}T}{T} + \vec{\nabla}\mu\right], \tag{7.83}$$

$$\vec{\nabla}_p f_0^{(l)} = \frac{\partial f_0^{(l)}}{\partial \varepsilon}\, \vec{v}. \tag{7.84}$$

Aus diesen Ableitungen und aus Gl. (7.78) folgt, dass in den Strömen nur die Kombination $e\vec{E} + \vec{\nabla}\mu$ vorkommt. Das erlaubt die Ansätze (39)

!

$$\vec{j} = L_{11}\left(\vec{E} + \frac{1}{e}\vec{\nabla}\mu\right) + L_{12}\left(-\vec{\nabla}T\right), \tag{7.85}$$

$$\vec{i}_Q = L_{21}\left(\vec{E} + \frac{1}{e}\vec{\nabla}\mu\right) + L_{22}\left(-\vec{\nabla}T\right). \tag{7.86}$$

Im Weiteren werden wir die Koeffizienten L_{11}, L_{12}, etc. bestimmen.

Die Form der lokalen Gleichgewichtsverteilung $f_0^{(l)}$ ist mit jener der Funktion $\bar{v}(\varepsilon)$ aus Gl. (5.302) identisch. Daher können wir die Sommerfeld-Technik aus dem Unterkapitel 5.15 anwenden, wobei jetzt die gerade Funktion $\eta(x)$ durch die ebenfalls gerade Funktion $e^x/(e^x + 1)^2$ ersetzt wird, welche von der Ableitung von $f_0^{(l)}$ nach ε stammt. Dieselben Schritte wie dort liefern zur Ordnung T^2

$$\int_0^\infty d\varepsilon\, h(\varepsilon)\left(-\frac{\partial \bar{v}(\varepsilon)}{\partial \varepsilon}\right) \simeq h(\mu) + \frac{\pi^2}{6}h''(\mu)(kT)^2. \tag{7.87}$$

Die Ableitungen Gl. (7.83) und Gl. (7.84) und die Form der Ströme Gl. (7.85) und Gl. (7.86) bestimmen die Funktionen, die in Gl. (7.87) integriert werden:

$$\begin{aligned} h_{11} &= \tfrac{1}{3}e^2\tau_r v^2 g(\varepsilon), & h_{12} &= -\tfrac{1}{3}e\tau_r v^2 g(\varepsilon)(\varepsilon - \mu)/T, \\ h_{21} &= -\tfrac{1}{3}e\tau_r v^2 g(\varepsilon)(\varepsilon - \mu), & h_{22} &= \tfrac{1}{3}\tau_r v^2 g(\varepsilon)(\varepsilon - \mu)^2/T. \end{aligned} \tag{7.88}$$

Der Faktor $v^2/3$ kommt durch die Isotropie von $f_0^{(l)}$ in $\vec{p}$ zustande, welche die Ersetzung $v_a v_b \to \delta_{ab}v^2/3$ mit dem Kronecker-Symbol δ_{ab} durch die Impulsintegration bewirkt. Schließlich erhalten wir folgendes Resultat:

$$L_{11} = \frac{1}{3}e^2\left.(\tau_r v^2 g(\mu))\right|_{\mu=\varepsilon_F}, \tag{7.89}$$

$$L_{12} = -\frac{\pi^2}{9}e k^2 T \left.\frac{d(\tau_r v^2 g(\mu))}{d\mu}\right|_{\mu=\varepsilon_F}, \tag{7.90}$$

$$L_{21} = -\frac{\pi^2}{9}e (kT)^2 \left.\frac{d(\tau_r v^2 g(\mu))}{d\mu}\right|_{\mu=\varepsilon_F}, \tag{7.91}$$

$$L_{22} = \frac{\pi^2}{9}k^2 T \left.(\tau_r v^2 g(\mu))\right|_{\mu=\varepsilon_F}. \tag{7.92}$$

Für den Koeffizienten L_{11} haben wir nur den T-unabhängigen Term in Gl. (7.87) berücksichtigt. Weiters haben wir benützt, dass μ in guter Näherung mit der Fermi-Energie ε_F übereinstimmt.

7.3.3 Physikalische Interpretation der Resultate

Wir können mehrere Fälle unterscheiden. Zuerst betrachten wir

$$\vec{\nabla} T = \vec{0}, \quad \vec{\nabla} \mu = \vec{0} \quad \Rightarrow \quad \vec{j} = \sigma \vec{E} \quad \text{mit} \quad \sigma \equiv L_{11}. \tag{7.93}$$

Das ist das *Ohm'sche Gesetz* und σ ist die elektrische Leitfähigkeit.

Definieren wir noch

$$\sigma' = \frac{1}{3} e^2 \left. \frac{\mathrm{d}(\tau_r v^2 g(\mu))}{\mathrm{d}\mu} \right|_{\mu = \varepsilon_F}, \tag{7.94}$$

dann lassen sich die Koeffizienten L_{ij} in einfacher Weise zusammenfassen (39):

$$L_{11} = \sigma, \quad L_{21} = T L_{12} = -\frac{\pi^2}{3e} (kT)^2 \sigma', \quad L_{22} = \frac{\pi^2}{3e^2} k^2 T \sigma. \tag{7.95}$$

Für $\vec{\nabla} T = \vec{0}$ gilt

$$\vec{j} = \sigma \left(\vec{E} + \frac{1}{e} \vec{\nabla} \mu \right) \equiv \sigma \vec{\mathcal{E}}. \tag{7.96}$$

D.h., auch ein Gradient des chemischen Potentials, wie er zum Beispiel bei einer Verbindungsstelle zweier verschiedener Metalle vorkommt, verursacht einen Strom, der *Diffusionsstrom* genannt wird. Misst man eine Spannungsdifferenz mit einem Voltmeter, wird die Spannungsmessung eigentlich durch die Messung eines kleinen Stromes durchgeführt, welcher über den Widerstand des Messgerätes in eine Spannung umgerechnet wird. Daher misst man mit einem Voltmeter nicht $- \int \mathrm{d}\vec{x} \cdot \vec{E}$ sondern $- \int \mathrm{d}\vec{x} \cdot \vec{\mathcal{E}}$.

Gleichungen (7.85) und (7.86) zeigen den Zusammenhang zwischen elektrischem Strom und Wärmestrom auf. Deren gegenseitige Beeinflussung nennt man *Thermoelektrizität*. Ist z.B. kein Temperaturgradient vorhanden, dann induziert der elektrische Strom einen Wärmestrom:

$$\vec{\nabla} T = \vec{0} \quad \Rightarrow \quad \vec{i}_Q = \Pi \vec{j} \quad \text{mit} \quad \Pi = \frac{L_{21}}{L_{11}}. \tag{7.97}$$

Dieser Effekt heißt Peltier-Effekt und Π ist der Peltier-Koeffizient. Fließt umgekehrt kein elektrischer Strom, dann sagt Gl. (7.85), dass ein elektrisches Feld induziert wird:

$$\vec{j} = \vec{0} \quad \Rightarrow \quad \vec{E} + \frac{1}{e} \vec{\nabla} \mu = \frac{L_{12}}{L_{11}} \vec{\nabla} T. \tag{7.98}$$

Dieser Effekt wird Seebeck-Effekt genannt. Auch der Gradient des chemischen Potentials erzeugt ein elektrisches Feld. Weiters besagt Gl. (7.98), dass in diesem Fall beide Beiträge zum Wärmestrom proportional zu $\vec{\nabla} T$ sind und dieser daher die Gestalt

$$\vec{i}_Q = -K \vec{\nabla} T \quad \text{mit} \quad K = L_{22} - \frac{L_{12} L_{21}}{L_{11}} \tag{7.99}$$

hat. Der Koeffizient K heißt *Wärmeleitfähigkeit*. Der Wärmetransport erfolgt hier ohne Konvektion, da Konvektion $\vec{j} \neq \vec{0}$ bedingen würde. Wegen

$$\frac{L_{12}L_{21}}{L_{11}L_{22}} = \frac{\pi^2}{3} (kT)^2 \left(\frac{\sigma'}{\sigma}\right)^2 \sim \left(\frac{kT}{\varepsilon_F}\right)^2, \tag{7.100}$$

weil σ' typischerweise von der Größenordnung σ/ε_F ist, haben wir in guter Näherung $K = L_{22}$ bzw.

!

$$\frac{K}{\sigma T} = \frac{\pi^2 k^2}{3e^2}. \tag{7.101}$$

Diese Relation ist das *Gesetz von Wiedemann-Franz*. Das Bemerkenswerte ist, dass das Verhältnis von K zu σT nur durch Naturkonstanten bestimmt und somit unabhängig vom betrachteten Metall ist. Die beobachteten Abweichungen von diesem Gesetz lassen sich auf Unzulänglichkeiten der Relaxationszeitnäherung zurückführen (39).

7.4 Temperaturausgleich

7.4.1 Die Wärmeleitungsgleichung

Die Wärmestromdichte aus Gl. (7.99) kann man als allgemeines phänomenologisches Gesetz auffassen, das nicht auf Leitungselektronen beschränkt ist. Natürlich macht dieser Wärmestrom nur Sinn, wenn keine Konvektion im Spiel ist. Ist das System abgeschlossen, hat man lokale Energieerhaltung:

$$\dot{\eta} + \vec{\nabla} \cdot \vec{i}_Q = 0, \tag{7.102}$$

wobei η die Energiedichte ist. Wir bezeichnen die Wärmekapazität pro Teilchen mit c und ρ sei wie üblich die Teilchendichte. Ist c konstant, dann ist $\eta = \rho c T$ und aus Gl. (7.102) folgt die *Wärmeleitungsgleichung*

!

$$\frac{\partial T}{\partial t} = \lambda \Delta T \quad \text{mit} \quad \lambda = \frac{K}{\rho c}. \tag{7.103}$$

Die Größe λ heißt *Temperaturleitfähigkeit* und ist näherungsweise konstant. Die Wärmeleitungsgleichung, die den Temperaturausgleich durch Wärmeleitung beschreibt, ist eine der klassischen partiellen Differentialgleichungen der Physik.

7.4.2 Einfache Anwendungen der Wärmeleitungsgleichung

Als einfache Anwendung betrachten wir einen unendlich ausgedehnten Stab und geben zur Zeit $t = 0$ eine Temperaturverteilung $T_0(x)$ vor, welche beschränkt und stetig sein soll. Dann ist die Lösung von Gl. (7.103) mit der Anfangsbedingung

$$\lim_{t \downarrow 0} T(t, x) = T_0(x) \tag{7.104}$$

gegeben durch

$$T(t, x) = \int_{-\infty}^{\infty} dx'\, D(t, x - x')\, T_0(x') \quad \text{mit} \quad D(t, x) = \frac{1}{\sqrt{4\lambda\pi t}} \exp\left(-\frac{x^2}{4\lambda t}\right). \tag{7.105}$$

Dies folgt aus den Eigenschaften des Integralkerns D:

$$\dot{D} = \lambda\, D'', \quad \int dx\, D = 1, \quad \lim_{t \downarrow 0} D = \delta(x). \tag{7.106}$$

Die ersten beiden Eigenschaften können leicht durch Nachrechnen bestätigt werden. Die dritte folgt aus

$$D(t, x) = \frac{1}{\sqrt{t}}\, D(1, x/\sqrt{t}), \tag{7.107}$$

d.h., im Limes $t \downarrow 0$ erhält man eine δ-Folge. Die Lösung Gl. (7.105) hat folgende Eigenschaften:

$$\begin{aligned} T_0(x) = T_0 = \text{konstant} &\Rightarrow T(t, x) = T_0\ \forall\, t; \\ \lim_{x \to \pm\infty} T_0(x) = 0 &\Rightarrow \lim_{t \to \infty} T(t, x) = 0\ \forall\, x. \end{aligned} \tag{7.108}$$

Während die erste Aussage eine Konsequenz der Normierung des Integralkerns ist, ist die zweite Aussage erst durch eine mathematische Überlegung zu erhalten.

Ein etwas komplizierteres Problem stellt ein einseitig begrenzter Stab dar. Wir nehmen an, dass sich der Stab über $x \geq 0$ erstreckt. Damit hat man als Randbedingung, dass bei $x = 0$ der Wärmestrom Null ist:

$$\left.\frac{\partial T}{\partial x}\right|_{x=0} = 0. \tag{7.109}$$

Die Lösung erhält man nun als

$$T(t, x) = \int_{0}^{\infty} dx'\, \bar{D}(t, x, x')\, T_0(x') \quad \text{mit} \quad \bar{D}(t, x, x') = D(t, x - x') + D(t, x + x'). \tag{7.110}$$

Dass das eine Lösung darstellt, ist offensichtlich. Im Limes $t \downarrow 0$ trägt der zweite Term nicht bei, weil die x'-Integration bei Null beginnt und x positiv ist. Die Randbedingung Gl. (7.109) ist erfüllt wegen

$$\frac{\partial \bar{D}(t, x, x')}{\partial x} = -\frac{x - x'}{2\lambda t} D(t, x - x') - \frac{x + x'}{2\lambda t} D(t, x + x') \Rightarrow \left.\frac{\partial \bar{D}(t, x, x')}{\partial x}\right|_{x=0} = 0. \tag{7.111}$$

7.5 Übungsaufgaben

1. Nehmen Sie an, ein isoliertes System habe nur zwei Mikrozustände $|\psi_r\rangle$ $(r = 1, 2)$. Lösen Sie die dazugehörige Mastergleichung und bestimmen Sie die Relaxationszeit aus der Wahrscheinlichkeitsrate w_{12}.

2. Berechnen Sie mit Hilfe der Maxwell-Verteilung die mittlere Relativgeschwingkeit $\bar{v}_{12}$ zweier Gasmoleküle.

3. Berechnen Sie die Dichte der Leitungselektronen $\rho(\vec{x})$ als Funktion von $\mu(\vec{x})$ und $T(\vec{x})$ bis zur Ordnung T^2. Berechnen Sie weiters $\vec{\nabla}\rho(\vec{x})$ in der Näherung, die wir in unserer Diskussion der Transportphänomene in Metallen verwendet haben.

4. Beweisen Sie Gl. (7.87) mit Hilfe der Sommerfeld-Technik.

5. In einem Draht sei die Temperatur konstant. Argumentieren Sie, dass trotzdem ein Wärmestrom $\vec{i}_Q$ vorhanden ist, wenn ein elektrischer Strom $\vec{j}$ fließt, und stellen Sie den Zusammenhang zwischen $\vec{i}_Q$ und $\vec{j}$ her.

6. Ein Draht sei aus zwei Teilen zusammengestückelt, welche aus verschiedenen Metallen bestehen. Beide Teilstücke haben dieselbe Temperatur und es sei kein Temperaturgradient vorhanden. Argumentieren Sie mit Hilfe der vorigen Aufgabe, dass – beim Fließen eines elektrischen Stromes durch den Draht – an der Verbindungsstelle der beiden Metalle Wärme entweder abgegeben oder aufgenommen wird (Peltier-Effekt).

Lösungen der Übungsaufgaben

Kapitel 1

1. Wir kürzen die Erwartungswerte von Operatoren O durch $\langle O \rangle$ ab:

$$\langle S_1 \rangle = \langle S_2 \rangle = 0, \quad \langle S_3 \rangle = \frac{\hbar}{2}(a - b), \quad \langle S_k^2 \rangle = \frac{\hbar^2}{4} \ (k = 1, 2, 3),$$

$$\Delta S_1 = \Delta S_2 = \frac{\hbar}{2}, \quad \Delta S_3 = \frac{\hbar}{2}\sqrt{1 - (a-b)^2},$$

$$\langle S_3 \rangle = 0 \Leftrightarrow a = b = 1/2.$$

2. Wir verwenden die Bezeichnung $e_1 \equiv |\uparrow\rangle$, $e_2 \equiv |\downarrow\rangle$:

$$(A \otimes \mathbb{1})|\psi\rangle = \frac{1}{\sqrt{2}}\left[(Ae_1) \otimes e_2 + e^{i\alpha}(Ae_2) \otimes e_1\right]$$

$$\Rightarrow \ \langle A \rangle = \frac{1}{2}\Big(\langle e_1|A|e_1\rangle + \langle e_2|A|e_2\rangle\Big).$$

   Effektiv erhält man $\rho = \frac{1}{2}\mathbb{1}$.

3. Der Erwartungswert vom $A \otimes B$ ist gegeben durch

$$\langle A \otimes B \rangle \ = \ \frac{1}{2}\left(A_{11}B_{22} + A_{22}B_{11} + e^{i\alpha}A_{12}B_{21} + e^{-i\alpha}A_{21}B_{12}\right)$$

$$= \ -a_3 b_3 + \mathrm{Re}\left(e^{i\alpha}a_- b_+\right)$$

   mit $a_- = a_1 - ia_2$, $b_+ = b_1 + ib_2$. Um einen Effekt von α zu bemerken, muss $a_- b_+ \neq 0$ erfüllt sein.

4. Es ist der Erwartungswert eines Operators der Form $A \otimes \mathbb{1}$ zu bestimmen:

$$\langle A \otimes \mathbb{1} \rangle = \frac{1}{3}\Big(\langle e_1|A|e_1\rangle + 2\langle e_2|A|e_2\rangle + \langle e_1|A|e_2\rangle + \langle e_2|A|e_1\rangle\Big).$$

   Effektiv erhält man daher die Dichtematrix

$$\rho = \frac{1}{3}\Big(|\uparrow\rangle\langle\uparrow| + 2|\downarrow\rangle\langle\downarrow| + |\uparrow\rangle\langle\downarrow| + |\downarrow\rangle\langle\uparrow|\Big).$$

5. Mit den relativen Atommassen $A_r(X)$ und der atomaren Masseneinheit u bekommt man

$$N(N_2) = 0.78 \times \frac{1.29\,\mathrm{kg}}{[\,0.78 \times 2A_r(N) + 0.21 \times 2A_r(O) + 0.01A_r(Ar)\,]u} \simeq 2.7 \times 10^{25}.$$

6. Aus Gl. (1.61) folgt

$$U(S, V, N) = \frac{3\pi\hbar^2}{m}\frac{N^{5/3}}{V^{2/3}}\exp\left(\frac{2S}{3kN} - \frac{5}{3}\right) \quad \text{und} \quad p = -\frac{\partial U}{\partial V} = \frac{2}{3}\frac{U}{V}.$$

7. Die Entropie eines monoatomaren idealen Gases hat die Form $S = kN \ln(V/N) + kNr(T)$. Für die gestellte Aufgabe ist nur der erste Teil relevant. Die Entropiebilanz für verschiedene Gassorten ist

$$
\begin{aligned}
\Delta S_{1 \neq 2} &= kN_1 \ln \frac{V_1 + V_2}{N_1} + kN_2 \ln \frac{V_1 + V_2}{N_2} - kN_1 \ln \frac{V_1}{N_1} - kN_2 \ln \frac{V_2}{N_2} \\
&= kN_1 \ln \frac{V_1 + V_2}{V_1} + kN_2 \ln \frac{V_1 + V_2}{V_2} > 0.
\end{aligned}
$$

Für gleiche Gassorten erhält man

$$
\Delta S_{1=2} = k(N_1 + N_2) \ln \frac{V_1 + V_2}{N_1 + N_2} - kN_1 \ln \frac{V_1}{N_1} - kN_2 \ln \frac{V_2}{N_2}.
$$

Weil die Drücke in beiden Volumina gleich sind und daher $V_1/N_1 = V_2/N_2 \Rightarrow (V_1 + V_2)/(N_1 + N_2) = V_1/N_1$ gilt, erhält man $\Delta S_{1=2} = 0$ in Übereinstimmung damit, dass sich beim Herausziehen der Trennwand die extensive Größe Entropie für gleiche Gase nicht ändern darf.

8. Wenn die Teilchen unterscheidbar sind, lässt man bei der Abzählung der Zustände den Faktor $1/N!$ weg. Das führt zu einer Entropie $S' = S + kN(\ln N - 1) = kN \ln V + kN(r(T) - 1)$ – vergleiche vorige Aufgabe. Die Rechnung ergibt $\Delta S'_{1 \neq 2} = \Delta S_{1 \neq 2} = \Delta S'_{1=2} > 0$, im Widerspruch zur Extensivität der Entropie.

9. Es ist

$$
\delta S = dS + \delta S^* = \frac{1}{T} \left(dU - \sum_i K_i \, dY_i \right) + \delta S^* \quad \text{mit} \quad \delta S^* \geq 0.
$$

Daher erhält man $dU = T(\delta S - \delta S^*) + đA$ und somit $đQ = T(\delta S - \delta S^*) \leq T\delta S$.

10. Das Gesamtsystem habe das Volumen V_0, die Teilchenzahl sei konstant. Daher wird nur die Abhängigkeit von V angegeben. Man geht vor wie bei der Herleitung der großkanonischen Zustandssumme:

$$
\ln \tilde{\Omega}(U_0 - E_r(V), V_0 - V) \simeq \ln \tilde{\Omega}(U_0, V_0) - \beta E_r(V) - \gamma V.
$$

Aus Gl. (1.57) erhält man $\gamma = \beta p$. Damit ist die Wahrscheinlichkeit, dass sich das System im Mikrozustand $|\psi_r\rangle$ befindet und dass V im Intervall $[V, V + dV]$ liegt, gegeben durch

$$
\rho_r \, dV = \frac{e^{-\beta E_r(V) - \gamma V} \, dV}{X}.
$$

Der Normierungsfaktor X stellt somit die gesuchte Zustandssumme dar:

$$
X = \sum_r \int_0^\infty dV e^{-\beta E_r(V) - \gamma V} = \int_0^\infty dV \, e^{-\gamma V} Z(T, V)
$$

mit der kanonischen Zustandssumme Z.

Kapitel 2

1. Die Energiebilanz ergibt

$$
\int\limits_{T_0}^{T} dT'\,(C_1 + C_2) - \int\limits_{T_0}^{T_1} dT'\,C_1 - \int\limits_{T_0}^{T_2} dT'\,C_2 = \int\limits_{T_1}^{T} dT'\,C_1 + \int\limits_{T_2}^{T} dT'\,C_2 = 0.
$$

Aus dieser Gleichung lässt sich T bestimmen. Sind die Wärmekapazitäten konstant, erhält man daraus

$$
T = \frac{T_1 C_1 + T_2 C_2}{C_1 + C_2}.
$$

2. Ohne Beschränkung der Allgemeinheit nehmen wir $T_1 < T_2$ an, woraus $T_1 < T < T_2$ folgt. Die Entropieänderung ist

$$
\begin{aligned}
\Delta S &= \int\limits_{T_1}^{T} dT'\,\frac{C_1}{T'} + \int\limits_{T_2}^{T} dT'\,\frac{C_2}{T'} = \int\limits_{T_1}^{T} dT'\,\frac{C_1}{T'} - \int\limits_{T}^{T_2} dT'\,\frac{C_2}{T'} \\[2mm]
&\geq \int\limits_{T_1}^{T} dT'\,\frac{C_1}{T} - \int\limits_{T}^{T_2} dT'\,\frac{C_2}{T} = \frac{1}{T}\left(\int\limits_{T_1}^{T} dT'\,C_1 + \int\limits_{T_2}^{T} dT'\,C_2 \right) = 0.
\end{aligned}
$$

3. Aus Gl. (1.57) und aus der zweiten Maxwell-Relation in Tabelle 2.2 folgen

$$
\left.\frac{\partial S}{\partial V}\right|_U = \frac{p}{T} \quad \text{und} \quad \left.\frac{\partial S}{\partial V}\right|_T = \left.\frac{\partial p}{\partial T}\right|_V.
$$

Für die thermische Zustandsgleichung des idealen Gases sind beide Ausdrücke gleich.

4. Für die Funktion f muss $f'' \neq 0$ auf dem betrachteten Intervall $\mathcal{J}$ gelten, damit die Legendre-Transformierte g wohldefiniert ist. Daher ist f entweder konvex oder konkav auf $\mathcal{J}$. Es ist daher zu zeigen, dass g'' das umgekehrte Vorzeichen von f'' hat. Das sieht man folgendermaßen:

$$
g'(y) = -x(y) \;\Rightarrow\; g''(y) = -\frac{dx}{dy} = -\left(\frac{dy}{dx}\right)^{-1} = -\left(f''(x)\right)^{-1}.
$$

5. Die Legendre-Transformierte hat die Form $g(y,z) = f(x(y,z),z) - y\,x(y,z)$. Daher ist

$$
\frac{\partial g}{\partial z} = \frac{\partial f}{\partial x}\frac{\partial x}{\partial z} + \frac{\partial f}{\partial z} - y\frac{\partial x}{\partial z} = \frac{\partial f}{\partial z} = \varphi(x(y,z),z).
$$

6. Das gewünschte Differential erhält man einfach durch Nachrechnen:

$$
\begin{aligned}
d\hat{u} &= \frac{1}{V}\left(T dS - p dV + \mu dN\right) - \frac{U}{V^2} dV \\[2mm]
&= \frac{1}{V}\left[TV d\hat{s} + \mu V d\rho + (T\hat{s} - p + \mu\rho)\,dV\right] - \frac{U}{V^2} dV \\[2mm]
&= T d\hat{s} + \mu d\rho + \frac{1}{V^2}\left(TS - pV + \mu N - U\right) dV.
\end{aligned}
$$

Der zweite Term in der letzten Zeile verschwindet wegen Gl. (2.8).

7. Die Extensivität von U bedeutet $\lambda U(S, V, N_1, \ldots, N_r) = U(\lambda S, \lambda V, \lambda N_1, \ldots, \lambda N_r)$ für $0 < \lambda < 1$. Man leitet zuerst nach λ ab und setzt anschließend $\lambda = 1$. Damit erhält man

$$U = TS - pV + \sum_{i=1}^{r} \mu_i N_i \quad \Rightarrow \quad G = \sum_{i=1}^{r} \mu_i N_i.$$

8. Aus der Extensivität von F, V, N folgt

$$F(T, V, N) = N f(T, v) \quad \text{mit} \quad v = \frac{V}{N}, \quad S = -N \frac{\partial f}{\partial T}, \quad p = -\frac{\partial f}{\partial v}$$

mit einer geeigneten Funktion f. Weil der Druck in beiden Volumina gleich ist und außerdem $p(T, v)$ eine streng monoton fallende Funktion in v ist, schließen wir $V_1/N_1 = V_2/N_2 = (V_1 + V_2)/(N_1 + N_2) \equiv v$ und

$$\Delta S = -(N_1 + N_2) \frac{\partial f(T, v)}{\partial T} + N_1 \frac{\partial f(T, v)}{\partial T} + N_2 \frac{\partial f(T, v)}{\partial T} = 0.$$

9. Man schreibt in Analogie zur Gibbs-Helmholtz-Gleichung $H(T, p, N) = G - T\frac{\partial G}{\partial T}$. Daraus erhält man unter Benützung von Gl. (2.36)

$$dH(T, p, N) = C_p dT + \left(V - T \left. \frac{\partial V}{\partial T} \right|_p \right) dp + \left(\mu - T \left. \frac{\partial \mu}{\partial T} \right|_p \right) dN.$$

10. Da T und p intensive, H und N aber extensive Größen sind, muss $H(T, p, N) = Nh(T, p)$ gelten. Der Vergleich mit dem Resultat der vorigen Aufgabe ergibt somit

$$h(T, p) = \mu - T \left. \frac{\partial \mu}{\partial T} \right|_p.$$

Wegen Gl. (2.71) und weil an der Phasengrenze $\mu_1 = \mu_2$ gilt, findet man schließlich $\Delta h = T(s_2 - s_1) = q$.

11. Da die Temperaturabhängigkeit hier nicht von Belang ist, beschäftigen wir uns nur mit den Variablen V bzw. p. Als Erstes müssen wir aus

$$p = -\frac{\partial F_0}{\partial V} - \lambda \frac{\partial F_1}{\partial V}$$

$V(p)$ ausrechnen. Um die Notation zu vereinfachen, bezeichnen wir die partielle Ableitung von F_0 nach V durch F_0' und die höheren Ableitungen durch F_0'' usw. Weiters schreiben wir $F_0[V]$ anstelle von $F_0(V(p))$ und verfahren analog mit den Ableitungen. Für F_1 sollen dieselben Regeln gelten. Wir machen den Ansatz $V = V_0 + \lambda V_1 + \lambda^2 V_2 + \cdots$, wobei V und alle V_k Funktionen von p sind. Entwicklung bis zur Ordnung λ^2 ergibt

$$p = -F_0'[V_0] - \lambda \left(F_0''[V_0]V_1 + F_1'[V_0] \right) - \lambda^2 \left(F_0''[V_0]V_2 + \frac{1}{2} F_0'''[V_0]V_1^2 + F_1''[V_0]V_1 \right).$$

Weil diese Gleichung für beliebige λ gelten soll, müssen die Koeffizienten vor jeder Potenz von λ gleich Null sein und wir können sukzessive V_0, V_1 und V_2 berechnen. Dabei ist V_0 implizit durch die Gleichung

$$p = -F_0'[V_0]$$

bestimmt. Mit V_0 sind dann auch V_1 und V_2 als Funktionen von p bekannt:

$$V_1 = -\frac{F_1'[V_0]}{F_0''[V_0]}, \quad V_2 = -\frac{1}{F_0''[V_0]}\left(\frac{1}{2}F_0'''[V_0]V_1^2 + F_1''[V_0]V_1\right).$$

Einsetzen der Entwicklung von V nach λ in

$$G = F + pV = F_0[V] + \lambda F_1[V] + pV$$

führt nach einer kleinen Rechnung zum Endresultat

$$G = G_0 + \lambda F_1[V_0] - \frac{1}{2}\lambda^2 \frac{(F_1'[V_0])^2}{F_0''[V_0]} \quad \text{mit} \quad G_0 = F_0[V_0] + pV_0.$$

12. Gleichung (2.27) liefert

$$\left.\frac{\partial p}{\partial T}\right|_V = \frac{\alpha}{\kappa_T}.$$

Verwenden wir noch Gl. (2.34), erhalten wir das gewünschte Resultat

$$\gamma_g = \frac{\alpha}{\kappa_S \hat{c}_p} \quad \text{mit} \quad \hat{c}_p = \frac{C_p}{V}.$$

13. Die Herleitung benützt die vierte Relation aus Tabelle 2.2 und Gl. (2.40):

$$-\left.\frac{\partial V}{\partial T}\right|_p = \left.\frac{\partial S}{\partial p}\right|_T = \frac{\partial}{\partial p}\int_0^T dT' \frac{C_p(T', p)}{T'} =$$

$$-\int_0^T dT' \left.\frac{\partial^2 V}{\partial T'^2}\right|_p = -\left.\frac{\partial V}{\partial T}\right|_p + \left(\left.\frac{\partial V}{\partial T}\right|_p\right)_{T=0}.$$

Daraus folgt die Behauptung.

14. Da das Gesamtsystem abgeschlossen ist, gilt $dU_1 + dU_2 = 0$ und $dV_1 + dV_2 = 0$. Im Gleichgewicht hat man $dS = 0$. Daher ist die Entropiebilanz

$$dS = \frac{dU_1 + p_1 dV_1}{T_1} + \frac{dU_2 + p_2 dV_2}{T_2} = \frac{dU_1 + p_1 dV_1}{T_1} + \frac{-dU_1 - p_2 dV_1}{T_2} = 0.$$

Die Koeffizienten von dU_1 und dV_1 müssen Null sein. Daraus schließt man $T_1 = T_2$ und $p_1 = p_2$.

15. Mit $x \equiv T_1 - T_{1w}$, $y \equiv T_{2w} - T_2$ und $Q_1/Q_2 = T_{1w}/T_{2w}$ lässt sich die Leistung schreiben als

$$P = \frac{Q_1 - Q_2}{\gamma\left(\frac{Q_1}{\alpha x} + \frac{Q_2}{\beta y}\right)} = \frac{\alpha\beta}{\gamma}\frac{xy(T_1 - T_2 - x - y)}{(\alpha - \beta)xy + \alpha T_2 x + \beta T_1 y}.$$

Ableiten von P nach x und y liefert das Gleichungssystem

$$\beta T_1 y(T_1 - T_2 - x - y) = x\left[\beta T_1 y + \alpha T_2 x + (\alpha - \beta)xy\right],$$

$$\alpha T_2 x(T_1 - T_2 - x - y) = y\left[\beta T_1 y + \alpha T_2 x + (\alpha - \beta)xy\right].$$

Im Verhältnis der beiden Gleichungen fallen die Klammerausdrücke heraus und man bekommt den Zusammenhang zwischen x und y:

$$y = \sqrt{\frac{\alpha T_2}{\beta T_1}}\, x.$$

Einsetzen von y in die erste Gleichung liefert die quadratische Gleichung

$$(\alpha - \beta)x^2 + 2\left(\beta T_1 + \sqrt{\alpha\beta T_1 T_2}\right)x - \beta T_1(T_1 - T_2) = 0.$$

Die Forderung $x > 0$ legt die Lösung eindeutig fest. Da das Verhältnis y/x schon bekannt ist, erhält man schließlich

$$x = \frac{\sqrt{\beta}}{\sqrt{\alpha} + \sqrt{\beta}}\left(T_1 - \sqrt{T_1 T_2}\right), \quad y = \frac{\sqrt{\alpha}}{\sqrt{\alpha} + \sqrt{\beta}}\left(\sqrt{T_1 T_2} - T_2\right),$$

woraus Gl. (2.62) folgt.

Kapitel 3

1. Für die van der Waals-Gleichung gilt

$$T\left.\frac{\partial p}{\partial T}\right|_V - p = \frac{aN^2}{V^2}.$$

Mit Gl. (2.18) finden wir das Differential

$$dU(T, V) = Nc_V(T)dT + \frac{aN^2}{V^2}dV$$

und damit Gl. (3.11).

2. Wir spezialisieren Gl. (3.7) auf das ideale Gas:

$$F(T, V, N) = Nf_0 + Nf_0'(T - T_0) - N\int_{T_0}^{T} dT' \int_{T_0}^{T'} dT'' \frac{c_V(T'')}{T''} - NkT \ln\frac{V}{Nv_0}.$$

Ist c_V konstant, ergibt die Integration

$$F(T, V, N) = Nf_0 + Nf_0'(T - T_0) + Nc_V\left(T - T_0 - T\ln\frac{T}{T_0}\right) - NkT \ln\frac{V}{Nv_0},$$

woraus

$$S = -\frac{\partial F}{\partial T} = -Nf_0' + Nc_V \ln\frac{T}{T_0} + Nk \ln\frac{V}{Nv_0}$$

folgt. Die freie Enthalpie bekommen wir durch Legendre-Transformation:

$$G(T, p, N) = F(T, V(T, p, N), N) + pV(T, p, N) \quad \text{mit} \quad V(T, p, N) = \frac{NkT}{p},$$

was

$$G = Nf_0 + Nf_0'(T - T_0) + Nc_V \left(T - T_0 - T \ln \frac{T}{T_0} \right) - NkT \ln \frac{kT}{pv_0} + NkT$$

ergibt. Es macht Sinn, die folgenden Konstanten einzuführen: $p_0 = kT_0/v_0$, $\mu_0 = f_0 + kT_0$, $s_0 = -f_0'$, $c_p = c_V + k$. Damit lässt sich die freie Enthalpie auf die Form

$$G(T, p, N) = N \left\{ \mu_0 - s_0(T - T_0) + c_p \left(T - T_0 - T \ln \frac{T}{T_0} \right) + kT \ln \frac{p}{p_0} \right\}$$

bringen. Dabei ist μ_0 das chemische Potential und s_0 die Entropie pro Teilchen am Referenzpunkt (p_0, T_0).

3. Der Prozess werde im Uhrzeigersinn durchlaufen: $1 \rightarrow 2$ isotherm, $2 \rightarrow 3$ adiabatisch, $3 \rightarrow 4$ isotherm, $4 \rightarrow 1$ adiabatisch. Für die Punkte 2 und 4 erhalten wir somit die Bedingungen

$$p_1 V_1 = p_2 V_2, \quad p_2 V_2^\gamma = p_3 V_3^\gamma, \quad p_3 V_3 = p_4 V_4, \quad p_4 V_4^\gamma = p_1 V_1^\gamma.$$

Die Lösung dieser Gleichungssysteme für die Punkte 2 und 4 ist

$$p_2 = \left(\frac{p_1^\gamma V_1^\gamma}{p_3 V_3^\gamma} \right)^{\frac{1}{\gamma-1}}, \quad V_2 = \left(\frac{p_3 V_3^\gamma}{p_1 V_1} \right)^{\frac{1}{\gamma-1}},$$

$$p_4 = \left(\frac{p_3^\gamma V_3^\gamma}{p_1 V_1^\gamma} \right)^{\frac{1}{\gamma-1}}, \quad V_4 = \left(\frac{p_1 V_1^\gamma}{p_3 V_3} \right)^{\frac{1}{\gamma-1}}.$$

Die aus dem Wärmereservoir aufgenommene Wärmemenge berechnet man durch

$$Q_a = \int_{V_1}^{V_2} dV p = NkT_a \ln \frac{V_2}{V_1} = \frac{NkT_a}{\gamma - 1} \ln \frac{p_3 V_3^\gamma}{p_1 V_1^\gamma}.$$

Genauso erhält man

$$Q_b = \frac{NkT_b}{\gamma - 1} \ln \frac{p_3 V_3^\gamma}{p_1 V_1^\gamma}.$$

Die geleistete Arbeit ist daher $A = Q_a - Q_b$, und der Wirkungsgrad ist gegeben durch $\eta = A/Q_a = 1 - T_b/T_a$.

4. Um die Temperaturänderungen zu bestimmen, verwendet man die Konstanz von $TV^{\gamma-1}$ für die adiabatischen Schritte und $Q = C_V \Delta T$ bei Wärmezufuhr oder Wärmeabgabe:

$$\frac{T_2}{T_1} = \frac{T_3}{T_4} = \left(\frac{V_1}{V_2} \right)^{\gamma-1}, \quad Q_a = C_V(T_3 - T_2), \quad Q_b = C_V(T_4 - T_1).$$

Damit erhält man die Temperaturen an den Eckpunkten des Kreisprozesses in der p–V-Ebene als

$$T_2 = T_1 \left(\frac{V_1}{V_2} \right)^{\gamma-1}, \quad T_3 = \frac{Q_a}{C_V} + T_1 \left(\frac{V_1}{V_2} \right)^{\gamma-1}, \quad T_4 = \frac{Q_a}{C_V} \left(\frac{V_2}{V_1} \right)^{\gamma-1} + T_1$$

und

$$Q_b = Q_a \left(\frac{V_2}{V_1} \right)^{\gamma-1}, \quad \eta = \frac{Q_a - Q_b}{Q_a} = 1 - \left(\frac{V_2}{V_1} \right)^{\gamma-1}.$$

5. Die Temperaturänderung ist durch Gl. (3.24) gegeben. Für das N_2-Molekül ist $c_V = \frac{5}{2}k$. Wir schreiben Gl. (3.24) auf molare Größen um:

$$\Delta T = -\frac{a_m}{\frac{5}{2}RV_m} \left(1 - \frac{V_1}{V_2} \right).$$

In dieser Formel ist R die Gaskonstante, $a_m = aN_A^2$ und V_m das molare Volumen von Stickstoff bei Normbedingungen. Letzteres berücksichtigt die Anfangsbedingung; in guter Näherung können wir jedoch V_m durch das molare Volumen eines idealen Gases im Normzustand ersetzen. Mit der Angabe $V_2/V_1 = 2$ erhalten wir schließlich $\Delta T = -0.146\,\text{K}$.

6. Gemäß Gl. (3.30) ist die Inversionskurve in der ρ–T-Ebene durch

$$(1 - \rho b)^2 = \frac{T}{T_{\text{inv}}}$$

gegeben. Einsetzen von ρ aus dieser Gleichung in die van der Waals-Gleichung ergibt die Inversionskurve in der p–T-Ebene:

$$\tilde{p}(T) = \tilde{p}_0 \left(4\sqrt{\frac{T}{T_{\text{inv}}}} - 3\frac{T}{T_{\text{inv}}} - 1 \right) \quad \text{mit} \quad \tilde{p}_0 = \frac{a}{b^2}.$$

Die Nullstellen von $\tilde{p}(T)$ sind bei $T = T_{\text{inv}}/9$ und T_{inv}, das Maximum ist bei $T = 4T_{\text{inv}}/9$.

7. Für diese Reaktion gilt $\nu = -1 + 2 = 1$, daher ist die Druckabhängigkeit der Reaktionskonstante K durch $K \propto 1/p$ gegeben.

8. Das Massenwirkungsgesetz für diese Reaktion lautet

$$\frac{c_{\text{HI}}^2}{c_{\text{H}_2} c_{\text{I}_2}} = K.$$

Die Moleküle sind in folgender Anzahl vorhanden:

$$N_{\text{HI}} = N_1(1 - \alpha), \quad N_{\text{H}_2} = N_2 + \frac{1}{2}N_1\alpha, \quad N_{\text{I}_2} = \frac{1}{2}N_1\alpha.$$

Die Gesamtanzahl der Moleküle ist $N_{\text{tot}} = N_1 + N_2$. Mit $r \equiv N_2/N_1$ erhält man somit

$$c_{\text{HI}} = \frac{1 - \alpha}{1 + r}, \quad c_{\text{H}_2} = \frac{\frac{1}{2}\alpha + r}{1 + r}, \quad c_{\text{I}_2} = \frac{\frac{1}{2}\alpha}{1 + r}$$

und

$$\frac{4(1 - \alpha)^2}{\alpha(\alpha + 2r)} = K.$$

Man kann zeigen, dass – bei festem K – der Dissoziationsgrad α eine monoton fallende Funktion von r ist. Wegen $\nu = -1 - 1 + 2 = 0$ ist K unabhängig vom Druck.

9. Wegen $v = -2 + 2 + 1 = 1$ ist $K \propto 1/p$. Das Massenwirkungsgesetz für die Dissoziation von H_2O lautet

$$\frac{c_{H_2}^2 c_{O_2}}{c_{H_2O}^2} = K.$$

Wir nehmen an, dass ursprünglich N Wassermoleküle vorhanden waren. Wir gehen vor wie bei der vorigen Aufgabe:

$$N_{H_2O} = N(1 - \alpha), \quad N_{H_2} = N\alpha, \quad N_{O_2} = \frac{1}{2}N\alpha, \quad N_{tot} = N\left(1 + \frac{1}{2}\alpha\right).$$

Daraus erhalten wir das Massenwirkungsgesetz in der Form

$$\frac{\alpha^3}{(1 - \alpha)^2(\alpha + 2)} = K.$$

10. Die Ableitung von q nach T ergibt drei Terme:

$$
\begin{aligned}
\frac{dq}{dT} &= \frac{d}{dT}\left\{T\left[s_2(T, \bar{p}(T)) - s_1(T, \bar{p}(T))\right]\right\} \\
&= \frac{q}{T} + \Delta c_p - T\left(\left.\frac{\partial v_2}{\partial T}\right|_{\bar{p}} - \left.\frac{\partial v_1}{\partial T}\right|_{\bar{p}}\right)\frac{q}{T(v_2 - v_1)}.
\end{aligned}
$$

Für den dritten Term haben wir zuerst eine Maxwell-Relation benützt und dann die Clausius-Clapeyron'sche Gleichung angewendet. Mit dem isobaren Ausdehnungskoeffizienten α bekommt man die gewünschte Formel

$$\frac{dq}{dT} = \frac{q}{T} + \Delta c_p - q\frac{v_2\alpha_2 - v_1\alpha_1}{v_2 - v_1}.$$

Hat man einen Phasenübergang von der kondensierte Phase in den Dampf, macht man die Näherung $v_2 \gg v_1$ und $\alpha_2 = 1/T$. Damit addieren sich erster und dritter Term zu Null und wir erhalten

$$\frac{dq}{dT} = \Delta c_p.$$

Diese Gleichung ist eine Verallgemeinerung von Gl. (3.85), da hier in Δc_p eine Temperaturabhängigkeit erlaubt ist.

11. Die exakte Definition der Verdunstungswärme ist

$$\bar{q}(T, p) = T\left[s_d(T, p_s(T, p)) - s_f(T, p)\right].$$

Die Differenz $\bar{q} - q_v$ kann man um den Druck um $\bar{p}_d$ entwickeln:

$$
\begin{aligned}
\bar{q} - q_v &= T\left[s_d(T, p_s) - s_d(T, \bar{p}_d)\right] - T\left[s_f(T, p) - s_f(T, \bar{p}_d)\right] \\
&\simeq -T\left.\frac{\partial v_d}{\partial T}\right|_{\bar{p}_d}(p_s - \bar{p}_d) + T\left.\frac{\partial v_f}{\partial T}\right|_{\bar{p}_d}(p - \bar{p}_d).
\end{aligned}
$$

Verwendet man Gl. (3.92) für $p_s - \bar{p}_d$ und fasst den Dampf als ideales Gas auf, erhält man das gewünschte Resultat

$$\bar{q} - q_v = -(p - \bar{p}_d)v_f(1 - T\alpha_f),$$

wobei v_f und α_f beim Druck $\bar{p}_d$ zu nehmen sind.

Kapitel 4

1. Aus der Zustandssumme X berechnet man Erwartungswert und Schwankung des Volumens durch

$$\bar{V} = -\frac{\partial}{\partial \gamma} \ln X \quad \text{und} \quad (\Delta V)^2 = \frac{\partial^2}{\partial \gamma^2} \ln X,$$

und somit ist

$$(\Delta V)^2 = -\frac{\partial \bar{V}}{\partial \gamma} = -kT \left. \frac{\partial \bar{V}}{\partial p} \right|_T$$

wegen $\gamma = p/(kT)$.

2. Weil die kanonische Zustandssumme faktorisiert in $Z = Z_{\text{tr}} Z_{\text{inn}}$ für Translations- und innere Freiheitsgrade, genügt es, die Translationsfreiheitsgrade bei der Berechnung von X zu berücksichtigen:

$$X = \frac{1}{N!} \int\limits_0^\infty dV e^{-\gamma V} \frac{V^N}{\lambda^{3N}} = \frac{1}{\lambda^{3N} \gamma^{N+1}} \quad \Rightarrow \quad -\ln X = 3N \ln \lambda + (N+1) \ln \gamma.$$

Mit $\gamma = p/(kT)$ und unter Verwendung der Formel für $\bar{V}$ erhält man

$$\bar{V} = \frac{(N+1)kT}{p}.$$

Wegen $N + 1 \simeq N$ und weil $\bar{V}$ einfach dem Volumen entspricht, erhält man so die ideale Gasgleichung.

3. Mit $\ln X$ aus der vorigen Aufgabe und der Formel für $(\Delta V)^2$ aus Aufgabe 1 berechnet man

$$(\Delta V)^2 = -kT \frac{\partial}{\partial p} \frac{(N+1)kT}{p} = \frac{(N+1)(kT)^2}{p^2} \quad \Rightarrow \quad \frac{\Delta V}{\bar{V}} = \frac{1}{\sqrt{N+1}} \simeq \frac{1}{\sqrt{N}}.$$

4. Die Dichtematrix habe die Eigenwerte ρ_r ($r = 1, \ldots, n$). Um das Maximum von $\tilde{S}(\rho)$ zu eruieren, muss man das Maximum von $-\sum_r \rho_r \ln \rho_r$ unter der Nebenbedingung $\sum_r \rho_r = 1$ ausrechnen. Das wurde schon im Unterkapitel 4.3 durchgeführt mit dem Resultat $\rho_r = 1/n$ für alle r.

5. Das angegebene ρ ist hermitisch mit $\text{Sp}\, \rho = 1$. Es ist auch positiv, weil die Diagonalelemente und die Determinante positiv sind. Daher ist es eine Dichtematrix. Mit den Eigenwerten $1/6$ und $5/6$ von ρ erhalten wir

$$\tilde{S}(\rho) = k \left(\frac{1}{6} \ln 6 + \frac{5}{6} \ln \frac{6}{5} \right).$$

6. Gleichung (4.55) lässt sich größenordnungsmäßig in

$$kT \gg kT_0 \equiv \frac{\hbar^2 \pi^2}{2mL^2}$$

umformen. Die numerische Auswertung ergibt $T_0 \simeq 1.2 \times 10^{-14}$ K.

7. Mit J aus Gl. (4.79) berechnet man

$$S(T, V, \mu) = -\frac{\partial J}{\partial T} = k\,\frac{Ve^{\beta\mu}}{\lambda^3}\left(\frac{5}{2} - \beta\mu\right).$$

Die Energie als Funktion von T, V, μ ist gegeben durch

$$U = J + TS + \mu N \quad \text{mit} \quad N = -\frac{\partial J}{\partial T} = \frac{Ve^{\beta\mu}}{\lambda^3} \quad \Rightarrow \quad U = \frac{3}{2}kT\,\frac{Ve^{\beta\mu}}{\lambda^3}.$$

Der Zusammenhang zwischen Druck und Energie ist wie erwartet

$$p = -\frac{J}{V} = \frac{2}{3}\frac{U}{V}.$$

Aus $N = N(T, V, \mu)$ erhält man $\mu(T, V, N)$. Einsetzen in $S(T, V, \mu)$ liefert die Entropie $S(T, V, N)$ aus Gl. (1.67).

Kapitel 5

1. Die mittlere Geschwindigkeit ist gegeben durch

$$\bar{v} = 4\pi\left(\frac{m}{2\pi kT}\right)^{3/2}\int\limits_0^\infty dv\, v^3 \exp\left(-\frac{mv^2}{2kT}\right).$$

Mit der Variablentransformation $u = mv^2/(2kT)$ erhält man $dv\,v = \frac{kT}{m}\,du$ und

$$\bar{v} = 8\pi\left(\frac{m}{2\pi kT}\right)^{3/2}\left(\frac{kT}{m}\right)^2\int\limits_0^\infty du\, u\, e^{-u} = \left(\frac{8kT}{\pi m}\right)^{1/2}.$$

2. Der Gleichverteilungssatz mit $H_{kl} = c_i|\vec{p}|$ liefert

$$\sum_{i=1}^3 \left\langle p_i\frac{\partial H_{kl}}{\partial p_i}\right\rangle = \sum_{i=1}^3 \left\langle p_i\frac{c_i p_i}{|\vec{p}|}\right\rangle = \langle H_{kl}\rangle = 3kT,$$

   somit ist $U = 3NkT$ die Energie des Systems.

3. Die Teilchen sind nichtwechselwirkend, daher berechnen wir zuerst die kanonische Zustandssumme für ein Teilchen:

$$Z_1 = V\int\frac{d^3p}{(2\pi\hbar)^3}e^{-\beta c_i|\vec{p}|} = \frac{1}{\pi^2}V\left(\frac{kT}{\hbar c}\right)^3.$$

   Damit erhalten wir die freie Energie

$$F = -kT\ln\frac{Z_1^N}{N!} = -NkT\left\{\ln\left[\frac{V}{N}\left(\frac{kT}{\hbar c}\right)^3\right] + 1 - \ln\pi^2\right\}$$

   und durch Ableiten von F die Entropie und die thermische Zustandsgleichung:

$$S = -\frac{\partial F}{\partial T} = Nk\left\{\ln\left[\frac{V}{N}\left(\frac{kT}{\hbar c}\right)^3\right] + 4 - \ln\pi^2\right\}, \quad p = -\frac{\partial F}{\partial V} = \frac{NkT}{V}.$$

4. Der Beitrag der kinetischen Energie zu $\langle H_{kl} \rangle$ ist $\frac{3}{2}kT$, während Anwendung des Gleichverteilungssatzes auf die potentielle Energie

$$\sum_{i=1}^{3} \left\langle x_i \frac{\partial V}{\partial x_i} \right\rangle = \sum_{i=1}^{3} \left\langle x_i \times \alpha \xi r^{\alpha-1} \frac{x_i}{r} \right\rangle = \alpha \langle V \rangle = 3kT$$

liefert. Somit erhalten wir das Resultat

$$\langle H_{kl} \rangle = \left(\frac{3}{2} + \frac{3}{\alpha} \right) kT.$$

5. Die kinetische Energie gibt den Beitrag $\frac{1}{2}kT$ zu $\langle H_{kl} \rangle$. Aus dem Gleichverteilungssatz folgt

$$\langle x \times 4\xi x^3 \rangle = 4\langle \xi x^4 \rangle = kT \quad \Rightarrow \quad \langle H_{kl} \rangle = \left(\frac{1}{2} + \frac{1}{4} \right) kT = \frac{3}{4}kT.$$

6. Der Erwartungswert der kinetischen Energie ist $\frac{1}{2}kT$. Die Gauß'sche Fehlerfunktion ist definiert durch

$$\text{erf}(y) = \frac{2}{\sqrt{\pi}} \int_0^y du \, e^{-u^2}.$$

Es gilt $\text{erf}(\infty) = 1$ und die Taylor-Reihe um $y = 0$ beginnt mit

$$\text{erf}(y) = \frac{2}{\sqrt{\pi}} y \left(1 - \frac{y^2}{3} + - \cdots \right).$$

Wir definieren

$$Z_x = \frac{1}{L} \int_{-L}^{L} dx \, \exp\left(-\frac{1}{2} \beta \xi x^2 \right) \quad \text{mit} \quad \langle V \rangle = -\frac{\partial}{\partial \beta} \ln Z_x.$$

Wir erhalten

$$Z_x = \frac{\sqrt{\pi}}{\sqrt{\beta V_0}} \, \text{erf}\left(\sqrt{\beta V_0} \right) \quad \text{und} \quad \langle V \rangle = \frac{1}{2}kT \left(1 - \frac{2}{\sqrt{\pi}} \frac{\sqrt{\beta V_0} \, e^{-\beta V_0}}{\text{erf}\left(\sqrt{\beta V_0} \right)} \right).$$

Die Eigenschaften von $\text{erf}(y)$ liefern die gewünschten Limiten:

$$kT \ll V_0 : \langle V \rangle \approx \frac{1}{2}kT, \quad kT \gg V_0 : \langle V \rangle \approx \frac{1}{3}V_0.$$

Im zweiten Fall wurde obige Taylor-Reihe der Fehlerfunktion verwendet.

7. Das CO_2-Molekül ist linear, daher gibt der Gleichverteilungssatz die Wärmekapazität $C_V/(Nk) = (6 \times 3 - 5)/2 = 13/2$. Das Wassermolekül ist gewinkelt und es gilt $C_V/(Nk) = (6 \times 3 - 6)/2 = 6$. Bei nicht zu hohen Temperaturen sind allerdings die Molekülschwingungsmoden nicht angeregt und die entsprechenden Werte sind $3/2 + 1 = 5/2$ bzw. $3/2 + 3/2 = 3$ (Translationen plus Rotationen).

8. Der ^{16}O-Kern ist ein Boson mit Spin 0, daher darf in Z_{rot} nur über gerade ℓ summiert werden:

$$Z_{\mathrm{rot}} = \sum_{\ell=0,2,\ldots} (2\ell + 1) \exp\left(-\frac{T_r \ell(\ell + 1)}{2T}\right).$$

9. Den dominanten Term von Z_{para} und Z_{ortho} für $T \gg T_r$ bekommt man mit dem Integralterm in der Euler'schen Summenformel. Um in Z_{para} über gerade ℓ zu summieren, schreiben wir $\ell = 2k$:

$$\begin{aligned}
Z_{\mathrm{para}} &= \sum_{k=0}^{\infty} (4k + 1) \exp\left(-\frac{2k(2k + 1)T_r}{2T}\right) \\
&\simeq \int_0^{\infty} dk\,(4k + 1) \exp\left(-\frac{2k(2k + 1)T_r}{2T}\right) \\
&= \frac{1}{2} \int_0^{\infty} du \exp\left(-\frac{uT_r}{2T}\right) = \frac{T}{T_r}.
\end{aligned}$$

Bei der Integration haben wir $u = 2k(2k + 1)$ benützt. Das Verfahren für Z_{ortho} ist völlig analog mit $\ell = 2k + 1$ und liefert dasselbe Resultat. Die Wärmekapazität ist daher

$$-\frac{\partial}{\partial T}\frac{\partial}{\partial \beta} \ln Z_{\mathrm{para,\,ortho}} = \frac{\partial}{\partial T}\frac{\partial}{\partial \beta} \ln \beta = k.$$

10. Die Wahrscheinlichkeit, mit der das Energieniveau E_k auftritt, ist

$$\rho_k = \frac{g_k e^{-\beta E_k}}{Z} \quad \text{mit} \quad Z = \sum_{j=1}^{n} g_j e^{-\beta E_j} \quad \text{und} \quad \lim_{T\to\infty} \rho_k = \frac{g_k}{\sum_{j=1}^{n} g_j} \equiv \bar{\rho}_k.$$

Anwendung von Gl. (4.6) liefert das asymptotische Verhalten

$$C_V \overset{T\to\infty}{\longrightarrow} \frac{(\Delta\widehat{H})_{\infty}^2}{kT^2} \quad \text{mit} \quad (\Delta\widehat{H})_{\infty}^2 = \sum_{k=1}^{n} \bar{\rho}_k E_k^2 - \left(\sum_{k=1}^{n} \bar{\rho}_k E_k\right)^2.$$

Für die Diskussion von $T \to 0$ nehmen wir an, dass die Energieniveaus aufsteigend geordnet sind. Wir haben auf alle Fälle $n \geq 2$, da bei nur einem Energieniveau die Wärmekapazität Null ist. Wir definieren

$$u = \frac{g_2}{g_1} e^{-\beta \Delta E} \quad \text{mit} \quad \Delta E = E_2 - E_1 > 0.$$

Wenn wir Terme $e^{-\beta(E_k - E_1)}$ für $k = 3, \ldots, n$ vernachlässigen und in u bis zur ersten Ordnung rechnen, finden wir

$$\rho_1 \simeq \frac{1}{1 + u} \simeq 1 - u, \quad \rho_2 \simeq \frac{u}{1 + u} \simeq u, \quad \rho_3 \simeq \cdots \simeq \rho_n \simeq 0 \quad \text{und} \quad (\Delta\widehat{H})^2 \simeq u(\Delta E)^2.$$

Somit erhalten wir das asymptotische Verhalten

$$C_V \overset{T\to 0}{\longrightarrow} \frac{(\Delta E)^2}{kT^2} \frac{g_2}{g_1} e^{-\beta \Delta E}.$$

11. Die relative Atommasse von Tellur ist 127.6. Mit der atomaren Masseneinheit u ist die Anzahl der Atome im Kristall

$$N = 3 \times \frac{0.75\,\text{kg}}{(A_r(\text{Te}) + 2A_r(\text{O}))\,u} \approx 8.49 \times 10^{24}.$$

Die Temperaturänderung des Kristalls berechnet man aus der Energieerhaltung:

$$\Delta E = \int\limits_{T}^{T+\Delta T} dT'\, C_V(T') \approx C_V(T)\,\Delta T = \frac{12\pi^4 N}{5}\left(\frac{T}{T_D}\right)^3 k\Delta T,$$

wobei ΔE die dem Kristall durch den Zerfall zugeführte Energie ist und wir das Debye-Modell bei $T \ll T_D$ verwendet haben. Weiters wurde $\Delta T \ll T$ benützt, was durch die numerische Rechnung bestätigt wird:

$$\Delta T = \frac{\Delta E}{k}\frac{1}{C_V/k} = \frac{1\,\text{MeV}}{8.617 \times 10^{-5}\,\text{eV K}^{-1}} \times \frac{1}{1.59 \times 10^{14}} = 0.073\,\text{mK}.$$

12. Bei unserer Rechnung betrachten wir als innere Energie U nur die Normalschwingungen des Kristalls. Die Schwankung der inneren Energie wird mit Gl. (4.6) berechnet:

$$\Delta U = kT \sqrt{\frac{C_V}{k}} \approx 10.9\,\text{eV},$$

wobei wir für T und C_V/k die Zahlenwerte aus der vorigen Aufgabe eingesetzt haben. Die innere Energie selbst setzt sich aus der Nullpunktsenergie U_0 und der Energie U_1 der angeregten Schwingungsmoden zusammen, wobei man U_0 aus der Debye-Verteilung und U_1 aus der Wärmekapazität bekommt:

$$U_0 = \int\limits_0^{\omega_D} d\omega\, \sigma_D(\omega) \times \frac{1}{2}\hbar\omega = \frac{9}{8}NkT_D, \qquad U_1 = \int\limits_0^T dT'\, C_V(T') = \frac{1}{4}kT\frac{C_V(T)}{k}.$$

Für U_1 haben wir wiederum $T \ll T_D$ angenommen, was für $T = 10\,\text{mK}$ und $T_D = 232\,\text{K}$ natürlich richtig ist. Aus demselben Grund ist $C_V/k \ll N$ und daher $U_1 \ll U_0$. Numerisch erhält man $U_0 \approx 19 \times 10^{22}\,\text{eV}$ und $\Delta U/U_0 \approx 0.57 \times 10^{-22}$. Betrachtet man ΔU relativ zu $U_1 \approx 3.4 \times 10^7\,\text{eV}$, ergibt sich ein größeres Verhältnis, nämlich $\Delta U/U_1 \approx 3.2 \times 10^{-7}$.

13. Wir gehen von Gl. (5.163) aus und setzen dort die Frequenzverteilung

$$\bar{\sigma}(\omega) = \frac{3\omega^2}{\omega_D^3}\, \Theta(\omega_D - \omega)$$

des Debye-Modells ein. Unter Verwendung der dimensionslosen Integrationsvariablen $x = \beta\hbar\omega$ lässt sich F schreiben als

$$F = -N\epsilon_B + 9NkT \left(\frac{T}{T_D}\right)^3 \int\limits_0^{T_D/T} dx\, x^2 \ln\left(1 - e^{-x}\right).$$

Die Funktion f ist daher gegeben durch

$$f(u) = 9Nku^{-3} \int\limits_0^u dx\, x^2 \ln\left(1 - e^{-x}\right)$$

mit $u = T_D/T$. Nun verwenden wir die Definition von γ_g aus Aufgabe 12 im Kapitel 2 und berücksichtigen, dass die Abhängigkeit vom Volumen nur in ϵ_B und T_D stecken kann, wobei ϵ_B für die gestellte Aufgabe irrelevant ist. Wir erhalten das Resultat

$$\left.\frac{\partial p}{\partial T}\right|_V = \frac{T_D}{T^2}\frac{dT_D}{dV}f'' \quad \text{und} \quad C_V = -\frac{T_D^2}{T^2}f'' \quad \Rightarrow \quad \gamma_g = -\frac{V}{T_D}\frac{dT_D}{dV}.$$

Im Debye-Modell ist γ_g also temperaturunabhängig.

14. Gemäß der Darstellung von F in der vorigen Aufgabe muss man im Fall von $T \ll T_D$ die obere Grenze im Integral gegen Unendlich gehen lassen, womit man das Integral

$$\int\limits_0^\infty dx\, x^2 \ln\left(1 - e^{-x}\right) = -\frac{\pi^4}{45}$$

bekommt. Der Wert des Integrals ergibt sich, indem man zuerst eine partielle Integration durchführt und dann Theorem 6 verwendet. Damit erhält man

$$F = -N\epsilon_B - \frac{\pi^4}{5}NkT\left(\frac{T}{T_D}\right)^3$$

für $T \ll T_D$ und

$$C_V = -T\frac{\partial^2 F}{\partial T^2} = \frac{12}{5}\pi^4 Nk\left(\frac{T}{T_D}\right)^3,$$

was mit dem Resultat im Unterkapitel 5.9 übereinstimmt. Um den isobaren Ausdehnungskoeffizienten α zu berechnen, muss man die freie Enthalpie aus F berechnen. Da im obigen F der temperaturabhängige Teil klein gegenüber $N\epsilon_B$ ist, kann man das Resultat von Aufgabe 11 aus Kapitel 2 benützen und erhält näherungsweise

$$G \simeq G_0 - \frac{\pi^4}{5}NkT\left(\frac{T}{T_D}\right)^3,$$

wobei G_0 nicht von der Temperatur abhängt und in T_D das Volumen V durch $V_0(p)$ zu ersetzen ist. Mit dieser Überlegung bekommt man

$$V = \frac{\partial G}{\partial p} \simeq \frac{\partial G_0}{\partial p} + \frac{3}{5}\pi^4 Nk\left(\frac{T}{T_D}\right)^4\frac{dT_D}{dp}.$$

Den isobareren Ausdehnungskoeffizienten erhält man schließlich durch

$$\alpha = \left.\frac{1}{V}\frac{\partial V}{\partial T}\right|_p \simeq \frac{C_V}{V_0} \times \frac{1}{T_D}\frac{dT_D}{dp} = \frac{C_V}{V_0} \times \frac{1}{T_D}\frac{dT_D}{dV_0} \times \frac{dV_0}{dp} \simeq \frac{C_V}{V_0}\gamma_g\kappa_T.$$

Verwenden wir $\kappa_S C_p = \kappa_T C_V$, sehen wir, dass die letzte Relation schon von der Lösung der Aufgabe 12 im Kapitel 2 bekannt ist. Für $T \ll T_D$ haben also C_V und α dieselbe Temperaturabhängigkeit, während κ_T temperaturunabhängig ist.

15. Die Wahrscheinlichkeit, dass der Protonspin in Richtung des Magnetfelds zeigt, ist durch

$$P_+ = \frac{e^{\beta\mu_p\mathcal{H}}}{e^{\beta\mu_p\mathcal{H}} + e^{-\beta\mu_p\mathcal{H}}} \simeq \frac{1}{2}\left(1 + \frac{\mu_p\mathcal{H}}{kT}\right)$$

gegeben. Dabei haben benützt, dass $\mu_p\mathcal{H} \ll kT$ für realistische Magnetfelder bei Raumtemperatur gilt. Die numerische Auswertung ergibt $P_+ \simeq 50.0017\%$.

16. Die potentielle Energie eines klassischen magnetischen Dipols im Magnetfeld ist $-\vec{\mu} \cdot \vec{\mathcal{H}}$, wobei $\vec{\mu}$ der Vektor des Dipolmoments mit Betrag $\bar{\mu}$ ist. Wenn in der Substanz die Temperatur T herrscht und das Magnetfeld in die z-Richtung zeigt, dann wird ein magnetisches Moment $\langle\mu_z\rangle$ induziert, welches durch

$$\langle\mu_z\rangle = \frac{\int d\Omega\,\bar{\mu}\cos\theta\,e^{\beta\bar{\mu}\mathcal{H}\cos\theta}}{\int d\Omega\,e^{\beta\bar{\mu}\mathcal{H}\cos\theta}} = \bar{\mu}\frac{d}{d\eta}\ln\int d\Omega\,e^{\eta\cos\theta}$$

berechnet wird, wobei wir die Abkürzung $\eta = \beta\bar{\mu}\mathcal{H}$ verwendet haben. Nach der Berechnung des Integrals und Ausführen der Differentiation erhalten wir die Magnetisierung $M_z = \rho\langle\mu_z\rangle$ und die magnetische Suszeptibiliät χ:

$$M_z = \rho\bar{\mu}\left(\coth\eta - \frac{1}{\eta}\right) \quad \text{und} \quad \chi = \frac{\partial M_z}{\partial\mathcal{H}} = \frac{\rho\bar{\mu}^2}{kT}\left(-\frac{1}{\sinh^2\eta} + \frac{1}{\eta^2}\right).$$

Schließlich können wir auch das Curie-Gesetz herleiten:

$$\lim_{\eta\to 0}\left(-\frac{1}{\sinh^2\eta} + \frac{1}{\eta^2}\right) = \frac{1}{3} \quad \Rightarrow \quad \chi = \frac{\rho\bar{\mu}^2}{3kT}.$$

17. Ein Photonengas mit Temperatur T in einem Volumen V hat die innere Energie $U = V\eta = \sigma_{SB}VT^4$ und den Druck $p = \eta/3$, wobei η die Energiedichte ist. Das Differential der Entropie ist daher gegeben durch

$$dS(T,V) = \frac{dU + pdV}{T} = \sigma_{SB}\left(4VT^2dT + \frac{4}{3}T^3dV\right).$$

Integration dieser Gleichung mit der Randbedingung $S(0,V) = 0$ ergibt $S(T,V)$ aus Gl. (5.266).

18. Wir betrachten zuerst Bosonen. Der Erwartungswert des Teilchenzahloperators wird berechnet durch

$$\bar{v}_j \equiv \langle\hat{v}_j\rangle = \frac{\sum_{v=0}^{\infty} v\,e^{-v(\beta\varepsilon_j+\alpha)}}{\sum_{v=0}^{\infty} e^{-v(\beta\varepsilon_j+\alpha)}} = -\frac{\partial}{\partial\alpha}\ln Z_j \quad \text{mit} \quad Z_j = \ln\frac{1}{1 - e^{-(\beta\varepsilon_j+\alpha)}}.$$

Damit lässt sich leicht eine Formel für die Schwankung von $\hat{v}_j$ herleiten:

$$\left(\Delta\hat{v}_j\right)^2 = \frac{\partial^2}{\partial\alpha^2}\ln Z_j = -\frac{\partial\bar{v}_j}{\partial\alpha} = kT\frac{\partial\bar{v}_j}{\partial\mu}.$$

Dieselbe Formel erhält man auch für Fermionen. Einsetzen von $\bar{v}_j$ ergibt schließlich

$$\left(\Delta\hat{v}_j\right)^2 = \bar{v}_j \pm \left(\bar{v}_j\right)^2,$$

wobei das obere Vorzeichen für Bosonen und das untere für Fermionen gilt.

19. Um die Energie pro Teilchen, U/N, zu berechnen, ist Gl. (5.234) zu benützen mit $\varepsilon = c_l|\vec{p}|$. Im Limes kleiner Dichte gilt die Näherung $e^{\beta(\varepsilon-\mu)} \gg 1$ und somit kürzt sich $e^{\beta\mu}$ im Verhältnis U/N. Mit $x = \beta\varepsilon$ berechnet man schließlich

$$\frac{U}{N} = \frac{\beta^{-4}\int_0^\infty dx\, x^3 e^{-x}}{\beta^{-3}\int_0^\infty dx\, x^2 e^{-x}} = \frac{3!}{2!}kT = 3kT.$$

Dieses Ergebnis hatten wir bereits in Aufgabe 2 dieses Kapitels mit Hilfe des Gleichverteilungssatzes bekommen.

20. In Gl. (5.269) ist die kritische Temperatur T_c, wo Bose-Einstein-Kondensation eintritt, ist als Funktion von $\rho = 1/v$ gegeben. Diese Temperatur muss man in $p = \frac{2}{3}\frac{U}{V}$ mit U aus Gl. (5.276) einsetzen. Nach einer kleinen Rechnung erhält man

$$p = \frac{2\pi\hbar^2\zeta(5/2)}{M[\zeta(3/2)]^{5/3}}\, v^{-5/3}.$$

21. Der Ausgangspunkt ist die Teilchenzahl in Gl. (5.234). Für $\mu = 0$, $s = 0$ und $\varepsilon = c_l|\vec{p}|$ wird das gewünschte $\beta_c = 1/(kT_c)$ festgelegt. Zur Rechnung braucht man das Theorem 6. Mit $p = |\vec{p}|$ und der dimensionslosen Variablen $x = \beta_c c_l p$ berechnet man

$$\rho = \frac{4\pi}{(2\pi\hbar)^3}\left(\frac{kT_c}{c_l}\right)^3 \int\limits_0^\infty dx\, \frac{x^2}{e^x - 1} \quad\Rightarrow\quad kT_c = \hbar c_l\left(\frac{\pi^2\rho}{\zeta(3)}\right)^{1/3}.$$

22. Die Energieniveaus des dreidimensionalen harmonischen Oszillators sind gegeben durch

$$E(n_1, n_2, n_3) = \varepsilon_0 + \hbar(\omega_1 n_1 + \omega_2 n_2 + \omega_3 n_3) \quad\text{mit}\quad \varepsilon_0 = \frac{1}{2}\hbar(\omega_1 + \omega_2 + \omega_3)$$

und $n_1, n_2, n_3 = 0, 1, 2, \ldots$ Wir ersetzen die Summation über n_1, n_2, n_3 durch eine Integration über diese Variablen. Damit lässt sich die Teilchenzahl folgendermaßen schreiben:

$$N = \int\limits_0^\infty d\varepsilon \int\limits_0^\infty dn_1 \int\limits_0^\infty dn_2 \int\limits_0^\infty dn_3\, \delta(\varepsilon - \hbar(\omega_1 n_1 + \omega_2 n_2 + \omega_3 n_3))\, \frac{z}{e^{\beta\varepsilon} - z},$$

wobei $z = e^{\beta(\mu-\varepsilon_0)}$ hier die Bedeutung der Fugazität hat. Durch den Trick mit der δ-Funktion lässt sich N leicht erhalten. Wir berechnen zuerst

$$\int\limits_0^\infty dn_1 \int\limits_0^\infty dn_2 \int\limits_0^\infty dn_3\, \delta(\varepsilon - \hbar(\omega_1 n_1 + \omega_2 n_2 + \omega_3 n_3)) = \frac{\varepsilon^2}{2\hbar^3\omega_1\omega_2\omega_3}.$$

Es bleibt die Integration über ε:

$$N = \frac{1}{2(\hbar\omega)^3} \int\limits_0^\infty d\varepsilon\, \varepsilon^2 \frac{z}{e^{\beta\varepsilon} - z} = \frac{1}{2(\hbar\omega)^3} \sum\limits_{\ell=1}^\infty z^\ell \int\limits_0^\infty d\varepsilon\, \varepsilon^2 e^{-\beta\varepsilon\ell}.$$

Das Endresultat ist somit

$$N(T, \mu) = \left(\frac{kT}{\hbar\omega}\right)^3 g_3(z),$$

wobei die Funktion $g_3(z)$ in Gl. (5.238) definiert ist. Diese Formel gilt oberhalb der kritischen Temperatur, welche bei $z = 1$ erreicht wird. In diesem Fall ist $g_3(1) = \zeta(3)$.

23. Mit $\zeta(3) \approx 1.202$, den Angaben dieses Beispiels und durch Benützung des Resultats des vorigen Beispiels erhält man

$$T_c = \frac{\hbar\omega}{k} \left(\frac{N}{\zeta(3)}\right)^{1/3} \approx 1.5 \times 10^{-7}\,\text{K}.$$

24. Die großkanonische Zustandssumme ist gegeben durch

$$J = -VkT \int\limits_0^\infty d\varepsilon\, g(\varepsilon) \ln\left(1 + e^{-\beta(\varepsilon-\mu)}\right)$$

mit der Zustandsdichte $g(\varepsilon)$ aus Gl. (5.287). Für $\varepsilon > \mu$ wird das Argument im Logarithmus eins im Limes $\beta \to \infty$, während für $\varepsilon < \mu$ das Argument asymptotisch gegen $e^{-\beta(\varepsilon-\mu)}$ geht. Mit dieser Überlegung findet man daher

$$J \to -VkT \int\limits_0^\mu d\varepsilon\, g(\varepsilon)\beta(\mu - \varepsilon) = -\frac{4}{15} V g(\mu)\mu^2.$$

Dieses Resultat stimmt mit dem ersten Term von J in Gl. (5.353) überein.

25. Wir machen in Gl. (5.340) die identische Umformung

$$J(T, \mathcal{H}, \mu) =$$

$$-kT g_{xy} \sum\limits_{s=\pm 1} \sum\limits_{\nu=0}^\infty \int \frac{L_z dp_z}{2\pi\hbar} \int\limits_0^\infty d\varepsilon\, \delta\left(\varepsilon - \epsilon_z - \epsilon_{\nu s}\right) \ln\left(1 + e^{-\beta(\varepsilon-\mu)}\right),$$

wobei wir $E(p_z, \nu, s)$ aus Gl. (5.336) in $E(p_z, \nu, s) = \epsilon_z + \epsilon_{\nu s}$ aufgeteilt haben mit $\epsilon_z = p_z^2/(2m)$. Nun berücksichtigen wir, dass für kleine Magnetfelder näherungsweise $\epsilon_{\nu s} \approx \hbar\omega_c \nu$ gilt. Damit liefert die Summation über die Spineinstellungen einfach einen Faktor 2 und wir können die Summation über die Landau-Niveaus durch eine Integration über die kontinuierliche Variable ν ersetzen. Nach Einsetzen von

g_{xy} erhalten wir also im Limes kleiner Magnetfelder

$$J(T, \mathcal{H}, \mu) \simeq$$

$$-kT \frac{Vm\omega_c}{\pi^2\hbar^2} \int_0^\infty d\varepsilon \int_0^\infty dv \int_0^\infty dp_z \, \delta\left(\varepsilon - \epsilon_z - \hbar\omega_c v\right) \ln\left(1 + e^{-\beta(\varepsilon-\mu)}\right) =$$

$$-kT \frac{Vm^{3/2}}{\sqrt{2}\pi^2\hbar^3} \int_0^\infty d\varepsilon \int_0^\infty d\epsilon_c \int_0^\infty \frac{d\epsilon_z}{\sqrt{\epsilon_z}} \, \delta\left(\varepsilon - \epsilon_z - \epsilon_c\right) \ln\left(1 + e^{-\beta(\varepsilon-\mu)}\right),$$

wobei wir $\epsilon_c = \hbar\omega_c v$ gesetzt haben. Nach Ausführung der Integration nach ϵ_z und ϵ_c erhalten wir schlussendlich

$$\lim_{\mathcal{H}\to 0} J(T, \mathcal{H}, \mu) = -kTV \int_0^\infty d\varepsilon \, g(\varepsilon) \ln\left(1 + e^{-\beta(\varepsilon-\mu)}\right)$$

mit $g(\varepsilon)$ aus Gl. (5.287), also die großkanonische Zustandssumme für das freie ideale Fermi-Gas.

26. Der Ausgangspunkt ist Gl. (5.320). Wir bilden den Limes $T \to 0$ und entwickeln nach $\mu_B\mathcal{H}$ bis zur zweiten Ordnung. Das Resultat ist

$$\rho = \frac{2}{3}\mu g(\mu) + \frac{1}{2}g'(\mu)\left(\mu_B\mathcal{H}\right)^2.$$

Dies zeigt, dass μ nicht von der Richtung des Magnetfelds abhängt. Da bei $T = 0$ und $\mathcal{H} = 0$ das chemische Potential mit der Fermi-Energie identisch ist, machen wir den Ansatz $\mu = \varepsilon_F + \delta\mu$, wobei $\delta\mu$ viel kleiner als ε_F ist. Setzen wir diesen Ansatz in die obige Gleichung für ρ ein und berücksichtigen, dass für das freie Fermi-Gas $g'(\mu) = g(\mu)/(2\mu)$ gilt, finden wir nach einer kleinen Rechnung

$$\mu = \varepsilon_F - \frac{1}{4\varepsilon_F}\left(\mu_B\mathcal{H}\right)^2.$$

Daraus folgt $a_2 = -1/4$.

Kapitel 6

1. Übungsaufgabe 10 aus Kapitel 2 besagt, dass q_v durch $q_v = h_d - h_f$ gegeben ist, wobei die Indizes d und f für Dampf bzw. Flüssigkeit stehen. Die integrierte Version der Lösung von Beispiel 1 aus Kapitel 3 liefert $\Delta u = a(v_f^{-1} - v_d^{-1})$, womit man schließlich $q_v = a(v_f^{-1} - v_d^{-1}) + \bar{p}_d(v_d - v_f)$ erhält.

2. Aus $\partial p/\partial V = 0$ erhält man

$$kT = \frac{a(v-b)}{v^2}.$$

Dieses kT setzt man in $\partial^2 p/\partial V^2 = 0$ ein, womit man das kritische Volumen $v_c = 2b$ bekommt. Mit obiger Gleichung für kT bestimmt man dadurch $kT_c = a/(4b)$.

Einsetzen von v_c und kT_c in den Druck ergibt schließlich $p_c = a/(4b^2 e^2)$ mit der Euler'schen Zahl e. Am kritischen Punkt hat man daher

$$\frac{p_c v_c}{kT_c} = \frac{2}{e^2} \simeq 0.271,$$

was besser für reale Gase stimmt als das van der Waals-Resultat 0.375.

3.   Wir gehen vor wie bei der Bestimmung des kritischen Drucks in der Dampfblase und schreiben die freie Enthalpie als

$$G = F_{\mathrm{Luft}} + F_d + F_f + p(V_g + V_f) + 4\pi r^2 \sigma.$$

Dabei ist $V_g = 4\pi r^3/3$ das Volumen, das von Dampf und Luft gemeinsam eingenommen wird. Wir suchen das Extremum von G bezüglich r:

$$\frac{\partial G}{\partial r} = \left(\frac{\partial F_{\mathrm{Luft}}}{\partial V_g} + \frac{\partial F_d}{\partial V_g} + p \right) \frac{dV_g}{dr} + 8\pi r \sigma = (-p_{\mathrm{Luft}} - p_d + p) \times 4\pi r^2 + 8\pi r \sigma = 0.$$

Daraus folgt sofort die zu beweisende Relation.

4.   Der Debye-Radius ist durch Gl. (6.87) gegeben. Wir berechnen zuerst die Teilchendichten ρ_{p0} und $\rho_{\mathrm{He}\,0}$ im Zentrum der Sonne aus

$$\rho_{p0} + 2\rho_{\mathrm{He}\,0} = \rho_{e0} \quad \text{und} \quad \frac{\rho_{p0}}{\rho_{\mathrm{He}\,0}} \simeq 4 \times \frac{0.34}{0.64} \simeq 2.13.$$

Daraus erhält man

$$\rho_{p0} \simeq 0.52\,\rho_{e0}, \quad \rho_{\mathrm{He}\,0} \simeq 0.24\,\rho_{e0} \quad \Rightarrow \quad \sum_a z_a^2 \rho_{a0} \simeq 2.5\,\rho_{e0}.$$

Das Quadrat der Elementarladung in Gauß'schen Einheiten ersetzt man am besten durch $e^2 = \alpha \hbar c_l$ mit der dimensionslosen Feinstrukturkonstante $\alpha \simeq 1/137.036$. Nun können wir in Gl. (6.87) einsetzen und erhalten $r_D \simeq 2.2 \times 10^{-11}$ m.

5.   Um den Druck p_{ideal} mit der idealen Gasgleichung zu berechnen, brauchen wir die Teilchendichte

$$\rho = \rho_{e0} + \rho_{p0} + \rho_{\mathrm{He}\,0} \simeq 1.76\,\rho_{e0}.$$

Daraus folgt $p_{\mathrm{ideal}} \simeq 2.2 \times 10^{16}$ Pa. Die Plasmakorrektur p_{corr} zu p_{ideal} bekommt aus Gl. (6.105). Wegen $\rho r_D^3 \simeq 1.1$ ist offensichtlich, dass diese klein ist: $p_{\mathrm{corr}} \simeq -0.012 \times p_{\mathrm{ideal}}$.

Kapitel 7

1.   Die Bilanzgleichungen lauten

$$\dot{\rho}_1 = \rho_2 w_{21} - \rho_1 w_{12}, \quad \dot{\rho}_2 = \rho_1 w_{12} - \rho_2 w_{21},$$

wobei $w_{12} = w_{21}$ zu berücksichtigen ist. Umgeschrieben in Matrixform erhält man

$$\frac{d}{dt}\begin{pmatrix} \rho_1 \\ \rho_2 \end{pmatrix} = -w_{12}\begin{pmatrix} 1 & -1 \\ -1 & 1 \end{pmatrix}\begin{pmatrix} \rho_1 \\ \rho_2 \end{pmatrix}.$$

Die Lösung dieser Gleichung ist

$$\begin{pmatrix} \rho_1(t) \\ \rho_2(t) \end{pmatrix} = \frac{1}{2}\begin{pmatrix} 1 \\ 1 \end{pmatrix} + a\begin{pmatrix} 1 \\ -1 \end{pmatrix}e^{-2w_{12}t}$$

mit einer freien Konstanten a und der Relaxationszeit $\tau_r = 1/(2w_{12})$.

2. Die mittlere Relativgeschwindigkeit wird durch den Erwartungswert

$$\bar{v}_{12} = \left(\frac{m}{2\pi kT}\right)^3 \int d^3v_1 \int d^3v_2 \, \exp\left(-\frac{m\vec{v}_1^2}{2kT} - \frac{m\vec{v}_2^2}{2kT}\right)|\vec{v}_1 - \vec{v}_2|$$

erhalten. Um das Integral auszurechnen, machen wir die Variablentransformation

$$v_r = \vec{v}_1 - \vec{v}_2, \quad \vec{v}_s = \frac{1}{2}(\vec{v}_1 + \vec{v}_2) \quad \text{mit} \quad d^3v_1 d^3v_2 = d^3v_s d^3v_r.$$

Diese Transformation führt auf

$$\begin{aligned}
\bar{v}_{12} &= \left(\frac{m}{2\pi kT}\right)^3 \int d^3v_s \int d^3v_r \, \exp\left(-\frac{(2m)\vec{v}_s^2}{2kT} - \frac{(m/2)\vec{v}_r^2}{2kT}\right)|\vec{v}_r| \\
&= \left(\frac{m_s}{2\pi kT}\right)^{3/2}\left(\frac{m_r}{2\pi kT}\right)^{3/2} \int d^3v_s \int d^3v_r \, \exp\left(-\frac{m_s\vec{v}_s^2}{2kT} - \frac{m_r\vec{v}_r^2}{2kT}\right)|\vec{v}_r|
\end{aligned}$$

mit $m_s = 2m$ und $m_r = m/2$. Die Integration über d^3v_s ergibt 1, während die Integration über d^3v_r gerade die mittlere Geschwindigkeit $\bar{v}$ mit m_r anstelle von m liefert – siehe Aufgabe 1 aus Kapitel 5:

$$\bar{v}_{12} = \left(\frac{8kT}{\pi m_r}\right)^{1/2} = \sqrt{2}\bar{v}.$$

3. In unserer Näherung für Transportphänomene in Metallen trägt nur $f_0^{(l)}$ bei. Daher ist die Dichte der Leitungselektronen durch

$$\rho(\vec{x}) = \int_0^\infty d\varepsilon \, g(\varepsilon)\frac{1}{e^{\beta(\vec{x})[\varepsilon-\mu(\vec{x})]} + 1}$$

gegeben. Da wir nur bis zur Ordnung T^2 rechnen, verwenden wir Gl. (5.309). Daraus folgt

$$\rho(\vec{x}) \simeq \int_0^{\mu(\vec{x})} d\varepsilon \, g(\varepsilon) + \frac{\pi^2}{6}g'(\mu(\vec{x}))(kT(\vec{x}))^2.$$

Mit $\mu \simeq \varepsilon_F$ bekommen wir die führenden Terme im Dichtegradienten:

$$\vec{\nabla}\rho(\vec{x}) \simeq g(\varepsilon_F)\vec{\nabla}\mu(\vec{x}) + \frac{\pi^2}{3}g'(\varepsilon_F)k^2T(\vec{x})\vec{\nabla}T(\vec{x}).$$

4. Wir führen zuerst eine Variablentransformation mit $x = \beta(\varepsilon - \mu)$ durch:

$$\int_0^\infty d\varepsilon\, h(\varepsilon) \left(-\frac{\partial \bar{v}(\varepsilon)}{\partial \varepsilon} \right) = \int_{-\beta\mu}^\infty dx\, \frac{e^x}{(e^x + 1)^2}\, h\left(\frac{x}{\beta} + \mu \right).$$

Wegen $kT \ll \mu$ ersetzen wir die untere Grenze des Integrals durch $-\infty$. Weiters berücksichtigen wir, dass $e^x/(e^x + 1)^2$ eine gerade Funktion ist. Somit erhalten wir näherungsweise

$$\int_{-\infty}^\infty dx\, \frac{e^x}{(e^x + 1)^2}\, h\left(\frac{x}{\beta} + \mu \right) \simeq$$

$$\int_{-\infty}^\infty dx\, \frac{e^x}{(e^x + 1)^2}\, h(\mu) + \frac{1}{2} \int_{-\infty}^\infty dx\, \frac{x^2 e^x}{(e^x + 1)^2}\, h''(\mu)(kT)^2.$$

Die Werte der in dieser Relation vorkommenden Integrale sind

$$\int_{-\infty}^\infty dx\, \frac{e^x}{(e^x + 1)^2} = 1, \quad \int_{-\infty}^\infty dx\, \frac{x^2 e^x}{(e^x + 1)^2} = \frac{\pi^2}{3}.$$

Für das zweite Integral haben wir Theorem 6 verwendet. Damit ist Gl. (7.87) bewiesen.

5. Ist $\vec{\nabla} T = \vec{0}$, können wir einen Zusammenhang zwischen dem Wärmestrom und dem elektrischen Strom herstellen:

$$\vec{i}_Q = \frac{L_{21}}{L_{11}}\, \vec{j}.$$

D.h., ein elektrischer Strom bewirkt einen Wärmestrom, auch wenn kein Temperaturgradient vorhanden ist.

6. Der elektrische Strom I in beiden Drahtstücken muss gleich sein. Ist aber das Verhältnis L_{21}/L_{11} verschieden, dann ist der Wärmestrom in den beiden Teilstücken verschieden und an der Verbindungsstelle wird Wärme abgegeben oder aufgenommen. Fließt der Strom vom Teilstück a zum Teilstück b, dann ist

$$\dot{Q} = \Pi_{a \to b}\, I \quad \text{mit} \quad \Pi_{a \to b} = \left. \frac{L_{21}}{L_{11}} \right|_b - \left. \frac{L_{21}}{L_{11}} \right|_a$$

die an der Verbindungsstelle pro Zeiteinheit aufgenommene Wärme. D.h., wenn $\Pi_{a \to b} > 0$ gilt, ist der Wärmestrom in b größer als in a und Wärme muss aus der Umgebung aufgenommen werden (Peltier-Kühlung). Ist $\Pi_{a \to b} < 0$, wird Wärme abgegeben.

Tabellen

Tab. 1. Werte aus (9). Für die angegebenen Stellen der Konstanten ist der Messfehler irrelevant, die Lichtgeschwindigkeit ist per Definition exakt.

Naturkonstanten und Energieeinheiten	
Lichtgeschwindigkeit im Vakuum:	$c_l = 299792458$ m s^{-1}
Planck'sches Wirkungsquantum:	$\hbar = 1.054572 \times 10^{-34}$ J s
	$= 6.582119 \times 10^{-22}$ MeV s
Elementarladung:	$e = 4.803204 \times 10^{-10}$ esu
Avogadro- bzw. Loschmidt-Zahl:	$N_A = 6.022142 \times 10^{23}$ mol^{-1}
Gaskonstante:	$R = N_A k$
	$= 8.3145$ J mol^{-1} K^{-1}
Atomare Masseneinheit:	$u = 1$ g mol$^{-1}/N_A$
	$= 931.494$ MeV/c^2
	$= 1.660539 \times 10^{-27}$ kg
Boltzmann-Konstante:	$k = R/N_A$
	$= 1.38065 \times 10^{-23}$ J K^{-1}
	$= 8.6173 \times 10^{-5}$ eV K^{-1}
Bohr'sches Magneton:	$\mu_B = 927.4009 \times 10^{-26}$ J T^{-1}
	$= 5.788382 \times 10^{-5}$ eV T^{-1}
Elektronvolt:	1 eV $= 1.60218 \times 10^{-19}$ J
Energieeinheit im cgs-System:	1 erg $= 10^{-7}$ J

Tab. 2. Der Wert von kT bei 300 K ist aus (9).

Definition der Temperaturskala	
Temperatur am Tripelpunkt des Wassers:	$T_t = 273.16$ K
Definition Celsius-Skala:	0 °C $= 273.15$ K
kT bei 300 K:	$kT = [38.682]^{-1}$ eV

Tab. 3. Der Wert von V_{mn} ist aus (9), der von v_n aus V_{mn} berechnet.

Definition des Normzustands	
Temperatur:	$T_n = 273.15\,\mathrm{K}$
Druck:	$p_n = 1.01325\,\mathrm{bar}$
Ideales Gas bei T_n, p_n:	
Molares Volumen:	$V_{mn} = 22.4140\,\mathrm{dm^3/mol}$
Volumen pro Teilchen:	$v_n = 37219\,\mathrm{\mathring{A}^3}$

Tab. 4. Werte aus (29) bzw. mit Werten aus (29) berechnet.

Daten von Wasser	
Masse des Wassermoleküls:	$M = 18.0106\,u$
Massendichte bei 20 °C:	$\rho_m = 0.998205\,\mathrm{g\,cm^{-3}}$
Molekulares Volumen bei 20 °C:	$v_f = 29.96\,\mathrm{\mathring{A}^3}$
Oberflächenspannung bei 20 °C:	$\sigma = 0.0725\,\mathrm{N\,m^{-1}}$
Molare Verdampfungswärme:	$q_v = 40.63\,\mathrm{kJ\,mol^{-1}}$
Molare Schmelzwärme:	$q_s = 6.010\,\mathrm{kJ\,mol^{-1}}$
Isobarer Ausdehnungskoeffizient bei 20 °C:	$\alpha = 2.1 \times 10^{-4}\,\mathrm{K^{-1}}$
Isotherme Kompressibilität[*] bei 20 °C:	$\kappa_T = 0.50 \times 10^{-4}\,\mathrm{bar^{-1}}$
[*] in einem Druckbereich von $1 \div 25$ bar	

Tab. 5. Werte aus (29). Wo keine Häufigkeit angegeben ist, ist die Gesamthäufigkeit möglicher anderer stabiler Isotope des Elements unter 0.5%.

Relative Atommassen einiger Isotope		
X	$A_r(X)$	Häufigkeit
^{1}H	1.0078	
^{4}He	4.0026	
^{12}C	12.0000	98.9%
^{13}C	13.0034	1.1%
^{14}N	14.0031	
^{16}O	15.9949	
^{23}Na	22.9898	
^{27}Al	26.9815	
^{35}Cl	34.9689	75.5%
^{37}Cl	36.9659	24.5%
^{28}Si	27.9769	92.2%
^{29}Si	28.9765	4.7%
^{30}Si	29.9738	3.1%
^{40}Ar	39.9624	
^{63}Cu	62.9296	69.1%
^{65}Cu	64.9278	30.9%

Literatur

[1] L. Boltzmann, *Über die Beziehung zwischen dem zweiten Hauptsatze der mechanischen Wär-metheorie und der Wahrscheinlichkeitsrechnung respektive den Sätzen über das Wärmegleich-gewicht*, Wiener Berichte 76 (1877) 373

[2] M. Planck, *Ueber eine Verbesserung der Wien'schen Spectralgleichung*, Verhandlungen der Deutschen Physikalischen Gesellschaft 2 (1900) 202

[3] M. Planck, *Zur Theorie des Gesetzes der Energieverteilung im Normalspectrum*, Verhandlungen der Deutschen Physikalischen Gesellschaft 2 (1900) 237

[4] M. Planck, *Ueber das Gesetz der Energieverteilung im Normalspectrum*, Annalen der Physik 4 (1901) 553

[5] W. Nernst, *Über die Berechnung chemischer Gleichgewichte aus thermischen Messungen*, Nachrichten von der Königlichen Akademie der Wissenschaften zu Göttingen 1 (1906) 1

[6] H. Tetrode, *Die chemische Konstante der Gase und das elementare Wirkungsquantum*, Annalen der Physik 38 (1912) 434; Berichtigung *ibid.* 39 (1912) 255

[7] O. Sackur, *Die universelle Bedeutung des sog. elementaren Wirkungsquantums*, Annalen der Physik 40 (1913) 67

[8] W. Thirring, *Lehrbuch der Mathematischen Physik, Band 3: Quantenmechanik von Atomen und Molekülen* (Springer-Verlag, Wien, 1994)

[9] P.J. Mohr, B.N. Taylor and D.B. Newell, *CODATA recommended values of the fundamental con-stants: 2006*, Rev. Mod. Phys. 80 (2008) 633

[10] M. Reed and B. Simon, *Methods of Modern Mathematical Physics: Analysis of Operators*, Band IV (Academic Press, London, 1978)

[11] M. Zworski, *Semiclassical Analysis*, Graduate Studies in Mathematics, Band 138 (American Mathematical Society, Providence, Rhode Island, 2012)

[12] F. Reif, *Statistische Physik und Theorie der Wärme* (Walter de Gruyter, Berlin, 1987)

[13] T. Fließbach, *Statistische Physik* (Elsevier - Spektrum Akademischer Verlag, Heidelberg, 2006)

[14] B. Diu, C. Guthmann, D. Lederer und B. Roulet, *Grundlagen der statistischen Physik* (Walter de Gruyter, Berlin, 1994)

[15] W. Nolting, *Grundkurs: Theoretische Physik, Band 6, Statistische Physik* (Zimmermann-Neufang, Ulmen, 1994)

[16] P. Hertel, *Theoretische Physik* (Springer-Verlag, Berlin, 2007)

[17] H. Römer und T. Filk, *Statistische Mechanik* (VCH, Weinheim, 1994)

[18] K. Huang, *Statistical Mechanics* (John Wiley & Sons, New York, 1987)

[19] J. Schnakenberg, *Thermodynamik und Statistische Physik* (Carl Grossmann, Tübingen, 2000)

[20] W.F. Giauque and J.W. Stout, *Molecular Rotation in Ice at $10°K$. Free Energy of Formation and the Entropie of Water*, Phys. Rev. 43 (1933) 81

[21] W.F. Giauque and J.W. Stout, *The Entropy of Water and the Third Law of Thermodynamics. The Heat Capacitiy of Ice from 15 to $273°K$*, J. Am. Chem. Soc. 58 (1936) 1144

[22] L. Pauling, *The Structure and Entropie of Ice and of Other Crystals with Some Randomness of Atomic Arrangement*, J. Am. Chem. Soc. 57 (1935) 2680

[23] E.H. Lieb, *Residual Entropy of Square Ice*, Phys. Rev. 162 (1967) 162

[24] F.L. Curzon and B. Ahlborn, *Efficiency of a Carnot Engine at Maximum Power Output*, Am. J. Phys. 43 (1975) 22

[25] J. Honerkamp und H. Römer, *Klassische Theoretische Physik* (Springer-Verlag, Berlin, 1989)

[26] U.S. Government Printing Office, 1976: *U.S. Standard Atmosphere*

[27] C.F. Bohren and B.A. Albrecht, *Atmospheric Thermodynamics* (Oxford University Press, New York, Oxford, 1998)

[28] H.D. Baehr, *Thermodynamik* (Springer-Verlag, Berlin, 1992)

[29] D. Mende und G. Simon, *Physik, Gleichungen und Tabellen* (Fachbuchverlag Leipzig – Köln, 1994)

[30] M. Bailyn, *A Survey of Thermodynamics* (AIP Press, New York, 1994)

[31] S.J. Blundell and K.M. Blundell, *Concepts in Thermal Physics* (Oxford University Press, Oxford, New York, 2006)

[32] W. Thirring, *Lehrbuch der Mathematischen Physik, Band 4: Quantenmechanik großer Systeme* (Springer-Verlag, Wien, 1980)

[33] A.S. Dawydov, *Quantenmechanik* (Wiley-VCH, Weinheim, 1999)

[34] Yu.B. Rumer and M.Sh. Ryvkin, *Thermodynamics, Statistical Physics, and Kinetics* (Mir Publishers, Moscow, 1980)

[35] G. Falk und W. Ruppel, *Energie und Entropie* (Springer-Verlag, Berlin, 1976)

[36] P.W. Atkins und J. de Paula, *Physikalische Chemie* (Wiley-VCH, Weinheim, 2006)

[37] L.D. Landau und E.M. Lifschitz, *Lehrbuch der Theoretischen Physik, Band 5, Statistische Physik* (Harri Deutsch, Frankfurt/Main, 1991)

[38] H.R. Pruppacher and J.D. Klett, *Microphysics of Clouds and Precipitation* (D. Reidel Publishing Company, Dordrecht, Boston, London, 1978)

[39] N.W. Ashcroft und N.D. Mermin, *Festkörperphysik* (Oldenbourg, München, 2005)

[40] *American Institute of Physics Handbook*, Third Edition, D.E. Gray, Editor (McGraw-Hill, New York, 1972)

[41] A. Messiah, *Quantum Mechanics* (North-Holland, Amsterdam, 1991)

[42] M.W. Zemansky und R.H. Dittman, *Heat and Thermodynamics* (McGraw-Hill, New York, 1997)

[43] R. Belušević, *Relativity, Astrophysics and Cosmology* (Wiley-VCH, Weinheim, 2008)

[44] T. Fließbach, *Elektrodynamik* (Spektrum Akademischer Verlag, Heidelberg, 2008)

[45] T. Fließbach, *Allgemeine Relativitätstheorie* (Elsevier - Spektrum Akademischer Verlag, Heidelberg, 2006)

[46] E. Cornell, *Very cold indeed: the nanokelvin physics of Bose-Einstein condensation*, J. Res. Natl. Inst. Stand. Technol. 101 (1996) 419

[47] W. Ketterle, *When atoms behave as waves: Bose-Einstein condensation and the atom laser*, Rev. Mod. Phys. 74 (2002) 1131

[48] J.D. Jackson, *Klassische Elektrodynamik* (Walter de Gruyter, Berlin, 2006)

Stichwortverzeichnis